建筑材料

JIANZHU
CAILIAO

主编／贺华刚 冯翔

十三五

高等职业教育『十三五』精品规划教材

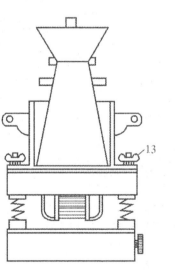

天津大学出版社
TIANJIN UNIVERSITY PRESS

内 容 简 介

本书依据高职高专的教学规律和教学特点，以适合社会实际需要为宗旨，以理论知识适度、强调技术应用和实际动手能力为目标来编写。力求教材内容实用、精练、突出重点，注重与建设工程现行工程规范和建筑材料现行标准紧密结合。全书共分 13 个模块，分别为：建筑材料的基本知识、建筑材料的基本性质、建筑石材、气硬性胶凝材料、水泥、混凝土、建筑砂浆、墙体及屋面材料、建筑钢材、建筑木材、建筑玻璃、建筑功能材料、建筑材料性能检测。

本书可作为高职高专、各类成人高等教育土建类专业及建筑工程相关专业的教材，也可供有关建筑工程类技术人员参考。

图书在版编目（CIP）数据

建筑材料／贺华刚，冯翔主编.—天津：天津大学出版社，2019.7
高等职业教育"十三五"精品规划教材
ISBN 978-7-5618-6456-2

Ⅰ.①建…　Ⅱ.①贺…②冯…　Ⅲ.①建筑材料－高等职业教育－教材　Ⅳ.①TU5

中国版本图书馆 CIP 数据核字（2019）第 151387 号

出版发行	天津大学出版社
地　　址	天津市卫津路 92 号天津大学内（邮编：300072）
电　　话	发行部：022-27403647
网　　址	publish.tju.edu.cn
印　　刷	廊坊市海涛印刷有限公司
经　　销	全国各地新华书店
开　　本	185 mm×260 mm
印　　张	20
字　　数	493 千
版　　次	2019 年 7 月第 1 版
印　　次	2019 年 7 月第 1 次
定　　价	46.00 元

编 委 会

主　编　贺华刚　冯　翔
副主编　牟　杨　林申正
参　编　郭莉梅　李　璟　张　建

前　言

本书按现行的高职高专建筑类专业和行业要求编写,符合高职高专建筑类专业教材编写要求,体现了高职高专建筑类专业教材编写的指导思想、原则与特点,可作为高职高专建筑类专业教学用书和行业从业人员的参考书,特别适合作为注册建造师考试用书。

建筑材料课程是建筑类专业的一门重要基础课程,本书主要介绍了建筑材料的组成与构造、性能与应用、技术标准、检测方法和材料贮运保管等知识,通过学习本课程,让学生学会正确选择与使用材料,并为后续课程的学习打下坚实的基础。

本书的内容具有以下几个特点。

(1) 对内容进行重新组合,内容新、体例新、重点突出,具有很好的适用性。

(2) 教材运用了最新规范、标准与规程,体现了新材料与新知识的运用。

(3) 全书以模块与任务为主线进行编写,更有利于满足施工员、预算员、质量员、安全员、材料师等岗位的实际需要,特别增加了注册建造师的考试内容,将深受从业人员的喜爱。

本书由宜宾职业技术学院冯翔和重庆工商职业学院贺华刚担任主编,由宜宾职业技术学院牟杨、林申正担任副主编,由宜宾职业技术学院郭莉梅、李璟以及四川城市职业学院张建参编。全书共13个模块,其中模块1和模块13由冯翔编写;模块4和模块7由贺华刚编写;模块2和模块8由牟杨编写;模块3和模块10由林申正编写;模块9由张建编写;模块5和模块11由郭莉梅编写;模块6和模块12由李璟编写。

由于编者水平有限,书中错误在所难免,望见本书者批评指正,不胜感激。如读者在使用过程中有其他建议,恳请向编者提出,以便修订时改进。

编　者
2019 年 4 月

目　　录

模块 1　建筑材料的基本知识 ……………………………………………………………… 1

项目 1.1　建筑材料的定义与分类 …………………………………………………………… 1

　　1.1.1　建筑材料的定义 ………………………………………………………………… 1

　　1.1.2　建筑材料的分类 ………………………………………………………………… 1

项目 1.2　建筑材料在建筑工程中的作用 …………………………………………………… 2

项目 1.3　建筑材料的发展 …………………………………………………………………… 3

项目 1.4　建筑材料的技术标准简介 ………………………………………………………… 4

项目 1.5　本课程主要内容和学习任务 ……………………………………………………… 5

习题 …………………………………………………………………………………………… 5

模块 2　建筑材料的基本性质 ……………………………………………………………… 7

项目 2.1　材料的组成和结构 ………………………………………………………………… 7

　　2.1.1　材料的组成 ……………………………………………………………………… 7

　　2.1.2　材料的结构 ……………………………………………………………………… 7

　　2.1.3　材料的结构状态参数 …………………………………………………………… 9

项目 2.2　材料与水有关的性质 ……………………………………………………………… 12

　　2.2.1　材料的亲水性与憎水性 ………………………………………………………… 12

　　2.2.2　材料的吸水性与吸湿性 ………………………………………………………… 12

　　2.2.3　材料的耐水性 …………………………………………………………………… 13

　　2.2.4　材料的抗渗性 …………………………………………………………………… 14

　　2.2.5　材料的抗冻性 …………………………………………………………………… 15

　　2.2.6　材料的霉变性和腐朽性 ………………………………………………………… 15

项目 2.3　材料与热有关的性质 ……………………………………………………………… 15

　　2.3.1　材料的热容性 …………………………………………………………………… 16

　　2.3.2　材料的导热性 …………………………………………………………………… 16

　　2.3.3　材料的热变形性 ………………………………………………………………… 17

项目 2.4　材料的力学性质 …………………………………………………………………… 17

　　2.4.1　材料的强度 ……………………………………………………………………… 17

　　2.4.2　材料的弹性与塑性 ……………………………………………………………… 18

　　2.4.3　材料的脆性与韧性 ……………………………………………………………… 19

　　2.4.4　材料的硬度与耐磨性 …………………………………………………………… 19

项目 2.5　材料的耐久性 ……………………………………………………………………… 19

　　2.5.1　材料的耐久性与使用寿命 ……………………………………………………… 19

　　2.5.2　材料的耐久性及保证措施 ……………………………………………………… 20

习题 …………………………………………………………………………………………… 20

模块3 建筑石材 ··· 24

项目3.1 岩石及石材的分类 ··· 24

3.1.1 岩浆岩 ··· 24

3.1.2 沉积岩 ··· 25

3.1.3 变质岩 ··· 26

项目3.2 石材的开采 ··· 26

项目3.3 石材加工工艺 ··· 27

3.3.1 大理石标准生产工艺 ····································· 27

3.3.2 花岗岩规格板生产工艺 ··································· 27

3.3.3 异型石材加工工艺 ······································· 28

3.3.4 石材拉毛（剁斧）板加工工艺 ······························ 28

项目3.4 石材的技术性质 ··· 28

3.4.1 物理性质 ··· 28

3.4.2 力学性质 ··· 30

3.4.3 工艺性质 ··· 31

项目3.5 建筑常用的石材 ··· 31

3.5.1 天然大理石板材 ··· 31

3.5.2 天然花岗石板材 ··· 32

3.5.3 天然石材的选用原则 ····································· 32

项目3.6 建筑装饰石材 ··· 33

3.6.1 天然石材 ··· 33

3.6.2 人工石材 ··· 34

习题 ··· 35

模块4 气硬性胶凝材料 ··· 37

项目4.1 石灰 ··· 37

4.1.1 石灰的生产 ··· 38

4.1.2 石灰的熟化与硬化 ······································· 38

4.1.3 石灰的技术标准 ··· 39

4.1.4 石灰的技术性质 ··· 40

4.1.5 石灰的应用 ··· 41

4.1.6 石灰的储运 ··· 41

项目4.2 石膏 ··· 42

4.2.1 建筑石膏的生产简介 ····································· 42

4.2.2 建筑石膏的凝结硬化 ····································· 42

4.2.3 建筑石膏的技术标准 ····································· 43

4.2.4 建筑石膏的技术性质 ····································· 43

4.2.5 建筑石膏的应用 ··· 44

4.2.6 建筑石膏的储运 ··· 45

项目4.3 水玻璃 ··· 45

4.3.1 水玻璃的组成 ··· 45

4.3.2 水玻璃的性质 ··· 46

　　　　4.3.3 水玻璃的应用 ……………………………………………………………… 46
　　习题 ……………………………………………………………………………………… 47

模块5 水泥 ……………………………………………………………………………… 50

　　项目5.1 硅酸盐水泥 ……………………………………………………………………… 50
　　　　5.1.1 硅酸盐水泥的生产及矿物组成 …………………………………………… 51
　　　　5.1.2 硅酸盐水泥的水化与凝结硬化 …………………………………………… 53
　　　　5.1.3 硅酸盐水泥的技术性质 …………………………………………………… 56
　　　　5.1.4 硅酸盐水泥的腐蚀与防止 ………………………………………………… 60
　　　　5.1.5 硅酸盐水泥的特性及应用 ………………………………………………… 63
　　项目5.2 掺有混合材料的硅酸盐水泥 …………………………………………………… 64
　　　　5.2.1 混合材料的作用与种类 …………………………………………………… 64
　　　　5.2.2 掺有混合材料的硅酸盐水泥的种类 ……………………………………… 65
　　项目5.3 其他品种水泥 …………………………………………………………………… 71
　　　　5.3.1 铝酸盐水泥 ………………………………………………………………… 72
　　　　5.3.2 快硬硅酸盐水泥 …………………………………………………………… 76
　　　　5.3.3 白色硅酸盐水泥 …………………………………………………………… 77
　　　　5.3.4 道路硅酸盐水泥 …………………………………………………………… 78
　　　　5.3.5 膨胀硅酸盐水泥与自应力硅酸盐水泥 …………………………………… 79
　　　　5.3.6 低水化热硅酸盐水泥 ……………………………………………………… 80
　　　　5.3.7 抗硫酸盐硅酸盐水泥 ……………………………………………………… 80
　　　　5.3.8 砌筑水泥 …………………………………………………………………… 81
　　项目5.4 水泥的验收、储存与运输 ……………………………………………………… 82
　　　　5.4.1 水泥的验收 ………………………………………………………………… 82
　　　　5.4.2 水泥的储存与运输 ………………………………………………………… 82
　　习题 ……………………………………………………………………………………… 83

模块6 混凝土 …………………………………………………………………………… 87

　　项目6.1 概述 ……………………………………………………………………………… 87
　　　　6.1.1 什么是混凝土 ……………………………………………………………… 87
　　　　6.1.2 混凝土的特点 ……………………………………………………………… 87
　　　　6.1.3 混凝土的分类 ……………………………………………………………… 87
　　　　6.1.4 混凝土的基本要求 ………………………………………………………… 88
　　项目6.2 普通混凝土的组成材料 ………………………………………………………… 88
　　　　6.2.1 水泥 ………………………………………………………………………… 88
　　　　6.2.2 骨料 ………………………………………………………………………… 89
　　　　6.2.3 混凝土拌制及养护用水 …………………………………………………… 95
　　　　6.2.4 外加剂 ……………………………………………………………………… 96
　　　　6.2.5 混凝土掺和料 ……………………………………………………………… 101
　　项目6.3 普通混凝土的主要技术性质 …………………………………………………… 103
　　　　6.3.1 新拌混凝土的和易性 ……………………………………………………… 103
　　　　6.3.2 硬化混凝土的强度 ………………………………………………………… 107
　　　　6.3.3 混凝土的变形性能 ………………………………………………………… 112

6.3.4 硬化混凝土的耐久性 ……………………………………………… 115
项目6.4 普通混凝土的配合比设计 …………………………………………… 118
6.4.1 混凝土配合比设计的基本要求 …………………………………… 118
6.4.2 普通混凝土配合比设计的步骤 …………………………………… 118
6.4.3 普通混凝土配合比设计实例 ……………………………………… 123
项目6.5 普通混凝土的质量控制与强度评定 ………………………………… 125
6.5.1 混凝土质量波动与控制 …………………………………………… 126
6.5.2 混凝土强度的合格评定 …………………………………………… 127
项目6.6 其他种类混凝土 ……………………………………………………… 129
6.6.1 轻混凝土 …………………………………………………………… 129
6.6.2 耐热混凝土 ………………………………………………………… 132
6.6.3 纤维混凝土 ………………………………………………………… 133
6.6.4 耐酸混凝土 ………………………………………………………… 133
6.6.5 防辐射混凝土 ……………………………………………………… 134
6.6.6 高强混凝土 ………………………………………………………… 134
6.6.7 喷射混凝土 ………………………………………………………… 134
6.6.8 大体积混凝土 ……………………………………………………… 135
6.6.9 泵送混凝土 ………………………………………………………… 136
习题 …………………………………………………………………………… 136

模块7 建筑砂浆 …………………………………………………………………… 140
项目7.1 砌筑砂浆 ……………………………………………………………… 140
7.1.1 砂浆的组成材料 …………………………………………………… 140
7.1.2 新拌砂浆的和易性 ………………………………………………… 141
7.1.3 硬化砂浆的强度和强度等级 ……………………………………… 142
7.1.4 砂浆黏结力 ………………………………………………………… 143
7.1.5 砂浆变形性 ………………………………………………………… 144
7.1.6 砂浆的抗冻性 ……………………………………………………… 144
7.1.7 砌筑砂浆的配合比设计 …………………………………………… 144
项目7.2 抹面砂浆 ……………………………………………………………… 146
7.2.1 抹面砂浆的组成材料 ……………………………………………… 147
7.2.2 抹面砂浆的施工及要求 …………………………………………… 147
7.2.3 抹面砂浆的种类及选用 …………………………………………… 147
项目7.3 其他种类建筑砂浆 …………………………………………………… 147
7.3.1 装饰砂浆 …………………………………………………………… 147
7.3.2 绝热砂浆 …………………………………………………………… 148
7.3.3 吸声砂浆 …………………………………………………………… 148
7.3.4 防水砂浆 …………………………………………………………… 148
7.3.5 防辐射砂浆 ………………………………………………………… 149
习题 …………………………………………………………………………… 149

模块8 墙体及屋面材料 …………………………………………………………… 152
项目8.1 烧结砖 ………………………………………………………………… 152

8.1.1　烧结普通砖 ··· 152

8.1.2　烧结多孔砖和烧结空心砖 ··· 154

项目 8.2　砌块 ·· 156

8.2.1　蒸压加气混凝土砌块 ··· 156

8.2.2　混凝土砌块 ··· 158

8.2.3　粉煤灰砌块 ··· 159

项目 8.3　复合墙体材料 ··· 160

8.3.1　纤维增强水泥平板(TK 板) ··· 160

8.3.2　玻璃纤维增强水泥复合墙板(GRC 外墙板) ································· 160

8.3.3　钢筋混凝土岩棉复合外墙板 ··· 161

8.3.4　石棉水泥复合外墙板 ··· 161

8.3.5　钢丝网岩棉夹芯板(GY 板) ··· 161

项目 8.4　屋面材料 ··· 161

8.4.1　石棉水泥瓦 ··· 161

8.4.2　钢丝网水泥波瓦 ··· 162

8.4.3　玻璃钢波形瓦 ··· 162

8.4.4　聚氯乙烯波纹瓦 ··· 162

8.4.5　彩色混凝土平瓦 ··· 163

8.4.6　油毡(沥青)瓦 ··· 163

8.4.7　琉璃瓦 ··· 163

项目 8.5　其他墙体材料 ··· 163

8.5.1　纤维增强硅酸钙板 ··· 163

8.5.2　聚苯模块混凝土复合绝热墙体 ··· 164

8.5.3　金属面夹芯板 ··· 164

8.5.4　石膏墙板 ··· 164

8.5.5　纤维复合板 ··· 165

8.5.6　混凝土墙板 ··· 166

习题 ·· 166

模块 9　建筑钢材 ··· 169

项目 9.1　钢材的基本知识 ··· 169

9.1.1　钢的分类 ··· 169

9.1.2　钢的化学成分对钢材的影响 ··· 170

项目 9.2　建筑钢材性能 ··· 171

9.2.1　力学性能 ··· 171

9.2.2　工艺性能 ··· 174

项目 9.3　建筑工程常用钢材的品种与应用 ··· 176

9.3.1　建筑常用钢种 ··· 177

9.3.2　钢结构用钢 ··· 181

9.3.3　混凝土结构用钢筋 ··· 183

项目 9.4　建筑钢材的腐蚀与防护 ··· 188

9.4.1　钢材的腐蚀 ··· 188

9.4.2　钢材的防护 ··· 189

习题 ·· 190

模块 10　建筑木材 ……………………………………………………………………………………… 192

项目 10.1　木材的分类与构造 ……………………………………………………………………… 192

10.1.1　木材的分类 …………………………………………………………………………… 192

10.1.2　木材的构造 …………………………………………………………………………… 192

项目 10.2　木材的基本性质 ………………………………………………………………………… 193

项目 10.3　木材的应用 ……………………………………………………………………………… 195

10.3.1　木材的规格及用途 …………………………………………………………………… 195

10.3.2　木材的综合利用 ……………………………………………………………………… 196

项目 10.4　木材及装饰制品 ………………………………………………………………………… 197

10.4.1　条木地板 ……………………………………………………………………………… 197

10.4.2　拼花木地板 …………………………………………………………………………… 197

10.4.3　护壁板 ………………………………………………………………………………… 197

10.4.4　木花格 ………………………………………………………………………………… 197

10.4.5　木装饰线条 …………………………………………………………………………… 198

项目 10.5　木材的防腐与防火 ……………………………………………………………………… 198

10.5.1　木材的化学腐蚀、腐朽、虫蛀与防腐 ……………………………………………… 198

10.5.2　木材的燃烧与防火 …………………………………………………………………… 199

习题 …………………………………………………………………………………………………… 199

模块 11　建筑玻璃 ……………………………………………………………………………………… 201

项目 11.1　玻璃的性质与分类 ……………………………………………………………………… 201

11.1.1　玻璃的性质 …………………………………………………………………………… 201

11.1.2　建筑玻璃的分类 ……………………………………………………………………… 202

项目 11.2　玻璃在建筑上的用途 …………………………………………………………………… 202

11.2.1　围护、分隔空间 ……………………………………………………………………… 202

11.2.2　采光 …………………………………………………………………………………… 202

11.2.3　控制光线 ……………………………………………………………………………… 202

11.2.4　反射 …………………………………………………………………………………… 202

11.2.5　保温节能 ……………………………………………………………………………… 202

11.2.6　艺术效果 ……………………………………………………………………………… 202

11.2.7　装饰立面 ……………………………………………………………………………… 203

11.2.8　玻璃制品 ……………………………………………………………………………… 203

项目 11.3　各种光学材料的选用 …………………………………………………………………… 207

11.3.1　普通平板玻璃 ………………………………………………………………………… 207

11.3.2　安全玻璃 ……………………………………………………………………………… 208

11.3.3　功能玻璃 ……………………………………………………………………………… 208

11.3.4　装饰玻璃 ……………………………………………………………………………… 208

11.3.5　玻璃墙体和屋面材料 ………………………………………………………………… 208

习题 …………………………………………………………………………………………………… 209

模块 12　建筑功能材料 ………………………………………………………………………………… 212

项目 12.1　防水材料 ………………………………………………………………………………… 212

12.1.1　防水的基本用材 ……………………………………………………………………… 212

12.1.2　防水卷材 ……………………………………………………………………………… 221

12.1.3　防水涂料 ·· 229
12.1.4　新型防水材料 ··· 235
项目 12.2　建筑装饰材料 ··· 238
12.2.1　建筑装饰材料的基本性质与选用 ·· 238
12.2.2　建筑装饰陶瓷制品 ··· 240
12.2.3　建筑涂料 ·· 242
12.2.4　纤维类装饰材料 ·· 244
12.2.5　金属类装饰材料 ·· 245
12.2.6　建筑装饰材料的发展方向 ·· 246
项目 12.3　绝热材料 ··· 246
12.3.1　材料的热学性质 ·· 246
12.3.2　绝热材料的类型 ·· 247
12.3.3　常用绝热材料 ··· 251
项目 12.4　吸声隔声材料 ··· 252
12.4.1　材料的吸声性 ··· 252
12.4.2　吸声材料 ·· 253
12.4.3　隔声材料 ·· 255
12.4.4　选用原则和施工注意事项 ·· 256
项目 12.5　透光材料 ··· 258
12.5.1　光学材料的性质 ·· 258
项目 12.6　建筑塑料 ··· 260
12.6.1　塑料的组成 ·· 260
12.6.2　常用建筑塑料 ··· 261
习题 ··· 263

模块 13　建筑材料性能检测 ··· 265
项目 13.1　建筑材料性能检测概述 ··· 265
13.1.1　建筑材料检测的目的 ·· 265
13.1.2　建筑材料检测步骤 ··· 265
项目 13.2　建筑材料基本性能检测 ··· 266
13.2.1　密度试验 ·· 266
13.2.2　表观密度试验 ··· 267
13.2.3　堆积密度试验 ··· 268
13.2.4　孔隙率、空隙率的计算 ··· 270
12.2.5　材料的吸水率检测 ··· 270
项目 13.3　水泥性能试验 ··· 271
13.3.1　采用标准 ·· 271
13.3.2　水泥性能检测的一般规定 ·· 272
13.3.3　水泥细度检测 ··· 272
13.3.4　比表面积检测 ··· 273
13.3.5　水泥标准稠度用水量试验(标准法和代用法) ····························· 274
13.3.6　水泥净浆凝结时间试验 ··· 276
13.3.7　水泥安定性的测定 ··· 276
13.3.8　水泥胶砂强度检验 ··· 278
项目 13.4　混凝土用骨料检测 ··· 280

13.4.1 采用标准 ·········· 280

13.4.2 材料取样 ·········· 280

13.4.3 砂的筛分析试验 ·········· 281

13.4.4 石子的筛分析试验 ·········· 282

13.4.5 砂的含水率试验 ·········· 283

13.4.6 石子的含水率试验 ·········· 283

13.4.7 石子的压碎指标值试验 ·········· 283

13.4.8 针状和片状颗粒的含量测试 ·········· 284

项目 13.5 普通混凝土性能检测 ·········· 285

13.5.1 采用标准 ·········· 285

13.5.2 混凝土拌和物试验室拌和方法 ·········· 285

13.5.3 混凝土拌和物和易性试验 ·········· 286

13.5.4 混凝土立方体抗压强度试验 ·········· 288

项目 13.6 砌筑砂浆性能检测 ·········· 290

13.6.1 采用标准 ·········· 290

13.6.2 拌和物取样和制备 ·········· 290

13.6.3 砂浆的稠度试验 ·········· 291

13.6.4 砂浆分层度试验 ·········· 291

13.6.5 砂浆抗压强度试验 ·········· 292

项目 13.7 砌墙砖试验 ·········· 293

13.7.1 采用标准 ·········· 293

13.7.2 取样 ·········· 293

13.7.3 尺寸测量 ·········· 293

13.7.4 外观质量检查 ·········· 294

13.7.5 抗压强度试验 ·········· 295

13.7.6 蒸压加气混凝土砌块 ·········· 297

项目 13.8 钢筋试验 ·········· 297

13.8.1 采用标准 ·········· 297

13.8.2 钢筋的取样与验收复检与判定 ·········· 298

13.8.3 钢筋拉伸试验 ·········· 298

13.8.4 冷弯试验 ·········· 300

项目 13.9 沥青试验 ·········· 301

13.9.1 采用标准 ·········· 301

13.9.2 取样方法 ·········· 301

13.9.3 针入度试验 ·········· 301

13.9.4 沥青延度试验 ·········· 302

13.9.5 软化点试验 ·········· 304

13.9.6 防水卷材试验 ·········· 305

参考文献 ·········· 306

模块 1　建筑材料的基本知识

学习要求

　　掌握建筑材料的定义,了解建筑材料在建筑工程中的地位与作用,了解建筑材料的分类,了解建筑材料的技术标准及建筑材料的发展现状及发展方向。

　　建筑物是由各种材料建成的,用于建筑工程中的材料的性能对建筑物的各种性能具有重要影响。因此,建筑材料不仅是建筑物的物质基础,也是决定建筑工程质量和使用性能的关键因素。为使建筑物实现安全、性能可靠、耐久、美观、经济适用的综合品质,必须合理选择且正确使用建筑材料。

项目 1.1　建筑材料的定义与分类

1.1.1　建筑材料的定义

　　建筑材料是建筑工程中所使用的各种材料及制品的总称。建筑材料是构成建筑工程的物质基础。广义的建筑材料是指,除用于建筑物本身的各种材料之外,还包括给水排水、供热、供电、供燃气、电信以及楼宇控制等配套工程所需设备与器材。另外,施工过程中的暂设工程,如围墙、脚手架、板桩和模板等所涉及的器具与材料,也应囊括其中。本课程讨论的是狭义的建筑材料,即构成建筑物本身的材料,从地基基础、承重构件(梁、板、柱等),直到墙体、屋面和地面等所需的材料。

1.1.2　建筑材料的分类

　　建筑材料的种类繁多,性能各异,用途也不尽相同,为了便于区分和应用,建筑工程中通常从不同的角度对建筑材料进行分类。

1.1.2.1　建筑材料按其化学成分分类

　　建筑材料按其化学成分分类可分为无机材料、有机材料和复合材料等。本书基本上是按建筑材料的化学成分进行分类的,见表1-1。

表 1-1　建筑工程材料的分类

分类	种类	举例
有机材料	植物材料	木材、竹材等
	沥青材料	石油沥青、煤沥青和沥青制品等
	合成高分子材料	塑料、涂料和胶黏剂等

续表

分类	种类	举例
无机材料	金属材料	有色金属(铝、铜、锌、铅及其合金等)
		黑色金属(钢、铁、锰、铬及其合金等)
	非金属材料	天然材料(砂、石及石材制品);烧土制品(砖、瓦、陶瓷和玻璃等);胶凝材料(石灰、石膏、水泥和水玻璃等);混凝土及硅酸盐制品(混凝土、砂浆和硅酸盐制品等)
复合材料	无机非金属材料与有机材料复合	聚合物混凝土、玻璃纤维增强塑料、沥青混凝土等
	金属材料与无机非金属材料复合	钢筋混凝土
	金属材料与有机材料复合	轻质金属夹芯板

1.1.2.2　建筑材料按其使用功能分类

建筑材料按其使用功能分类可分为结构材料、围护材料和功能材料等。

1. 结构材料

结构材料主要是指构成建筑物受力构件或结构所用的材料,如梁、板、柱、基础和框架等结构或构件所使用的材料。结构材料要求必须具有足够的强度和耐久性,常用的结构材料有石、砖、混凝土和钢材等。

2. 围护材料

围护材料是指用于建筑物围护结构的材料,如墙体、门窗和屋面等部位使用的材料。围护材料不仅要求具有一定的强度和耐久性,还要求必须具有良好的保温绝热性和满足防水、隔声要求等。常用的围护材料有砖、砌块、各种墙板和屋面板等。

3. 功能材料

功能材料主要是指担负建筑物使用过程中所必需的建筑功能的非承重用材料。如防水材料(沥青、塑料、橡胶、金属、聚乙烯胶泥)、装饰材料(墙面砖、石材、彩钢板、彩色混凝土)、保温绝热材料(塑料、橡胶、泡沫混凝土)、吸声隔声材料(多孔石膏板、塑料吸音板、膨胀珍珠岩)、密封材料等。

1.1.2.3　建筑材料按其在建筑物中的部位分类

建筑材料按其在建筑物中的部位分类可分为承重材料、屋面材料、地面材料和墙体材料等。

项目1.2　建筑材料在建筑工程中的作用

任何一种建筑物或构筑物都是由建筑材料按某种方式组合而成的,没有建筑材料,就没有建筑工程,因此,建筑材料是建筑业发展的物质基础。正确地选择和合理使用建筑材料以及新材料的开发利用对促进建筑业的发展意义非凡。

（1）材料的质量决定建筑物的质量。建筑材料是建筑业发展的物质基础,材料的质量、性能直接影响建筑物的使用、耐久性和美观。建筑材料的品种、质量及规格直接影响建筑物的坚固性、耐久性和适用性。材料质量的优劣,配制是否合理,选用是否恰当等直接决定建筑工程质量是否合格。

（2）材料的发展影响结构性质及施工方法。任何一个建筑工程都由建筑、材料、结构、和施工4个方面组成,其中,材料决定了结构形式,如木结构、钢结构和钢筋混凝土结构等,结构形式一经确定,施工方法也随之而定。建筑工程中许多技术问题的突破,往往依赖于材料问题的解决,新材料的出现,将促使建筑设计、结构设计和施工技术发生革命性的变化。例如,黏土砖的出现,产生了砖木结构;水泥和钢筋的出现,产生了钢筋混凝土结构;轻质高强材料的出现,推动了现代建筑向高层和大跨度方向发展;轻质材料和保温材料的出现,对减轻建筑物的自重、提高建筑物的抗震能力、改善工作与居住环境条件等起到了十分有益的作用,并推动了节能建筑的发展;新型装饰材料的出现,使得建筑物的造型及建筑物的内外装饰发生了明显变化。总之,新材料的出现远比通过结构设计与计算和采用先进施工技术对建筑工程的影响大,建筑工程归根到底是围绕着建筑材料来开展的生产活动,建筑材料是建筑工程的基础和核心。

（3）材料的费用决定建筑工程的造价。材料使用量大,在我国,建筑物的总造价中,材料费占50%～60%。因此,材料的选用和管理是否合理,直接影响到建筑工程的造价。只有学习并掌握建筑材料知识,才能合理选择和使用材料,充分利用材料的各种性能,提高材料的利用率,在满足使用功能的前提下节约材料,进而降低建筑工程造价。

项目1.3 建筑材料的发展

建筑材料的发展史是人类文明史的一部分,利用建筑材料改造自然、促进人类物质文明的进步,是人类社会发展的一个重要标志。建筑材料是随着社会生产力和科学技术水平的发展而发展的,原始时代人们利用天然材料——木材、岩石、竹、黏土来建造房屋,以此用于遮风避雨。石器、铁器时代人们开始加工和生产材料,如著名的金字塔使用的材料是石材、石灰和石膏;万里长城使用的材料是条石、大砖和石灰砂浆;布达拉宫使用的材料是石材和石灰砂浆。18世纪中叶建筑材料中开始出现钢材、水泥;19世纪出现钢筋混凝土;20世纪出现预应力混凝土和高分子材料;21世纪出现轻质、高强、节能、高性能绿色建筑材料。

近几十年来,随着科学技术的进步和建筑工程发展的需要,一大批新型建筑材料应运而生,出现了塑料、涂料、新型建筑陶瓷与玻璃、新型复合材料(纤维增强材料、夹层材料等),但当代主要结构材料仍为钢筋混凝土。随着社会的进步、环境保护和节能降耗的需要,对建筑材料提出了更高、更多的要求。因而,今后一段时间内,建筑材料将向以下几个方向发展。

（1）轻质高强。现今,钢筋混凝土结构材料自重大(每立方米约2 500 kg),限制了建筑物向高层、大跨度方向发展。通过减轻材料自重,以尽量减轻结构物自重,可提高经济效益。目前,世界各国都在大力发展高强混凝土、加气混凝土、轻骨料混凝土、空心砖和石膏板等材料,以适应建筑工程发展的需要。

（2）节约能源。建筑材料的生产能耗和建筑物使用能耗,在国家总能耗中一般占20%～35%,研制和生产低能耗的新型节能建筑工程材料,是构建节约型社会的需要。

（3）利用废渣。充分利用工业废渣、生活废渣和建筑垃圾生产建筑材料，将各种废渣尽可能资源化，以保护环境、节约自然资源，使人类社会可持续发展。

（4）多功能化。利用复合技术生产多功能材料、特殊性能材料及高性能材料，这对提高建筑物的使用功能、经济性及加快施工速度等有着十分重要的作用。

（5）智能化。所谓智能化材料，是指材料本身具有自我诊断和预告破坏、自我修复的功能以及可重复利用性。建筑材料向智能化方向发展，是人类社会向智能化社会发展过程中降低成本的需要。

（6）绿色化。产品的设计是以改善生产环境，提高生活质量为宗旨，产品具有多功能，不仅无损而且有益于人的健康；产品可循环，或回收再利用，或形成无污染环境的废弃物。因此，生产材料所用的原料尽可能少用天然资源，大量使用废渣、垃圾和废液等废弃物；采用低能耗制造工艺和对环境无污染的生产技术；产品配制和生产过程中，不使用对人体和环境有害的污染物质。

（7）再生化。再生化是指建筑工程中使用材料开发生产的可再生循环和回收利用，这使得建筑物拆除后不会造成二次污染。

项目 1.4　建筑材料的技术标准简介

目前，我国绝大多数建筑材料都有相应的技术标准，这些技术标准涉及产品规格、分类、技术要求、验收规则、代号与标志、运输与贮存及抽样方法等内容。

建筑材料的技术标准是产品质量的技术依据，见表 1-2。对于生产企业，必须按照标准生产，控制其质量，同时它可促进企业改善管理，提高生产技术和生产效率。对于使用部门，则按照标准选用、设计、施工，并按标准验收产品。

表 1-2　建筑材料的技术标准

标准级别	表示内容	代号	表示方法
国家标准	国家强制标准	GB	由标准名称、标准代号、发布顺序号、发布年号组成，例如：《硅酸盐水泥、普通硅酸盐水泥》GB 175—2007
	国家推荐标准	GB/T	
	建筑工程国家标准	GBJ	
行业标准（部分）	建筑工业行业标准	JC	
	建设部行业标准	JGJ	
	冶金部标准	YB	
	交通部行业标准	JT	
	水电标准	SD	
地方标准	地方强制性标准	DB	
	地方推荐性标准	DB/T	
企业标准	适用于本企业	QB	

发布年号
发布顺序号
标准代号
标准名称

技术标准是根据一定时期的技术水平制定的，因而随着技术的发展与使用要求的不断提高，需要对标准进行修订，修订标准实施后，旧标准自动废除。

工程中使用的建筑材料除必须满足产品标准外,有时还必须满足有关的设计规范、施工及验收规范或规程等的规定。这些规范或规程对建筑材料的选择、使用、质量要求及验收等还有专门的规定(其中有些规范或规程的规定与建筑材料产品标准的要求相同)。

无论是国家标准还是部门行业标准,都是全国通用标准,属国家指令性技术文件,均必须严格遵照执行,尤其是强制性标准。在学习有关标准时应注意到黑体字标志的条文为强制性条文。工程中有时还涉及美国标准 ASTM(ASTM, American Society for Testing Materials)、英国标准 BS(British Standard)、日本标准 JIS、德国标准 DIN(Deutsch Industrie Normen)、法国标准 NF、国际标准 ISO(International Standard Organization)等。

项目1.5 本课程主要内容和学习任务

本课程主要讲述常用建筑材料的品种、规格、技术性质、质量标准、检验方法、选用及保管等基本内容。重点要求掌握建筑材料的技术性质性能与合理选用方法,并具备对常用建筑材料的主要技术指标进行检测的能力。

本课程包括理论课和实验课两个部分。学习目的在于使学生掌握主要建筑材料的性质、用途、制备和使用方法以及检测和质量控制方法,并了解建筑材料性质与材料结构的关系以及改善性能的途径。通过本课程的学习,应能针对不同建筑工程合理选用材料,并能与后续课程密切配合,了解材料与设计参数及施工措施选择的相互关系。

为了学好"建筑材料"这门课程,学习时应从材料科学的观点和方法及实践的观点出发,具体来说从以下几个方面来进行。

(1)抓住重点内容。这门课的特点与力学、数学等完全不同,初次学习难免产生枯燥无味之感,但必须克服这一心理状态,必须静下心来反复阅读,适当背记,背记后再回想和理解。重点内容就是常用建筑材料的技术性能与选用、检测标准与方法等。在学习过程中要抓住每种材料"原料—生产工艺—组成成分—构造—性质—应用—检验—储存以及它们之间的相互关系"这条主线。

(2)及时总结,发现规律。这门课虽然各模块之间自成体系,但材料的组成、结构、性质和应用之间有内在的联系,通过分析对比,掌握它们的共性。每一模块学习结束后,及时总结。

(3)观察工程,认真试验,学习过程中注意理论与实践相结合。建筑材料是一门实践性很强的课程,学习时应注意理论联系实际,为了及时理解课堂讲授的知识,应利用一切机会观察周围已经建成的或正在施工的工程,在实践中理解和验证所学内容。材料性能检测是本课程的重要教学环节,通过材料性能检测可验证所学的基本理论,学会检验常用建筑材料的检测方法,掌握一定的检测技能,并能对检测结果进行正确的分析和判断,这可培养学生的学习与工作能力及严谨的科学态度。

习　　题

一、填空题

1. 建筑材料按其使用功能分类,可分为_____、_____、_____等。

2. 建筑材料按其在建筑物中的部位分类,可分为_____、_____、_____、_____等。

二、判断题

1. 建筑材料是建筑工程中所使用的各种材料及制品的总称。 ( )

2. 结构材料主要是指构成建筑物受力构件或结构所用的材料。 ( )

3. 建筑材料的费用决定建筑工程的造价。 ( )

4. 建筑材料是建筑物的物质基础。 ( )

5. 建筑材料发展迅速,且日益向轻质、高强、多功能方向发展。 ( )

三、单项选择题

1. 建筑材料按(   )可分为有机材料、无机材料、复合材料。

    A. 化学材料   B. 使用材料

    C. 使用部位

2. 建筑材料国家标准的代号为(   )。

    A. GB/T   B. GB

    C. GBJ   D. JBJ

四、多项选择题

1. 建筑材料的发展方向是(   )。

    A. 轻质高强   B. 多功能

    C. 绿色化   D. 智能化

2. 下列标准中属于地方标准的是(   )。

    A. QB   B. DB

    C. DB/T   D. GB

五、实训操作题

根据本模块介绍的课程内容和学习要求,结合自己的学习情况和学习条件,制订一份本课程的学习计划。

模块 2　建筑材料的基本性质

╔═══════════╗
学习要求
╚═══════════╝

了解建筑材料的组成和结构,掌握建筑材料的密度、表观密度、体积密度、堆积密度、孔隙率和密实度、空隙率和填充率的概念与计算方法,理解材料与水有关的性质、与热有关的性质以及力学性质和耐久性。

建筑材料在使用条件下要承受一定荷载和经受周围各种介质的物理与化学的作用,如酸类腐蚀和盐类腐蚀等。因此,要求建筑材料必须具备相应的性质。例如,建筑结构材料必须具有良好的力学性能;墙体材料必须具有绝热、隔声的性能;地面材料应具有耐磨损性能;防水材料必须具有防水抗渗性能等。在这些性质中,有些是大多数建筑材料均应具备的性质,即基本性质。建筑材料的基本性质主要包括材料的结构状态参数、化学性质、力学性质和耐久性等。

项目 2.1　材料的组成和结构

2.1.1　材料的组成

材料的组成是决定材料性质的最基本因素。材料的组成主要包括材料的化学组成和矿物组成。

2.1.1.1　材料的化学组成

材料的化学组成是指构成材料的化学元素及化合物的种类和数量。材料的化学组成的不同是导致其性能各异的主要原因。例如,不同种类合金钢的性质不同,主要是由于其所含的化学元素碳 C、硅 Si、锰 Mn、钒 V、钛 Ti 的不同所致。硅酸盐水泥不适用于海洋工程,主要是因为硅酸盐水泥石中的 $Ca(OH)_2$ 与海水中的盐(Na_2SO_4、$CaCl_2$ 等)会发生化学反应,生成体积膨胀或结构疏松的产物。

2.1.1.2　材料的矿物组成

材料的矿物组成是在其化学组成确定的条件下决定材料性质的主要因素。如常用水泥的主要化学组成都是 CaO 和 SiO_2 等,但由于形成的矿物熟料有硅酸三钙($3CaO \cdot SiO_2$)与硅酸二钙($2CaO \cdot SiO_2$)之分,前者强度增长快、放热量大,后者强度增长慢、放热量小。

2.1.2　材料的结构

材料的结构可分为宏观结构、细观结构和微观结构。

2.1.2.1　宏观结构

材料的宏观结构是指用肉眼或放大镜能够分辨的粗大组织。材料的宏观结构按其宏观组织和孔隙状态的不同可分为以下几种类型。

(1)致密状结构:指完全没有或基本没有孔隙的结构。具有该种结构的材料一般密度大,强度和硬度较高,吸水性小,抗渗和抗冻性较好,耐磨性较好,如钢材、致密石材和玻璃等。

(2)多孔状结构:指具有较多粗大孔隙的结构。具有该种结构的材料一般都为轻质材料,具有较好的保温绝热和隔声吸声性能,同时具有较高的吸水性,如加气混凝土、泡沫塑料及人造轻质多孔材料等。

(3)微孔状结构:指具有众多直径微小孔隙的结构。具有该种结构的材料通常密度和导热系数较小,有良好的隔声吸声性能,抗渗性较差,如石膏制品、烧结砖等。

(4)颗粒状结构:指由松散粒状物质所形成的结构,如砂、石、粉煤灰和膨胀珍珠岩等,这种结构的材料可由胶凝材料黏结成整体,也可单独以填充状态使用。

(5)纤维状结构:指由天然或人工合成纤维物质构成的结构。具有该种结构的材料其性能通常呈各向异性,具有较好的保温和吸声性能,如木材、岩棉和玻璃钢等。

(6)层状结构:指由天然形成或人工粘贴等方法将材料叠合而成的双层或多层结构。具有该种结构的材料可以综合各层材料的性能优势,扩大其使用范围,如胶合板、纸面石膏板等。

2.1.2.2　细观结构

材料的细观结构(也称亚微观结构)是指可用光学显微镜观察到的结构。材料的细观结构只能针对某种具体材料来进行分类研究。例如,混凝土可分为基相、集料相、界面相;木材可分为木纤维、导管髓线、树脂道。

材料的细观结构层次上的各种组织结构、性质和特点各异,它们的特征、数量和分布对材料的性能有重要影响。

2.1.2.3　微观结构

材料的微观结构主要指材料在原子、分子、离子层次上的组织形式。材料的许多性质与其微观结构都有密切关系。材料的微观结构基本上可分为晶体、玻璃体和胶体。

(1)晶体。晶体的微观结构特点是组成物质的微观粒子在空间的排列有确定的几何位置关系。如强度极高的金刚石和强度极低的石墨,虽然元素组成都为碳,但由于各自的晶体结构形式不同,而形成了性质上的巨大反差。一般来说,晶体结构的物质具有强度高、硬度较大、有确定的熔点、力学性质各向异性的共性。建筑材料中的金属材料(如钢和铝合金)和非金属材料中的石膏及水泥石中的某些水化产物(氢氧化钙、水化铝酸三钙)等都是典型的晶体结构。

(2)玻璃体。玻璃体的微观结构特点是组成物质的微观粒子在空间的排列呈无序混沌状态。玻璃体结构的材料具有化学活性高、无确定的熔点、力学性质各向同性的特点。粉煤灰、建筑用普通玻璃都是典型的玻璃体结构。

(3)胶体。胶体是建筑材料中常见的一种微观结构形式,通常是由极细的固体颗粒均匀分布在液体中所形成。胶体与晶体和玻璃体最大的不同点是可呈分散和网状两种结构形式,分别称为溶胶和凝胶。溶胶失水后成为具有一定强度的凝胶结构,可以把材料中的晶体或其他固体颗粒黏结为整体。如气硬性胶凝材料水玻璃和硅酸盐水泥石中的水化硅酸钙和水化铁酸钙都呈胶体结构。

2.1.3　材料的结构状态参数

2.1.3.1　材料的体积

体积是材料占有的空间尺寸。由于材料具有不同的结构状态,如图 2-1 所示,因而表现出不同的体积。材料的体积有绝对密实体积、表观体积、自然体积和堆积体积。

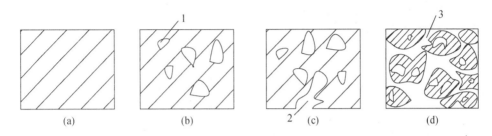

图 2-1　材料的结构状态
(a)密实状态　(b)内部有孔隙　(c)内外有孔隙　(d)堆积状态
1—闭口孔隙;2—开口孔隙;3—空隙

材料的绝对密实体积是指干材料在绝对密实状态下的体积,即材料内部没有孔隙时的体积,或不包括内部闭口孔隙的体积,一般以 V 表示。对于绝对密实而外形规则的材料,如钢材、玻璃等,V 可采用测量计算的方法求得。对于可研磨的非密实材料,如烧结砖、石膏等,V 可采用研磨成细粉,再用密度瓶排水法求得。

材料的表观体积是指材料在自然状态下不含开口孔隙的体积,即包含少量的闭口孔隙的外观体积,一般以 V' 表示。如对于自身较为密实(含有少量的闭口孔隙)的颗粒堆积材料,如配制混凝土所用的砂、石等材料,可不必磨成细粉,而直接用颗粒排水法测得的体积即为表观体积。

材料的自然体积是指材料在自然状态下(包括所有孔隙)的体积,一般以 V_0 表示。材料自然体积的测量,对于外形规则的材料,如烧结砖、砌块等,可采用测量计算的方法求得。对于外形不规则的材料,对材料表面经涂蜡处理后采用排水法求得。

材料的堆积体积是指粉状或粒状材料,在堆积状态下的总体外观体积。根据其堆积状态不同,同一材料表现的体积大小可能不同,松散堆积状态下的体积较大,密实堆积状态下的体积较小。材料的堆积体积一般以 V'_0 表示,常采用已知容积的容器测量法求得。

2.1.3.2　材料的密度、表观密度、体积密度和堆积密度

在建筑工程中,计算材料用量、构件的自重、配料计算以及确定堆放空间时经常要用到材料的密度、表观密度、体积密度和堆积密度等数据。

(1)密度。材料的密度是指材料在绝对密实状态下单位体积的质量。按下式计算:

$$\rho = \frac{m}{V} \tag{2-1}$$

式中:ρ——材料的密度,g/cm³ 或 kg/m³;

m——材料的干质量,g 或 kg;

V——材料在绝对密实状态下的体积,cm³ 或 m³。

(2)表观密度。表观密度是指材料在自然状态下不含开口孔隙时单位体积的质量。按下式计算:

$$\rho' = \frac{m}{V'} \tag{2-2}$$

式中:ρ'——材料的表观密度,g/cm³ 或 kg/m³;

m——材料的干质量,g 或 kg;

V'——材料的表观体积,cm³ 或 m³。

(3)体积密度。体积密度是指材料在自然状态下单位体积的质量。按下式计算:

$$\rho_0 = \frac{m}{V_0} \tag{2-3}$$

式中:ρ_0——材料的体积密度,g/cm³ 或 kg/m³;

m——材料的质量,g 或 kg;

V_0——材料的自然体积,cm³ 或 m³。

材料的体积密度,通常是指干燥状态的体积密度(干体积密度)。但在自然状态下的材料,常含有一些水分,会影响体积密度,这时应表明其含水状态。

(4)堆积密度。堆积密度是指粉状、颗粒状或纤维材料在堆积状态下单位体积的质量。按下式计算:

$$\rho_0' = \frac{m}{V_0'} \tag{2-4}$$

式中:ρ_0'——材料的堆积密度,g/cm³ 或 kg/m³;

m——材料的质量,g 或 kg;

V_0'——材料的堆积体积,cm³ 或 m³。

堆积密度是颗粒材料松装状态的密度,如果颗粒材料按规定方法颠实后,其单位体积的质量则称为紧密密度。

2.1.3.3　材料的密实度和孔隙率

(1)密实度。密实度是指材料体积内被固体物质充实的程度,用 D 表示。密实度按下式计算:

$$D = \frac{V}{V_0} \times 100\% \tag{2-5}$$

亦可用材料的密度和体积密度计算:

$$D = \frac{V}{V_0} = \frac{m/\rho}{m/\rho_0} = \frac{\rho_0}{\rho} \times 100\% \tag{2-6}$$

对于绝对密实材料,因 $V = V_0$,故密实度 $D = 1$ 或 100%。对于大多数建筑材料,因 $V <$

V_0，故密实度 $D < 1$ 或 $D < 100\%$。

（2）孔隙率。孔隙率是指材料内部孔隙的体积占材料总体积的百分率，用 P 表示。孔隙率按下式计算：

$$P = \frac{V_0 - V}{V_0} = 1 - \frac{V}{V_0} = 1 - D = \left(1 - \frac{\rho_0}{\rho}\right) \times 100\% \qquad (2\text{-}7)$$

由式（2-7）可导出：

$$P + D = 1 \qquad (2\text{-}8)$$

上式表示材料的自然体积由绝对密实体积和孔隙体积构成。材料的孔隙率是反映材料孔隙状态的重要指标，与材料的各项物理、力学性能有密切的关系。几种常见材料的孔隙率见表 2-1。

表 2-1　常用建筑材料的密度、体积密度、堆积密度和孔隙率

材料名称	$\rho(\text{g/cm}^3)$	$\rho_0(\text{kg/m}^3)$	$\rho_0'(\text{kg/m}^3)$	$P(\%)$
石灰岩	2.6	1 800 ~ 2 600	—	0.2 ~ 4
花岗岩	2.6 ~ 2.8	2 500 ~ 2 800	—	<1
普通混凝土	2.6	2 200 ~ 2 500	—	2.6 ~ 2.8
碎石	2.6 ~ 2.7	—	1 400 ~ 1 700	—
砂	2.6 ~ 2.7	—	1 350 ~ 1 650	—
黏土空心砖	2.5	1 000 ~ 1 400	—	20 ~ 40
水泥	3.1	—	1 000 ~ 1 100（疏松）	—
木材	1.55	—	—	55 ~ 75
钢材	7.85	—	—	0
铝合金	2.7	—	—	0
泡沫塑料	1.04 ~ 1.07	20 ~ 50	—	—

注：习惯上 ρ 的单位采用 g/cm^3，ρ_0 和 ρ_0' 的单位采用 kg/m^3。

2.1.3.4　材料的填充率和空隙率

（1）填充率。填充率是指散粒状材料在其堆积体积中，被颗粒实体填充的程度，用 D' 表示。填充率按下式计算：

$$D' = \frac{V_0}{V_0'} \times 100\% = \frac{\rho_0'}{\rho_0} \times 100\% \qquad (2\text{-}9)$$

（2）空隙率。空隙率是指散粒材料在其堆积体积中，颗粒之间的空隙体积所占的比例，用 P' 表示。空隙率按下式计算：

$$P' = \left(1 - \frac{V_0}{V_0'}\right) \times 100\% = \left(1 - \frac{\rho_0'}{\rho_0}\right) \times 100\% \qquad (2\text{-}10)$$

由式(2-9)和式(2-10)可导出：

$$P' + D' = 1 \tag{2-11}$$

空隙率反映了散粒材料的颗粒之间的相互填充的致密程度,空隙率可作为控制混凝土骨料级配与计算含砂率的依据。对于混凝土的粗、细骨料,空隙率越小,说明其颗粒大小搭配得越合理,用其配置的混凝土越密实,越节约水泥。

项目2.2　材料与水有关的性质

建筑物在使用过程中,材料不可避免会受到自然界的雨、雪、地下水和冻融等的影响,故要特别注意材料与水有关的性质。材料与水有关的性质包括材料的亲水性和憎水性以及材料的吸水性、吸湿性、耐水性、抗渗性、抗冻性、霉变性和腐朽性等。

2.2.1　材料的亲水性与憎水性

材料与水接触时,首先遇到的问题就是材料能否被水所湿润。湿润是水被材料表面吸附的过程,它与材料本身的性质有关。

当水与材料在空气中接触时,将出现如图2-2所示的情况。在材料、水和空气交接处,沿水滴表面作切线,此切线和水与材料接触面所形成的夹角 θ,称为润湿角。如图2-2(a)所示,若润湿角 $\theta \leqslant 90°$,说明材料与水之间的作用力(吸附力)要大于水分子之间的作用力(内聚力),材料表面吸附水分,即材料被水所湿润,称该材料是亲水的。反之,若润湿角 $\theta > 90°$,如图2-2(b)所示,说明材料与水之间的作用力(吸附力)要小于水分子之间的作用力(内聚力),材料表面不吸附水分,即材料不能被水所湿润,称该材料是憎水的。亲水材料易被水所湿润,且水能通过毛细管作用而被吸入材料内部(如木材、烧结砖等)。憎水材料则能阻止水分渗入毛细管中,从而降低材料的吸水性。像沥青一类的憎水材料常用来做防水材料。

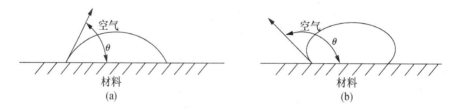

图2-2　材料的湿润示意图
(a)材料的亲水性　(b)材料的憎水性

2.2.2　材料的吸水性与吸湿性

2.2.2.1　吸水性

材料的吸水性是指材料在水中吸收水分达到饱和的能力,吸水性用吸水率表示。吸水率有质量吸水率和体积吸水率两种表达方式,分别以 W_w 和 W_v 表示,计算式如下:

$$W_w = \frac{m_2 - m_1}{m_1} \times 100\% \qquad (2\text{-}12)$$

$$W_v = \frac{V_w}{V_0} = \frac{m_2 - m_1}{V_0} \cdot \frac{1}{\rho_w} \times 100\% \qquad (2\text{-}13)$$

式中：W_w——质量吸水率，%；

　　　W_v——体积吸水率，%；

　　　m_2——材料在吸水饱和状态下的质量，g；

　　　m_1——材料在绝对干燥状态下的质量，g；

　　　V_w——材料所吸收水分的体积，cm^3；

　　　V_0——材料的自然体积，cm^3；

　　　ρ_w——水的密度，常温下可取 1 g/cm^3。

对于质量吸水率大于 100% 的材料，如木材等通常采用体积吸水率，而对于大多数材料，经常采用质量吸水率。两种吸水率存在着以下关系：

$$W_v = W_w \rho_0 \qquad (2\text{-}14)$$

这里 ρ_0 是材料的干燥体积密度，单位采用 g/cm^3。影响材料吸水性的主要因素有材料本身的化学组成、结构和构造状况，尤其是孔隙状况，一般来说，材料的亲水性越强，空隙率越大，连通的毛细孔隙越多，其吸水率越大。不同的材料吸水率变化范围不同，花岗岩为 0.5% ~ 0.7%，外墙面砖为 6% ~ 10%，内墙釉面砖为 12% ~ 20%，普通混凝土为 2% ~ 4%。材料的吸水率越大，其吸水后强度下降越大，导热性增大，抗冻性随之下降。

2.2.2.2　吸湿性

材料的吸湿性是指材料在潮湿空气中吸收水分的能力。吸湿性用含水率 W_H 表示，计算式如下：

$$W_H = \frac{m_k - m_1}{m_1} \times 100\% \qquad (2\text{-}15)$$

式中：W_H——材料的含水率，%；

　　　m_k——材料吸湿后的质量，g；

　　　m_1——材料在绝对干燥状态下的质量，g。

影响材料吸湿性的因素，除材料本身的化学组成、结构、构造及孔隙外，还与环境的温、湿度有关。材料堆放在工地现场，不断向空气中挥发水分，又同时从空气中吸收水分，其稳定的含水率是达到挥发与吸收动态平衡的一种状态。例如，在混凝土的施工配合比设计中要考虑砂、石含水率的影响。

2.2.3　材料的耐水性

材料的耐水性是指材料长期在水的作用下不破坏，强度也不显著降低的性质。衡量材料耐水性的指标是材料的软化系数，以 K_R 表示，计算式如下：

$$K_R = \frac{f_b}{f_g} \qquad (2\text{-}16)$$

式中:K_R——材料的软化系数;

f_b——材料饱水状态下的抗压强度,MPa;

f_g——材料干燥状态下的抗压强度,MPa。

软化系数反映了材料饱水后强度降低的程度,是材料吸水后性质变化的重要特征之一。其实,许多材料吸水(或吸湿)后,即使未达到饱和状态,其强度及其他性质也会有明显的变化。这是因为材料吸水后,水分会分散在材料内微粒的表面,削弱了微粒间的结合力,从而使其强度有不同程度的降低。当材料内含有可溶性物质时(如石膏、石灰),吸入的水还可能溶解部分物质,造成强度的严重降低。

材料耐水性这一性质限制了材料的使用环境,软化系数小的材料耐水性差,其使用环境尤其受到限制,建筑工程中通常将 $K_R > 0.85$ 的材料称为耐水性材料,可以用于水中或潮湿环境中的重要结构。用于受潮较轻或次要结构时,材料的 K_R 值也不得小于 0.75。

2.2.4　材料的抗渗性

材料的抗渗性是指材料抵抗压力水渗透的性质。建筑工程中许多材料常含有孔隙、孔洞或其他缺陷,当材料两侧的水压差较高时,水可能从高压侧通过内部的孔隙、孔洞或其他缺陷渗透到低压侧。这种压力水的渗透,不仅会影响到工程的使用,而且渗入的水还会带入能腐蚀材料的介质,或将材料内的某些成分带出,造成材料的破坏。因此,长期处于有压力水中时,材料的抗渗性也是决定工程使用寿命的重要因素之一。

材料的抗渗性可用渗透系数和抗渗等级表示。

2.2.4.1　渗透系数

根据达西定律,在一定的时间 t 内,透过的水量 W 与材料垂直于渗水方向的渗水面积 A 和材料两侧的水压差 H 成正比,与渗透距离(材料的厚度)d 成反比,即表示为

$$W = K_s \frac{A \cdot t \cdot H}{d} \tag{2-17}$$

式中:W——时间 t 内的渗水总量,cm^3;

K_s——材料的渗透系数,cm/h;

A——材料垂直于渗水方向的渗水面积,cm^2;

H——材料两侧的水压差,cm;

t——渗水时间,h;

d——材料的厚度,cm。

材料的 K_s 值愈小,则其抗渗能力愈强。建筑工程中有部分材料的防水能力就是以渗透系数来表示的,如屋面防水卷材、防水涂料等均采用渗透系数表示。

2.2.4.2　抗渗等级

建筑工程中,为直接反映材料适应环境的(防水)能力,对一些常用材料(如混凝土、砂浆等)的抗渗(防水)能力常以抗渗等级表示。

材料的抗渗等级是指材料用标准方法进行透水试验时,规定的试件在透水前所能承受的最大水压力,以符号 P 及可承受的水压力值(以 0.1 MPa 为单位)表示。如防水混凝土的抗渗等级为 P6、P8、P12、P16、P20,表示其分别能够承受 0.6 MPa、0.8 MPa、1.2 MPa、

2.0 MPa 的水压力而不渗水。因此,材料的抗渗等级越高,其抗渗性越强。

材料的抗渗性与其亲水性、孔隙率、孔隙特征和裂缝缺陷等有关,在其内部孔隙中,开口孔、连通孔是材料渗水的主要通道。建筑工程中一般采用对材料进行憎水处理、减少孔隙率、改善孔隙特征(减少开口孔和连通孔)、防止产生裂缝及其他缺陷等方法来增强抗渗性。

2.2.5　材料的抗冻性

材料的抗冻性是指材料在吸水饱和状态下,能经受多次冻融循环作用而不破坏、强度也不显著降低的性质。

在潮湿环境或水中的建筑物,温暖季节材料吸水饱和,寒冷季节又受冰冻,如此多次反复交替作用,会在材料孔隙内壁因水结冰体积膨胀(约 9%)产生高达 100 MPa 的应力,导致材料严重破坏。

材料的抗冻性用抗冻等级表示。抗冻等级是指材料在标准试验条件下,经过多次冻融,强度下降不大于 25%,质量损失不大于 5%,所能经受的最多冻融循环次数。以符号 F 及材料可承受的最多冻融循环次数表示。如抗冻等级为 F10 的材料,表示材料所能经受的冻融循环次数最多为 10 次。通常根据建筑工程的使用环境和要求,确定对材料抗冻等级的要求。如陶瓷面砖、普通烧结砖等墙体材料要求抗冻等级分别为 F15 和 F25,而水工混凝土的抗冻等级要求高达 F500。

材料的抗冻性主要与其孔隙率、孔隙特征、吸水性及抵抗胀裂的强度有关,建筑工程中常从这些方面改善材料的抗冻性。

2.2.6　材料的霉变性和腐朽性

材料在潮湿或温暖的气候条件下受到真菌侵蚀,在材料的表面产生绒毛状的或棉花状的,颜色从白色到暗灰色至黑色,有时也会显出蓝绿色、黄绿色或微红色的物质称为材料霉变。霉变对材料的力学性质影响较小,但影响外观,甚至会引起材料表面变形。材料发生霉变的原因主要有水分、温度及空气,真菌适宜在潮湿(温度为 25 ~ 35 ℃)的空气中繁殖生存,温度低于 5 ℃ 或高于 60 ℃,或完全浸入水中的材料,真菌都会停止繁殖甚至死亡。只要保持材料干燥、通风,就可避免材料发生霉变。

材料在使用过程中受到酸、碱、盐以及真菌等各种腐蚀介质的作用,在材料内部发生一系列的物理、化学变化,使材料逐渐受到损害,性能改变,力学性质降低,严重时会引起整个材料彻底破坏的现象称为材料腐朽。如水泥石在淡水、酸类、盐类和强碱等各种介质作用下水化产物发生分解、反应,引起水泥石疏松、开裂。木材受到腐朽菌侵蚀,将木材细胞壁中的纤维素等物质分解,使木材腐朽破坏。引起材料腐朽的原因很多,具体的防腐措施见其他各模块内容。

项目2.3　材料与热有关的性质

材料与热有关的性质包括热容性、导热性和热变形性。

2.3.1   材料的热容性

材料的热容性是指材料受热时吸收热量或冷却时放出热量的能力,它以材料升温或降温时热量的变化来表示,即热容量。其计算公式为

$$Q = m \cdot c \cdot (T_1 - T_2) \tag{2-18}$$

式中:Q——材料的热容量,kJ;

m——材料的质量,kg;

$T_1 - T_2$——材料受热或冷却前后的差,K;

c——材料的比热,J/(kg·K)。

其中,比热(c)值是真正反映不同材料间热容性差别的参数。可以在实验室条件下检测材料在温度变化时的热量释放量,再由下式求出:

$$c = \frac{Q}{m \cdot (t_1 - t_2)} \tag{2-19}$$

c 值的物理意义是质量为 1 kg 的材料,在温度每改变 1 K 时所吸收或放出热量的大小。材料的比热值大小与其组成和结构有关,比热大的材料对缓和建(构)筑物的温度变化有利,工程中常选用比热大的建筑材料。因为水的比热值最大,当材料含水率高时,比热值则增大。通常所说材料的比热值是指其干燥状态下的比热值。

2.3.2   材料的导热性

材料的导热性是指材料两侧有温差时,材料将热量由温度高的一侧向温度低的一侧传递的能力,也就是传导热的能力。

材料的导热性以导热系数 λ 表示,λ 是指当材料两侧的温差为 1 K 时,在单位时间(1 h)内,通过单位面积(1 m²),透过单位厚度(1 m)材料所传导的热量。其计算公式为

$$\lambda = \frac{Q \cdot d}{(T_1 - T_2) \cdot A \cdot t} \tag{2-20}$$

式中:λ——材料的导热系数,W/(m·K);

Q——传导的热量,J;

d——材料的厚度,m;

A——材料的传热面积,m²;

t——传热时间,h;

$T_1 - T_2$——材料两侧的温度差,K。

导热系数大的材料,则导热性强,绝热性差。不同材料的导热性差别很大,通常把 $\lambda <$ 0.23 W/(m·K)的材料称为绝热性材料。

材料的导热性与其结构、组成、表观密度、含水率、孔隙率及孔隙特征等有关,材料的表观密度小、孔隙率大、闭口孔多、孔分布均匀、孔尺寸小、含水率小时,则表现出导热性差、绝热性好。通常所说的材料导热系数是指干燥状态下的导热系数。当材料一旦吸水或受潮时,导热系数会显著增大,绝热性明显变差。

2.3.3　材料的热变形性

材料的热变形性是指材料在温度升高或降低时体积变化的性质。

除个别材料(如 277 K 以下的水)以外,多数材料在温度升高时体积膨胀,温度下降时体积收缩,这种变化表现在单向尺寸时,为线膨胀或线收缩,材料的单向线膨胀量或线收缩量计算公式为

$$\Delta L = (T_1 - T_2) \cdot \alpha \cdot L \tag{2-21}$$

式中:ΔL——线膨胀量或线收缩量,mm 或 cm;

　　$T_1 - T_2$——材料升(降)温前后的温度差,K;

　　α——材料在常温下的平均线膨胀系数,1/K;

　　L——材料原来的长度,mm 或 cm。

线膨胀系数 α 指材料温度上升 1 K(或下降 1 K)所引起的相对伸长值(或相对缩短值),是一个重要的物理参数,可以用来计算材料在温度变化时的变形,或当温度变形受阻时所产生的温度应力等。

项目2.4　材料的力学性质

2.4.1　材料的强度

材料的强度是指材料在外力(荷载)作用下,抵抗破坏的能力。材料所受的外力,主要有压力、拉力、剪力和弯曲等多种形式。材料抵抗这些外力破坏的能力,分别称为抗压强度、抗拉强度、抗剪强度和抗弯强度。材料承受各种外力的示意图,如图 2-3 所示。

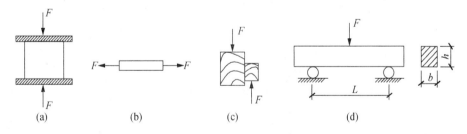

图2-3　材料的几种受力状态
(a)材料受压　(b)材料受拉　(c)材料受剪　(d)材料受弯

材料的抗压、抗拉、抗剪强度可按下式计算:

$$f = \frac{F}{A} \tag{2-22}$$

式中:f——材料的抗压、抗拉、抗剪强度,MPa;

　　F——材料受压、受拉、受剪破坏时的荷载,N;

　　A——材料的受拉、受压、受剪面积,mm²。

材料的抗弯强度(也称抗折强度)与材料受力情况有关,试验时将试件放在两个支点

上,若中间作用一集中荷载,对矩形截面试件,抗弯强度可按下式计算:

$$f_f = \frac{3F \cdot L}{2b \cdot h^2}$$ (2-23)

式中:f_f——抗弯强度,MPa;

　　F——材料试件受弯时的破坏荷载,N;

　　L——材料试件两支点间的距离,mm;

　　b、h——材料试件的截面宽度、高度,mm。

材料的强度与它的成分、构造有关。不同种类的材料,有不同的强度;同一种材料随其孔隙率及构造特征不同,强度也会有较大差异。一般情况下,表观密度愈小,孔隙率愈大,质地愈疏松的材料强度也愈低。

强度是材料的主要技术性能之一,不同材料的强度,可按规定的标准试验方法确定。材料可根据强度值大小划分为若干等级。对于不同强度的材料进行比较,可采用比强度这个指标。比强度是指材料的强度与其体积密度之比,是衡量材料轻质高强性能的重要指标。这类轻质高强的材料也是未来建筑材料发展的主要方向。几种主要常用建筑材料的比强度见表2-2。

表2-2　几种主要材料的比强度值

材料	表观密度(kg/m³)	抗压(拉)强度(MPa)	比强度
普通混凝土	2 400	40	0.017
低碳钢(抗拉)	7 850	420	0.054
松木(顺纹抗拉)	500	100	0.200
烧结普通砖	1 700	10	0.006

2.4.2　材料的弹性与塑性

材料的弹性与塑性是材料的变形性能,它们主要描述的是材料变形是否可恢复的特性。材料的弹性是指材料在外力作用下发生变形,当外力解除后,能完全恢复到变形前形状的性质,这种变形称为弹性变形或可恢复变形。如图2-4(a)所示为弹性材料的 $\sigma - \varepsilon$ 变形曲线,其加荷和卸荷是完全重合的两条直线,表示了其变形的可恢复性。该直线与横轴夹角的正切,称为弹性模量,以 E 表示,$E = \frac{\sigma}{\varepsilon}$,弹性模量 E 值愈大,说明材料在相同外力作用下的变形愈小。

材料的塑性是指材料在外力作用下发生变形,当外力解除后,不能完全恢复原来形状的性质。这种变形称为塑性变形或不可恢复变形。完全弹性的材料实际是不存在的,大部分材料是弹性、塑性分阶段发生的。如图2-4(b)、(c)所示分别为软钢和混凝土的 $\sigma - \varepsilon$ 变形曲线,虚线表示的是卸荷过程,由此可见都存在着不可恢复的残余变形,故常将其称为弹塑性材料。

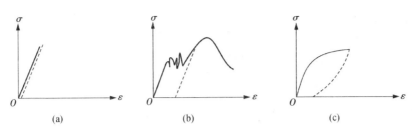

图 2-4　材料的 $\sigma - \varepsilon$ 变形曲线

（a）弹性材料的变形曲线　（b）软钢的变形曲线　（c）混凝土的变形曲线

2.4.3　材料的脆性与韧性

材料的脆性是指材料受力达到一定程度时,突然发生破坏,且破坏时无明显塑性变形的性质。大部分无机非金属材料均属脆性材料,如天然石材、烧结普通砖、陶瓷、玻璃、普通混凝土和砂浆等。脆性材料的另一特点是抗压强度高而抗拉、抗弯强度低。因而脆性材料常用于承受静压力作用的建筑部位,如基础、墙体、柱子和墩座等。

材料在冲击或动力荷载作用下,能吸收较大的能量产生一定的变形而不破坏性能的性质,称为韧性或冲击韧性。建筑钢材、木材、塑料等是较典型的韧性材料。路面、桥梁、吊车梁及有抗震要求的结构都要考虑材料的韧性。

2.4.4　材料的硬度与耐磨性

材料的硬度是指材料表面耐较硬物体刻画或压入而产生塑性变形的能力。木材、金属等韧性材料的硬度,往往采用压入法来测定。压入法硬度的指标有布氏硬度和洛氏硬度,它等于压入荷载值除以压痕的面积或深度。而陶瓷、玻璃等脆性材料的硬度往往采用刻画法来测定,称为莫氏硬度,根据刻画矿物(滑石、石膏、方解石、萤石、磷灰石、长石、石英、黄晶、刚玉和金刚石)的不同分为 10 级。

耐磨性是指材料表面抵抗磨损的能力。材料的耐磨性用磨耗率表示,按下式计算:

$$G = \frac{m_1 - m_2}{A} \tag{2-24}$$

式中：G——材料的磨耗率,g/cm^2;

　　　m_1——材料磨损前的质量,g;

　　　m_2——材料磨损后的质量,g;

　　　A——材料试件的受磨面积,cm^2。

材料的磨耗率 G 值越低,表明该材料的耐磨性越好。一般硬度较高的材料,耐磨性也较好。建筑工程实际中也可通过选择硬度合适的材料来满足对耐磨性的要求。

项目 2.5　材料的耐久性

2.5.1　材料的耐久性与使用寿命

材料的耐久性是泛指材料在使用条件下,受各种内在或外来自然因素及有害介质的作用,能长久地保持其使用性能的性质。

在设计建筑物选用材料时,必须考虑材料的耐久性问题,因为只有采用耐久性良好的建筑材料,才能保证建筑物的耐久性。提高材料的耐久性,对节约建筑材料、保证建筑物长期正常使用、减少维修费用和延长建筑物使用寿命等,均具有十分重要的意义。

2.5.2 材料的耐久性及保证措施

2.5.2.1 影响材料耐久性的因素

用于建(构)筑物的材料,除要受到各种外力的作用之外,还经常要受到环境中许多自然因素的破坏作用。这些破坏作用包括物理、化学、机械和生物的作用。

(1)物理作用。它包括干湿变化、温度变化及冻融变化等。这些作用将使材料发生体积的胀缩,或导致内部裂缝的扩展,长期的反复作用会使材料逐渐破坏。

(2)化学作用。它包括大气、环境水以及使用条件下酸、碱、盐等液体或有害气体对材料的侵蚀作用。

(3)机械作用。它包括使用荷载的持续作用,交变荷载引起材料的疲劳破坏以及冲击、磨损等作用。

(4)生物作用。它包括菌类、昆虫等的作用使材料被腐朽、蛀蚀而破坏。

2.5.2.2 提高材料耐久性的措施

提高材料的耐久性主要有以下几个措施。

(1)提高材料本身对外界作用的抵抗能力(如提高密实度、改变孔隙构造和改变成分等)。

(2)选用其他材料对主体材料加以保护(如做保护层、刷涂料和做饰面等)。

(3)设法减轻大气或其他介质对材料的破坏作用(如降低湿度、排除侵蚀性物质等)。

2.5.2.3 材料耐久性的测定

对材料耐久性性能的判断应在使用条件下进行长期观测,但这需要很长的时间。通常是根据使用条件和要求,在实验室进行快速试验,如干湿循环、冻融循环、碳化和化学介质浸渍等,并据此对材料的耐久性做出评价。

习 题

一、填空题

1. 材料抗渗性的好坏主要与材料的＿＿＿＿＿和＿＿＿＿＿有密切关系。

2. 抗冻性良好的材料,对于抵抗＿＿＿＿＿、＿＿＿＿＿等破坏作用的性能也较强,因而常作为考查材料耐久性的一个指标。

3. 同种材料的孔隙率愈＿＿＿＿＿,材料的强度愈高;当材料的孔隙率一定时,＿＿＿＿＿孔和＿＿＿＿＿孔愈多,材料的绝热性愈好。

4. 弹性模量是衡量材料抵抗＿＿＿＿＿的一个指标,其值愈＿＿＿＿＿,材料愈不宜变形。

5. 比强度是按单位体积质量计算的＿＿＿＿＿,其值等于＿＿＿＿＿和＿＿＿＿＿之比,它是衡量材料_____的指标。

6. 当孔隙率相同时,分布均匀而细小的封闭孔隙含量愈大,则材料的吸水率_____ __、保温性能_____、耐久性_____。

7. 保温绝热性要求较高的材料应选择导热系数_____、热容量_____的材料。

8. 量取 10 L 气干状态的卵石,称重为 14.5 kg,又取 500 g 烘干的卵石,放入装有 50 mL 水的量筒中,静置 24 h 后,水面升高为 685 mL。该卵石的堆积密度为_____,表观密度为_____。

二、判断题

1. 凡是含孔材料,其干表观密度均比密度小。　　　　　　　　　　　　　(　　)

2. 相同种类的材料,其孔隙率大的材料比孔隙率小的材料密度大。　　　(　　)

3. 材料的密度与表观密度越接近,则材料越密实。　　　　　　　　　　(　　)

4. 某材料含大量开口孔隙,直接用排水法测定其体积,该材料的质量与所测得的体积之比即为该材料的表观密度。　　　　　　　　　　　　　　　　　　　　(　　)

5. 材料在空气中吸收水分的性质称为材料的吸水性。　　　　　　　　　(　　)

6. 材料的孔隙率越大,则其吸水率也越大。　　　　　　　　　　　　　(　　)

7. 材料的比强度值愈小,说明该材料轻质高强的性能越好。　　　　　　(　　)

8. 选择承受动荷载作用的结构材料时,要选择脆性材料。　　　　　　　(　　)

9. 材料的弹性模量越大,则其变形能力越强。　　　　　　　　　　　　(　　)

10. 一般来说,同组成的表观密度大的材料的耐久性好于表观密度小的。　(　　)

三、单项选择题

1. 当材料的润湿角 θ(　　)时,称为亲水性材料。

　A. $>90°$　　　　　　　　　　　　　　B. $\leqslant 90°$

　C. $0°$

2. 颗粒材料的密度为 ρ,表观密度为 ρ_0,堆积密度为 ρ_0',则下列关系正确的是(　　)。

　A. $\rho > \rho_0 > \rho_0'$　　　　　　　　　　B. $\rho_0' > \rho_0 > \rho$

　C. $\rho > \rho_0' > \rho_0$

3. 含水率为 5% 的砂 220 kg,将其干燥后的质量是(　　)kg。

　A. 209　　　　　　　　　　　　　　B. 209.52

　C. 210　　　　　　　　　　　　　　D. 203

4. 材质相同的 A、B 两种材料,已知表观 $\rho_{0A} > \rho_{0B}$,则 A 材料的保温效果比 B 材料(　　)。

　A. 好　　　　　　　　　　　　　　B. 差

　C. 差不多

5. 通常,材料的软化系数(　　)时,可以认为是耐水性材料。

　A. >0.85　　　　　　　　　　　　B. <0.85

　C. <0.75　　　　　　　　　　　　D. >0.75

6. 普通混凝土标准试件经 28 d 标准养护后测得抗压强度为 22.6 MPa,同时又测得同批混凝土水饱和后的抗压强度为 21.5 MPa,干燥状态测得抗压强度为 24.5 MPa,该混凝土的软化系数为(　　)。

A. 0. 96　　　　　　　　　　　　　　　B. 0. 92

C. 0. 13　　　　　　　　　　　　　　　D. 0. 88

7. 某材料孔隙率增大,则(　　　)。

　　A. 表观密度减小,强度降低　　　　　　B. 密度减小,强度降低

　　C. 表观密度增大,强度提高　　　　　　D. 密度增大,强度提高

8. 材料的孔隙率增加,特别是开口孔隙率增加时,会使材料的(　　　)。

　　A. 抗冻、抗渗、耐腐蚀性提高　　　　　B. 抗冻、抗渗、耐腐蚀性降低

　　C. 密度、导热系数、软化系数提高　　　D. 密度、绝热性、耐水性降低

9. 材料的比强度是指(　　　)。

　　A. 两材料的强度比　　　　　　　　　　B. 材料强度与其表观密度之比

　　C. 材料强度与其质量之比　　　　　　　D. 材料强度与其体积之比

10. 为提高材料的耐久性,可以采取的措施有(　　　)。

　　A. 降低孔隙率　　　　　　　　　　　　B. 改善孔隙特征

　　C. 加保护层　　　　　　　　　　　　　D. 以上都是

四、多项选择题

1. (　　　)属于亲水材料。

　　A. 天然石材　　　　　　　　　　　　　B. 砖

　　C. 石蜡　　　　　　　　　　　　　　　D. 混凝土

2. 下列材料中属于韧性材料的有(　　　)。

　　A. 钢材　　　　　　　　　　　　　　　B. 木材

　　C. 竹材　　　　　　　　　　　　　　　D. 石材

3. 能够反映材料在动力荷载作用下,材料变形及破坏的性质有(　　　)。

　　A. 弹性　　　　　　　　　　　　　　　B. 塑性

　　C. 脆性　　　　　　　　　　　　　　　D. 韧性

4. 以下说法错误的有(　　　)。

　　A. 空隙率是指材料内孔隙体积占总体积的比例

　　B. 空隙率的大小反映了散粒材料的颗粒互相填充的致密程度

　　C. 空隙率的大小直接反映了材料内部的致密程度

　　D. 孔隙率是指材料内孔隙体积占总体积的比例

5. 在组成材料与组成结构一定的情况下,要使材料的导热系数尽量小应采用(　　　)的

　措施。

　　A. 使含水率尽量低　　　　　　　　　　B. 使孔隙率大,特别是闭口、小孔尽量多

　　C. 大孔尽量多　　　　　　　　　　　　D. 使含水率尽量高

6. 建筑上为使温度稳定,并节约能源,减少热损失,应选用(　　　)的材料。

　　A. 导热系数小　　　　　　　　　　　　B. 导热系数大

　　C. 热容量小　　　　　　　　　　　　　D. 热容量大

7. 材料的抗弯强度与(　　　)条件有关。

　　A. 受力情况　　　　　　　　　　　　　B. 材料质量大小

　　C. 截面形状　　　　　　　　　　　　　D. 支承条件

五、问答题

1. 为什么新建房屋的墙体保暖性能差,尤其是在冬季?

2. 材料的强度与强度等级有什么关系? 比强度的意义是什么?

3. 评价材料热工性能的常用参数有哪几个? 欲保持建筑物内温度的稳定并减少热损失,应选择什么样的建筑材料?

4. 生产材料时,在其组成一定的情况下,可采取什么措施来提高材料的强度和耐久性?

5. 影响材料耐腐蚀性的内在因素有哪些?

六、计算题

1. 一块烧结普通砖的外形尺寸为 240 mm × 115 mm × 53 mm,吸水饱和后质量为 2 938 g,烘干至恒重的质量为 2 665 g;切下一小块磨细后取干粉 55 g,用容量瓶测得其密实状态下的体积为 20.7 cm^3,求此砖的密度、体积密度、孔隙率、质量吸水率。

2. 配制混凝土用的某种卵石,其表观密度为 2.65 g/cm^3,堆积密度为 1 560 kg/m^3,试求其空隙率。若用堆积密度为 1 500 kg/m^3 的中砂填满 1 m^3 上述卵石的空隙,问需多少千克的砂?

3. 对蒸压灰砂砖进行抗压试验,测得干燥状态下的最大抗压荷载为 190 kN,测得吸水饱和状态下的最大抗压荷载为 162.5 kN,若试验时砖的受压面积为 $A = 115$ mm × 120 mm,求此砖在不同状态下的抗压强度,并试问此砖用在建筑中常与水接触的部位是否可行。

4. 已测得普通混凝土的导热系数 $\lambda = 1.8$ W/(m·K),烧结黏土砖的导热系数 $\lambda = 0.55$ W/(m·K)。若在传热面积、温差、传热时间都相等的条件下,要使普通混凝土墙与厚 240 mm 的烧结黏土砖墙所传导的热量相等,则普通混凝土墙需要多厚?

模块 3　建　筑　石　材

学习要求

本模块简要介绍了岩石的分类与性质、建筑石材的技术性能、天然石材的选用等内容,此外,还简要介绍了人造石材的分类、特点与用途。本模块应重点掌握天然大理石和天然花岗石的组成、品种、技术要求、性能与特点以及在建筑装饰工程中的应用。

项目 3.1　岩石及石材的分类

天然石材是最古老的建筑材料之一,意大利的比萨斜塔、古埃及的金字塔、我国河北的赵州桥等,均为著名的古代石结构建筑。由于其脆性大、抗拉强度低、自重大和开采加工较困难等原因,石材作为结构材料,近代已逐步被混凝土材料所代替,但由于石材具有特有的色泽和纹理美,使得其在室内外装饰中得到更为广泛的应用。石材用于建筑装饰已有悠久的历史,早在两千多年前的古罗马时代,就开始使用白色及彩色大理石等作为建筑饰面材料。在近代,随着石材加工水平的提高,石材独特的装饰效果得到充分展示,作为高级饰面材料,颇受人们欢迎,许多商场、宾馆等公共建筑均使用石材作为墙面、地面等装饰材料。

天然岩石根据其形成的地质条件不同,可分为岩浆岩、沉积岩、变质岩等。

3.1.1　岩浆岩

3.1.1.1　岩浆岩的形成及种类

岩浆岩又称火成岩,它是地壳深处的熔融岩浆上升到地表附近或喷出地表经冷凝而形成的岩石。根据岩浆冷凝情况不同,岩浆岩又可分为深成岩、喷出岩和火山岩。

深成岩是地壳深处的岩浆,在受上部覆盖层压力的作用下经缓慢且较均匀地冷凝而形成的岩石。其特点是矿物结晶完整,晶粒粗大,结构致密,呈块状构造;具有抗压强度高,吸水率小,表观密度大,抗冻性、耐磨性、耐水性良好等性质。常见的深成岩有花岗岩、正长岩、闪长岩和橄榄岩等。

喷出岩是岩浆喷出地表后,在压力骤减、迅速冷却的条件下形成的岩石。其特点是大部分结晶不完全,多呈细小结晶(隐晶质)或玻璃质(解晶质)。当喷出的岩浆形成较厚的喷出岩岩层时,其结构与性质与深成岩相似;当形成较薄的岩层时,由于冷却速度快,且岩浆中气压降低而膨胀,形成多孔结构的岩石,其性质近于火山岩。常见的喷出岩有玄武岩、辉绿岩和安山岩等。

火山岩是火山爆发时,岩浆被喷到空中急速冷却后形成的岩石。其特点是呈多孔玻璃质结构,表观密度小。常见的火山岩有火山灰、浮石、火山渣和火山凝灰岩等。

3.1.1.2 建筑工程常用的岩浆岩

(1)花岗岩。花岗岩是岩浆岩中分布较广的一种岩石,主要由长石、石英和少量云母(或角闪石等)组成,有时也称为麻石。花岗岩具有致密的结晶结构和块状构造,其颜色一般为灰白、微黄和淡红等。由于结构致密,其孔隙率和吸水率很小,表观密度为 2 500 ~ 2 800 kg/m³,抗压强度为 120 ~ 250 MPa,吸水率为 0.1% ~ 0.2%,抗冻性为 F100 ~ F200,耐风化性和耐久性好,使用年限为 75 ~ 200 a,高质量的可达 1 000 a 以上。对硫酸和硝酸的腐蚀具有较强的抵抗性,故可用作设备的耐酸衬里。表面经琢磨加工后光泽美观,是优良的装饰材料。但在高温作用下,由于花岗岩内部石英晶型转变膨胀而引起破坏,因此,其耐火性差。在建筑工程中花岗岩常用于基础、闸坝、桥墩、台阶、路面、墙石和勒脚及纪念性建筑物等。

(2)玄武岩、辉绿岩。玄武岩是喷出岩中最普通的一种,颜色较深,常呈玻璃质或隐晶质结构,有时也呈多孔状或斑形构造。其硬度高,脆性大,抗风化能力强,表观密度为 2 900 ~ 3 500 kg/m³,抗压强度为 100 ~ 500 MPa,常用作高强混凝土的骨料,也用其铺筑道路路面等。辉绿岩主要由铁铝硅酸盐组成,具有较高的耐酸性,可用作耐酸混凝土的骨料。其熔点为 1 400 ~ 1 500 ℃,可作为铸石的原料,所制得的铸石结构均匀致密且耐酸性好。因此,是化工设备耐酸衬里的良好材料。

3.1.2 沉积岩

3.1.2.1 沉积岩的形成及种类

沉积岩又称水成岩。它是地表的各种岩石经自然风化、风力搬迁和流水冲移等作用后,再沉积而形成的岩石。主要存在于地表及离地表不太深处。其特征是层状构造,外观多层理(各层的成分、结构、颜色和层厚等均不相同),表观密度小,孔隙率和吸水率较大,强度较低,耐久性较差。

根据沉积岩的生成条件又可分为机械沉积岩(如砂岩、页岩)、生物沉积岩(如石灰岩、硅藻土)和化学沉积岩(石膏、白云岩)等。

3.1.2.2 建筑工程常用的沉积岩

(1)石灰岩。石灰岩俗称灰石或青石。主要化学成分为 $CaCO_3$。主要矿物成分为方解石,但常含有白云石、菱镁矿、石英、蛋白石、铁矿物和黏土等。因此,石灰岩的化学成分、矿物组成、致密程度以及物理性质等差异甚大。石灰岩通常为灰白色、浅灰色,常因含有杂质而呈现深灰、灰黑和浅红等颜色,表观密度为 2 600 ~ 2 800 kg/m³,抗压强度为 20 ~ 160 MPa,吸水率为 2% ~ 10%。如果岩石中黏土含量不超过 3% ~ 4%,其耐水性和抗冻性较好。石灰岩来源广,硬度低,易劈裂,便于开采,具有一定的强度和耐久性,因而广泛用于建筑工程中。其块石可作基础、墙身、阶石和路面等,其碎石是常用的混凝土骨料。此外,它也是生产水泥和石灰的主要原料。

(2)砂岩。砂岩主要是由石英砂或石灰岩等细小碎屑经沉积并重新胶结而成的岩石。它的性质决定于胶结物的种类及胶结的致密程度。以氧化硅胶结而成的称硅质砂岩;以碳酸钙胶结而成的称钙质砂岩;还有铁质砂岩和黏土质砂岩。致密的硅质砂岩其性能接近于花岗岩,可用于纪念性建筑及耐酸工程等;钙质砂岩的性质类似于石灰岩,抗压强度为 60 ~

80 MPa,较易加工,应用较广,可作基础、踏步、人行道等,但耐酸性差;铁质砂岩的性能比钙质砂岩差,其密实者可用于一般建筑工程;黏土质砂岩浸水易软化,建筑工程中一般不用。

3.1.3 变质岩

3.1.3.1 变质岩的形成及种类

变质岩是地壳中原有的岩浆岩或沉积岩,由于地壳变动和岩浆活动产生的温度和压力,使原岩石在固态状态下发生再结晶,使其矿物成分、结构构造以至化学成分部分全部改变而形成的岩石。通常岩浆岩变质后,结构不如原岩石坚实,性能变差;而沉积岩变质后,结构较原岩石致密,性能变好。

3.1.3.2 建筑工程常用的变质岩

(1)大理岩。大理岩又称大理石、云石,是由石灰岩或白云岩经高温高压作用,重新结晶变质而成,主要矿物成分为方解石、白云石,化学成分主要为 CaO、MgO、CO_2 和少量的 SiO_2 等。天然大理岩具有黑、白、灰、绿和米黄等多种色彩,并且斑纹多样,千姿百态。大理岩的颜色是由其所含成分决定的,见表3-1。

表3-1 大理岩的颜色与所含成分的关系

颜色	白色	紫色	黑色	绿色	黄色	红褐色、紫红色、棕黄色	无色透明
所含成分	碳酸钙、碳酸镁	锰	碳或沥青物	钴化物	铬化物	锰及氧化铁的水化物	石英

大理岩石质细腻、光泽柔润、绚丽多彩,磨光后具有优良的装饰性。大理岩的表观密度为 2 500 ~ 2 700 kg/m³,抗压强度为 50 ~ 140 MPa,莫氏硬度为 3 ~ 4,使用年限为 30 ~ 100 a。大理岩构造致密,表观密度大,但硬度不大,易于切割、雕琢和磨光,可用于高级建筑物的装饰和饰面工程。我国的汉白玉、丹东绿、雪花白、红奶油和墨玉等大理石均为世界著名的高级建筑装饰材料。

(2)石英岩。石英岩是由硅质砂岩变质而成,晶体结构。石英岩结构均匀致密,抗压强度为 250 ~ 400 MPa,耐久性好,但硬度大、加工困难。石英岩常用作重要建筑物耐磨耐酸的贴面材料,其碎块可用作混凝土的骨料。

(3)片麻岩。片麻岩是由花岗岩变质而成,其矿物成分与花岗岩相似,呈片状构造,因而各个方向的物理、力学性质不同。在垂直于解理(片层)方向有较高的抗压强度(120 ~ 200 MPa);沿解理方向易于开采加工,但在冻融循环过程中易剥落分离成片状,故抗冻性差,易于风化。片麻岩常用作碎石、块石和人行道石板等。

项目3.2 石材的开采

饰面石材开采工艺技术的选择与石材种类、矿山类型等因素有关,不同种类的石材开采系统对应不同的开采工艺技术。将石材开采的基本工艺流程归纳成山坡露天开采、凹陷露天开采、山洞开采和圆盘锯开采等。

按照石材的种类不同,饰面石材的开采工艺流程基本上可分成花岗石类硬质石材、大理石类的软质石材和建筑装饰石料 3 类,目前使用的饰面石材开采方法都是针对这 3 类石材。开采工艺方法选择是否得当关系到开采作业能否实施、开采成本是否合适、对矿体资源的保护和利用是否合理。每种石材开采工艺方法虽有不同,但饰面石材的基本开采工艺流程大致一样。

石材矿山的设计、建设和开采的实施必须按照中华人民共和国建材行业标准《装饰石材露天矿山技术规范》(JC/T 1081—2008)的要求和在其指导下进行。矿山开采前必须完成基础设施、水电气的供应系统,开采的道路运输系统的建设。开采位置选定后,必须完成覆盖层和风化层岩石的剥离工作。

项目 3.3　石材加工工艺

石材加工工艺主要包括板材加工工艺和异型材加工工艺。板材加工工艺按石材品种又分为大理石板材加工工艺和花岗岩板材加工工艺,按尺寸大小又分为规格板板材加工工艺和大板板材加工工艺。此外,按加工装备及自动化程度又分为单机生产和流水线生产。单机生产主要是生产量较小的企业采用,其自动化程度较低,但投资少;流水线生产主要是生产量大的企业采用,自动化程度高,一次性投产大,产品质量能够得到保证。

3.3.1　大理石标准生产工艺

大理石标准生产工艺可分为以下两种。

3.3.1.1　先切后磨工艺

先切后磨工艺主要用于加工规格的定型产品。其优点是切断遗弃的未经研磨、抛光的边角料,浪费较小;缺点是石材在花纹、色泽未显示出来就被切断,可能造成本来花色很好的大理石板被盲目地切成小板,故不利于花色的选配。

3.3.1.2　先磨后切工艺

先磨后切工艺是大理石标准板的主要生产工艺,适用于加工工程板材和花色复杂的石材。又可分为两种方案:一种是先抛光后再切断,另一种是精磨后切断再抛光。后者的优点是石材在研磨之后被切断,其花纹特征已显示,有利于花色的选配;缺点是切断遗弃的是已经被研磨、抛光的边角料,故浪费工作量。

目前,大理石标准板材加工的设备包括金刚石框架锯,金刚石锯片横向切机、多头连续研磨机。

3.3.2　花岗岩规格板生产工艺

花岗岩板材的加工基本上是用先磨后切工艺。其工艺流程为:锯割毛板—粗磨—细磨—精磨—抛光—切断—修补—检验—包装入库。花岗岩板材加工设备主要有锯割毛板的框架砂锯和圆盘切机、磨削板材的手扶磨机和桥式磨机、进行切边的桥式切机。由于花岗岩毛板采用的是砂锯,因此表面粗糙度很大,磨削时去除量也大。此外,由于花岗岩的硬度比大理石大,磨削时压力增加,采用手扶磨机和一般磨料加工生产效率低,故采用桥式磨机和金刚石磨块进行磨削。

3.3.3　异型石材加工工艺

随着住宅、环境工程向中、高档水平发展,对石材的异型板材、建筑雕塑、拼花雕刻、各类复杂美观的曲面、柱面乃至于石制家具等都提出了新的需求。以金刚石串珠绳锯、带锯及钻磨等刀具为主并与电脑控制的高新技术相结合的加工设备则充分满足了这种要求。

异型石材加工工艺基本上按下述步骤进行:下料—成型—磨削—修补—抛光—切角—检验—包装。

3.3.4　石材拉毛(剁斧)板加工工艺

3.3.4.1　大理石拉毛(剁斧)板加工工艺

使用起重机将荒料吊装在荒料平板车上,由摆渡车或直接送入锯石机下锯割成拉毛板坯,再利用摆渡车或手推车将拉毛板坯送至凿毛机、切机进行凿毛,切断成拉毛板成品,最后经修补检验即可包装入库或出厂。其加工工艺与大理石、花岗岩标准板生产工艺基本相同,只是以凿锤加工代替了磨抛加工,因此也称剁斧板材。凿锤加工可采用人工凿锤,也可在剁斧加工机械上进行。剁斧机械是用风动锤作为凿锤工具加工石材的。

拉毛(剁斧)板生产工艺流程为:荒料吊装—锯割—拉毛(剁斧)—切断—修补—检验—包装入库或出厂。

砂磨工艺主要用于大理石、花岗岩板材的表面加工。它是砂子在高压射流的作用下通过砂喷喷到大理石、花岗岩表面而使板面达到粗糙装饰效果。

3.3.4.2　花岗岩火烧板加工工艺

烧毛工艺主要用于花岗岩板材的表面加工,与剁斧板材的拉毛生产工艺基本相同,只是将剁斧凿锤工艺换成乙炔气和氧气混合气体喷烧花岗岩板表面,喷出的高温火焰气将花岗岩表面的矿物熔化和玻璃化,从而使花岗岩表面达到粗糙装饰效果。

项目3.4　石材的技术性质

天然石材的技术性质包括物理性质、力学性质和工艺性质。天然石材的技术性质决定于其组成的矿物的种类、特征以及结合状态。天然石材因生成条件各异,常含有不同种类的杂质,矿物组成有所变化,所以即使是同一类岩石,其性质也可能有很大差别。因此,使用前都必须进行检验和鉴定。

3.4.1　物理性质

3.4.1.1　表观密度

表观密度大于 $1\,800\ kg/m^3$ 的石材称为重质石材,否则称为轻质石材。石材表观密度与其矿物组成和孔隙率有关,它能间接反映石材的致密程度和孔隙多少,在通常情况下,同种石材的表观密度愈大,其抗压强度愈高,吸水率愈小,耐久性愈好。

3.4.1.2　吸水性

吸水率低于 1.5% 的岩石称为低吸水性岩石；吸水率介于 1.5% ~ 3.0% 的称为中吸水性岩石；吸水率高于 3.0% 的称为高吸水性岩石。花岗岩的吸水率通常小于 0.5%，致密的石灰岩，吸水率可小于 1%，而多孔贝壳石灰岩，吸水率可高达 15%。

3.4.1.3　耐水性

石材的耐水性用软化系数表示。软化系数大于 0.9 为高耐水性石材，软化系数介于 0.7 ~ 0.9 为中耐水性石材，软化系数介于 0.6 ~ 0.7 为低耐水性石材。一般软化系数低于 0.6 的石材，不允许用于重要建筑。

3.4.1.4　抗冻性

石材的抗冻性是用冻融循环次数来表示，也就是石材在水饱和状态下能经受规定条件下数次冻融循环，而强度降低值不超过 25%，重量损失不超过 5% 时，则认为抗冻性合格。石材的抗冻等级分为 F5、F10、F15、F25、F50、F100、F200 等。石材的抗冻性与其矿物组成、晶粒大小及分布均匀性、胶结物的胶结性质等有关。

3.4.1.5　耐热性

石材的耐热性与其化学成分及矿物组成有关。含有石膏的石材，温度在 100 ℃ 上时开始破坏；含有碳酸镁的石材，当温度高于 725 ℃ 时会发生破坏；含有碳酸钙的石材，当温度达到 827 ℃ 时开始破坏。由石英与其他矿物所组成的结晶石材，如花岗岩等，温度高于 700 ℃ 时，由于石英受热晶型转变发生膨胀，强度迅速下降。

3.4.1.6　导热性

石材的导热性主要与其表观密度和结构状态有关。重质石材的导热系数可达 2.91 ~ 3.49 W/(m·K)；轻质石材的导热系数则在 0.23 ~ 0.70 W/(m·K)。相同成分的石材，玻璃态比结晶态的导热系数小，封闭孔隙的导热性差。

3.4.1.7　光泽度

高级天然石材大都经研磨抛光后进行装修，加工后的平整光滑程度越好，光泽度越高。材料的光泽度是利用光电的原理进行测定的，要采用光电光泽计或性能类似的仪器测定。光泽是物体表面的一种物理现象，会产生反光，物体的表面越平滑光亮，反射的光量越大；反之，若表面粗糙不平，入射光则产生漫射，反射的光量就小，如图 3-1 所示。

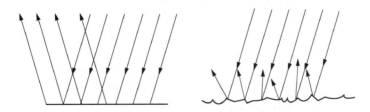

图 3-1　平整光滑表面的反射面(左)；粗糙表面的漫反射(右)

3.4.1.8　放射性元素含量

建筑石材同其他装饰材料一样，也可能存在影响人体健康的成分，主要是放射性核元素镭—226、钍—232 等,其标准可依据《建筑材料放射性核素限量》(GB 6566—2010)中的放射性核素比活度确定,使用范围可分为 A、B、C 等 3 类。A 类材料使用范围不受限制,可用于任何场所;B 类不可用于住宅、托儿所、医院和学校等建筑,可用于商场、体育馆和办公楼等公共场所;C 类只可用于建筑物外饰面及室外其他场所。

3.4.2　力学性质

3.4.2.1　抗压强度

根据《天然饰面石材试验方法》(GB 9966.1～9966.8),饰面石材干燥、水饱和条件下的抗压强度是以边长为 50 mm 的立方体或 50 mm×50 mm 的圆柱体抗压强度值来表示,可分为 MU100、MU80、MU60、MU50、MU40、MU30、MU20、MU15、MU10 等 9 个强度等级,不同石材的尺寸换算系数见表3-2。

表3-2　石材的尺寸换算系数

立方体边长(mm)	200	150	100	70	50
换算系数	1.43	1.28	1.14	1	0.86

3.4.2.2　抗折强度

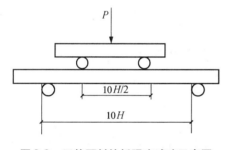

图3-2　天热石材抗折强度试验示意图

抗折强度是饰面石材重要的力学性能指标,根据《天然饰面石材试验方法》(GB/T 9966.2—2001)规定,抗折强度试件尺寸根据石板材的厚度 H 确定,试件长度则为 $10 \times H + 50$ mm。当 $H \leqslant 68$ mm 时试件宽度为 100 mm;$H > 68$ mm 时,宽度为 $1.5H$。抗折强度试验示意图如图 3-2 所示。抗折强度按公式 $f_w = 3PL/(4BH^2)$ 进行计算。

3.4.2.3　冲击韧性

石材的抗拉强度比抗压强度小得多,为抗压强度的 1/20～1/10,是典型的脆性材料。石材的冲击韧性取决于矿物组成与构造。石英岩和硅质砂岩脆性很大,含暗色矿物较多的辉长岩、辉绿岩等,具有相对较大的韧性。通常,晶体结构的岩石较非晶体结构的岩石具有较高的韧性。

3.4.2.4　硬度

石材的硬度指抵抗刻画的能力,以莫氏硬度或肖氏硬度表示。它取决于矿物的硬度与构造。石材的硬度与抗压强度具有良好的相关性,一般抗压强度越高,其硬度也越高。硬度越高,其耐磨性和抗刻画性越好,但表面加工越困难。

莫氏硬度:它采用常见矿物来刻画石材表面,从而判断出相应的莫氏硬度。莫氏硬度从 1～10 的矿物分别是滑石、石膏、方解石、萤石、磷灰石、长石、石英、黄玉、刚玉和金刚石。装修石材的莫氏硬度一般在 5～7。莫氏硬度的测定在某种条件下虽然简便,但各等级不成比例,相差悬殊。

肖氏硬度:由英国肖尔提出,它用一定重量的金刚石冲头,从一定的高度落到磨光石材试件的表面,根据回跳的高度来确定其硬度。

3.4.2.5 耐磨性

耐磨性是指石材在使用条件下抵抗摩擦、边缘剪切以及冲击等复杂作用的性质。石材的耐磨性以单位面积磨耗量表示。石材的耐磨性与其矿物的硬度、结构、构造特征以及石材的抗压强度和冲击韧性等有关。

3.4.3 工艺性质

石材的工艺性质指开采及加工的适应性,包括加工性、磨光性和抗钻性。

加工性指对岩石进行劈解、破碎与凿琢等加工时的难易程度。强度、硬度较高的石材,不易加工;质脆而粗糙,颗粒交错结构,含层状或片状构造以及业已风化的岩石,都难以满足加工要求。

磨光性指岩石能否磨成光滑表面的性质。致密、均匀、细粒的岩石,一般都有良好的磨光性,可以磨成光滑亮洁的表面。疏松多孔、鳞片状结构的岩石,磨光性均较差。

抗钻性指岩石钻孔的难易程度。影响抗钻性的因素很复杂,一般与岩石的强度、硬度等性质有关。

项目3.5 建筑常用的石材

3.5.1 天然大理石板材

岩石学中所指的大理岩是由石灰岩或白云岩变质而成的变质岩,主要矿物成分是方解石或白云石,主要化学成分为碳酸盐类(碳酸钙或碳酸镁)。但建筑工程上通常所说的大理石是广义的,是指具有装饰功能,可锯切、研磨、抛光的各种沉积岩和变质岩,属于沉积岩的大致有致密石灰岩、砂岩和白云岩等。属于变质岩的大致有大理岩、石英岩、蛇纹岩等。

3.5.1.1 大理石板材的产品分类及等级

按《天然大理石建筑板材》(GB/T 19766—2016)规定,其板材根据形状可分为普型板(PX)和圆弧板(HM)两类。普型板为正方形或长方形,圆弧板为装饰面轮廓线的曲率半径处处相同的石棉板材,其他形状的板材为异型板。普通板和圆弧板按质量又分为优等品(A)、一等品(B)和合格品(C)共3个等级。

3.5.1.2 大理石板材的技术要求

按《天然大理石建筑板材》(GB/T 19766—2016)规定,除对规格尺寸允许偏差和外观质量有要求外,还对大理石板材有下列技术要求。

(1)镜面光泽度:物体表面反射光线能力的强弱程度称为镜面光泽度。大理石板材的抛光面应具有镜面光泽,能清晰反映出景物,其镜面光泽度应不低于70光泽单位或由供需双方确定。

(2)表观密度:不小于 2 300 kg/m³。

(3)吸水率:不大于 0.50%。

（4）干燥压缩强度：不小于 50.0 MPa。

（5）抗弯强度：不小于 7.0 MPa。

大理石板材用于装饰等级要求较高的建筑物饰面，主要用于室内饰面，如墙面、地面、柱面、台面、栏杆和踏步等。当用于室外时，因大理石抗风化能力差，易受空气中二氧化硫的腐蚀而使表层失去光泽、变色并逐渐破损，通常只有白色大理石（汉白玉）等少数致密、质纯的品种可用于室外。

3.5.2 天然花岗岩板材

岩石学中花岗岩是指石英、长石及少量云母和暗色矿物（橄榄石类、辉石类、角闪石类及黑云母等）组成全晶质的岩石。但建筑工程上通常所说的花岗石是广义的，是指具有装饰功能，可锯切、研磨、抛光的各种岩浆岩及少数其他类岩石，主要是岩浆岩中的深成岩和部分喷出岩及变质岩。属深成岩的有：花岗岩、闪长岩、正长岩、辉长岩；属喷出岩的有：辉绿岩、玄武岩、安山岩；属变质岩的有片麻岩。这类岩石的构造非常致密，矿物全部结晶且晶粒粗大，块状构造或粗晶嵌入玻璃质结构中呈斑状构造。

3.5.2.1 花岗石板材的产品分类及等级

根据《天然花岗石建筑板材》（GB/T 18601—2009）规定，花岗石板材按形状可分为普型板（PX）、圆弧板（HM）和异型板（YX）等 3 种。花岗石板材按表面加工程度又分为亚光板（YG）、镜面板材（JM）、粗面板（CM）。普通板和圆弧板又可按质量分为优等品（A）、一等品（B）及合格品（C）3 个等级。

3.5.2.2 花岗石板材的技术要求

按标准《天然花岗石建筑板材》（GB/T 18601—2009），除规格尺寸允许偏差、平面度允许公差和外观质量外，对花岗石建筑板材还有下列主要技术要求。

（1）镜面光泽度：镜面板材的正面应具有镜面光泽度，能清晰反映出景物，其镜面光泽度值应不低于 80 光泽单位或按供需双方协调确定。

（2）表观密度：不小于 2 560 kg/m³。

（3）吸水率：不大于 0.60%。

（4）干燥抗压强度：不小于 100.0 MPa。

（5）抗弯强度：不小于 8.0 MPa。

由于花岗石板材质感丰富，具有华丽高贵的装饰效果，且质地坚硬、耐久性好，所以是室内外高级装饰材料。它主要用于建筑物的墙、柱、地、楼梯、台阶和栏杆等表面装饰及服务台、展示台等。

3.5.3 天然石材的选用原则

建筑工程选用天然石材时，应根据建筑物的类型、使用要求和环境条件等，综合考虑适用、经济和美观等方面的要求。

3.5.3.1 适用性

在选用石材时，根据其在建筑物中的用途和部位，选定其主要技术性质能满足要求的石材。如承重用石材，主要应考虑强度、耐水性和抗冻性等技术性能；饰面用石材，主要考虑表面平整度、光泽度、色彩与环境的协调、尺寸公差、外观缺陷及加工性等技术要求;围护结构用石材,主要考虑其导热性;用作地面、台阶等的石材应坚韧耐磨;用在高温、高湿、严寒等特殊环境中的石材,还应分别考虑其耐久性、耐水性、抗冻性和耐化学侵蚀性等。

3.5.3.2 经济性

由于天然石材表观密度大,不宜长途运输,应综合考虑地方资源,尽可能做到就地取材,降低成本。天然岩石一般质地坚硬,雕琢加工困难,加工费工耗时,成本高。一些名贵石材,价格昂贵。因此,选择石材时必须予以慎重考虑。

3.5.3.3 色彩

石材装饰必须要与建筑环境相协调,其中色彩相融尤其重要。因此,选用天然石材时,必须认真考虑所选石材的颜色与纹理。

项目3.6 建筑装饰石材

建筑装饰石材是指具有可锯切、抛光等加工性能,用于建筑工程各表面部位的装饰性板材或块材,主要包括天然石材和人工石材两大类。

3.6.1 天然石材

3.6.1.1 天然大理石

天然大理石是石灰石与白云石经过地壳高温、高压作用形成的一种变质岩,通常为层状结构,主要化学成分为碳酸钙和碳酸镁。

"大理石"是由于生产在我国云南省的大理县而得名的。质地纯正的大理石为白色,俗称汉白玉,是大理石中的珍品。如果在变质过程中混入了其他杂质,就会出现各种色彩或斑纹,从而产生了众多大理石品种。

大理石有以下几个性质。

(1)结构致密,抗压强度高。

(2)颜色绚丽、纹理多姿。

(3)硬度中等,易于加工,耐磨性次于花岗岩。

(4)耐酸性差,酸性介质会使大理石表面受到腐蚀。

(5)容易打磨抛光。

(6)耐久性次于花岗岩。

对大理石的选用主要以外观质量(板材的尺寸、平整度和角度的允许偏差,磨光板材的光泽度和外光缺陷等)及颜色花纹为主要评价和选择指标。天然大理石板材的常用规格有:300 mm×150 mm、300 mm×300 mm、400 mm×200 mm、400 mm×400 mm、600 mm×300 mm、600 mm×600 mm、900 mm×600 mm、1 070 mm×750 mm、1 200 mm×600 mm、1 200 mm×900 mm、305 mm×152 mm、305 mm×305 mm、610 mm×305 mm、610 mm×610 mm、915 mm×610 mm、1 067 mm×762 mm、1 220 mm×915 mm,厚度20 mm。

天然大理石板材为高级饰面材料,是用于纪念性建筑、大型公共建筑的室内墙面、柱面、地面和楼梯踏步等处。天然大理石板材易被酸雨侵蚀,而且抗风化能力差,所以不宜用作室外装饰。

3.6.1.2 天然花岗岩

花岗岩是典型的深成岩,主要成分是石英、长石及少量云母和暗色矿物,岩质坚硬密实,属于硬石材。

花岗岩有以下几个特点。

(1)花岗岩经加工后的板材呈现出各种斑点状花纹,具有良好的装饰性。

(2)坚硬密实,耐磨性好。

(3)耐久性好。花岗岩孔隙率小,吸水率小,耐风化。

(4)具有高抗酸腐蚀性。

(5)耐火性差。当温度超过800 ℃时,花岗岩中的石英晶态转变造成体积膨胀,从而导致石材爆裂,失去强度。

(6)花岗岩的硬度大,开采加工较困难。

(7)某些花岗岩含有放射性元素,对人体有害。

对花岗岩的质检包括尺寸偏差、平整度和角度偏差、磨光板材的光泽度及外观缺陷等。天然花岗岩的常用尺寸有:300 mm×300 mm、305 mm×305 mm、400 mm×400 mm、600 mm×300 mm、600 mm×600 mm、610 mm×305 mm、610 mm×610 mm、900 mm×600 mm、915 mm×610 mm、1 067 mm×762 mm、1 070 mm×750 mm,厚度20 mm。

花岗岩属高档建筑结构材料和装饰材料,在建筑历史上,多用于室外地面、台阶、基座、纪念碑、墓碑、铭牌、踏步和檐口等处。在现代大城市建筑中,镜面花岗岩板多用于室内外墙面、地面、柱面和踏步等处。

3.6.2 人工石材

天然石材虽然有着自身的很多优点,但资源有限,花色固定,价格昂贵。人造石材的花纹图案可以人为控制,胜过天然石材,而且具有质量轻、强度高、耐腐蚀、耐污染和施工方便等许多优点,因此被广泛应用在各种室内外装饰、卫生洁具等方面,成为现代建筑装饰材料中的重要组成部分。人造石材主要有各种水磨石和人造大理石等。

3.6.2.1 水磨石

水磨石板是以水泥和大理石渣为主要原料制成的一种建筑装饰用人造石材。水磨石板具有美观、强度高和施工方便等特点,颜色可以根据具体环境的需要任意配制,花色品种很多,并可以在施工时拼铺成各种不同的图案。水磨石板适用于建筑物的地面、柱面、窗台、踢脚线、台面和楼梯踏步等处。

3.6.2.2 人造大理石

人造大理石按其所用材料不同,可分为水泥型人造大理石、聚酯型人造大理石、复合型人造大理石以及烧结型人造大理石。

其中最常见的是聚酯型人造大理石。它是以不饱和聚酯树脂为胶黏剂,配以天然大理石或方解石、白云石、硅砂、玻璃粉等无机矿物粉料以及适量的阻燃剂、稳定剂和颜料等,经配料混合、浇注、振动、压缩和挤压等方法固化制成的一种人造石材。

人造大理石由于质量轻、强度高、耐腐蚀、耐污染和施工方便等优点,是室内装饰装修应用较广泛的材料。而且,其装饰图案、花纹、色彩可根据需要人为控制,厂商可以根据市场需求生产出各式各样的图案组合,这是天然石材所不及的。

习 题

一、填空题

1. 毛石有_____和_____之分。

2. 石料有_____、_____、_____和_____之分。

3. 天然石料破坏的防护措施有_____、_____和_____。

4. 烧结砖按材料不同可分为_____、_____、_____。

5. 普通烧结砖的规格为_____。

二、判断题

1. 片石即是毛石。　　　　　　　　　　　　　　　　　　　　　　　　（　　）

2. 片石形状虽不规则,但它有大致平行的两个面。　　　　　　　　　　（　　）

三、单项选择题

1. 天然花岗石板材的技术要求包括规格尺寸,外观质量和物理力学性能,其中,物理力学性能参数应包括(　　　)。

   A. 体积密度、吸水率和湿压缩强度

   B. 抗压强度、抗拉强度和抗弯强度

   C. 体积密度、吸水率、干燥压缩强度、抗弯强度和镜面板材的镜向光泽

   D. 密度、抗压强度、吸水率和收缩率

2. 建筑装饰装修用天然大理石的主要成分为(　　　)。

   A. 硅酸盐矿物   B. 硝酸盐矿物

   C. 硫酸盐矿物   D. 碳酸盐矿物

3. 建筑装饰工程中的花岗岩主要组成矿物是(　　　)。

   A. 长石、石英   B. 白云石、方解石

   C. 闪石、白云石   D. 长石、云母

4. 花岗岩的化学成分中,含量最大的是(　　　)。

   A. CaO B. MgO

   C. SiO_2 D. Fe_2O_3

5. 天然大理石的化学成分中,含量最大的是(　　　)。

   A. CaO 和 MgO B. SiO_2 和 MgO

   C. CaO 和 SiO_2 D. Fe_2O_3 和 MgO

6. 下列石材中,不宜用于室外的天然石材为(　　　)。

   A. 花岗岩   B. 大理石

   C. 汉白玉   D. 艾叶青

7. 被用来制作成抛光板材的原料是(　　　)。

   A. 花岗岩   B. 大理石

   C. 汉白玉   D. 辉绿岩

8. 下列关于天然花岗岩的说法,正确的是(   )。

    A. 花岗岩构造致密,强度高,密度大,吸水率极低,质地坚硬,耐磨

    B. 花岗岩为酸性石材,因此其耐酸、抗风化、耐久性好,使用年限长

    C. 花岗岩石材耐火性能较好

    D. 花岗岩板材主要应用于大型公共建筑或室内外装饰工程

    E. 花岗岩特别适宜用作大型公共建筑大厅的地面

9. 关于天然大理石,下列说法正确的是(   )。

    A. 质地较密实,抗压强度较高,吸水率较低,质地较硬

    B. 大理石属碱性石材

    C. 大理石品种一般只适用于室内

    D. 大理石耐酸腐蚀性较差

四、多项选择题

1. 建筑装饰石材主要分为(   )两大类。

    A. 天然石材   B. 人工石材

    C. 大理石墙砖   D. 釉面砖

2. 大理石标准生产工艺分为(   )两种。

    A. 先切后磨工艺   B. 先磨后切工艺

    C. 水磨工艺   D. 抛光工艺

3. 下列属于石材的物理性质的有(   )。

    A. 吸水性   B. 耐水性

    C. 抗冻性   D. 耐热性

    E. 导热性

五、问答题

1. 大理石包括哪些岩石? 主要用于何处?

2. 大理石为何不宜用于室外?

3. 花岗岩包括哪些岩石? 其板材分为哪几种类型? 使用时注意什么问题?

模块 4　气硬性胶凝材料

≈≈≈≈≈ 学习要求 ≈≈≈≈≈

　　掌握气硬性胶凝材料和水硬性胶凝材料的区别,熟悉胶凝材料的分类。了解石灰的生产、技术要求,熟悉石灰的熟化过程、特点、必要性以及石灰硬化机理,掌握石灰的技术性质与应用。熟悉石膏的品种与生产,了解石膏的凝结硬化,主要掌握石膏的技术性质,熟悉其应用。了解水玻璃的性质,熟悉其应用。

　　建筑工程中常常需要将其他材料黏结成整体,并使其具有一定的强度。具有这种黏结作用的材料,统称为黏结材料或胶凝材料,在建筑工程中应用极其广泛。其他材料包括粉状材料(石粉等)、纤维材料(钢纤维、矿棉、玻纤和聚酯纤维等)、散粒材料(砂子、石子等)、块状材料(砖、砌块等)、板材(石膏板、水泥板等)等。

　　胶凝材料一般为粉末状,加水或其他溶液后呈浆体或本身为液态,能容易地与其他材料混合或表面浸渍,浆体经过一系列物理化学变化过程凝结硬化,产生强度和黏结力,此过程可将松散的材料黏结成整体,也可将构件黏结成一体。

　　胶凝材料通常分为有机胶凝材料和无机胶凝材料两大类。

　　(1)有机胶凝材料。有机胶凝材料是指以天然或人工合成高分子化合物为基本组成的一类胶凝材料。最常用的有沥青、树脂和橡胶等。

　　(2)无机胶凝材料。无机胶凝材料是指以无机氧化物或矿物为主要组成的一类胶凝材料。最常用的有石灰、石膏、水玻璃、菱苦土和各种水泥。有时也包括沸石粉、粉煤灰、矿渣和火山灰等活性混合材料。

　　根据凝结硬化条件和使用特性,无机胶凝材料通常又分为气硬性胶凝材料和水硬性胶凝材料两类。

　　气硬性胶凝材料只能在空气中凝结硬化、保持强度,如石灰、石膏、水玻璃和菱苦土等。这类材料在水中不凝结,硬化后不耐水,在有水或潮湿环境中强度很低,通常不宜使用。

　　水硬性胶凝材料不仅能在空气中,而且能更好地在水中凝结硬化、保持强度,如各类水泥和某些复合材料。这类材料需要与水反应才能凝结硬化,在空气中使用时,凝结硬化初期要尽可能浇水或保持潮湿养护。

　　本模块主要介绍气硬性胶凝材料,建筑工程中常用的气硬性胶凝材料有石灰、石膏和水玻璃。

项目 4.1　石　　灰

　　石灰是一种传统的气硬性胶凝材料。其原料来源广、生产工艺简单、成本低廉,并具有某些优异性能,至今仍为建筑工程广泛使用。

4.1.1 石灰的生产

石灰最主要的原材料是石灰石、白云石和白垩,主要成分是碳酸钙,其次是少量的碳酸镁。原材料的品种和产地不同,对石灰性质影响较大,一般要求原材料中黏土杂质含量小于8%。

石灰的生产,实际上就是将石灰石在高温下煅烧,使其分解成为 CaO 和 CO_2,CO_2 以气体逸出。反应式如下:

$$CaCO_3 \xrightarrow{900\ ℃} CaO + CO_2 \uparrow$$

$$MgCO_3 \xrightarrow{700\ ℃} MgO + CO_2 \uparrow$$

实际生产中,煅烧温度通常为 1 000 ~ 1 200 ℃。生产所得为生石灰,主要成分为 CaO,是一种白色或灰色的块状物质,通常称作块灰。由于原料中常含有碳酸镁($MgCO_3$),煅烧后生成 MgO,《建筑生石灰》(JC/T 479—2013)标准规定:生石灰中 MgO 含量 ≤5% 的称为钙质生石灰;MgO 含量 >5% 的称为镁质生石灰。同等级的钙质石灰质量优于镁质石灰。

建筑工程中常见的石灰品种有块灰、生石灰粉、消石灰粉和石灰膏,生石灰粉是将块灰粉磨而成,消石灰粉和石灰膏又称熟石灰或消石灰,是由生石灰加水熟化而成,主要成分是 $Ca(OH)_2$。

4.1.2 石灰的熟化与硬化

4.1.2.1 石灰的熟化

石灰的熟化,又称消解,是生石灰(CaO)与水作用生成熟石灰 $[Ca(OH)_2]$ 的过程,反应方程式如下:

$$CaO + H_2O = Ca(OH)_2 + 64.9(kJ)$$

石灰的熟化反应速度快,煅烧良好的 CaO 与水接触后几秒钟内即反应完毕,并释放大量的热,熟化时体积膨胀,体积增大 1.5 ~ 2.0 倍。石灰熟化的方法有以下两种,分别得到熟石灰粉和石灰膏。

1. 淋灰法

这一过程通常称为消化,淋灰法得到的是熟石灰粉,工地上可通过人工分层喷淋消化,每堆放 0.5 m 高的生石灰块,喷淋 60% ~ 80% 的水(理论值为 31.2%),再堆放再淋,以成粉不结块为宜。目前通常是在工厂采用机械方法集中生产消石灰粉,作为产品销售。

2. 化灰法

当熟化时加入大量的水(为块灰质量的 2.5 ~ 3 倍),则生成浆状石灰膏。工地上常在化灰池中熟化成石灰浆后,通过筛网滤去欠火石灰和杂质,流入储灰池沉淀得到石灰膏。

石灰中常含有欠火石灰和过火石灰。当煅烧温度过低或时间不足时,由于 $CaCO_3$ 不能完全分解,石灰石没有完全变为生石灰,这类石灰称为欠火石灰。欠火石灰的特点是产浆量低,渣滓较多,石灰利用率下降。

过火石灰是由于煅烧温度过高或时间过长时,部分块状石灰的表层会被煅烧成十分致密的釉状物。过火石灰的特点为颜色较深,密度较大,熟化反应十分缓慢,往往要在石灰使用后才开始熟化,从而产生局部体积膨胀,致使硬化后的石灰砂浆产生鼓包或开裂,影响工程质量。由于过火石灰在生产中是很难避免的,为消除过火石灰的危害,石灰膏在使用前必须在储灰坑中经过陈伏,陈伏时间一般是两周以上,陈伏期间石灰膏面层必须蓄水保养,其目的是隔断其与空气直接接触,防止干硬固化和碳化固结,以免影响正常使用。现场生产的消石灰粉一般也需要陈伏。

4.1.2.2　石灰的硬化

石灰在空气中的硬化包括结晶和碳化两个同时进行的过程。

1. 结晶过程

石灰浆在空气中因游离水分逐渐蒸发和被砌体吸收,$Ca(OH)_2$溶液过饱和而逐渐结晶析出,促进石灰浆体的硬化,从而具有强度,但是由于晶体溶解度较高,当再遇水时强度会降低。同时,干燥使石灰浆体紧缩也会产生强度,但这种强度类似于黏土干燥后的强度,强度值较低。

2. 碳化过程

$Ca(OH)_2$与空气中的CO_2和水作用,生成不溶解于水的$CaCO_3$晶体,析出的水分又逐渐被蒸发,这个过程称作碳化,反应式如下:

$$Ca(OH)_2 + CO_2 + nH_2O \longrightarrow CaCO_3 + (n+1)H_2O$$

碳化过程形成的$CaCO_3$晶体使硬化石灰浆体结构致密、强度提高。但由于空气中CO_2的浓度很低,又只在表面进行,故碳化过程极为缓慢。

空气中湿度过小或过大均不利于石灰的硬化。石灰浆体硬化其实是两个过程的共同作用,$Ca(OH)_2$的结晶过程主要发生在内部,碳化过程十分缓慢,很长时间内仅限于表层。

4.1.3　石灰的技术标准

建筑工程所用的石灰,分成3个品种:建筑生石灰、建筑生石灰粉和建筑消石灰粉。根据建筑行业标准又分成优等品、一等品、合格品3个等级,生石灰的质量以石灰中活性CaO和MgO含量、过火石灰和欠火石灰及其他杂质含量作为指标来进行质量评定。相应的技术指标见表4-1、表4-2。通常优等品和一等品适用于抹面砂浆饰面层和中间层,合格品仅适用于砌筑。消石灰粉品质以有效物质含量和细度来判定,细度越细,有效成分越多,其质量越好,具体技术指标见表4-3。

表4-1　建筑生石灰技术指标(JC/T 479—2013)

项目	钙质生石灰			镁质生石灰		
	优等品	一等品	合格品	优等品	一等品	合格品
CaO + MgO 含量不小于(%)	90	85	80	85	80	75
未消化残渣含量(5 mm 圆孔筛筛余量)不大于(%)	5	10	15	5	10	15

续表

项目	钙质生石灰			镁质生石灰		
	优等品	一等品	合格品	优等品	一等品	合格品
CO_2 含量不大于(%)	5	7	9	6	8	10
产浆量不小于(L/kg)	2.8	2.3	2.0	2.8	2.3	2.0

表 4-2　建筑生石灰粉技术指标(JC/T 480—2013)

项目		钙质生石灰粉			镁质生石灰粉		
		优等品	一等品	合格品	优等品	一等品	合格品
$CaO + MgO$ 含量不小于(%)		85	80	75	80	75	70
CO_2 含量不大于(%)		7	9	11	8	10	12
细度	0.9 mm 筛筛余不大于(%)	0.2	0.5	1.5	0.2	0.5	1.5
	0.125 mm 筛筛余不大于(%)	7.0	12.0	18.0	7.0	12.0	18.0

表 4-3　建筑消石灰粉技术指标(JC/T 481—2013)

项目		钙质消石灰粉			镁质消石灰粉			白云石消石灰粉		
		优等品	一等品	合格品	优等品	一等品	合格品	优等品	一等品	合格品
$CaO + MgO$ 含量不小于(%)		70	65	60	65	60	55	65	60	55
游离水(%)						0.4 ~ 2				
体积安定性		合格	合格	—	合格	合格	—	合格	合格	—
细度	0.90 mm 筛筛余不大于(%)	0	0	0.5	0	0	0.5	0	0	0.5
	0.125 mm 筛筛余不大于(%)	3	10	15	3	10	15	3	10	15

4.1.4　石灰的技术性质

4.1.4.1　保水性和可塑性好

生石灰熟化成石灰浆时,$Ca(OH)_2$ 粒子呈胶体分散状态,颗粒极细,直径 1 μm 左右,颗粒表面吸附一层较厚的水膜,所以石灰膏具有良好的保水性和可塑性,用来配制建筑砂浆可显著提高砂浆的和易性,便于施工。

4.1.4.2　凝结硬化慢、强度低

石灰依靠干燥结晶以及碳化作用而硬化,由于空气中的 CO_2 含量低,且碳化后形成的 $CaCO_3$ 硬壳阻止 CO_2 向内部渗透,也妨碍水分向外蒸发,因而硬化缓慢,硬化后的强度也不高,1:3 的石灰砂浆 28 d 的抗压强度只有 0.2 ~ 0.5 MPa。

4.1.4.3　硬化时体积收缩大

石灰在硬化过程中,要蒸发掉大量的水分,由于毛细管失水紧缩,引起体积显著收缩,从而使石灰制品易出现干缩裂缝。所以,石灰不宜单独使用,施工中一般要掺入砂、纸筋和麻刀等材料,以减少收缩,增加抗拉强度,并能节约石灰。

4.1.4.4　耐水性差

$Ca(OH)_2$ 微溶于水,如果长期受潮或受水浸泡会使硬化的石灰溃散。若石灰浆体在完全硬化之前就处于潮湿的环境中,石灰中的水分不能蒸发出去,其硬化就会被阻止。因此,石灰砂浆不宜在长期潮湿和受水浸泡的环境中使用。

4.1.4.5　化学稳定性差

生石灰放置过程中会吸收空气中的水分而熟化成消石灰粉,而消石灰粉容易与空气中 CO_2 作用生成碳酸钙;石灰是碱性材料,还容易遭受酸性介质的腐蚀,因此,石灰的化学稳定性较差。

4.1.5　石灰的应用

4.1.5.1　制作石灰砂浆、石灰混合砂浆

石灰膏中掺入适量的砂和水,即可配制成石灰砂浆,可以作为抹灰砂浆应用于内墙、顶棚的抹灰层,也可以用于要求不高的砌筑工程。在水泥砂浆中掺入石灰膏后,即制得工程上应用量很大的混合砂浆,石灰膏能提高砂浆的保水性、可塑性,保证施工质量还能节约水泥。石灰砂浆和混合砂浆不得用于潮湿环境和易受水浸泡的部位。

4.1.5.2　制作灰土、三合土

将消石灰粉与黏土按一定比例拌和,可制成石灰土(也叫石灰改良土,如三七灰土、二八灰土,分别表示熟石灰粉和黏土的体积比为3:7和2:8),或与黏土、砂石和炉渣等填料拌制成三合土。灰土经夯实后,主要用于一些建筑物的基础回填、地面的垫层和公路的路基上。配制灰土时,土种以黏土、亚黏土和轻亚黏土为宜,一般熟石灰必须充分消解,施工时准确掌握灰土配合比,将灰土混合均匀并夯实。灰土的强度和夯实程度与土的塑性指数有关,并随龄期的增加而提高。黏土中的活性 CaO 和 Al_2O_3 与 $Ca(OH)_2$ 在长期作用下发生反应,生成不溶性的水化硅酸钙和水化铝酸钙,增强了颗粒间的黏结力,因而提高了灰土的强度和耐水性,这也是为什么虽然石灰硬化后不耐水,但灰土可以用于地基、路基等潮湿部位的原因。

4.1.5.3　硅酸盐制品

以石灰(消石灰粉或生石灰粉)与硅质材料(砂、粉煤灰、火山灰和矿渣等)为主要原料,经过配料、拌和、成型和养护后可制得砖、砌块等各种制品。因内部的胶凝物质主要是水化硅酸钙,所以称为硅酸盐制品,常用的有灰砂砖、粉煤灰砌块和碳化石灰板等。将石灰和活性材料(粉煤灰、矿渣等工业废料)按比例混合后研磨,可以制得无熟料水泥。

4.1.6　石灰的储运

(1)在运输过程中不准与易燃、易爆及液态物品同时装运,运输时要采取防水措施。

（2）生石灰露天存放时,存放时间不宜过长,必须放在干燥、不易积水的地方,并且石灰应尽量堆高。磨细生石灰应分类、分等级储存在干燥的仓库内,但储存期一般不超过一个月。

（3）施工现场使用的生石灰最好立即熟化,存放于储灰池内进行陈伏。

（4）生石灰受潮熟化时放热且体积膨胀,所以应将生石灰和可燃物分开保管,以免发生火灾。

项目 4.2　石　　膏

石膏和石灰一样,都是最古老的建筑材料之一,具有悠久的使用与发展历史。据有关资料介绍,我国的古长城,在砌筑时就使用了石膏作为砌筑灰浆。石膏是以硫酸钙为主要成分的气硬性胶凝材料,石膏制品具有轻质高强、绝热吸声、防火保温、环保美观和加工容易等优良性能,特别适用于室内装饰及框架轻板结构,特别是各种轻质石膏板材,在建筑工程应用中发展迅速。

4.2.1　建筑石膏的生产简介

石膏的原材料有天然二水石膏(生石膏、软石膏)和天然无水石膏(硬石膏)以及来自化学工业的副产品化工石膏,如烟气脱硫石膏和磷石膏等。天然的生石膏(二水石膏)出自石膏矿,主要成分是 $CaSO_4 \cdot 2H_2O$。建筑上常用的为熟石膏(半水石膏),品种有建筑石膏、模型石膏、高强石膏和地板石膏等,主要由生石膏煅烧而成。

将生石膏在 107~170 ℃ 条件下煅烧脱去部分结晶水而制得的 β 型半水石膏,经过磨细后的白色粉末称为建筑石膏,又称为熟石膏,分子式为 $CaSO_4 \cdot 1/2H_2O$,也是最常用的建筑石膏。其反应式如下:

$$CaSO_4 \cdot 2H_2O \xrightarrow{107~170 ℃} CaSO_4 \cdot \frac{1}{2}H_2O + \frac{3}{2}H_2O$$

生石膏在加热过程中,随着温度和压力不同,其产品的性能也随之变化。若将生石膏在 124 ℃、0.13 MPa 压力的蒸压锅内蒸炼,则生成 α 型半水石膏,其晶粒较粗,拌制石膏浆体时的需水量较小,硬化后强度较高,故称为高强石膏。高强石膏适用于强度要求高的抹灰工程,制作装饰制品和石膏板。掺入防水剂后高强石膏制品可在潮湿环境中使用。

天然二水石膏在 800 ℃ 以上煅烧时,部分硫酸钙分解成氧化钙,磨细后的石膏称为高温煅烧石膏,这种石膏硬化后有较高的强度和耐磨性,抗水性好,主要用作石膏地板,也称地板石膏。

4.2.2　建筑石膏的凝结硬化

建筑石膏加水拌和后,形成均匀的石膏浆体,石膏浆体逐渐失去塑性并产生强度,变成坚硬的固体,所以建筑石膏能很容易地加工成各种模型、石膏饰品和板材。建筑石膏的凝结硬化主要是因为浆体内半水石膏溶解后与水发生水化反应的结果。反应式如下:

$$CaSO_4 \cdot \frac{1}{2}H_2O + \frac{3}{2}H_2O \longrightarrow CaSO_4 \cdot 2H_2O$$

反应生成的二水石膏的溶解度比半水石膏小得多,所以二水石膏不断从过饱和溶液中沉淀析出胶体微粒。二水石膏的析出促使半水石膏继续溶解,这一反应过程连续不断进行,直至半水石膏全部水化生成二水石膏。随着水化反应的不断进行,自由水分被水化和蒸发而不断减少,加之生成的二水石膏微粒比半水石膏细,比表面积大,吸附更多的水,从而使石膏浆体很快失去塑性而凝结;又随着二水石膏微粒结晶长大,晶体颗粒逐渐互相搭接、交错、共生,从而产生强度,即硬化。实际上,上述水化和凝结硬化过程是相互交叉而连续进行的。建筑石膏凝结硬化过程最显著的特点是:速度快,水化过程一般为 7 ~ 12 min,整个凝结硬化过程只需 20 ~ 30 min;另外,凝结硬化过程产生约 1% 的体积膨胀,这是其他胶凝材料所不具有的特性。

4.2.3 建筑石膏的技术标准

纯净的建筑石膏为白色粉末,密度为 2.60 ~ 2.7 g/cm^3,堆积密度为 800 ~ 1 000 kg/m^3。建筑石膏按原材料种类分为 3 类:天然建筑石膏(N)、脱硫建筑石膏(S)和磷建筑石膏(P);按 2 h 抗折强度分为 3.0、2.0、1.6 共 3 个等级。牌号标记按产品名称、代号、等级及标准编号顺序标记,如等级为 2.0 的天然石膏标记为:建筑石膏 N2.0(GB/T 9776—2008)。建筑石膏物理力学性能指标有细度、凝结时间和强度,具体要求见表 4-4。

表 4-4 建筑石膏技术要求(GB/T 9776—2008)

等级	细度(0.2 mm 方孔筛筛余)(%)	凝结时间(min)		2 h 强度(MPa)	
		初凝时间	终凝时间	抗折强度	抗压强度
3.0				≥3.0	≥6.0
2.0	≤10	≥3	≤30	≥2.0	≥4.0
1.6				≥1.6	≥3.0

4.2.4 建筑石膏的技术性质

虽然建筑石膏与石灰同为气硬性胶凝材料,但二者的性能差异还是很大的,石膏主要有以下几个特点。

(1)凝结硬化快。建筑石膏加水拌和后,几分钟便开始初凝,30 min 内终凝,2 h 后抗压强度可达 3 ~ 6 MPa,7 d 即可接近最高强度(8 ~ 12 MPa)。凝结时间过短不利于施工,一般使用时常掺入硼砂、骨胶和纸浆废液等缓凝剂,延长凝结时间。

(2)凝结硬化时体积微膨胀。建筑石膏硬化过程中体积略有膨胀,硬化时不出现裂缝,所以可以不掺加填料而单独使用,石膏制品尺寸准确、表面光滑、形体饱满,特别适合制作建筑装饰品。

(3)孔隙率大,保温性好。由于石膏制品生产时往往加入过量的水,过量的自由水蒸发后,在石膏制品内部形成大量的毛细孔,孔隙率达 50% ~ 60%,因此,石膏制品表观密度小(800 ~ 1 000 kg/m^3),导热系数低,具有良好的保温绝热性能,常用作保温材料;大量的毛细孔对吸声有一定作用,可用于天花吊顶板。但孔隙率大使石膏制品的强度低、吸水率大。

（4）调湿性。由于建筑石膏内部的大量毛细孔隙对空气中水蒸气有较强的"呼吸"作用,可调节室内温度、湿度,使居住环境更舒适。

（5）防火性好,耐火性差。石膏制品导热系数小,传热慢,遇火时二水石膏分解产生的水蒸气能有效阻止火势蔓延,起防火作用。但是,由于二水石膏脱水后粉化,强度降低,所以石膏制品不宜长期在 65 ℃以上的高温环境使用。

（6）耐水性、抗冻性差。建筑石膏内部的大量毛细孔隙,吸湿性强,吸水性大,而其软化系数只有 0.2~0.3,因此不耐水、不抗冻,潮湿环境中易变形、发霉,但是可在石膏中掺入适当防水剂来提高石膏制品的耐水性。

4.2.5　建筑石膏的应用

（1）粉料制品。粉料制品包括腻子粉、粉刷石膏、黏结石膏和嵌缝石膏等。石膏刮墙腻子是以建筑石膏为主要原料加入石膏改性剂而成的粉料,是喷刷涂料、贴壁纸的理想基材。粉刷石膏按用途分为面层粉刷石膏(M)、底层粉刷石膏(D)和保温层粉刷石膏(W),具有操作简便、黏结力强、和易性好,施工后的墙面光滑细腻、不空鼓、不开裂,使用时不仅大大降低了工人的劳动强度,还可以缩短施工工期,属于高档抹灰材料。

（2）装饰制品。建筑石膏制作的装饰制品主要有角线、平线、天花造型角、弧线、花角、灯盘、浮雕、梁托和罗马柱等。以质量优良的石膏为主要原料,掺加少量的纤维增强材料和胶料,加水搅拌成石膏浆体,注模、成型后即得,掺入颜料后可得彩色制品。由于硬化时体积微膨胀,所以石膏装饰制品外观优美、表面光洁、花纹清晰、立体感强、施工性能优良,广泛用于酒店、家居、商场和别墅等。

（3）石膏板。石膏板具有轻质、绝热、隔声、防火、抗震和绿色环保等特点,而且原料来源广、生产耗能低、设备简单、施工方便,是当前着重发展的新型轻质板材之一。石膏板已广泛用于住宅、办公楼、商店、旅馆和工业厂房等各种建筑物的内隔墙、墙体覆面板(代替墙面抹灰层)、天花板、吸音板、地面基层板和各种装饰板等。我国目前生产的石膏板主要有纸面石膏板、石膏空心条板、石膏装饰板和纤维石膏板等。

1)纸面石膏板。纸面石膏板以掺入纤维增强材料的建筑石膏作芯材,两面用纸做护面而成,可分为普通型、耐水型和耐火型等。板的长度为 1 800~3 600 mm,宽度为 900~1 200 mm,厚度为 9~12 mm。纸面石膏板一般结合龙骨使用,广泛应用于室内隔墙板、复合墙板、内墙板和天花板等。

2)石膏装饰板。石膏装饰板是以建筑石膏为主要原料,掺加少量纤维材料等制成的有多种图案、花饰的板材,如石膏印花板、穿孔吊顶板、石膏浮雕吊顶板、纸面石膏饰面装饰板等,是一种新型的室内装饰材料,适用于中高档装饰,具有花色多样、颜色鲜艳、造型美观、易加工、安装简单等特点。

3)石膏空心板。该板以建筑石膏为胶凝材料,适量加入轻质多孔材料、改性材料(粉煤灰、矿渣等)搅拌、注模、成型、干燥而成。规格为:(2 500~3 500 mm)×(450~600 mm)×(60~100 mm),一般为 7~9 孔,孔洞率为 30%~40%。安装时不需龙骨,强度高,可用作住宅和公共建筑的内墙和隔墙等。

4)石膏纤维板。石膏纤维板以建筑石膏、纸筋和短切玻璃纤维为原料。石膏纤维板表面无护面纸,规格尺寸同纸面石膏板,抗弯强度高,可用于框架结构的内墙隔断,此外还有石膏蜂窝板、防潮石膏板和石膏矿棉复合板等,可分别用作绝热板、吸声板、内墙和隔墙板、天花板、地面基层板等。

(4)石膏砌块。石膏砌块是以建筑石膏为主要原料,加入各种轻集料、填充料、纤维增强材料和发泡剂等辅助材料,经加水搅拌、浇注成型和干燥而制成的块状轻质建筑石膏制品。有时也可用高强石膏(α石膏)代替建筑石膏,实质上是一种石膏复合材料。石膏砌块的主要品种有磷石膏空心砌块、粉煤灰石膏内墙多孔砌块、植物纤维石膏渣空心砌块等。推荐砌块尺寸,长度为 666 mm,高度为 500 mm,厚度为 60 mm、70 mm、80 mm 和 100 mm,即 3 块砌块组成 1 m^2 墙面。

石膏砌块主要用于框架结构和其他结构建筑的非承重墙体,一般作为内隔墙用。掺入特殊添加剂的防潮砌块,可用于浴室、厕所等空气湿度较大的场合。

石膏砌块与混凝土相比,其耐火性能要高 5 倍,具有良好的保温隔声特性,墙体轻,相当于黏土实心砖墙重量的 1/4 ~ 1/3,抗震性好。石膏砌块可钉、可锯、可刨、可修补,加工处理十分方便,干法施工,施工速度快,石膏砌块配合精密,墙体光洁平整,另外石膏砌块具有"呼吸"水蒸气功能,提高了居住舒适度。

4.2.6　建筑石膏的储运

(1)建筑石膏容易吸湿受潮、凝结硬化变质,因此在运输、储存过程中,应防雨防潮。

(2)应分类、分等级存储在干燥的仓库内,储存期不宜超过 3 个月。一般储存 3 个月后强度会下降 30% 左右,因此若超过 3 个月,需重新检验确定其等级。

项目 4.3　水　玻　璃

水玻璃又称泡花碱,是一种碱金属气硬性胶凝材料。在建筑工程中常用来配制水玻璃胶泥、水玻璃砂浆、水玻璃混凝土等,在防酸、防腐、耐热工程中应用广泛,也可以使用水玻璃为原料配制无机涂料。

4.3.1　水玻璃的组成

水玻璃是由碱金属氧化物和二氧化硅结合而成的可溶性碱金属硅酸盐材料,为无色或略带青灰色、透明或半透明的稠状液体,能溶于水,遇酸分解,硬化后为无定型的玻璃状物质,无嗅无味,不燃不爆。

水玻璃可根据碱金属的种类分为钠水玻璃和钾水玻璃,其分子式分别为 $Na_2O \cdot nSiO_2$ 和 $K_2O \cdot nSiO_2$,式中的系数 n 称为水玻璃模数,是水玻璃中的氧化硅和碱金属氧化物的分子比(或摩尔比)。水玻璃模数是水玻璃的重要参数,一般在 1.5 ~ 3.5。水玻璃模数越大,固体水玻璃越难溶于水,n 为 1 时常温水即能溶解,n 加大时需热水才能溶解,n 大于 3 时需 4 个大气压以上的蒸汽才能溶解。水玻璃模数越大,氧化硅含量越多,水玻璃黏度增大,易于分解硬化,黏结力增大。

水玻璃的生产有干法和湿法两种方法。干法生产是用石英岩和纯碱作为原料,磨细拌匀后,在熔炉内于 1 300 ~ 1 400 ℃温度下熔化,反应生成固体水玻璃,溶解于水而制得液体水玻璃。湿法生产是以石英岩粉和烧碱作为原料,在高压蒸锅内,2 ~ 3 个大气压下进行压蒸反应,直接生成液体水玻璃。

4.3.2　水玻璃的性质

　　水玻璃硬化后具有较高的黏结强度、抗拉强度和抗压强度。水玻璃硬化后的强度与水玻璃模数有关,模数越大,强度越高。水玻璃溶液可与水按任意比例混合,不同的用水量可使溶液具有不同的密度和黏度,同一模数的水玻璃溶液,其密度越大,黏度越大,黏结力越强。使用过程中,常将水玻璃加热或加入氟硅酸钠(Na_2SiF_6)作为固化剂,以加快水玻璃的硬化速度。

　　水玻璃硬化后形成 SiO_2 空间网状骨架,具有很强的耐酸腐蚀性,能耐各种浓度的三酸、铬酸、醋酸(除氢氟酸、热磷酸、氟硅酸外)和有机溶剂等介质的腐蚀,尤其在强氧化性酸中有较高的化学稳定性。

　　水玻璃硬化中析出的硅酸凝胶具有很强的黏附性,因而水玻璃有良好的黏结能力。硅酸凝胶能堵塞材料毛细孔并在表面形成连续封闭膜,起到阻止水分渗透的作用,因而具有很好的抗渗性和抗风化能力。

　　水玻璃还具有良好的耐热性能,在高温下不分解,强度不降低,采用耐热耐火骨料配制水玻璃砂浆和混凝土时,耐热度可达 1 000 ℃。

4.3.3　水玻璃的应用

4.3.3.1　涂料与浸渍材料

　　水玻璃溶液涂刷或浸渍材料能渗入缝隙和孔隙中,固化的硅酸凝胶能堵塞毛细孔通道,提高材料的密度和强度,从而提高材料的抗风化能力。但不能对石膏制品进行涂刷或浸渍,因为水玻璃与石膏反应生成的硫酸钠晶体会在制品孔隙内部产生体积膨胀,从而导致石膏制品开裂。

　　水玻璃基的无机涂料与水泥基材有非常牢固的黏结力,成膜硬度大、耐老化、不燃、耐酸碱,真菌难于生长,因此可用于内外墙装饰工程。

　　以水玻璃为基体制作的混凝土养护剂,涂刷在新拆模的混凝土表面,形成致密的薄膜,防止混凝土内部水分挥发,从而利用混凝土自身的水分最大限度地完成水化作用,达到养护的目的,节约施工用水。

4.3.3.2　水玻璃砂浆、混凝土

　　以水玻璃为胶凝材料,以氟硅酸钠为固化剂,掺入填料、骨料后可制得水玻璃砂浆或混凝土。若选用的填料、骨料为耐酸材料,则称为水玻璃耐酸防腐蚀混凝土,主要用于耐酸池等防腐工程。若选用的填料、骨料为耐热材料,则称为水玻璃耐热混凝土,主要用于高炉基础和其他有耐热要求的结构部位。水玻璃混凝土的施工环境温度应在 10 ℃以上,养护期间不得与水或水蒸气直接接触,并应防止烈日曝晒,也不要直接铺砌在水泥砂浆或普通混凝土的基层上。水玻璃耐酸混凝土,在使用前必须经过养护及酸化处理。

4.3.3.3　配制速凝防水剂

　　以水玻璃为基料,加入二矾或四矾水溶液,称为二矾或四矾防水剂,这种防水剂掺入硅酸盐混凝土或砂浆中,可以堵塞内部毛细孔隙,提高砂浆或混凝土的密实度,改善其抗渗性

和抗冻性。四矾防水剂还可以加速混凝土和砂浆的凝结,适用于堵塞漏洞、缝隙等抢修工程。

4.3.3.4 加固土壤

将水玻璃与氯化钙溶液交替注入土壤中,两种溶液迅速反应生成的硅胶和硅酸钙凝胶包裹土壤颗粒,填充空隙、吸水膨胀,使土壤的强度和承载能力提高。

习 题

一、填空题

1. 无机胶凝材料按其硬化条件分为_____和_____。

2. 生产石膏的原料为天然石膏,或称_____,其化学式为_____。

3. 建筑石膏从加水拌和一直到浆体刚开始失去可塑性,这段时间称为_____。从加水拌和直到浆体完全失去可塑性,这段时间称为_____。

4. 生产石灰的原料主要是以含_____为主的天然岩石。

5. 石膏是以_____为主要成分的气硬性胶凝材料。

6. 石灰浆体的硬化过程主要包括_____和_____两部分。

7. 生石灰熟化成熟石灰的过程中体积将_____;而硬化过程中体积将_____。

8. 石灰膏陈伏的主要目的是_____。

9. 石膏在凝结硬化过程中体积将略有_____。

10. 水玻璃 $Na_2O \cdot nSiO_2$ 中的 n 称为_____;该值越大,水玻璃黏度_____,硬化越_____。

二、判断题

1. 气硬性胶凝材料只能在空气中凝结硬化,而水硬性胶凝材料只能在水中硬化。

( )

2. 建筑石膏的分子式是 $CaSO_4 \cdot 2H_2O$。 ( )

3. 因为普通建筑石膏的晶体较细,故其调成可塑性浆体时,需水量较大,硬化后强度较低。 ( )

4. 石灰在水化过程中要吸收大量的热量,其体积也有较大收缩。 ( )

5. 石灰硬化较慢,而建筑石膏则硬化较快。 ( )

6. 石膏在硬化过程中体积略有膨胀。 ( )

7. 水玻璃硬化后耐水性好,因此可以涂刷在石膏制品的表面以提高石膏的耐水性。

( )

8. 石灰硬化时的碳化反应式为:$Ca(OH)_2 + CO_2 = CaCO_3 + H_2O$。 ( )

9. 生石灰加水水化后可立即用于配制砌筑砂浆用于砌墙。 ( )

10. 在空气中储存过久的生石灰,可照常使用。 ( )

三、单项选择题

1. 熟石灰粉的主要成分是( )。

A. CaO   B. Ca(OH)$_2$

C. CaCO$_3$ D. CaSO$_4$

2. 石灰膏应在储灰坑中存放(   )d 以上才可使用。

A. 3   B. 7

C. 14   D. 28

3. 石灰熟化过程中的陈伏是为了(   )。

A. 有利于硬化   B. 蒸发多余水分

C. 消除过火石灰的危害

4. 水玻璃中常掺入(   )作为促硬剂。

A. NaOH   B. Na$_2$SO$_4$

C. NaHSO$_4$ D. Na$_2$SiF$_6$

5. 建筑石膏的分子式是(   )。

A. CaSO$_4$·2H$_2$O   B. CaSO$_4$·1/2H$_2$O

C. CaSO$_4$ D. Ca(OH)$_2$

6. 普通建筑石膏的强度较低,这是因为其调制浆体时的需水量(   )。

A. 大   B. 小

C. 中等   D. 可大可小

四、多项选择题

1. 下列材料中属于气硬性胶凝材料的是(   )。

A. 水泥   B. 石灰

C. 石膏   D. 混凝土

2. 石灰的硬化过程包含(   )过程。

A. 水化   B. 干燥

C. 结晶   D. 碳化

3. 天然二水石膏在不同条件下可制得(   )产品。

A. CaSO$_4$ B. β 型 CaSO$_4$·1/2H$_2$O

C. CaSO$_4$·2H$_2$O   D. α 型 CaSO$_4$·1/2H$_2$O

4. 建筑石膏依据(   )等性质分为 3 个质量等级。

A. 凝结时间   B. 细度

C. 抗折强度   D. 抗压强度

五、问答题

1. 气硬性胶凝材料和水硬性胶凝材料的区别是什么?

2. 石灰的熟化有什么特点?

3. 欠火石灰和过火石灰有何危害? 如何消除?

4. 石灰和石膏的技术性质有什么区别和共同点?

5. 石灰硬化后不耐水,为什么制成灰土、三合土则可以用于路基和地基等潮湿部位?

6. 建筑石膏的技术性质有哪些?

7. 为什么说石膏是一种较好的室内装饰材料？为什么不宜用于室外？

8. 某住宅楼的内墙使用石灰砂浆抹面,交付使用后在墙面个别部位发现了鼓包、麻点等缺陷。试分析上述现象产生的原因,应如何防治？

9. 某住户喜爱石膏制品,全宅均用普通石膏浮雕板作装饰,使用一段时间后,客厅和卧室效果相当好,但厨房、厕所和浴室的石膏制品出现发霉变形,请分析原因并提出改善措施。

10. 某工人用建筑石膏粉拌水为一桶石膏浆,用以在光滑的天花板上直接贴石膏饰条,前后半小时完工。几天后,最后贴的两根石膏饰条突然坠落,请分析原因并提出改善措施。

模块5 水 泥

学习要求

熟练掌握硅酸盐水泥和掺有混合材料硅酸水泥的性质、技术性能及选用原则。掌握硅酸盐水泥和掺有混合材料硅酸水泥的矿物组成、水化产物、检测方法、水泥石的腐蚀与防止等。了解硅酸盐水泥的硬化机理,其他水泥品种及其性质和使用特点。

水泥是一种粉状矿物胶凝材料,它与水混合后形成浆体,经过一系列物理或化学变化,由可塑性浆体变成坚硬的石状体,并能将散粒材料胶结成为整体。水泥浆体不仅能在空气中凝结硬化,更能在水中凝结硬化,是一种水硬性胶凝材料。

水泥自问世以来,以其独有的特性被广泛地应用在建筑工程中,水泥用量大、应用范围广、品种繁多。土木工程中应用的水泥品种众多,按其化学组成可分为硅酸盐系水泥、铝酸盐系水泥、硫铝酸盐系水泥、铁铝酸盐系水泥、磷酸盐系水泥、氟铝酸盐系水泥等。

按照国家标准《通用硅酸盐水泥》(GB 175—2007)规定,水泥按性能及用途可分为3大类,见表5-1。

表5-1　水泥按性能和用途的分类

水泥品种	性能与用途	主要品种
通用水泥	指一般土木工程通常采用的水泥,此类水泥的产量大,适用范围广	硅酸盐水泥、普通硅酸盐水泥、矿渣硅酸盐水泥、火山灰质硅酸盐水泥、粉煤灰硅酸盐水泥和复合硅酸盐水泥等6大硅酸盐系水泥
专用水泥	具有专门用途的水泥	道路水泥、砌筑水泥和油井水泥等
特性水泥	某种性能比较突出的水泥	快硬硅酸盐水泥、白色硅酸盐水泥、抗硫酸盐硅酸盐水泥、低热硅酸盐水泥和膨胀水泥

项目5.1　硅酸盐水泥

按国家标准《通用硅酸盐水泥》(GB 175—2007)规定,凡由硅酸盐水泥熟料、0%~5%石灰石或粒化高炉矿渣、适量石膏磨细制成的水硬性胶凝材料,称为硅酸盐水泥(国外通称波特兰水泥)。硅酸盐水泥分两类:不掺加混合材料的称Ⅰ型硅酸盐水泥,代号P·Ⅰ;在水泥粉磨时掺入不超过水泥质量5%的石灰石或粒化高炉矿渣的称Ⅱ型硅酸盐水泥,代号P·Ⅱ。

5.1.1　硅酸盐水泥的生产及矿物组成

5.1.1.1　硅酸盐水泥的原料及生产工艺

生产硅酸盐水泥的原料主要是石灰石、黏土和铁矿粉,煅烧一般用煤作燃料。石灰石主要提供 CaO,黏土主要提供 SiO_2、Al_2O_3 和 Fe_2O_3,铁矿粉主要是弥补 Fe_2O_3 的不足。硅酸盐水泥的生产工艺流程如图 5-1 所示。

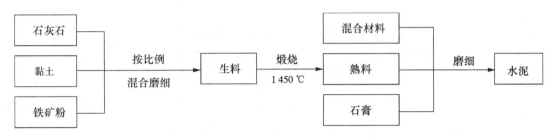

图 5-1　硅酸盐水泥的生产工艺流程

硅酸盐水泥的生产有 3 大主要环节,即生料制备、熟料烧成和水泥制成。

水泥生产工艺中生料制备时加水制成料浆的称为湿法生产。干磨成粉料的称为干法生产。由于生料煅烧成熟料是水泥生产的关键环节,因此,水泥的生产工艺也常以煅烧窑的类型来划分。生料在煅烧过程中要经过干燥、预热、分解、烧成和冷却等 5 个环节,通过一系列物理、化学变化,生成水泥矿物,形成水泥熟料,为使生料能充分反应,窑内烧成温度要达到1 450 ℃。目前,我国水泥熟料的煅烧主要有以悬浮预热和窑外分解技术为核心的新型干法生产工艺、回转窑生产工艺和立窑生产工艺等几种。由于新型干法生产工艺具有规模大、质量好、消耗低、效率高的特点,已经成为发展方向和主流;而传统的回转窑和立窑生产工艺由于技术落后、消耗高、效率低的特点,正逐渐被淘汰。在硅酸盐水泥生产中,需加入适量石膏和混合材料,加入石膏的作用是延缓水泥的凝结时间,以满足使用的要求;加入混合材料则是为了改善其品种和性能,扩大其使用范围。

硅酸盐水泥的生产也可以归纳为:生料制备、熟料煅烧和水泥粉磨。这 3 大环节的主要设备是生料粉磨机、水泥熟料煅烧窑和水泥粉磨机,其生产过程常形象地概括为“两磨一烧”。

在整个工艺流程中熟料煅烧是核心,所有的矿物都是在这一过程中形成的。在生料中主要有氧化物 CaO、SiO_2、Al_2O_3、Fe_2O_3,其含量见表 5-2。

表 5-2　水泥生料化学成分的合适含量

化学成分	含量范围(%)	化学成分	含量范围(%)
CaO	62 ~ 67	Al_2O_3	4 ~ 7
SiO_2	20 ~ 24	Fe_2O_3	2.5 ~ 6.0

5.1.1.2 硅酸盐水泥熟料的组成

硅酸盐水泥熟料是在高温下形成的,其矿物主要有硅酸三钙、硅酸二钙、铝酸三钙、铁铝酸四钙,另外还含有少量的游离氧化钙(f-CaO)、游离氧化镁(f-MgO)以及杂质。游离氧化钙、游离氧化镁是水泥中的有害成分,含量高时会引起水泥安定性不良。

水泥熟料矿物经过磨细后均能与水发生化学反应——水化反应,表现出较强的水硬性。水泥熟料主要矿物组成及其特性见表5-3。

表5-3 水泥熟料主要矿物组成及其特性

矿物名称项目		硅酸三钙	硅酸二钙	铝酸三钙	铁铝酸四钙
化学式		$3CaO \cdot SiO_2$	$2CaO \cdot SiO_2$	$3CaO \cdot Al_2O_3$	$4CaO \cdot Al_2O_3 \cdot Fe_2O_3$
简写		C_3S	C_2S	C_3A	C_4AF
质量含量(%)		50~60	15~37	7~15	10~18
凝结硬化速度		快	慢	最快	快
水化时放热量		多	少	最多	中
强度	高低	最高	高	低	低
	发展	快	慢	最快	较快
抗化学侵蚀性		较小	最大	小	大
干燥收缩		中	中	大	小

知识链接

由表5-3可知,硅酸三钙的水化速度较快,水化热较多,且主要是早期放出,其强度最高,是决定水泥强度的主要矿物;硅酸二钙的水化速度最慢,水化热最少,且主要是后期放热,是保证水泥后期强度的主要矿物;铝酸三钙是凝结硬化速度最快、水化热最多的矿物,且硬化时体积收缩最大;铁铝酸四钙的水化速度也较快,仅次于铝酸三钙,其水化热中等,有利于提高水泥的抗拉强度。水泥是几种熟料矿物的混合物,改变矿物成分比例时,水泥性质就发生相应的变化,可制成不同性能的水泥。如提高硅酸三钙含量,可制得快硬高强水泥;降低硅酸三钙、铝酸三钙和提高硅酸二钙的含量可制得水化热低的低热水泥;提高铁铝酸四钙含量、降低铝酸三钙含量可制得道路水泥。如图5-2所示为不同熟料矿物的强度增长示意图。

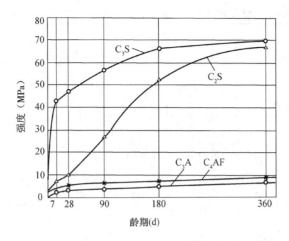

图 5-2　水泥不同熟料矿物强度增长曲线

5.1.2　硅酸盐水泥的水化与凝结硬化

水泥加水拌和而成的浆体,经过一系列物理、化学变化,浆体逐渐变稠失去塑性而成为水泥石的过程称为凝结,水泥石强度逐渐发展的过程称为硬化。水泥的凝结过程和硬化过程是连续进行的。凝结过程较短暂,一般几小时即可完成,硬化过程是一个长期的过程,在一定的温度和湿度条件下可持续几十年。

5.1.2.1　硅酸盐水泥熟料矿物的水化

水泥与水拌和均匀后,颗粒表面的熟料矿物开始溶解并与水发生化学反应,形成新的水化产物,放出一定的热量,固体体积逐渐增加。

各种水泥熟料矿物的水化反应方程式为:

$$2(3CaO \cdot SiO_2) + 6H_2O = 3CaO \cdot 2SiO_2 \cdot 3H_2O + 3Ca(OH)_2$$

$$2(2CaO \cdot SiO_2) + 4H_2O = 3CaO \cdot 2SiO_2 \cdot 3H_2O + Ca(OH)_2$$

$$3CaO \cdot Al_2O_3 + 6H_2O = 3CaO \cdot Al_2O_3 \cdot 6H_2O$$

$$4CaO \cdot Al_2O_3 \cdot Fe_2O_3 + 7H_2O = 3CaO \cdot Al_2O_3 \cdot 6H_2O + CaO \cdot Fe_2O_3 \cdot H_2O$$

水泥熟料中的铝酸三钙首先与水发生化学反应,水化反应迅速,有明显的发热现象,形成的水化铝酸钙很快析出,会使水泥产生瞬凝。为调节水泥的凝结时间,在生产水泥时掺入适量石膏(占水泥质量的 5%～7% 的天然二水石膏)后,发生二次反应的反应方程式为:

$$3CaO \cdot Al_2O_3 \cdot 6H_2O + 3(CaSO_4 \cdot 2H_2O) + 19H_2O = 3CaO \cdot Al_2O_3 \cdot 3CaSO_4 \cdot 31H_2O$$

反应生成的高硫型水化硫铝酸钙为难溶于水的物质。当石膏消耗完后,部分高硫型的水化硫铝酸钙会逐渐变为低硫型水化硫铝酸钙,其反应式为:

$$3CaO \cdot Al_2O_3 \cdot 3CaSO_4 \cdot 32H_2O + 2(3CaO \cdot Al_2O_3) + 4H_2O = 3(3CaO \cdot Al_2O_3) \cdot CaSO_4 \cdot 12H_2O$$

从而延缓了水泥的凝结。各种水泥的主要水化产物名称、代号及含量范围见表 5-4。

表5-4 硅酸盐水泥的主要水化产物名称、代号及含量范围

水化产物分子式	名称	代号	所占比例
$3CaO \cdot 2SiO_2 \cdot 3H_2O$	水化硅酸钙	$C_3S_2H_3$ 或 C-S-H	70
$Ca(OH)_2$	氢氧化钙	CH	20
$3CaO \cdot Al_2O_3 \cdot 6H_2O$	水化铝酸钙	C_3AH_6	不定
$CaO \cdot Fe_2O_3 \cdot H_2O$	水化铁酸钙	CFH	不定
$3CaO \cdot Al_2O_3 \cdot 3CaSO_4 \cdot 31H_2O$	高硫型水化硫铝酸钙（钙矾石）	$C_3AS_3H_{31}$（AFt）	不定
$3CaO \cdot Al_2O_3 \cdot CaSO_4 \cdot 12H_2O$	低硫型水化硫铝酸钙	$C_3AS_3H_{12}$（AFm）	不定

5.1.2.2 硅酸盐水泥的凝结与硬化

硅酸盐水泥加水拌和后，最初形成具有可塑性的浆体，然后逐渐变稠失去塑性，这一过程称为初凝；开始具有强度时称为终凝。由初凝到终凝的过程称为凝结。之后水泥浆体开始产生强度，并逐渐发展成为坚硬的水泥石，这一过程称为硬化。水泥的水化与凝结硬化是一个连续的过程，水化是凝结硬化的前提，凝结硬化是水化的结果。凝结与硬化是同一过程的不同阶段，但凝结硬化的各阶段是交错进行的，不能截然分开。

〖知识链接〗

关于水泥凝结硬化机理的研究，已经有100多年的历史，并有多种理论进行解释，随着现代测试技术的发展和应用，其研究还在不断深入。一般认为水泥浆体凝结硬化过程可分为早、中、后3个时期，分别相当于一般水泥在20℃温度环境中水化3 h、20~30 h以及更长时间。水泥凝结硬化过程，如图5-3所示。

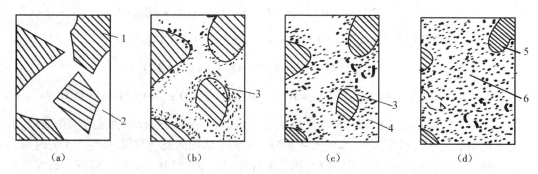

图5-3 水泥凝结硬化过程示意图

(a)分散在水中的水泥颗粒 (b)在水泥颗粒表面形成凝胶 (c)膜层长大并形成晶体
(d)水泥产物进一步发展，形成水化物膜层(凝结)填充毛细孔(硬化)
1—水泥颗粒；2—水；3—凝胶；4—晶体；5—未水化水泥内核；6—毛细孔

水泥加水后，水泥颗粒迅速分散于水中，如图5-3(a)所示。在水化早期，大约是加水拌和到初凝时止，水泥颗粒表面迅速发生水化反应，几分钟内即在表面形成凝胶状膜层，并从中析出六方片状的氢氧化钙晶体，大约1 h即在凝胶膜外及液相中形成粗短的棒状钙矾石

晶体,如图 5-3(b)所示。这一阶段,由于晶体太小不足以在颗粒间搭接使之联结成网状结构,水泥浆既有可塑性又有流动性。

在水化中期,约有30%的水泥已经水化,以水化硅酸钙、氢氧化钙和钙矾石的快速形成为特征,由于颗粒间间隙较大,水化硅酸钙呈长纤维状。此时水泥颗粒被水化硅酸钙形成的一层包裹膜完全包住,并不断向外增厚,逐渐在膜内沉积。同时,膜的外侧生长出长针状钙矾石晶体,膜内侧则生成低硫型水化硫铝酸钙,CH晶体在原先充水的空间形成。这期间膜层和长针状钙矾石晶体长大,将各颗粒连接起来,使水泥凝结。同时,大量形成的水化硅酸钙长纤维状晶体和钙矾石晶体一起,使水泥石网状结构不断致密,逐步发挥出强度。

水化后期大约是1 d以后直到水化结束,水泥水化反应渐趋减缓,各种水化产物逐渐填满原来由水占据的空间,由于颗粒间间隙较小,水化硅酸钙呈短纤维状。水化产物不断填充水泥石网状结构,使之不断致密,渗透率降低,强度增加。随着水化的进行,凝胶状膜层越来越厚,水泥颗粒内部的水化越来越困难,经过几个月甚至若干年的长时间水化后,多数颗粒仍剩余未水化的内核。所以,硬化后的水泥浆体是由凝胶体、晶体、未水化的水泥颗粒内核、毛细孔及孔隙中的水与空气组成,是固—液—气三相多孔体系,具有一定的力学强度和孔隙率,外观和性能与天然石材相似,因而称之为水泥石。其在不同时期的相对数量变化,影响着水泥石性质的变化。水泥石强度、孔隙、渗透性的发展情况,如图 5-4 所示。

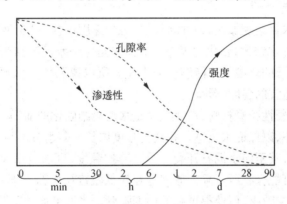

图 5-4　水泥石强度、孔隙、渗透性发展示意图

5.1.2.3　影响硅酸盐水泥凝结硬化的主要因素

1. 熟料的矿物组成

由于各矿物的组成比例不同、性质不同,对水泥性质的影响也不同。如硅酸钙占熟料的比例最大,它是水泥的主导矿物,其比例决定了水泥的基本性质;C_3A 的水化和凝结硬化速率最快,是影响水泥凝结时间的主要因素,加入石膏可延缓水泥凝结,但石膏掺量不能过多,否则会引起安定性不良;当 C_3S 和 C_3A 含量较高时,水泥凝结硬化快、早期强度高,水化放热量大。熟料矿物对水泥性质的影响是各矿物的综合作用,不是简单叠加,其组成比例是影响水泥性质的根本因素,调整水泥熟料比例结构可以改善水泥性质和产品结构。

2. 细度

水泥的细度并不改变其根本性质,但却直接影响水泥的水化速率、凝结硬化、强度、干缩和水化放热等性质。因为,水泥的水化是从颗粒表面逐步向内部发展的,颗粒越细小,其表面积越大,与水的接触面积就越大,水化作用就越迅速越充分,使凝结硬化速率加快,早期强度越高。

┌─────────────────────┐
│ 特别提示 │
└─────────────────────┘

如水泥颗粒过细,在磨细时消耗的能量和成本会显著提高,且水泥易与空气中的水分和二氧化碳反应,使之不易久存;此外,过细的水泥,达到相同稠度时的用水量增加,硬化时会产生较大的体积收缩,同时水分蒸发产生较多的孔隙,会使水泥石强度下降。因此,水泥的细度要控制在一个合理的范围。

3. 水胶比

水泥加水拌和后成为水泥浆,水泥浆中水与水泥用量的比值称为水胶比(W/C)。通常水泥水化时的理论需水量大约是水泥质量的23%,但为了使水泥浆体具有一定的流动性和可塑性,实际的加水量远高于理论需水量,如配制混凝土时的水胶比一般在0.4~0.7。不参加水化的"多余"水分,使水泥颗粒间距增大,会延长水泥浆的凝结时间,并在硬化的水泥石中蒸发形成毛细孔,拌和用水量越多,水泥石中的毛细孔越多,孔隙率就越高,水泥的强度越低,硬化收缩越大,抗渗性、抗侵蚀性能就越差。因此,实际工程中,为提高水泥石的硬化速度和强度应尽可能降低水胶比。

4. 环境湿度、温度

温度高,水泥的水化速度加快,强度增长快,硬化速度也快;温度较低时,硬化速度慢,当温度降至0 ℃以下时,水结冰,硬化过程停止。而水是保证水泥凝结硬化的必需条件,因此砂浆及混凝土要在潮湿的环境下才能够充分水化。所以说要想使水泥能够正常水化、凝结及硬化,需保持环境适宜的温度、湿度。

硅酸盐水泥是水硬性胶凝材料,水化反应是水泥凝结硬化的前提。因此,水泥加水拌和后,必须保持湿润状态,以保证水化进行和获得强度增长。若水分不足,会使水化停止,同时导致较大的早期收缩,甚至使水泥石开裂。提高养护温度,可加速水化反应,提高水泥的早期强度,但后期强度可能会有所下降。原因是在较低温度(20 ℃以下)下虽水化硬化较慢,但生成的水化产物更加致密,可获得更高的后期强度。当温度低于0 ℃时,由于水结冰而使水泥水化硬化停止,将影响其结构强度。一般水泥石结构的硬化温度不得低于 − 5 ℃。硅酸盐水泥的水化硬化较快,早期强度高,若采用较高温度养护,反而还会因水化产物生长过快,损坏其早期结构网络,造成强度下降。因此,硅酸盐水泥不宜采用蒸汽养护等湿热方法养护。

5. 龄期

水泥强度随龄期增长而不断增长。硅酸盐系水泥,在3~7 d 龄期范围内,强度增长速度快;在7~28 d 龄期范围内强度增长速度较快;28 d 以后,强度增长速度逐渐下降,但强度增长会持续很长时间。

5.1.3　硅酸盐水泥的技术性质

5.1.3.1　密度与堆积密度

硅酸盐水泥的密度一般在 3.1~3.2 g/cm³(实际进行混凝土配合比设计时通常取 3.1 g/cm³),堆积密度一般在 1 300~1 600 kg/m³。

5.1.3.2 细度(选择性指标)

细度是指水泥颗粒的粗细程度。水泥细度不仅影响水泥的水化速度、强度,而且影响水泥的生产成本。水泥颗粒太粗,强度低;水泥颗粒太细,磨耗增高,生产成本上升,且水泥硬化收缩也较大。水泥细度可用筛析法和比表面积法来检测。

筛析法是以方孔筛的筛余百分数来表示其细度;比表面积是以 1 kg 水泥所具有的总表面积来表示,单位是 m^2/kg,用透气法比表面积仪测定。硅酸盐水泥的细度用比表面积来衡量,要求比表面积大于 300 m^2/kg。

5.1.3.3 标准稠度用水量

加水量对水泥的一些技术性质(如凝结时间等)的测定值影响很大,故测定这些性质时,必须在一个规定的稠度下进行。这个规定的稠度,称为标准稠度。水泥净浆达到标准稠度时所需的拌和用水量(已占水泥质量的百分比表示),称为标准稠度用水量(亦称需水量)。

特别提示

硅酸盐水泥的标准稠度用水量,一般为 24%~30%。水泥熟料矿物成分不同,其标注稠度用水量也有所差异。水泥磨得越细,标准稠度用水量越大。

一般来说,标准稠度用水量较大的水泥,拌制同样稠度的混凝土,加水量也较大,故硬化时收缩较大,硬化后的强度和密度也较差。因此,当其他条件相同时,水泥标准稠度用水量越少越好。

5.1.3.4 凝结时间

凝结时间是指水泥从加水拌和开始到失去流动性,即从可塑状态发展到固体状态所需要的时间。水泥的凝结时间又分为初凝时间和终凝时间。初凝时间是指自水泥加水时起至水泥浆开始失去可塑性所需的时间。终凝时间是指水泥自加水起至水泥浆完全失去可塑性并开始产生强度所需的时间。水泥凝结时间的测定是以标准稠度的水泥净浆,在规定的温度和湿度下,用凝结时间测定仪来测定的。我国标准规定:硅酸盐水泥初凝时间不得早于 45 min,终凝时间不得迟于 6.5 h。凡初凝时间不符合规定的水泥为废品;终凝时间不符合规定的水泥为不合格品。

特别提示

水泥的凝结时间在施工中有重要意义。初凝时间不宜过快,以便有足够的时间在初凝前完成对混凝土和砂浆进行搅拌、运输、浇捣和砌筑等各工序的施工操作;终凝也不宜过迟,以便使混凝土和砂浆在浇筑完毕后尽早完成凝结并硬化,具有一定的强度,以利于下一步施工工作的进行。

5.1.3.5 体积安定性

水泥的体积安定性是指水泥在凝结硬化过程中体积变化的均匀性。

┌─────────────┐
│ 知识链接 │
└─────────────┘

引起水泥体积安定性不良主要是由于水泥熟料中游离氧化钙、游离氧化镁过多或是石膏掺量过多、三氧化硫过多等因素造成的,其原因如下:水泥熟料中的氧化钙是在约900 ℃时石灰石分解产生,大部分结合成熟料矿物,未形成熟料矿物的游离部分成为过烧的CaO,在水泥凝结硬化后,会缓慢与水生成Ca(OH)$_2$。该反应体积膨胀可达1.5~2倍,使水泥石发生不均匀体积变化。游离氧化钙对体积安定性的影响不仅与其含量有关,还与水泥的煅烧温度有关,故难以定量。沸煮可加速氧化钙的水化,故需用沸煮法检验水泥的体积安定性。水泥中的氧化镁(MgO)呈过烧状态,结晶粗大,在水泥凝结硬化后,会与水生成Mg(OH)$_2$。该反应比过烧的氧化钙与水的反应更加缓慢,且体积膨胀,会在水泥硬化几个月后导致水泥石开裂。当石膏掺量过多或水泥中SO$_3$过多时,水泥硬化后,在有水存在的情况下,它还会继续与固态的水化铝酸钙反应生成高硫型水化硫铝酸钙(钙矾石),体积约增大1.5倍,引起水泥石开裂。氧化镁和三氧化硫已在国家标准中作了定量限制,以保证水泥体积安定性良好。

用沸煮法检验必须合格。测试方法按国家标准《水泥标准稠度用水量、凝结时间、安定性检验方法》(GB 1346—2001)进行。可以用试饼法也可用雷氏法,有争议时以雷氏法为准。

┌─────────────┐
│ 特别提示 │
└─────────────┘

当水泥浆体硬化过程发生不均匀的体积变化时,就会导致水泥石膨胀开裂、翘曲,甚至失去强度,这即是体积安定性不良。体积安定性不良的水泥会降低建筑物质量,甚至引起严重事故。

国家标准规定,体积安定性不合格的水泥必须作废品处理,任何工程中不得使用。

5.1.3.6 强度及强度等级

水泥强度是水泥的主要技术性质,是评定其质量的主要指标。根据国家相关标准规定,采用《水泥胶砂强度检验方法》(ISO 法)测定水泥强度,该法是将水泥、标准砂和水按质量计以1:3:0.5混合,按规定方法制成40 mm×40 mm×160 mm的标准试件,在标准条件下养护,分别测定其3 d和28 d的抗折强度和抗压强度。根据试验结果,硅酸盐水泥分为42.5、42.5R、52.5、52.5R、62.5 和62.5R 等6 个等级,普通硅酸盐水泥分为42.5、42.5R、52.5、52.5R 等4 个强度等级,其他通用水泥的强度等级增加了32.5 的等级,而减少了62.5 的等级。此外,依据水泥3 d 的不同强度分为普通型和早强型两种类型,其中有代号R 者为早强型水泥。通用硅酸盐水泥的各等级、各龄期强度不得低于表5-5 的规定数值。各龄期强度指标全部满足规定者为合格,否则为不合格。

表 5-5　不同强度通用硅酸盐水泥的强度等级（GB 175—2007）

品种	强度等级	抗压强度（MPa），不小于		抗折强度（MPa），不小于	
		3 d	28 d	3 d	28 d
硅酸盐水泥	42.5	17.0	42.5	3.5	6.5
	42.5R	22.0		4.0	
	52.5	23.0	52.5	4.0	7.0
	52.5R	27.0		5.0	
	62.5	28.0	62.5	5.0	8.0
	62.5R	32.0		5.5	
普通硅酸盐水泥	42.5	16.0	42.5	3.5	6.5
	42.5R	21.0		4.0	
	52.5	22.0	52.5	4.0	7.0
	52.5R	26.0		5.0	
矿渣硅酸盐水泥 火山灰质硅酸盐水泥 粉煤灰硅酸盐水泥 复合硅酸盐水泥	32.5	10.0	32.5	2.5	5.5
	32.5R	15.0		3.5	
	42.5	15.0	42.5	3.5	6.5
	42.5R	19.0		4.0	
	52.5	21.0	52.5	4.0	7.0
	52.5R	23.0		4.5	

5.1.3.7　水化热

水泥在水化过程中放出的热量，称为水泥的水化热（kJ/kg）。水泥水化热的大部分是在水泥水化初期（7 d 内）放出的，后期放热逐渐减少。水泥水化热的大小主要与水泥的细度及矿物组成有关。水泥颗粒越细，水化热越多；矿物中 C_3S、C_3A 含量越大，水化热越多。

特别提示

水化热在混凝土工程中既有有利的影响，也有不利的影响。高水化的水泥在大体积混凝土工程中是不利的。这主要是由于水泥水化热放出的热量积聚在混凝土内部散发非常缓慢，混凝土表面与内部因温差过大而导致温差应力，致使混凝土受拉而开裂破坏，因此在大体积混凝土工程中，应选择低热水泥。但在混凝土冬期施工时，水化热却有利于水泥的凝结、硬化和防止混凝土受冻。

GB 175—2007 除对上述内容作了规定外，还对不溶物、烧失量和碱含量等提出了要求。通用硅酸盐水泥的化学指标应符合表 5-6 的规定。凡不溶物和烧失量任一项不符合标准规定的水泥均为不合格品水泥。

表5-6 通用硅酸盐水泥的化学指标

品种	代号	不溶物（质量分数）	烧失量（质量分数）	三氧化硫（质量分数）	氧化镁（质量分数）	氯离子（质量分数）
硅酸盐水泥	P·Ⅰ	≤0.75	≤3.0	≤3.5	≤5.0	≤0.06
	P·Ⅱ	≤1.50	≤3.5			
普通硅酸盐水泥	P·O	—	≤5.0			
矿渣硅酸盐水泥	P·S·A	—	—	≤4.0	≤6.0	
	P·S·B	—	—		—	
火山灰质硅酸盐水泥	P·P	—	—	≤3.5	≤6.0	
粉煤灰硅酸盐水泥	P·F					
复合硅酸盐水泥	P·C					

┌─────────┐
│ 特别提示 │
└─────────┘

　　如果水泥压蒸安定性试验合格,则硅酸盐水泥中氧化镁的含量(质量分数)允许放宽至6.0%。水泥中氧化镁的含量(质量分数)大于6.0%时,须进行水泥压蒸安定性试验并合格。若使用活性骨料,用户要求提供低碱水泥时,水泥中的碱含量不得大于0.6%或由供需双方商定。

┌─────────┐
│ 知识链接 │
└─────────┘

　　不溶物是指经过酸(盐酸)和碱(氢氧化钠溶液)处理后,不能被溶解的残余物。

　　不溶物是指经盐酸处理后的不溶残渣,再以氢氧化钠溶液处理,经盐酸中和、过滤后所得的残渣,再经高温灼烧所剩的物质。不溶物含量高对水泥质量有不良影响。氧化镁结晶粗大,水化缓慢,且水化生成的 $Mg(OH)_2$ 体积膨胀达1.5倍,过量会引起水泥体积安定性不良。需以压蒸的方法加快其水化,方可判断其体积安定性。三氧化硫过量会与铝酸钙矿物生成较多的钙矾石,产生较大的体积膨胀,引起水泥体积安定性不良。

　　碱含量:硅酸盐水泥中除主要矿物成分外,还含少量其他化学成分,如钠和钾的氧化物(碱性物质)。水泥中碱含量按 $Na_2O + 0.658K_2O$ 计算值来表示。若使用活性骨料,要求提供低碱水泥时,水泥中碱含量不得大于0.6%或由供需双方商定。当混凝土骨料中含有活性二氧化硅时,会与水泥中的碱相互作用形成碱的硅酸盐凝胶,由于后者体积膨胀可引起混凝土开裂,造成结构的破坏,这种现象称为碱—骨料反应。它是影响混凝土耐久性的一个重要因素。碱—骨料反应与混凝土中的总碱量、骨料及使用环境等有关。为防止碱—骨料反应,标准对碱含量做出了相应规定。

5.1.4　硅酸盐水泥的腐蚀与防止

　　硬化水泥石在通常条件下具有较好的耐久性,但在某些含腐蚀性物质的介质中,有害介质会侵入到水泥石内部,使硬化的水泥石结构遭到破坏,强度降低,最终甚至造成建筑物的破坏,这种现象称为水泥石的腐蚀。它对水泥耐久性影响较大,必须采取有效措施予以防止。

5.1.4.1 水泥石的主要腐蚀类型

1. 软水腐蚀(溶出性腐蚀)

$Ca(OH)_2$ 晶体是水泥的主要水化产物之一,如果水泥结构所处环境的溶液(如软水)中,$Ca(OH)_2$ 的浓度低于其饱和浓度时,则其中的 $Ca(OH)_2$ 被溶解或分解,从而造成水泥石的破坏。所以软水腐蚀是一种溶出性的腐蚀。

雨水、雪水、蒸馏水、冷凝水、含碳酸盐较少的河水和湖水等都是软水,当水泥石长期与这些水接触时,$Ca(OH)_2$ 会被溶出。在静水无压或水量不多情况下,由于 $Ca(OH)_2$ 的溶解度较小,溶液易达到饱和,故溶出作用仅限于表面,并很快停止,其影响不大。但在流水、压力水或大量水的情况下,$Ca(OH)_2$ 会不断地被溶解流失。一方面使水泥石孔隙率增大,密实度和强度下降,水更易向内部渗透;另一方面,水泥石的碱度不断降低,引起水化产物分解,最终变成胶结能力很差的产物,使水泥石结构受到破坏。软水腐蚀的程度与水的暂时硬度(水中重碳酸盐即碳酸氢钙和碳酸氢镁的含量)有关,碳酸氢钙和碳酸氢镁能与水泥石中的 $Ca(OH)_2$ 反应生成不溶于水的碳酸钙,其反应方程式如下:

$$Ca(OH)_2 + Ca(HCO_3)_2 = 2CaCO_3 + 2H_2O$$

特别提示

反应生成的碳酸钙沉淀在水泥石的孔隙内而提高其密实度,并在水泥石表面形成紧密不透水层,从而可以阻止外界水的侵入和内部 $Ca(OH)_2$ 的扩散析出。所以,水的暂时硬度越高,腐蚀作用越小。应用这一性质,对须与软水接触的混凝土制品或构件,可先在空气中硬化,再进行表面碳化,形成碳酸钙外壳,可起到一定的保护作用。

溶出性侵蚀的强弱程度,与水的硬度有关。当环境水的水质较硬,即水中碳酸盐含量较高时,$Ca(OH)_2$ 的溶解度较小,侵蚀性较弱;反之,水质越软,侵蚀性越强。

2. 盐类腐蚀

(1)硫酸盐腐蚀(膨胀腐蚀)。在海水、湖水、盐沼水、地下水、某些工业污水、流经高炉矿渣或煤渣的水中,常含钾、钠和氨等的硫酸盐。它们与水泥石中的 $Ca(OH)_2$ 发生置换反应,生成硫酸钙。硫酸钙与水泥石中的水化铝酸钙作用会生成高硫型水化硫铝酸钙(钙矾石),其反应方程式为:

$$Ca(OH)_2 + Na_2SO_4 + 2H_2O = CaSO_4 \cdot 2H_2O + 2NaOH$$

$$4CaO \cdot Al_2O_3 \cdot 19H_2O + 3(CaSO_4 \cdot 2H_2O) + 7H_2O = 3CaO \cdot Al_2O_3 \cdot 3CaSO_4 \cdot 31H_2O + Ca(OH)_2$$

$$3CaO \cdot Al_2O_3 \cdot 6H_2O + 3(CaSO_4 \cdot 2H_2O) + 19H_2O = 3CaO \cdot Al_2O_3 \cdot 3CaSO_4 \cdot 31H_2O$$

特别提示

反应生成的高硫型水化硫铝酸钙晶体比原有水化铝酸钙体积增大 1~1.5 倍,硫酸盐浓度高时还会在孔隙中直接结晶成二水石膏,比 $Ca(OH)_2$ 的体积增大 1.2 倍以上。由此引起水泥石内部膨胀,致使结构胀裂、强度下降而遭到破坏。因为,生成的高硫型水化硫铝酸钙晶体呈针状,又形象地称为"水泥杆菌"。

(2)镁盐腐蚀。在海水及地下水中,常含有大量的镁盐,主要是硫酸镁和氯化镁,它们可与水泥石中的 $Ca(OH)_2$ 发生反应,其反应方程式如下:

$$MgSO_4 + Ca(OH)_2 + 2H_2O = CaSO_4 \cdot 2H_2O + Mg(OH)_2$$

$$MgCl_2 + Ca(OH)_2 = CaCl_2 + Mg(OH)_2$$

特别提示

反应所生成的 $Mg(OH)_2$ 松软而无胶凝性,$CaCl_2$ 易溶于水,会引起溶出性腐蚀,二水石膏又会引起膨胀腐蚀。所以,硫酸镁对水泥起硫酸盐和镁盐的双重腐蚀作用,危害更严重。

3. 酸类腐蚀

(1)碳酸腐蚀。在工业污水、地下水中常溶解有较多的二氧化碳,二氧化碳与水泥石中的 $Ca(OH)_2$ 反应,生成碳酸钙。碳酸钙与 CO_2 反应生成 $Ca(HCO_3)_2$,反应方程式如下:

$$Ca(OH)_2 + CO_2 + H_2O = CaCO_3 + 2H_2O$$

$$CaCO_3 + CO_2 + H_2O = Ca(HCO_3)_2$$

特别提示

重碳酸钙易溶于水,若被流动的水带走,化学平衡遭到破坏,反应不断向右边进行,则水泥石中的石灰浓度不断降低,水泥石结构逐渐被破坏。

(2)一般酸的腐蚀。水泥水化生成大量 $Ca(OH)_2$,因而呈碱性,一般酸都会对它有不同的腐蚀作用。主要原因是一般酸都会与 $Ca(OH)_2$ 发生中和反应,其反应的产物或者易溶于水,或者体积膨胀,使水泥石性能下降,甚至导致破坏;无机强酸还会与水泥石中的水化硅酸钙、水化铝酸钙等水化产物反应,使之分解,而导致腐蚀破坏。一般来说,有机酸的腐蚀作用比无机酸弱;酸的浓度越大,腐蚀作用越强,反应方程式如下:

$$Ca(OH)_2 + 2HCl = CaCl_2 + 2H_2O$$

$$Ca(OH)_2 + 2H_2SO_4 = CaSO_4 \cdot 2H_2O$$

$$2CaO \cdot SiO_2 + 4HCl = 2CaCl_2 + SiO_2 \cdot 2H_2O$$

$$3CaO \cdot Al_2O_3 + 6HCl = 3CaCl_2 + Al_2O_3 \cdot 3H_2O$$

上述反应中,$CaCl_2$ 为易溶于水的盐,而 $CaSO_4 \cdot 2H_2O$ 则结晶膨胀,都对水泥的结构有破坏作用。

4. 强碱的腐蚀

浓度不高的碱类溶液,一般对水泥石无害。但若长期处于较高浓度(大于 10%)的含碱溶液中也能发生缓慢腐蚀,主要是化学腐蚀和结晶腐蚀。

化学腐蚀：如氢氧化钠与水化产物反应,生成黏结力不强,易溶析的产物,反应方程式如下：

$$2CaO \cdot SiO_2 \cdot nH_2O + 2NaOH = 2Ca(OH)_2 + Na_2O \cdot SiO_2 + (n-1)H_2O$$

$$3CaO \cdot Al_2O_3 \cdot 6H_2O + 2NaOH = 3Ca(OH)_2 + Na_2O \cdot Al_2O_3 + 4H_2O$$

结晶腐蚀：如氢氧化钠渗入水泥石后,与空气中的二氧化碳反应生成含结晶水的碳酸钠,碳酸钠在毛细孔中结晶体积膨胀,而使水泥石开裂破坏。

5. 其他腐蚀

除了上述 4 种主要的腐蚀类型外,一些其他物质也对水泥石有腐蚀作用,如糖、氨盐、酒精、动物脂肪、含环烷酸的石油产品及碱—骨料反应等。它们或是影响水泥的水化、或是影响水泥的凝结、或是体积变化引起开裂、或是影响水泥的强度,从不同的方面造成水泥石的性能下降甚至破坏。

⟪⟪⟪⟪特别提示⟫⟫⟫⟫

实际工程中水泥石的腐蚀是一个复杂的物理化学作用过程,腐蚀的作用往往不是单一的,而是几种腐蚀同时存在,相互影响的。

5.1.4.2 腐蚀的防止

水泥石腐蚀产生的原因有 3 种：一是水泥石中存在易被腐蚀的组分,主要是 $Ca(OH)_2$ 和水化铝酸钙;二是有能产生腐蚀的介质和环境条件;三是水泥石本身不密实。防止水泥石的腐蚀,一般可采取以下几种措施。

(1)根据环境介质的腐蚀特性,合理选用水泥品种。水泥品种不同,其矿物组成也不同,对腐蚀的抵抗能力不同。水泥生产时,调整矿物的组成,掺加相应耐腐蚀性强的混合材料,就可制成具有相应耐腐蚀性能的水泥。水泥使用时必须根据腐蚀环境的特点,合理地选择品种。

(2)提高水泥石的密实度。通过合理的材料配合比设计降低水胶比、掺加某些可堵塞空隙的物质、改善施工方法,加强振捣,均可以获得均匀密实的水泥石结构,避免或减缓水泥石腐蚀。

(3)设置保护层。当腐蚀作用较强时,应在水泥石表面加做不透水的保护层,隔断腐蚀介质的接触,保护层材料选用耐腐蚀性强的石料、陶瓷、玻璃、塑料、沥青和涂料等。也可用化学方法进行表面处理,形成保护层,如表面碳化形成致密的碳酸钙、表面涂刷草酸形成不溶的草酸钙等。对于特殊抗腐蚀的要求,则可采用抗蚀性强的聚合物混凝土。

5.1.5 硅酸盐水泥的特性及应用

5.1.5.1 凝结硬化快,强度高

由于硅酸盐水泥中的 C_3S 和 C_3A 较高,使硅酸盐水泥水化凝结硬化速度加快,强度(主要是早期强度)发展也快。因此,适合于早期强度要求高的工程,如高强混凝土结构和预应力混凝土结构。

5.1.5.2 水化热高

硅酸盐水泥中的 C_3S 和 C_3A 较高,其水泥早期放热大,放热速率快,其 3 d 内的水化放热量约占其中放热量的 50%。这对于大体积混凝土工程施工不利,不适用于大坝等大体积混凝土工程。但这种现象对冬季施工较为有利。

5.1.5.3 抗冻性能好

硅酸盐水泥拌和物不易发生泌水现象,硬化后的水泥石较密实,所以抗冻性好,适用于高寒地区的混凝土工程。

5.1.5.4 抗碳化能力强

硅酸盐水泥硬化后水泥石呈碱性,而处于碱性环境中的钢筋可在其表面形成一层钝化膜保护钢筋不锈蚀。而空气中的 CO_2 会与水化物中的 $Ca(OH)_2$ 发生反应,生成 $CaCO_3$ 从而消耗 $Ca(OH)_2$ 的量,最终使水化物内碱性变为中性,使钢筋没有碱性环境的保护而发生锈蚀,造成混凝土结构的破坏。硅酸盐水泥中由于 $Ca(OH)_2$ 的含量高所以抗碳化能力强。

5.1.5.5 耐腐蚀能力差

由于硅酸盐水泥中有大量的 $Ca(OH)_2$ 及水化氯酸三钙,容易受到软水、酸类和一些盐类的腐蚀,因此不适用于受流动水、压力水、酸类及硫酸盐侵蚀的混凝土工程。

5.1.5.6 耐热性差

硅酸盐水泥在温度为 250 ℃时,使水化物开始脱水,水泥石强度下降,当受热温度超过 700 ℃ 时会遭到破坏。因此,硅酸盐水泥不宜单独用于耐热工程。

5.1.5.7 温热养护效果差

硅酸盐水泥在常规养护条件下硬化快、强度高。但经过蒸汽养护后,再经自然养护至 28 d 测得的抗压强度常低于蒸汽养护的 28 d 抗压强度。

项目5.2　掺有混合材料的硅酸盐水泥

掺有混合材料的硅酸盐水泥一般是指混合材料掺量在 15% 以上的硅酸盐系列水泥。

5.2.1　混合材料的作用与种类

5.2.1.1 掺加混合材料的作用

凡在硅酸盐水泥熟料中掺入一定量的混合材料和适量石膏共同磨细制成的水硬性胶凝材料称为混合材料的硅酸盐水泥。在硅酸盐水泥熟料中,掺加一定量的混合材料有以下三方面的好处。

(1)改善水泥性能,如增加水泥的抗腐蚀性、降低水泥的水化热等。

(2)增加水泥品种,由于混合材料的种类多,不同品种的混合材料有不同的性能,从而生产出不同品种的水泥,为适应不同的工程需求提供了方便。

(3)降低水泥成本,由于混合材料大多数是工业副产品或天然矿物质,价格便宜,掺入硅酸盐水泥中,代替部分水泥,可增加水泥产量,降低成本。

在磨制水泥时加入的天然或人工矿物材料称为混合材料。混合材料的加入可以改善水泥的某些性能,拓宽水泥强度等级,扩大应用范围,并能降低水泥生产成本;掺加工业废料作为混合材料,能有效减少污染,有利于环境保护和可持续发展。

5.2.1.2　混合材料的种类

水泥混合材料包括非活性混合材料、活性混合材料和窑灰,其中活性混合材料的应用最广。为确保工程质量,凡国家标准中没有规定的混合材料品种,严格禁止使用。

1.活性混合材料

在常温下,加水拌和后能与水泥、石灰或石膏发生化学反应,生成具有一定水硬性的胶凝产物的混合材料称为活性混合材料。活性混合材料的加入可起到同非活性混合材料相同的作用。因活性混合材料的掺加量较大,改善水泥性质的作用更加显著,而且当其活性激发后可使水泥后期强度大大提高,甚至赶上同等级的硅酸盐水泥。常用的活性混合材料有粒化高炉矿渣、火山灰质材料和粉煤灰等。

(1)粒化高炉矿渣。粒化高炉矿渣是高炉冶炼生铁时,将浮在铁水表面的熔融物经水淬等急冷处理而成的松散颗粒,又称为水淬矿渣。粒化高炉矿渣的主要化学成分是 CaO、SiO_2、Al_2O_3 和少量 MgO、Fe_2O_3。急冷的矿渣结构为不稳定的玻璃体,具有较大的化学潜能,其主要活性成分是 SiO_2 和 Al_2O_3。常温下能与 $Ca(OH)_2$ 反应,生成水化硅酸钙、水化铝酸钙等具有水硬性的产物。在用石灰石做熔剂的矿渣中,含有少量 C_2S,本身就具有一定的水硬性,加入激发剂磨细就可制得无熟料水泥。

(2)火山灰质材料。天然火山灰质材料是火山喷发时形成的一系列矿物,如火山灰、凝灰岩、浮石、沸石和硅藻土等;人工火山灰质材料是与天然火山灰质材料成分和性质相似的人造矿物或工业废渣,如烧黏土、煤矸石渣和煤渣等。火山灰的主要活性成分是活性 SiO_2 和活性 Al_2O_3,在激发剂的作用下,可发挥出水硬性。

(3)粉煤灰。粉煤灰是火力发电厂以煤粉作燃料,燃烧后收集下来的极细的灰渣颗粒,为球状玻璃体结构,也是一种火山灰质材料。

2.非活性混合材料

在常温下,加水拌和后不能与水泥、石灰或石膏发生化学反应的混合材料称为非活性混合材料,又称填充性混合材料。非活性混合材料加入水泥中的作用是提高水泥产量,降低生产成本,降低强度等级,减少水化热,改善耐腐蚀性和和易性等。这类材料有磨细的石灰石、石英砂、慢冷矿渣、黏土和各种符合要求的工业废渣等。由于非活性混合材料加入会降低水泥强度,其加入量一般较少。

3.窑灰

窑灰是水泥回转窑窑尾废气中收集下来的粉尘,活性较低,一般作为非活性混合材料加入,以减少污染,保护环境。

5.2.2　掺有混合材料的硅酸盐水泥的种类

工程中常用的掺有混合材料的水泥有普通硅酸盐水泥、矿渣硅酸盐水泥、火山灰质硅酸盐水泥、粉煤灰硅酸盐水泥及复合硅酸盐水泥等。

5.2.2.1 普通硅酸盐水泥

普通硅酸盐水泥简称为普通水泥。根据国家标准《通用硅酸盐水泥》(GB 175—2007)规定,普通硅酸盐水泥是指(熟料和石膏)组分≥80%且<95%,掺加>5%且≤20%的粉煤灰、粒化高炉矿渣或火山灰等活性混合材料,其中允许用不超过水泥质量8%的非活性混合材料或不超过水泥质量5%的窑灰来代替活性材料,共同磨细制成的水硬性胶凝材料,代号P·O。

国标中对硅酸盐水泥有以下几个技术要求。

(1)细度。用比表面积表示,根据规定应不小于 300 m^2/kg。

(2)凝结时间。初凝时间不小于 45 min,终凝时间不大于 600 min。

(3)强度。普通硅酸盐水泥的强度等级分为 42.5、42.5R、52.5、52.5R 共 4 个强度等级。各强度等级各龄期的强度不得低于表 5-5 的数值。

(4)烧失量。普通水泥中的烧失量不得大于 5.0%。

普通硅酸盐水泥的体积安定性及氧化镁、三氧化硫、碱含量、氯离子等技术要求与硅酸盐水泥相同,普通硅酸盐水泥的成分中绝大多部分仍是硅酸盐水泥熟料,故其基本特征与硅酸盐水泥相近。但由于普通硅酸盐水泥中掺入了少量混合材料,故某些性能与硅酸盐水泥稍有些不同。

普通硅酸盐水泥被广泛用于各种混凝土或钢筋混凝土工程,是我国目前主要的水泥品种之一。

5.2.2.2 矿渣硅酸盐水泥、火山灰质硅酸盐水泥、粉煤灰硅酸盐水泥、复合硅酸盐水泥

1. 组成

通用硅酸盐水泥的组分见表 5-7。

表 5-7　通用硅酸盐水泥组分表

品种	代号	组分				
		熟料+石膏	粒化高炉矿渣	火山灰质混合材料	粉煤灰	石灰石
硅酸盐水泥	P·Ⅰ	100	—	—	—	—
	P·Ⅱ	≥95	≤5	—	—	—
		≥95	—	—	—	≤5
普通硅酸盐水泥	P·O	≥80且<95	>20且≤50[a]			—
矿渣硅酸盐水泥	P·S·A	≥50且<80	>20且≤50[b]	—	—	—
	P·S·B	≥30且<50	>50且≤70[b]	—	—	—
火山灰质硅酸盐水泥	P·P	≥60且<80	—	>50且≤40[c]	—	—
粉煤灰硅酸盐水泥	P·F	≥60且<80	—	—	>50且≤40[d]	—
复合硅酸盐水泥	P·C	≥50且<80	>20且≤50[e]			

注:a.本组分材料为符合 GB/T 203、GB/T 18046、GB/T 1596、GB/T 2847 标准要求的粒化高炉矿渣、粒化高

炉矿渣粉、粉煤灰、火山灰质混合材料。其中允许用不超过水泥质量 8% 且符合活性指标分别低于 GB/T 203、GB/T 18046、GB/T 1596、GB/T 2847 标准要求的粒化高炉矿渣、粒化高炉矿渣粉、粉煤灰、火山灰质混合材料;石灰石和砂岩,其中石灰石中的三氧化二铝含量应不大于 2.5% 的非活性混合材料或不超过水泥质量 5% 且符合 JC/T 742 规定的窑灰代替。

b. 本组分材料为符合 GB/T 203 或 GB/T 18046 的活性混合材料,其中允许用不超过水泥质量 8% 且符合 GB/T 203、GB/T 18046、GB/T 1596、GB/T 2847 标准要求的粒化高炉矿渣、粒化高炉矿渣粉、粉煤灰、火山灰质混合材料。

c. 本组分材料为符合 GB/T 2847 的活性混合材料。

d. 本组分材料为符合 GB/T 1596 的活性混合材料。

e. 本组分材料为两种(含两种)以上符合 GB/T 203、GB/T 18046、GB/T 1596、GB/T 2847 标准要求的粒化高炉矿渣、粒化高炉矿渣粉、粉煤灰、火山灰质混合材料。活性指标分别低于 GB/T 203、GB/T 18046、GB/T 1596、GB/T 2847 标准要求的粒化高炉矿渣、粒化或和高炉矿渣粉、粉煤灰、火山灰质混合材料;石灰石和砂岩,其中石灰石中的三氧化二铝含量应由不大于 2.5% 的非活性混合材料组成,其中允许用不超过水泥质量 8% 且符合 JC/T 742 的规定的窑灰代替。掺矿渣时混合材料掺量不得与矿渣硅酸盐水泥重复。

2. 技术性质

(1)细度、凝结时间和体积安定性,要求与普通硅酸盐水泥相同。

(2)氧化镁。熟料中氧化镁的含量不宜超过 5.0%。如水泥经压蒸安定性试验合格,则熟料中氧化镁的含量允许放宽到 6.0%。熟料中氧化镁的含量为 5.0% ~ 6.0% 时,如矿渣硅酸盐水泥中混合材料总掺量大于 40% 或火山灰质硅酸盐水泥和粉煤灰硅酸盐水泥中混合材料掺加量大于 30%,制成的水泥可不做压蒸试验。

(3)三氧化硫。矿渣硅酸盐水泥中三氧化硫的含量不得超过 4.0%;火山灰质硅酸盐水泥和粉煤灰硅酸盐水泥中三氧化硫的含量不得超过 3.5%。

(4)强度。水泥强度等级按规定龄期的抗压强度和抗折强度来划分,分为 32.5、32.5R、42.5、42.5R、52.5、52.5R。各强度等级水泥的各龄期强度不得低于表 5-5 的数值。

(5)碱。水泥中碱含量按 $Na_2O + 0.658K_2O$ 计算值来表示。若使用活性骨料要限制水泥中的碱含量时,由供需双方商定。

3. 特性与应用

硅酸盐系水泥的主要性质相同或相似。掺有混合材料的水泥与硅酸盐水泥相比,又有其自身的特点。

(1)矿渣硅酸盐水泥、火山灰质硅酸盐水泥、粉煤灰硅酸盐水泥的共性特点与应用。

1)凝结硬化慢、早期强度低和后期强度增长快。因为水泥中熟料比例较低,而混合材料的二次水化较慢,所以其早期强度低,后期二次水化的产物不断增多,水泥强度发展较快,达到甚至超过同等级的硅酸盐水泥。因此,这 3 种水泥不宜用于早期强度要求高的工程、冬季施工工程和预应力混凝土等工程,且应加强早期养护。掺有混合材料水泥的强度增长与硅酸盐水泥的比较,如图 5-5 所示。

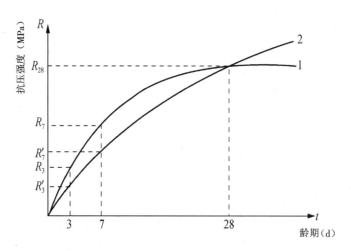

图 5-5 水泥的强度增长比较
1—硅酸盐水泥；2—矿渣水泥

2）温度敏感性高，适宜高温湿热养护。这 3 种水泥在低温下水化速率和强度发展较慢，而在高温养护时水化速率大大提高，强度发展加快，可得到较高的早期强度和后期强度。因此，适合采用高温湿热养护，如蒸汽养护和蒸压养护。养护温度对掺混合材料水泥和硅酸盐水泥的强度增长比较，如图 5-6 所示。

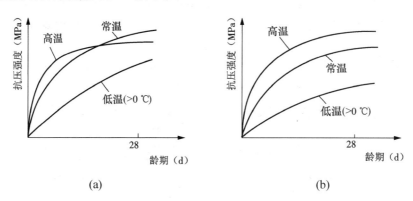

图 5-6 养护温度对掺混合材料水泥和硅酸盐水泥的强度增长比较
（a）硅酸盐水泥 （b）矿渣水泥

3）水化热低，适合大体积混凝土工程。由于熟料用量少，水化放热量大的矿物 C_3S 和 C_3A 较少，水泥的水化热大大降低，适合用于大体积混凝土工程，如大型基础和水坝等。适当调整组成比例就可生产出大坝专用的低热水泥品种。

4）耐腐蚀性能强。由于熟料用量少，水化生成的 $Ca(OH)_2$ 少，且二次水化还要消耗大量 $Ca(OH)_2$，使水泥石中易腐蚀的成分减少，水泥石的耐软水腐蚀、耐硫酸盐腐蚀、耐酸性腐蚀等能力大大提高，可用于有耐腐蚀要求的工程中。但如果火山灰质硅酸盐水泥掺加的是以 Al_2O_3 为主要成分的烧黏土类混合材料时，因水化后生成水化铝酸钙较多，其耐硫酸盐腐蚀的能力较差，不宜用于有耐硫酸盐腐蚀要求的场合。

5）抗冻性差，耐磨性差。由于加入较多的混合材料，水泥的需水性增加，用水量较多，易形成较多的毛细孔或粗大孔隙,且水泥早期强度较低,使抗冻性和耐磨性下降。因此,不宜用于严寒地区水位升降范围内的混凝土工程和有耐磨性要求的工程。

6)抗碳化能力差。由于水化产物中 $Ca(OH)_2$ 少,水泥石的碱度较低,遇有碳化的环境时,表面碳化较快,碳化深度较深,对钢筋的保护不利。若碳化深度达到钢筋表面,会导致钢筋锈蚀,使钢筋混凝土产生顺筋裂缝,降低耐久性。不过,在一般环境中,这 3 种水泥对钢筋都具有良好的保护作用。

(2)矿渣硅酸盐水泥、火山灰质硅酸盐水泥、粉煤灰硅酸盐水泥的个别特性。

1)矿渣硅酸盐水泥。由于矿渣是在高温下形成的,所以矿渣硅酸盐水泥具有较强的耐热性。因此,矿渣硅酸盐水泥可用于温度不高于200 ℃的混凝土工程,如轧钢、铸造、锻造和热处理等高温车间及热工窑炉的基础等;也可用于温度达 $300 \sim 400$ ℃的热气体通道等耐热工程。粒化高炉矿渣玻璃体对水的吸附力差,导致矿渣硅酸盐水泥的保水性差,易泌水产生较多的连通孔隙,水分的蒸发增加,使矿渣硅酸盐水泥的抗渗性差,干燥收缩较大,易在表面产生较多的细微裂缝,影响其强度和耐久性。

2)火山灰质硅酸盐水泥。火山灰质硅酸盐水泥具有较好的抗渗性和耐水性。因为,火山灰质混合材料的颗粒有大量的细微孔隙,保水性良好,泌水性低,并且水化中形成的水化硅酸钙凝胶较多,水泥石结构比较致密,具有较好的抗渗性和抗淡水溶稀的能力,可优先用于有抗渗性要求的工程。火山灰质硅酸盐水泥的干燥收缩比矿渣硅酸盐水泥更加显著,在长期干燥的环境中,其水化反应会停止,已经形成的凝胶还会脱水收缩,形成细微裂缝,影响水泥石的强度和耐久性。因此,火山灰质硅酸盐水泥施工时要加强养护,较长时间保持潮湿状态,且不宜用于干热环境中。

3)粉煤灰硅酸盐水泥。粉煤灰硅酸盐水泥的干缩性较小,甚至优于硅酸盐水泥和普通水泥,具有较好的抗裂性。因为,粉煤灰颗粒呈球形,较为致密,吸水性差,加水拌和时的内摩擦阻力小,需水性小,所以其干缩小,抗裂性好,同时配制的混凝土、砂浆和易性好。由于粉煤灰吸水性差,水泥易泌水,形成较多连通孔隙,干燥时易产生细微裂缝,抗渗性较差,不宜用于干燥环境和抗渗要求高的工程。

(3)复合硅酸盐水泥的特性与应用。

复合硅酸盐水泥的早期强度接近于普通水泥,性能略优于其他掺有混合材料的水泥,适用范围较广。它掺加了两种或两种以的混合材料,有利于发挥各种材料的优点,为充分利用混合材料生产水泥,扩大水泥应用范围,提供了广阔的途径。硅酸盐系水泥的性能见表5-8。

表 5-8 通用硅酸盐系水泥的技术性质

项目	硅酸盐水泥		普通硅酸盐水泥	矿渣硅酸盐水泥	火山灰质硅酸盐水泥	粉煤灰硅酸盐水泥	复合硅酸盐水泥
	P·I	P·II	P·O	P·S·A P·S·B	P·P	P·F	P·C
不溶物含量	≤0.75%	≤1.50%	—				
烧失量	≤3.0%	≤3.5%	≤5.0%	—			
细度	比表面积 >300 m^2/kg		80 μm 方孔筛的筛余量 <10%				

续表

项目		硅酸盐水泥		普通硅酸盐水泥	矿渣硅酸盐水泥	火山灰质硅酸盐水泥	粉煤灰硅酸盐水泥	复合硅酸盐水泥
		P·Ⅰ	P·Ⅱ	P·O	P·S·A P·S·B	P·P	P·F	P·C
初凝时间		>45 min						
终凝时间		<390 min		<10 h				
MgO 含量		水泥中,≤5.0%,蒸压安定性试验合格≤6.0% 熟料中,≤5.0%,蒸压安定性试验合格≤6.0%						
SO₃ 含量		≤3.5%			4.0%	≤3.5%		
安定性		沸煮法合格						
强度		各强度等级水泥的各龄期强度不得低于各标准规定的数值						
碱含量		≤0.60% 或商定			商定			
组成	组成	熟料 0%~5% 混合材料石膏		熟料 6%~15% 混合材料石膏	熟料 20%~70% 矿渣石膏	熟料 20%~50% 火山灰石膏	熟料 20%~40% 粉煤灰石膏	熟料 15%~50% 混合材料石膏
	区别	无或很少混合材料		少量混合材料	多量活性混合材料			多量混合材料
					矿渣	火山灰	粉煤灰	两种或两种以上
性能		凝结硬化快早期、后期强度高、水化热大、放热快、抗冻性好、耐磨性好、抗碳化性好、干缩小、耐腐蚀性差、耐热性差		基本同硅酸盐水泥。早期强度、水化热、抗冻性、耐磨性和抗碳化性略有降低,耐腐蚀性、耐热性略有提高	凝结硬化较慢,早期强度低,后期强度高			早期强度较高
					温度敏感性好、水化热低、耐腐蚀性好、抗冻性差、抗碳化性差			温度敏感性好、水化热低、耐腐蚀性好、抗冻性差、耐磨性差、抗碳化性差
					耐热性好、泌水性大、大抗渗较好、干缩较大	保水性好、抗渗好、干缩大	干缩小、抗裂性好、泌水性大、抗渗较好	与掺入种类比例有关

　　硅酸盐水泥、普通硅酸盐水泥、矿渣硅酸盐水泥、粉煤灰硅酸盐水泥、火山灰质硅酸盐水泥、复合硅酸盐水泥是我国广泛使用的 6 种水泥(常用水泥或通用水泥)。在混凝土结构工程中,这 6 种水泥的选用可参照表 5-9 选择。

表 5-9　硅酸盐系常用水泥的选用

工程特点及所处环境条件			优先选用	可以选用	不宜选用
普通混凝土	1	在一般气候环境中的混凝土	普通硅酸盐水泥	矿渣硅酸盐水泥、火山灰质硅酸盐水泥、粉煤灰硅酸盐水泥、复合硅酸盐水泥	—
	2	在干燥环境中的混凝土	普通硅酸盐水泥	矿渣硅酸盐水泥	火山灰质硅酸盐水泥、粉煤灰硅酸盐水泥
	3	在高温或长期处于水中的混凝土	矿渣硅酸盐水泥、火山灰质硅酸盐水泥、粉煤灰硅酸盐水泥、复合硅酸盐水泥	—	—
	4	厚大体积混凝土		—	硅酸盐水泥、普通硅酸盐水泥
有特殊要求的混凝土	1	要求快硬、高强（>C40）、预应力的混凝土	硅酸盐水泥	普通硅酸盐水泥	矿渣硅酸盐水泥、火山灰质硅酸盐水泥、粉煤灰硅酸盐水泥、复合硅酸盐水泥
	2	在严寒地区冻融条件的混凝土	硅酸盐水泥		
	3	在严寒地区水位升降范围的混凝土	普通水泥强度等级 >42.5	—	
	4	蒸汽养护的混凝土	矿渣硅酸盐水泥、火山灰质硅酸盐水泥、粉煤灰硅酸盐水泥、复合硅酸盐水泥	—	硅酸盐水泥、普通硅酸盐水泥
	5	有耐热要求的混凝土	矿渣硅酸盐水泥	—	—
	6	有抗渗要求的混凝土	火山灰质硅酸盐水泥、普通硅酸盐水泥	—	矿渣硅酸盐水泥
	7	受腐蚀作用的混凝土	矿渣硅酸盐水泥、火山灰质硅酸盐水泥、粉煤灰硅酸盐水泥、复合硅酸盐水泥	—	硅酸盐水泥、普通硅酸盐水泥

项目 5.3　其他品种水泥

通用硅酸盐系水泥品种不多,但用量却是最大的。除此之外,水泥品种的大部分是特性水泥和专用水泥,又称为特种水泥,其用量虽然不大,但用途却很重要且很广泛。特种水泥中又以硅酸盐系水泥为主。我国特种水泥的品种情况见表 5-10。

表 5-10　我国主要特种水泥系列分类表

性质类别	硅酸盐	铝酸盐	硫铝酸盐	氟铝酸盐	铁铝酸盐（高铁硫铝酸盐水泥）	其他
快硬高强水泥	快硬硅酸盐水泥、膨胀和自应力水泥	快硬铝酸盐水泥、快硬高强铝酸盐水泥、特快硬调凝铝酸盐水泥	快硬硫铝酸盐水泥	型砂水泥、抢修水泥、快凝快硬氟铝酸盐水泥	快硬铁铝酸盐水泥	—
膨胀和自应力水泥	膨胀硅酸盐水泥、无收缩快硬酸盐水泥、明矾石膨胀硅酸盐水泥、自应力硅酸盐水泥	膨胀铝酸盐水泥、自应力铝酸盐水泥	膨胀硫铝酸盐水泥、自应力硫铝酸盐水泥	—	膨胀铁铝酸盐水泥、自应力铁铝酸盐水泥	—
水工（大坝)水泥	中热硅酸盐水泥、低热矿渣硅酸盐水泥、低热粉煤灰硅酸盐水泥、低热微膨胀硅酸盐水泥、抗硫酸盐硅酸盐水泥	—	—	—	—	—
油井水泥	A、B、C、D、E、F、G、H 级油井水泥、特种油井水泥	—	—	—	—	无熟料油井水泥
装饰水泥	白色硅酸盐水泥、彩色硅酸盐水泥	—	彩色硫铝酸盐水泥	—	—	无熟料装饰水泥
耐高温水泥	—	铝酸盐水泥	—	—	—	磷酸盐水泥
其他	道路硅酸盐水泥、砌筑水泥	含硼水泥	低碱水泥	锚固水泥	—	耐酸水泥、氯氧镁水泥

5.3.1　铝酸盐水泥

依据国家标准《铝酸盐水泥》（GB 201—2000）的规定，凡以铝酸钙为主的铝酸盐水泥熟料，磨细制成的水硬性胶凝材料称为铝酸盐水泥（又称高铝水泥、矾土水泥），代号 CA。铝酸盐水泥的主要原料是矾土（铝土矿）和石灰石，矾土提供 Al_2O_3，石灰石提供 CaO。

5.3.1.1　铝酸盐水泥的矿物组成与分类
我国铝酸盐水泥按 Al_2O_3 含量分为 4 类，分类及化学成分范围见表 5-11。

表 5-11 铝酸盐水泥类型及化学成分范围

类型	Al_2O_3	SiO_2	Fe_2O_3	CaO	S[①]	Cl
CA—50	≥ 50, <60	≤ 8.0	≤ 2.5			
CA—60	≥ 60, <68	≤ 2.0	≤ 2.0	≤ 0.4	≤ 0.1	≤ 0.1
CA—70	≥ 68, <77	≤ 1.0	≤ 0.7			
CA—80	≥ 77	≤ 0.5	≤ 0.5			

注:①当用户需要时,生产厂应提供结果和测定方法

铝酸盐水泥的主要化学成分是 CaO、Al_2O_3、SiO_2;主要矿物成分是铝酸一钙(CaO·Al_2O_3 简写为 CA)、二铝酸一钙(CaO·$2Al_2O_3$ 简写为 CA_2)、七铝酸十二钙($C_{12}A_7$),此外还有少量的其他铝酸盐和硅酸二钙。

铝酸一钙是铝酸盐水泥的最主要矿物,含量占 40%~50%,具有很高的活性,其特点是凝结正常、硬化迅速,是铝酸盐水泥强度的主要来源。二铝酸一钙含量占 20%~35%,凝结硬化慢,早期强度低,但后期强度较高。

知识链接

铝酸盐水泥熟料的煅烧有熔融法和烧结法两种。熔融法采用电弧炉、高炉、化铁炉和射炉等煅烧设备;烧结法采用通用水泥的煅烧设备。我国多采用回转窑烧结法生产,熟料具有正常的凝结时间,磨制水泥时不用掺加石膏等缓凝剂。

5.3.1.2 铝酸盐水泥水化与硬化

铝酸一钙是铝酸盐水泥的主要矿物成分,其水化硬化情况对水泥的性质起着主导作用。铝酸一钙水化极快,其水化反应及产物随温度变化有很大变化。一般研究认为不同温度下,铝酸一钙水化反应有以下形式。

当温度在 <20 ℃时

$$CaO \cdot Al_2O_3 + 10H_2O = CaO \cdot Al_2O_3 \cdot 10H_2O$$

当温度在 20~30 ℃时

$$3(CaO \cdot Al_2O_3) + 21H_2O = CaO \cdot Al_2O_3 \cdot 10H_2O + 2CaO \cdot Al_2O_3 \cdot 8H_2O + Al_2O_3 \cdot 3H_2O$$

当温度 >30 ℃时

$$3(CaO \cdot Al_2O_3) + 12H_2O = 3CaO \cdot Al_2O_3 \cdot 6H_2O + 2(Al_2O_3 \cdot 3H_2O)$$

特别提示

CAH_{10} 和 C_2AH_8 都属六方晶系,结晶形态为片状、针状,硬化时互相交错搭接,重叠结合,形成坚固的网状骨架,产生较高的机械强度。水化生成的氢氧化铝(AH_3)凝胶又填充于晶体骨架,形成比较致密的结构。铝酸盐水泥的水化主要集中在早期,5~7 d 后水化产物数量就很少增加,所以其早期强度增长很快,后期增长不显著。

5.3.1.3　铝酸盐水泥的技术要求

铝酸盐水泥的密度为 $3.0 \sim 3.2$ g/cm^3，疏松状态的体积密度为 $1.0 \sim 1.3$ g/cm^3，紧密状态的体积密度为 $1.6 \sim 1.8$ g/cm^3。国家标准《铝酸盐水泥》（GB 201—2000）规定的细度、凝结时间和强度等级要求见表5-12。

表5-12　铝酸盐水泥的细度、凝结时间、强度要求

项目		水泥类型			
		CA—50	CA—60	CA—70	CA—80
细度		比表面积不小于 300 m^2/kg 或 0.045 mm 筛筛余不得超过 20%			
凝结时间	初凝，min，不早于	30	60	30	30
	终凝，h，不迟于	6	18	6	6
抗压强度（MPa）	6 h	20①	—	—	—
	1 d	40	20	30	25
	3 d	50	45	40	30
	28 d	—	85		
抗折强度（MPa）	6 h	3.0①			
	1 d	5.5	2.5	5.0	4.0
	3 d	6.5	5.0	6.0	5.0
	28 d	—	10.0		

注：①当用户需要时，生产厂应提供结果。

5.3.1.4　铝酸盐水泥的特性与应用

（1）凝结硬化快，早期强度高。铝酸盐水泥 1 d 强度可达本等级强度的 80% 以上。适用于工期紧急的工程，如军事、桥梁、道路、机场跑道、码头和堤坝的紧急施工与抢修等。

（2）放热速率快，早期放热量大。铝酸盐水泥 1 d 放热可达水化热总量的 70% ~ 80%，在低温下也能很好地硬化，适用于冬季及低温环境下施工，不宜用于大体积混凝土工程。

（3）抗硫酸盐腐蚀性强。由于铝酸盐水泥的矿物主要是低钙铝酸盐，不含 C_3A，水化时不产生 $Ca(OH)_2$，所以具有较强的抗硫酸盐性，甚至超过抗硫酸盐水泥。另外，铝酸盐水泥水化时产生铝胶（AH_3），使水泥石结构极为密实，并能形成保护性薄膜，对其他类腐蚀也有很好的抵抗性。它耐磨性良好，适用于耐磨性要求较高的工程，如受软水、海水、酸性水和硫酸盐腐蚀的工程。

（4）耐热性好。在高温下，铝酸盐水泥会发生固相反应，烧结结合逐步代替水化结合，不会使强度过分降低。如采用耐火骨料时，可制成使用温度达 1 300 ~ 1 400 ℃的耐热混凝土。它适用于制作各种锅炉、窑炉用的耐热和隔热混凝土和砂浆。

（5）抗碱性差。铝酸盐水泥是不耐碱的，在碱性溶液中水化铝酸钙会与碱金属的碳酸盐反应而分解，使水泥石会很快被破坏。所以，铝酸盐水泥不得用于与碱溶液相接触的工程,也不得与硅酸盐水泥、石灰等能析出 $Ca(OH)_2$ 的胶凝材料混合使用。

铝酸盐水泥与石膏等材料配合,可以制成膨胀水泥和自应力水泥,还可用于制作防中子辐射的特殊混凝土。由于铝酸盐水泥的后期强度倒缩,因而,不宜用于长期承重的结构及处于高温高湿环境的工程。

┌ 知识链接 ┐

(1)特快硬调凝铝酸盐水泥。以铝酸一钙为主要成分的水泥熟料,加入适量硬石膏和促硬剂,经磨细制成的,凝结时间可调节、小时强度增长迅速、以硫铝酸钙盐为主要水化物的水硬性胶凝材料,称为特快硬调凝铝酸盐水泥。它主要用于抢建、抢修、堵漏以及喷射、负温施工等工程。

标准规定特快硬调凝铝酸盐水泥的初凝不得早于 2 min,终凝不得迟于 10 min;加入水泥重量 0.2% 酒石酸钠作缓凝剂时,初凝不得早于 15 min,终凝不得迟于 40 min;强度标号按 2 h 抗压强度表示,各龄期不得低于表 5-13 的强度值。

表 5-13 特快硬调凝铝酸盐水泥的强度

水泥标号	抗压强度(MPa)			抗折强度(MPa)		
225	2 h	1 d	28 d[①]	2 h	1 d	28 d[①]
	22.06	34.31	53.92	3.43	5.39	7.35

注:①28 d 强度在用户要求时才检测。

(2)快硬高强铝酸盐水泥。凡以铝酸钙为主要成分的熟料,加入适量的硬石膏,磨细制成具有快硬高强性能的水硬性胶凝材料,称为快硬高强铝酸盐水泥。它主要适用于早强、高强、抗渗、抗硫酸盐及抢修等特殊工程。

标准规定快硬高强铝酸盐水泥的初凝不得早于 25 min,终凝不得迟于 3 h。经供需双方协商,初凝时间可以小于 25 min。

各龄期强度不得低于表 5-14 的强度值。

表 5-14 快硬高强铝酸盐水泥的强度

水泥标号	抗压强度(MPa)		抗折强度(MPa)	
	1 d	28 d	1 d	28 d
625	35.0	62.5	5.5	7.8
725	40.0	72.5	6.0	8.6
825	45.0	82.5	6.5	9.4
925	47.5	92.5	6.7	10.2

注:若用户需要小时(h)强度,则 6 h 抗压强度不得低于 20 MPa。

(3)铝酸盐自应力水泥。铝酸盐自应力水泥是一定量的铝酸盐水泥熟料和二水石膏磨细制成的大膨胀率的胶凝材料,主要应用于自应力钢筋(钢丝网)混凝土(砂浆)压力管,标准代号为 JC 214—1991(1996)。按 1:2 标准砂浆 28 d 自应力值分为 3 个级别,各级别自应力值不得低于表 5-15 的规定。

表 5-15　铝酸盐自应力水泥自应力值

龄期＼能级	3.0	4.0	6.0
7 d	2.0	2.8	3.8
28 d	3.0	4.5	6.0

铝酸盐自应力水泥初凝不早于 30 min,终凝不迟于 4 h;自由膨胀度,7 d 龄期不小于 1.0%,28 d 龄期不小于 2.0%;抗压强度,7 d 龄期不小于 28.0 MPa,28 d 龄期不小于 34.0 MPa。

5.3.2　快硬硅酸盐水泥

凡以硅酸盐水泥熟料和适量石膏磨细制成的,以 3 d 抗压强度表示标号的水硬性胶凝材料,称为快硬硅酸盐水泥(简称快硬水泥)。

快硬硅酸盐水泥的生产与普通水泥相似,主要是提高熟料中的快硬高强成分 C_3S 和 C_3A 的含量并适当多掺石膏,但要求更严格的生产工艺条件,原料有害杂质要少,生料均匀性要好,熟料冷却速率要高等。

快硬硅酸盐水泥和无收缩快硬硅酸盐水泥的主要技术要求见表 5-16。

表 5-16　快硬硅酸盐水泥和无收缩快硬硅酸盐水泥的主要技术要求

品种	强度等级	细度	凝结时间		抗压强度(MPa)			抗折强度(MPa)		
			初凝	终凝	1 d	3 d	28 d[①]	1 d	3 d	28 d[①]
快硬硅酸盐水泥	32.5	0.08 mm 方孔筛余 ≤10%	≥45 min	≤10 h	15.0	32.5	52.5	3.5	5.0	7.2
	37.5				17.0	37.5	57.5	4.0	6.0	7.6
	42.5				19.0	42.5	62.5	4.5	6.4	8.0
无收缩快硬硅酸盐水泥	52.5	0.08 mm 方孔筛余 ≤10%	≥30 min	≤6 h	13.7	28.4	51.5	3.4	5.4	7.1
	62.5				17.2	34.3	61.3	3.9	5.9	7.8
	72.5				20.6	41.7	71.1	4.4	6.4	8.6

注:①是供需双方参考指标。

提高水泥细度可提高水化硬化速率,一般快硬硅酸盐水泥的比表面积达 320 ~ 450 m^2/kg,无收缩快硬硅酸盐水泥的比表面积达 400 ~ 500 m^2/kg。

快硬水泥主要用于抢修工程、军事工程和预应力钢筋混凝土构件制造等,适用于配制干硬混凝土,水胶比可控制在 0.40 以下;无收缩快硬水泥主要用于装配式框架节点的后浇混凝土和各种现浇混凝土工程的接缝工程、机器设备安装的灌浆等要求快硬、高强和无收缩的混凝土工程。

快凝快硬硅酸盐水泥(双快水泥)的强度要求见表5-17。

表5-17　快凝快硬硅酸盐水泥强度要求

强度等级	比表面积 (m²/kg)	凝结时间		抗压强度(MPa)			抗折强度(MPa)		
		初凝	终凝	4 h	1 d	28 d	4 h	1 d	28 d
双快-150	≥450	—	—	150	190	32.5	28	35	55
双快-200	—	≥10 min	≤60 min	200	250	42.5	34	46	64

{ 特别提示 }

快凝快硬硅酸盐水泥的三氧化硫的含量不得超过9.5%,主要适用于机场道面、桥梁、隧道和涵洞等紧急抢修工程,以及冬季施工和堵漏等工程。

5.3.3　白色硅酸盐水泥

白色硅酸盐水泥熟料是以适当成分的生料烧至部分熔融,所得以硅酸钙为主要成分、氧化铁含量少的熟料。由氧化铁含量少的硅酸盐水泥熟料,适量石膏及标准规定的混合材料,磨细制成的水硬性胶凝材料称为白色硅酸盐水泥,简称白水泥,代号 P·W。

5.3.3.1　白色硅酸盐水泥的技术要求

按照国家标准《白色硅酸盐水泥》(GB/T 2015—2005)的规定,白水泥的细度、安定性、凝结时间、强度、白度及等级等技术性质有以下几个要求。

(1)细度:要求为80 μm方孔筛筛余不得超过10.0%。

(2)凝结时间:初凝不早于45 min,终凝不迟于12 h。

(3)体积安定性用沸煮法检验必须合格;水泥中三氧化硫含量不得超过3.5%。

(4)白水泥的强度分为32.5、42.5、52.5、62.5等4个强度等级,各龄期的强度不得低于表5-18的规定。

表5-18　白水泥各龄期强度值

强度等级	抗压强度(MPa)			抗折强度(MPa)		
	3 d	7 d	28 d	3 d	7 d	28 d
32.5	14.0	20.5	32.5	2.5	3.5	5.5
42.5	18.0	26.5	42.5	3.5	4.5	6.5
52.5	23.0	33.5	52.5	4.0	5.5	7.0
62.5	28.0	42.0	62.5	5.0	6.0	8.0

白水泥的白度用样品与氧化镁标准白板反射率的比例衡量,要求白度值不得低于87。白水泥主要用于建筑物的装饰,如地面、楼梯、外墙饰面,彩色水刷石和水磨石制造,大理石

及瓷砖镶贴,混凝土雕塑工艺制品等。它还用于与彩色颜料配成彩色水泥,配制彩色砂浆或混凝土,用于装饰工程。

5.3.3.2 白色硅酸盐水泥的应用

(1)主要配制彩色砂浆。以各种彩色水泥为基料,同时掺入适量氯化钙促凝剂和皮胶水胶料配制成刷浆材料,用于工业建筑和仿古建筑的饰面刷浆,另外还多用于室外墙面装饰,可以呈现各种色彩、线条和花样,具有特殊装饰效果。

(2)配制装饰混凝土。以白色水泥和彩色水泥为胶凝材料,加入适当品种的材料制成的白色水泥或彩色水泥混凝土,既能克服普通混凝土颜色灰暗、单调的缺点,获得良好的装饰效果,又能满足结构的物理力学性能。

(3)配制各种彩色砂浆用于装饰抹灰。

(4)制造各种彩色水磨石、人造大理石、水刷石、斧剁石、拉毛、喷涂和干粘石等。

5.3.4 道路硅酸盐水泥

依据国家标准《道路硅酸盐水泥》(GB 13693—2005)的规定,由道路硅酸盐水泥熟料,适量石膏,可加入标准规定的混合材料磨细制成的水硬性胶凝材料,称为道路硅酸盐水泥(简称道路水泥),代号 P·R。

对道路水泥的性能要求是耐磨性好、收缩小、抗冻性好、抗冲击性好,有高的抗折强度和良好的耐久性。道路水泥的上述特性,主要依靠改变水泥熟料的矿物组成、粉磨细度、石膏加入量及外加剂来达到。一般适当提高熟料中 C_3S 和 C_4AF 含量,限制 C_3A 和游离氧化钙的含量。C_4AF 的脆性小,抗冲击性强,体积收缩最小,提高 C_4AF 的含量,可以提高水泥的抗折强度及耐磨性。水泥的粉磨细度增加,虽可提高强度,但水泥的细度增加,收缩增加很快,从而易产生微细裂缝,使道路易于破坏。研究表明,当细度从 2 720 cm^2/g 增至 3 250 cm^2/g 时,收缩增加不大,因此,生产道路水泥时,水泥的比表面积一般可控制在 3 000 ~3 200 cm^2/g,0.08 mm 方孔筛筛余宜控制在 5% ~10%。适当提高水泥中的石膏加入量,可提高水泥的强度和降低收缩,对制造道路水泥是有利的。另外,为了提高道路混凝土的耐磨性,可加入 5% 以下的石英砂。

道路水泥的熟料矿物组成要求 $C_3A < 5\%$,$C_4AF > 16\%$;f-CaO 旋窑生产的不得大于 1.0%,立窑生产的不得大于 1.8%。道路水泥中氧化镁含量不得超过 5.0%,三氧化硫不得超过 3.5%,烧失量不得大于 3.0%,碱含量不得大于 0.6% 或供需双方协商;比表面积为 300 ~450 m^2/kg,初凝不早于 1.5 h,终凝不迟于 10 h,沸煮法安定性必须合格,28 d 干缩率不大于 0.10%,28 d 磨耗量应不大于 3.00 kg/m^2。道路水泥的各龄期强度不得低于表 5-19 的数值。

表 5-19　道路水泥各龄期强度表

强度等级	抗压强度（MPa）		抗折强度（MPa）	
	3 d	28 d	3 d	28 d
32.5	16.0	32.5	3.5	6.5
42.5	21.0	42.5	4.0	7.0
52.5	26.0	52.5	5.0	7.5

特别提示

　　道路水泥可以较好地承受高速车辆的车轮摩擦、循环负荷、冲击和震荡、货物起卸时的骤然负荷,较好地抵抗路面与路基的温差和干湿度差产生的膨胀应力,抵抗冬季的冻融循环。使用道路水泥铺筑路面,可减少路面裂缝和磨耗,减小维修量,延长使用寿命。

　　道路水泥主要用于道路路面、机场跑道路面和城市广场地面等工程。

5.3.5　膨胀硅酸盐水泥与自应力硅酸盐水泥

　　膨胀水泥和自应力水泥都是硬化时具有一定体积膨胀的水泥品种。通用硅酸盐水泥在空气中硬化,一般都表现为体积收缩,平均收缩率为 0.02% ~ 0.035%。混凝土成型后,7 ~ 60 d 的收缩率较大,以后趋向缓慢。收缩使水泥石内部产生细微裂缝,导致其强度、抗渗性、抗冻性下降;用于装配式构件接头、建筑连接部位和堵漏补缝时,水泥收缩会使结合不牢,达不到预期效果。而使用膨胀水泥就能改善或克服上述的不足。另外,在钢筋混凝土中,利用混凝土与钢筋的握裹力,使钢筋在水泥硬化发生膨胀时被拉伸,而混凝土内侧产生压应力,钢筋混凝土内由组成材料(水泥)膨胀而产生的压应力称为自应力。自应力的存在使混凝土抗裂性提高。

　　膨胀水泥膨胀值较小,主要用于补偿收缩;自动水泥膨胀值较大,用于产生预应力混凝土。使水泥产生膨胀主要有 3 种途径,即氧化钙水化生成 $Ca(OH)_2$,氧化镁水化生成 $Mg(OH)_2$,铝酸盐矿物生成钙矾石。因前两种反应不易控制,一般多采用以钙矾石为膨胀组分生产各种膨胀水泥。

　　低热微膨胀水泥主要用于要求低水化热和要求补偿收缩的混凝土、大体积混凝土工程,也可用于要求抗渗和抗硫酸盐腐蚀的工程。

　　自应力硅酸盐水泥是以适当比例的硅酸盐水泥或普通硅酸盐水泥、高铝水泥和天然二水石膏磨制而成的膨胀性的水硬性胶凝材料。硅酸盐水泥或普通硅酸盐水泥强度等级不低于 42.5,高铝水泥强度不低于 42.5。自应力水泥的自应力值指水泥水化硬化后体积膨胀能使砂浆或混凝土在限制条件下产生可资应用的化学预应力,自应力值是通过测定水泥砂浆的限制膨胀率计算得到的。要求其 28 d 自由膨胀率不得大于 3%,膨胀稳定期不得迟于 28 d。自应力硅酸盐水泥适用于制造自应力钢筋混凝土压力管及其配件,制造一般口径和压力的自应力水管和城市煤气管。

5.3.6　低水化热硅酸盐水泥

低水化热硅酸盐水泥又称大坝水泥,是专门用于要求水化热较低的大坝和大体积工程的水泥品种。它的主要品种有 3 种,国家标准《中热硅酸盐水泥低热硅酸盐水泥低热矿渣硅酸盐水泥》(GB 200—2003)对这 3 种水泥作出了规定。

以适当成分的硅酸盐水泥熟料,加入适量石膏,磨细制成的具有中等水化热的水硬性胶凝材料,称为中热硅酸盐水泥(简称中热水泥),代号 P·MH。

以适当成分的硅酸盐水泥熟料,加入适量石膏,磨细制成的具有低水化热的水硬性胶凝材料,称为低热硅酸盐水泥(简称低热水泥),代号 P·LH。

以适当成分的硅酸盐水泥熟料,加入粒化高炉矿渣、适量石膏,磨细制成的具有低水化热的水硬性胶凝材料,称为低热矿渣硅酸盐水泥(简称低热矿渣水泥),代号 P·SLH。

生产低水化热水泥,主要是降低水泥熟料中的高水化热组分 C_2S、C_3A 和 f-CaO 的含量。中热水泥熟料中 C_2S 不超过 55% ,C_3A 不超过 6% ,f-CaO 不超过 1% ;低热水泥熟料中 C_2S 不低于 40% ,C_3A 不超过 6% ,f-CaO 不超过 1% ;低热矿渣水泥熟料中 C_2A 不超过 8% ,CaO 不超过 1.2% 。低热矿渣水泥中矿渣掺量为 20% ~60% ,允许用不超过混合材料总量 50% 粒化电炉磷渣或粉煤灰代替部分矿渣。各水泥的强度不得低于表 5-20 要求;水化热不得高于表 5-20 要求。

表 5-20　低水化热水泥各龄期强度、水化热

品种	强度等级	抗压强度(MPa)			抗折强度(MPa)			水化热(不高于)(kJ/kg)		
		3 d	7 d	28 d	3 d	7 d	28 d	3 d	7 d	28 d
中热水泥	42.5	12.0	22.0	42.5	3.0	4.5	6.5	251	293	—
低热水泥	42.5	—	13.0	42.5	—	3.5	6.5	230	260	310
低热矿渣水泥	32.5	—	12.0	32.5	—	3.0	5.5	197	230	—

中热水泥主要适用于大坝溢流面的面层和水位变动区等要求较高耐磨性和抗冻性的工程,低热水泥和低热矿渣水泥主要适用于大坝或大体积建筑物内部及水下工程。

5.3.7　抗硫酸盐硅酸盐水泥

国家标准《抗硫酸盐硅酸盐水泥》(GB 748—2005)按抵抗硫酸盐腐蚀的程度分成中抗硫酸盐硅酸盐水泥和高抗硫酸盐硅酸盐水泥两大类。

以适当成分的硅酸盐水泥熟料,加入适量石膏,磨细制成的具有抵抗中等浓度硫酸根离子侵蚀的水硬性胶凝材料,称为中抗硫酸盐硅酸盐水泥,简称中抗硫水泥,代号 P·MSR。

具有抵抗较高浓度硫酸根离子侵蚀的,称为高抗硫酸盐硅酸盐水泥,简称高抗硫水泥,代号 P·HSR。

水泥石中的 Ca(OH)$_2$ 和水化铝酸钙是硫酸盐腐蚀的内在原因,水泥的抗硫酸盐性能就决定于水泥熟矿物中这些成分的相对含量。降低熟料中 C_3S 和 C_3A 的含量,相应增加耐蚀

性较好的 C_2S 替代 C_3S,增加 C_4AF 替代 C_3A,是提高耐硫酸盐腐蚀的主要措施之一。

抗硫酸盐硅酸盐水泥的成分要求、耐蚀程度和强度等级见表5-21。

表5-21　抗硫酸盐水泥成分、耐蚀程度、强度等级表

名称	C_3S	C_3A	耐蚀 SO_4^{2-} 浓度(mg/L)	强度等级	中抗硫、高抗硫水泥			
					抗压强度(MPa)		抗折强度(MPa)	
					3 d	28 d	3 d	28 d
中抗硫水泥	≤55.0	≤5.0	≤2 500	32.5	10.0	32.5	2.5	6.0
高抗硫水泥	≤50.0	≤3.0	≤8 000	42.5	15.0	42.5	3.0	6.5

≷≷≷ 特别提示 ≷≷≷

抗硫酸盐水泥除了具有较强的抗腐蚀能力外,还具有较高的抗冻性,主要适用于受硫酸盐腐蚀、冻融循环及干湿交替作用的海港、水利、地下、隧涵、道路和桥梁基础等工程。

5.3.8　砌筑水泥

目前,我国建筑,尤其住宅建筑中,砖混结构仍占很大比例,砌筑砂浆成为需要量很大的建筑材料。通常,在施工配制砌筑砂浆时,会采用最低强度即32.5级或42.5级的通用水泥,而常用砂浆的强度仅为2.5 MPa、5.0 MPa,水泥强度与砂浆强度的比值大大超过了4~5倍的经济比例,为了满足砂浆和易性的要求,又需要用较多的水泥,造成砌筑砂浆强度等级超高,形成较大浪费。因此,生产专为砌筑用的低强度水泥非常必要。

《砌筑水泥》(GB/T 3183—2003)规定:凡由一种或一种以上的水泥混合材料,加入适量硅酸盐水泥熟料和石膏,经磨细制成的工作性能较好的水硬性胶凝材料,称为砌筑水泥,代号 M。

砌筑水泥用混合材料可采用矿渣、粉煤灰、煤矸石、沸腾炉渣和沸石等,掺加量应大于50%,允许掺入适量石灰石或窑灰。凝结时间要求初凝不早于 60 min,终凝不迟于 12 h;按砂浆吸水后保留的水分计,保水率应不低于80%。砌筑水泥的各龄期强度应不低于表5-22的要求。

表5-22　砌筑水泥的各龄期强度值

强度等级	抗压强度(MPa)		抗折强度(MPa)	
	7 d	28 d	7 d	28 d
12.5	7.0	12.5	1.5	3.0
22.5	10.0	22.5	2.0	4.0

砌筑水泥适用于砌筑砂浆、内墙抹面砂浆及基础垫层;允许用于生产砌块及瓦等制品。砌筑水泥一般不得用于配制混凝土,通过试验,允许用于低强度等级混凝土,但不得用于钢筋混凝土等承重结构。

项目5.4　水泥的验收、储存与运输

5.4.1　水泥的验收

以抽取实物试样的检验结果为验收依据时,买卖双方应在发货前或交货地共同取样和签封。取样方法按(GB 12573)进行,取样数量为 20 kg,缩分为二等份。一份由卖方保存40 d,一份由买方按本标准规定的项目和方法进行检验。

在 40 d 以内,买方检验认为产品质量不符合本标准要求,而卖方又有异议时,则双方应将卖方保存的另一份试样送省级或省级以上国家认可的水泥质量监督检验机构进行仲裁检验。水泥安定性仲裁检验时,应在取样之日起 10 d 以内完成。

知识链接

以生产者同编号水泥的检验报告为验收依据时,在发货前或交货时买方在同编号水泥中取样,双方共同签封后由卖方保存 90 d 或认可卖方自行取样、签封并保存 90 d 的同编号水泥的封存样。在 90 d 内,买方对水泥质量有疑问时,则买卖双方应将共同认可的试样送省级或省级以上国家认可的水泥质量监督检验机构进行仲裁检验。

水泥可以散装或袋装,袋装水泥每袋净含量为 50 kg,且应不少于标志质量的 99%;随机抽取 20 袋总质量(含包装袋)应不少于 1 000 kg。其他包装形式由供需双方协商确定,但有关袋装质量要求,应符合上述规定。水泥包装袋应符合(GB 9774)的规定。

水泥包装袋上应清楚标明:执行标准、水泥品种、代号、强度等级、生产者名称、生产许可证标志(QS)及编号、出厂编号、包装日期、净含量。包装袋两侧应根据水泥的品种采用不同的颜色印刷水泥名称和强度等级,硅酸盐水泥和普通硅酸盐水泥采用红色,矿渣硅酸盐水泥采用绿色;火山灰质硅酸盐水泥、粉煤灰硅酸盐水泥和复合硅酸盐水泥采用黑色或杜色。散装发运时应提交与袋装标志相同内容的卡片。

5.4.2　水泥的储存与运输

水泥应该储存在干燥的环境里。如果水泥受潮,其部分颗粒会因水化而结块,从而失去胶结能力,强度严重降低。即使是在良好的干燥条件下,也不宜储存过久。因为水泥会吸收空气中的水分和二氧化碳,发生缓慢水化和碳化现象,使强度下降。通常,储存 3 个月的水泥,强度下降 10% ~20%;储存 6 个月的水泥,强度下降 15% ~30%;储存一年后,强度下降25% ~40%。所以,水泥的储存期一般规定不超过 3 个月。

水泥在储存和运输时主要是防止受潮,不同品种、强度等级和出厂日期的水泥应分别储运,不得混杂,避免错用并应考虑现存先用,不得储存过久。

习　题

一、填空题

1. 生产硅酸盐水泥的主要原料是_____和_____,有时为调整化学成分还需加入少量_____。为调节凝结时间和熟料粉磨时还要掺入适量的_____。

2. 硅酸盐水泥的主要水化产物是_____、_____、_____及_____;它们的结构相应为_____体、_____体、_____体、及_____体。

3. 生产硅酸盐水泥熟料矿物组成中,_____是决定水泥早期强度的组分,_____是保证水泥后期强度的组分,_____矿物凝结硬化速度最快。

4. 生产硅酸盐水泥时,必须掺入适量石膏,其目的是_____,当石膏掺量过多会造成_____,同时易导致_____。

5. 引起水泥体积安定性不良的原因,一般是由于熟料中所含的游离_____多,也可能是由于熟练中所含的游离_____过多或掺入的_____过多。体积安定性不合格的水泥属于_____,不得使用。

6. 硅酸盐水泥的水化热,主要由其_____和_____矿物产生,其中矿物_____的单位放热量最大。

7. 硅酸盐水泥根据其强度大小分为_____、_____、_____、_____、_____、_____6 个强度等级。

8. 硅 酸 盐 水 泥 的 技 术 要 求 主 要 包 括 _____、_____、_____等。

9. 造 成 水 泥 石 腐 蚀 的 常 见 介 质 有 _____、_____、_____等。

10. 水泥在储运过程中,会吸收空气中的_____和_____,逐渐出现_____现象,使水泥丧失_____,因此储运水泥时应注意_____。

二、判断题

1. 硅酸盐水泥中 C_2S 早期强度低,后期强度高,而 C_3S 正好相反。　　　　(　　)

2. 硅酸盐水泥中游离氧化钙、游离氧化镁和石膏过多,都会造成水泥的体积安定性不良。　　　　(　　)

3. 用沸煮法可以全面检验硅酸盐水泥的体积安定性是否良好。　　　　(　　)

4. 按规定,硅酸盐水泥的初凝时间不迟于 45 min。　　　　(　　)

5. 因水泥是水硬性的胶凝材料,所以运输中不需要防水防潮。　　　　(　　)

6. 任何水泥在凝结硬化过程中都会发生体积收缩。　　　　(　　)

7. 道路硅酸盐水泥不仅要有较高的强度,而且要有干缩值小、耐磨性好等性质。

　　　　(　　)

8. 高铝水泥具有快硬、早强的特点,但后期强度有可能降低。　　　　(　　)

9. 硫铝酸盐系列水泥不能与其他品种水泥混合使用。　　　　　　　　　　(　　)

10. 测定水泥的凝结时间和体积安定性时都必须采用标准稠度的浆体。　　(　　)

三、单项选择题

1. 硅酸盐水泥熟料矿物中,(　　)的水化速度最快,且放热量大。

    A. C_3S B. C_2S

    C. C_3A D. C_4AF

2. 为硅酸盐水泥熟料提供氯化硅成分的原料是(　　)。

    A. 石灰石   B. 白垩

    C. 铁矿石   D. 黏土

3. 硅酸盐水泥在最初四周内的强度实际上是由(　　)决定的。

    A. C_3S B. C_2S

    C. C_3A D. C_4AF

4. 生产硅酸盐水泥时加适量的石膏主要起(　　)作用。

    A. 促凝   B. 缓凝

    C. 助磨   D. 膨胀

5. 水泥的体积安定性即指水泥浆在硬化时(　　)的性质。

    A. 体积不变化   B. 体积均匀变化

    C. 不变形

6. 属于活性混合材料的是(　　)。

    A. 粒化高炉矿渣   B. 慢冷矿渣

    C. 磨细石英石   D. 石灰石粉

7. 在硅酸盐水泥熟料中,(　　)矿物含量最高。

    A. C_3S B. C_2S

    C. C_3A D. C_4AF

8. 用沸煮法检验水泥体积安定性,只能检查出(　　)的影响。

    A. 游离氧化钙   B. 游离氧化镁

    C. 石膏

9. 对干燥环境中的工程,应选用(　　)。

    A. 火山灰质硅酸盐水泥   B. 普通硅酸盐水泥

    C. 粉煤灰硅酸盐水泥

10. 大体积混凝土工程应选用(　　)。

    A. 硅酸盐水泥   B. 高铝水泥

    C. 矿渣硅酸盐水泥

四、多项选择题

1. 硅酸盐水泥熟料中含有(　　)矿物成分。

    A. C_3S B. C_2S

    C. CA   D. C_4AF

2. 下列水泥中,属于通用水泥的有(　　)。

    A. 硅酸盐水泥   B. 高铝水泥

C. 膨胀水泥　　　　　　　　　　　　　D. 矿渣硅酸盐水泥

3. 硅酸盐水泥的特性有( )。

 A. 强度高　　　　　　　　　　　　　　B. 抗冻性好

 C. 耐腐蚀性好　　　　　　　　　　　　D. 耐热性好

4. 下列材料中属于活性混合材料的有( )。

 A. 烧黏土　　　　　　　　　　　　　　B. 粉煤灰

 C. 硅藻土　　　　　　　　　　　　　　D. 石英砂

5. 高铝水泥的特点有( )。

 A. 水化热低　　　　　　　　　　　　　B. 早期强度增长快

 C. 耐高温　　　　　　　　　　　　　　D. 不耐碱

6. 对于高温车间工程用水泥,可以选用( )。

 A. 普通硅酸盐水泥　　　　　　　　　　B. 矿渣硅酸盐水泥

 C. 高铝水泥　　　　　　　　　　　　　D. 硅酸盐水泥

7. 大体积混凝土施工应选用( )。

 A. 矿渣硅酸盐水泥　　　　　　　　　　B. 硅酸盐水泥

 C. 粉煤灰硅酸盐水泥　　　　　　　　　D. 火山灰质硅酸盐水泥

8. 紧急抢修工程宜选用( )。

 A. 硅酸盐水泥　　　　　　　　　　　　B. 快硬硅酸盐水泥

 C. 高铝水泥　　　　　　　　　　　　　D. 硫铝酸盐水泥

9. 有硫酸盐腐蚀的环境中,宜选用( )。

 A. 硅酸盐水泥　　　　　　　　　　　　B. 矿渣硅酸盐水泥

 C. 粉煤灰硅酸盐水泥　　　　　　　　　D. 火山灰质硅酸盐水泥

10. 有抗冻要求的混凝土工程,应选用( )。

 A. 矿渣硅酸盐水泥　　　　　　　　　　B. 硅酸盐水泥

 C. 普通硅酸盐水泥　　　　　　　　　　D. 火山灰质硅酸盐水泥

五、问答题

1. 硅酸盐水泥熟料由哪些矿物成分所组成? 主要水化产物有哪些?

2. 何谓活性混合材料和非活性混合材料? 它们掺入到水泥中有何作用?

3. 为什么粒化高炉矿渣是活性混合材料? 而慢冷块状矿渣则是非活性混合材料?

4. 为什么生产硅酸盐水泥时掺入适量石膏对水泥不起破坏作用? 而硬化水泥石在有硫酸盐的环境介质中生成石膏时有破坏作用?

5. 通用水泥有哪些品种? 各有什么性质和特点?

6. 水泥的体积安定性的含义是什么? 如何检验水泥的体积安定性? 体积安定性不良的主要原因是什么?

7. 简述硅酸盐水泥凝结硬化的机理。影响水泥凝结硬化的主要因素是什么?

8. 硅酸盐水泥的腐蚀有哪些类型,如何防止水泥石的腐蚀?

9. 如何提高硅酸盐水泥的快硬早强性质?

10. 下列混凝土工程中宜选用哪种水泥,不宜使用哪种水泥,为什么?

(1)高强度混凝土工程。

（2）预应力混凝土工程。

（3）采用湿热养护的混凝土制品。

（4）处于干燥环境中的混凝土工程。

（5）厚大体积基础工程、水坝混凝土工程。

（6）水下混凝土工程。

（7）高温设备或窑炉的基础。

（8）严寒地区受冻融的混凝土工程。

（9）有抗渗要求的混凝土工程。

（10）混凝土地面或道路工程。

（11）海港工程。

（12）有耐磨性要求的混凝土工程。

（13）与流动水接触的工程。

六、计算题

1. 实验测得某硅酸盐水泥各龄期的破坏荷载见表5-23,请确定该水泥的强度等级。

表5-23　某硅酸盐水泥各龄期破坏荷载

破坏类型	抗折荷载（N）		抗压荷载（kN）	
龄期	3 d	28 d	3 d	28 d
试验结果	1 750	3 100	61	125
			70	120
	1 800	3 300	62	126
			59	138
	1 760	3 200	60	125
			58	130

模块 6　混　凝　土

┌┄┄┄┄┄┄┄┄┄┐
┊ 学习要求 ┊
└┄┄┄┄┄┄┄┄┄┘

　　本模块的重点内容是普通混凝土的组成材料、混凝土的主要技术性质及普通混凝土配合比设计。学习时围绕普通混凝土各组成材料在混凝土中的作用,深刻领会各组成材料的技术要求、混凝土拌和物的技术要求、硬化混凝土的技术要求,并能根据所学知识分析和解决工程中一些实际问题。

　　本模块共分为六个项目,每一个项目以知识够用为度,以能力培养为重点,达到理论与实践结合,侧重于实际运用,以质量标准贯彻整个模块的各个项目。现分别对各个项目进行学习与实践。

项目 6.1　概　　述

6.1.1　什么是混凝土

　　混凝土是以水泥为胶凝材料,与水和骨料按适当比例配合,拌制成拌和物,经浇筑、成型、硬化后所得到的人造石材,是建筑工程中的一种主要建筑材料。

6.1.2　混凝土的特点

　　混凝土主要有以下几个特点。

　　(1)使用方便:新拌制的拌和物具有良好的可塑性,可浇筑成各种形状和尺寸的构件及结构物。

　　(2)价格低廉:它使用的原材料丰富且可就地取材,除水泥以外,骨料和水约占80%。

　　(3)高强耐久:常用混凝土的强度为 20~30 MPa,还可以提高到 50 MPa 以上,同时具有良好的耐久性。

　　(4)性能可以调整。

　　(5)对环保有利。

　　(6)混凝土自重大,抗拉强度低,受力变形小并且易开裂。

6.1.3　混凝土的分类

　　(1)按所使用的胶凝材料分类,可分为水泥混凝土、石膏混凝土、水玻璃混凝土、聚合物混凝土和沥青混凝土。

　　(2)按体积密度大小分类,可分为以下几种。

　　1)普通混凝土:主要是指体积密度在 2 000~2 500 kg/m³,骨料为砂、石,是工程中广泛运用的一种混凝土,主要适合于房屋建筑、路桥工程和水利工程等。

2)重混凝土:主要是指体积密度大于 2 600 kg/m³,骨料的体积密度较大,如重晶石、铁矿石、钢屑配制而成的混凝土,主要适用于防射线或耐磨结构物中。

3)轻混凝土:是指体积密度小于 1 950 kg/m³,如轻骨料混凝土、大孔混凝土和多孔混凝土等,主要适用于绝热、绝热兼承重或承重材料。

(3)按混凝土的功能与施工方法分类,可分为防水混凝土、耐酸混凝土、耐热混凝土、高强混凝土、泵送混凝土、喷射混凝土。

6.1.4 混凝土的基本要求

建筑工程中所使用的混凝土,要满足以下几个要求。

(1)混凝土拌和物的和易性。和易性是指施工时便于浇筑振捣密实并能保证混凝土均匀性。和易性的好坏直接影响到硬化后混凝土的质量,因此混凝土拌和物必须具有与施工条件相适应的和易性。

(2)强度。混凝土经养护达到规定龄期,应达到设计要求的强度等级。

(3)耐久性。硬化后的混凝土,应具有与使用环境相适应的耐久性,如:抗渗性、抗压性、抗冻性、耐腐蚀性等,以便达到混凝土的经久耐用。

(4)经济性。混凝土的各项材料的配合比经济合理,混凝土水泥用量少,成本低,能耗小,达到降低成本的作用。

项目6.2 普通混凝土的组成材料

普通混凝土是由水、水泥和骨料拌和,经硬化而成的人造石材。其中胶凝材料为水泥和水,水泥加水构成水泥浆。骨料为砂和石子,砂为细骨料,石子为粗骨料。水泥浆包裹在骨料的表面并填充在骨料颗粒与颗粒之间,水泥浆在硬化之前起润滑作用,硬化后将骨料胶结在一起形成坚硬的整体,如图 6-1 所示。

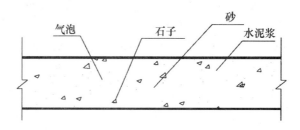

图 6-1 普通混凝土

普通混凝土的性能在很大程度上取决于原材料的性能及相对含量,同时与施工工艺有关。因此,只有合理选择材料,并满足一定的技术要求,才能保证混凝土的质量。

6.2.1 水泥

配制混凝土时,一般选择常用的五大品种的水泥,因工程的要求还可以选择快硬水泥、高铝水泥等,因此采用何种水泥往往由工程特点与所处的环境条件共同设计确定,见表

6-1。水泥的强度为混凝土强度的 1.5~2.0 倍,如果水泥强度等级过低,为了在工程中达到要求,必然增加水泥的用量,所以不够经济。如果水泥在选择时选择强度等级过高,水泥的用量较少,就可以达到混凝土强度等级的要求,但不能达到混凝土拌和物和易性与耐久性的要求,为了达到这样的要求,同样增大水泥的用量,因而也不经济。因此,为了经济适用,选择适合的水泥是必然的要求。

表 6-1 常用水泥选择表

混凝土工程的特点或所处的环境条件		优先选用	可以选用	不能选用
普通混凝土	在普通气候环境中的混凝土	普通硅酸盐水泥	矿渣硅酸盐水泥、火山灰质硅酸盐水泥、粉煤灰硅酸盐水泥	—
	在干燥环境中的混凝土	普通硅酸盐水泥	矿渣硅酸盐水泥	火山灰质硅酸盐水泥、粉煤灰硅酸盐水泥
	在高湿度环境中或永远处在水下的混凝土	矿渣硅酸盐水泥	普通硅酸盐水泥、火山灰质硅酸盐水泥、粉煤灰硅酸盐水泥	—
	厚大体积的混凝土	矿渣硅酸盐水泥、火山灰质硅酸盐水泥、粉煤灰硅酸盐水泥	普通硅酸盐水泥	快硬硅酸盐水泥

6.2.2 骨料

6.2.2.1 细骨料(砂)

粒径为 0.16~5.0 mm 的骨料称为细骨料,主要指天然砂。天然砂是岩石风化后形成的材料,常用的有河砂、山砂与海砂。河砂颗粒圆滑,比较洁净;山砂有棱角,较粗糙;海砂有河砂的优点,但常含有盐与杂质。人工砂(多指机制砂)系岩石由机械破碎、筛分制成。人工砂颗粒尖锐,有棱角,较洁净,但片状颗粒及细粉含量较多,成本较高。

《普通混凝土用砂、石质量及检验方法标准》(JGJ 52—2006)对砂子的质量要求主要有以下几个方面。

1. 砂的颗粒级配和粗细程度

(1)骨料的级配是指骨料中不同粒径颗粒的分布情况。良好的级配应当能使骨料的空隙率和总表面积均较小,从而不仅使所需水泥浆量较少,而且还可以提高混凝土的密实度、强度及其他性能。若骨料的粒径分布全在同一尺寸范围内,则会产生很大的空隙率,如图 6-2(a)所示;若骨料的粒径分布在更多的尺寸范围内,则空隙率相应减小,如图 6-2(b)所示;若采用较大的骨料最大粒径,也可以减小空隙率,如图 6-2(c)所示。由此可见,只有适宜的骨料粒径分布,才能达到良好级配的要求。

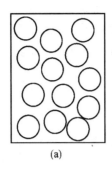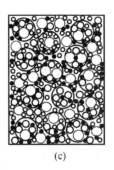

图6-2　骨料颗粒组合示意图

（a）很大空隙率　（b）空隙率减少　（c）良好级配

（2）骨料的粗细程度是指不同粒径的颗粒混合在一起的平均粗细程度。相同质量的骨料，粒径小，总表面积大；粒径大，总表面积小，因而大粒径的骨料所需包裹其表面的水泥浆量就少。即相同的水泥浆量，包裹在大粒径骨料表面的水泥浆层就厚，便能减小骨料间的摩擦。

砂的级配和粗细程度用筛分析方法测定。砂的筛分析方法是用一套孔径分别为9.50 mm、4.75 mm、2.36 mm、1.18 mm、0.60 mm、0.30 mm、0.15 mm 等 7 个标准筛，将抽样所得的 500 g 烘干砂，由粗到细依次过筛，然后称量留在各筛上砂的质量，并计算出各筛上的分计筛余百分率 a_1、a_2、a_3、a_4、a_5、a_6（各筛上的筛余量占砂样总质量的百分率），及累计筛余百分率 A_1、A_2、A_3、A_4、A_5、A_6（各筛与比该筛粗的所有筛的分计筛余百分率之和）。累计筛余与分计筛余的关系见表6-2。一组累计筛余（$A_1 \sim A_6$）表示一种级配。

表6-2　分计筛余和累计筛余的关系

筛孔尺寸（mm）	分计筛余（%）	累计筛余（%）
4.75	a_1	$A_1 = a_1$
2.36	a_2	$A_2 = a_1 + a_2$
1.18	a_3	$A_3 = a_1 + a_2 + a_3$
0.60	a_4	$A_4 = a_1 + a_2 + a_3 + a_4$
0.30	a_5	$A_5 = a_1 + a_2 + a_3 + a_4 + a_5$
0.15	a_6	$A_6 = a_1 + a_2 + a_3 + a_4 + a_5 + a_6$

标准规定，砂按 0.60 mm 筛孔的累计筛余百分率计，分成 3 个级配区，见表6-3。砂的实际颗粒级配应符合表6-3中某一个级配区的要求。配制普通混凝土时宜优先选用Ⅱ区砂（中砂）；当采用Ⅰ区砂（偏粗砂）时，应提高砂率，并保持足够的水泥用量，以满足混凝土的和易性；当采用Ⅲ区砂（偏细砂）时，宜适当降低砂率，以保证混凝土的强度。

表6-3　砂的颗粒级配区

筛孔尺寸(mm)	Ⅰ区	Ⅱ区	Ⅲ区
9.50	0	0	0
4.75	10～0	10～0	10～0
2.36	35～0	25～0	15～0
1.18	65～35	50～10	25～0
0.60	85～71	70～41	40～16
0.30	95～80	92～70	85～55
0.15	100～90	100～90	100～90

砂的粗细程度用细度模数表示,细度模数(M_x)按下式计算:

$$M_x = [(A_2 + A_3 + A_4 + A_5 + A_6) - 5A_1]/(100 - A_1) \tag{6-1}$$

细度模数越大,表示砂越粗。普通混凝土用砂的细度模数范围一般为3.7～1.6,其中M_x在3.7～3.1为粗砂,M_x在3.0～2.3为中砂,M_x在2.2～1.6为细砂,配制混凝土时,宜优先选用中砂。M_x在1.5～0.7的砂为特细砂,若用于配制混凝土时,要作特殊考虑。应当注意,砂的细度模数并不能反映其级配的优劣,细度模数相同的砂,级配可以相差很大。所以,配制混凝土时,必须同时考虑砂的颗粒级配和细度模数。

2. 泥含量

泥含量指骨料中粒径小于0.08 mm颗粒的含量。泥块含量在细骨料中是指粒径大于1.25 mm,经水洗、手捏后变成小于0.63 mm的颗粒的含量;在粗骨料中则是指粒径大于5 mm,经水洗、手捏后变成小于2.5 mm的颗粒的含量。

骨料中的泥颗粒极细,会黏附在骨料表面,影响水泥石与骨料之间的胶结能力。而泥块会在混凝土中形成薄弱部分,对混凝土的质量影响更大。据此,对骨料中泥和泥块含量必须严加限制,如国家标准规定混凝土强度等级在C30或以上时,其砂、石中泥含量分别不得超过3.0%和1.0%。

3. 有害物质含量

混凝土用的粗、细骨料中不应混有草根、树叶、树枝、塑料、炉渣和煤块等杂物,并且骨料中所含硫化物、硫酸盐和有机物等的含量要符合建筑用砂、石国家标准的相应骨料中有害物质含量限值的规定。对于砂,除了上面两项外,还有云母、轻物质(指密度小于2 000 kg/m³的物质)含量也须符合国家标准的相应规定。如果是海砂,还应考虑氯盐含量。

4. 坚固性

恶劣环境条件下混凝土骨料会发生体积变化从而导致混凝土性能变化,骨料抵抗此种影响的能力称为坚固性。骨料坚固性一般通过硫酸盐安定性方法检测,需达到国家标准的相应规定。

5. 碱活性

骨料中若含有活性成分(如活性氧化硅),在一定的条件下骨料会与水泥中的碱发生碱—骨料反应,产生膨胀并导致混凝土开裂。因此,当用于重要工程或对骨料有怀疑时,须按国家标准的规定方法对骨料进行碱活性检验。

6.2.2.2 粗骨料(碎石、卵石)

粒径大于 5 mm 的骨料称为粗骨料,主要是指碎石与卵石两种。卵石是由天然岩石经自然条件长期作用而形成的,主要是河卵石、海卵石和山卵石等,而河卵石使用最多。碎石大多由天然岩石破碎而成。依《普通混凝土用碎石或卵石质量标准及检验办法》(JGJ 53—2006)的规定,对其质量的要求主要有以下几点。

1. 有害杂质含量

粗骨料中常含有一些有害杂质,如泥块、淤泥、硫化物、硫酸盐、氯化物和有机物等。它们的危害作用与细骨料相同。它们的含量应符合表6-4的规定。

表6-4 碎石或卵石中有害杂质含量极限值

项目	质量指标	
	≥C30 混凝土	<C30
含泥量(按质量计,%)	≤1.0	≤2.0
泥块含量(按质量计,%)	≤0.50	≤0.70
硫化物和硫酸盐含量折算为 SO₃(按质量计,%)	1.0	
卵石中有机质含量(用比色法试验)	颜色不得深于标准色,如深于标准色,则应配制成混凝土进行强度对比试验,其抗压强度比应≥0.95	
针、片状颗粒含量(按质量计,%)	≤15	≤25

注:(1)对有抗冻、抗渗或其他特殊要求的混凝土用粗骨料的泥含量应限制在≤1.0%,若含泥属非黏土质的石粉时,其他含量可由 1.0% 及 2.0% 分别提高到 1.5% 和 3.0%,泥块含量应控制在 0.5%。

(2)对≤C10 混凝土用石,泥含量可放宽到 2.5%,泥块含量可放宽到 1.0%,针、片状颗粒含量放宽到40%。

(3)石子中若发现颗粒状硫酸盐或硫化物等杂质,要求进行专门检验,确认能满足混凝土耐久性要求,方可采用。

2. 强度

粗骨料是保证混凝土具有足够强度的条件之一,粗骨料中的碎石和卵石的强度常采用岩石立方体强度与压碎指标两种方法来检验。

岩石立方体强度检验是将轧制碎石的母岩制成边长为 5 cm 的立方体或直径与高均为 5 cm 的圆柱体试件,在水饱和的状态下,测定其极限抗压强度值。根据(JGJ 53—2006)的规定,岩石的抗压强度应不低于混凝土抗压强度的 1.5 倍,而且对于火成岩其强度不宜低于 80 MPa,变质岩不宜低于 60 MPa,变质岩不宜低于 60 MPa,水成岩不宜低于 45 MPa。

压碎指标检验,是将一定质量气干状态下粒径 10～20 mm 的石子装入一标准圆筒内,放在压力机上在 3～5 min 内均匀加压达 200 kN,卸载后称取试样重量 m_0,然后用孔径为 2.5 mm 的筛筛除被压碎的细粒,再称在筛上的试样重量 m_1,压碎指标 δ_a 可按下式进行计算:

$$\delta_a = \frac{m_0 - m_1}{m_0} \times 100\%$$

压碎指标 δ_a 值越小,表示粗骨料抵抗受压破坏的能力越强,根据(JGJ 53—2006)的要求,普通混凝土用碎石和卵石的压碎指标值见表6-5。

表6-5 普通混凝土用碎石和卵石的压碎指标

岩石品种	混凝土强度等级	压碎指标值(%)
水成岩	C55 ~ C40	≤10
	≤C35	≤16
变质岩或深成的火成岩	C55 ~ C40	≤12
	≤C35	≤20
火成岩	C55 ~ C40	≤13
	≤C35	≤30
卵石	C55 ~ C40	≤12
	≤C35	≤16

压碎指标检验实用方便,用于经常性的质量控制,如果对质量有争议时,建议采用岩石立方体强度进行检验。

3. 颗粒形状及表面特征

为了提高混凝土的强度和减少骨料间的空隙,粗骨料的形状应是三维长度相等或相近的球形或立方体颗粒为最佳。而三维形状相差较大的针、片状颗粒在混凝土中容易折断,影响混凝土的强度,同时增大混凝土中空隙率,使混凝土拌和物中的和易性变差。因此针、片状颗粒含量应符合表6-6的规定。

表6-6 普通混凝土用碎石和卵石的针、片颗粒含量要求

混凝土强度等级	≥C30	< C30
变质岩或深成的火成岩	≤15	≤25

注:(1)针状颗粒是指颗粒长度大于骨料平均粒径2.4倍者。

(2)片状颗粒是指颗粒厚度小于骨料平均粒径0.4倍者。

(3)平均粒径是指该粒级上、下限粒径的算术平均值。

骨料表面特征指骨料表面的粗糙程度及孔隙特征等。它主要影响骨料与水泥之间的黏结性能,进而影响混凝土的强度。碎石表面粗糙而且具有吸收水泥浆的孔隙,因此它与水泥石的黏结能力强;卵石表面光滑且少棱角,与水泥石的黏结能力较差,但混凝土拌和物的和易性较好。在相同条件下,碎石混凝土比卵石混凝土强度高10%左右。

4. 最大粒径及颗粒级配

(1)最大粒径($D_{\max}$)。

粗骨料粒径的上限称为该粒径的最大粒径。骨料的粒径大,其表面积相应减小,因而包裹其表面所需的水泥浆量减少,可节约水泥;而且,在一定和易性和水泥用量条件下,能减少

用水量而提高强度。但对于用普通配合比配制结构混凝土,尤其是高强混凝土时,当粗骨料的最大粒径超过 40 mm 后,由于减少用水量获得的强度提高被较少的黏结面积及大粒径骨料造成的不均匀性的不利影响所抵消,则并没有什么好处。

根据《混凝土结构工程施工质量验收规范》(GB 50204—2015)规定,混凝土用粗骨料的最大粒径不得大于结构截面最小尺寸的 1/4,同时不得大于钢筋最小净距的 3/4;对于混凝土实心板,可允许采用最大粒径达 1/2 板厚的骨料,但最大粒径不得超过 50 mm;对泵送混凝土,碎石最大粒径与输送管内径之比,宜小于或等于 1:3,卵石宜小于或等于 1:2.5。

(2)颗粒级配。粗骨料与细骨料一样,也要求有良好的颗粒级配,以减少空隙率,增强密实度,达到节约水泥,保证混凝土的和易性和强度。特别是配制高强度混凝土,粗骨料级配特别重要。

粗骨料的级配也是通过筛分试验来确定,其标准筛为孔径 2.5 mm、5 mm、10 mm、16 mm、20 mm、25 mm、31.5 mm、40 mm、50 mm、63 mm、80 mm 及 100 mm 等 12 个筛。分计筛余百分率及累计筛余百分率的计算与砂相同。依据标准,普通混凝土用碎石及卵石的颗粒级配范围应符合表 6-7 的规定。

表 6-7　碎石和卵石的颗粒级配范围

级配情况	公称粒径(mm)	累计筛分(按质量计,%)											
		筛孔尺寸(圆孔筛)											
		2.5	5.0	10.0	16.0	20.0	25.0	31.5	40.0	50.0	63.0	80.0	100
连续粒级	5~10	95~100	80~100	0~15	0	—	—	—	—	—	—	—	—
	5~16	95~100	90~100	30~60	0~10	0	—	—	—	—	—	—	—
	5~20	95~100	90~100	40~70	—	0~10	0	—	—	—	—	—	—
	5~25	95~100	90~100	—	30~70	—	0~5	0	—	—	—	—	—
	5~31.5	95~100	90~100	70~90	—	15~45	—	0~5	0	—	—	—	—
	5~40	—	95~100	75~90	—	30~65	—	—	0~5	0	—	—	—
单粒级	10~20	—	95~100	85~100	—	0~15	0	—	—	—	—	—	—
	16~31.5	—	95~100	—	85~100	—	—	0~10	0	—	—	—	—
	20~40	—	—	95~100	—	80~100	—	—	0~10	0	—	—	—
	31.5~63	—	—	—	95~100	—	—	95~100	45~75	—	0~10	0	—
	40~80	—	—	—	—	95~100	—	—	70~100	—	30~60	0~10	0

粗骨料的级配按供应情况有连续级配和间断级配两种。连续级配是按颗粒尺寸由小到大连续分级($5 \sim D_{max}$ mm),每级骨料都占有一定比例,如天然卵石。连续级配颗粒级差小($D/d \approx 2$),配制的混凝土拌和物和易性好,不易发生离析,目前应用较广泛。间断级配是人为剔除某些中间粒级颗粒,大颗粒的空隙直接由比它小得多的颗粒去填充,颗粒级差大($D/d \approx 6$),空隙率的降低比连续级配快得多,可最大限度地发挥骨料的骨架作用,减少水泥用量。但混凝土拌和物易产生离析现象,增加施工困难,工程应用较少。

单粒级宜用于组合成具有所要求级配的连续粒级,也可与连续粒级配合使用,以改善骨料级配或配成较大粒度的连续粒级。工程中不宜采用单一的单粒级粗骨料配制混凝土。

5. 骨料的体积稳定性

当骨料由于干湿循环或冻融交替等风化作用引起体积变化而导致混凝土破坏时,即认为体积稳定性不良。具有某种特征孔结构的岩石会表现出不良的体积稳定性。曾经发现由某些页岩、砂岩等配制的混凝土较易遭受冰冻以及骨料内盐类结晶所导致的破坏。骨料的体积稳定性,可用硫酸钠溶液浸渍法检验其坚固性来判定。骨料越密实、强度越高、吸水率越小时,其坚固性越好;而结构疏松,矿物成分越复杂、不均匀,其坚固性越差。坚固性指标见表6-8。

表 6-8　碎石和卵石的坚固性指标

混凝土所处的环境条件	在硫化钠溶液中的循环次数	循环后的质量损失(%)
在严寒或寒冷地区室外使用,并经常处于潮湿或干湿交替状态的混凝土	5	≤8
在其他条件下使用的混凝土	5	≤12

6. 骨料的含水状态

骨料的含水状态可分为干燥状态、气干状态、饱和面干状态和湿润状态等4种。干燥状态的骨料含水率等于或接近于零;气干状态的骨料含水率与大气湿度相平衡,但未达到饱和状态;饱和面干状态的骨料其内部孔隙含水达到饱和而其表面干燥;湿润状态的骨料不仅内部孔隙含水达到饱和,而且表面还附着一部分自由水。计算普通混凝土配合比时,一般以干燥状态的骨料为基准,而一些大型水利工程常以饱和面干状态的骨料为基准,如图 6-3 所示。

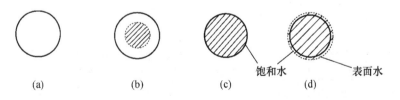

图 6-3　骨料的含水状态
(a)干燥状态　(b)气干状态　(c)饱和干状态　(d)湿润状态

6.2.3 混凝土拌制及养护用水

水是混凝土的主要成分之一。对混凝土用水的质量要求是:不影响混凝土的凝结和硬化;无损于混凝土强度发展及耐久性;不加快钢筋锈蚀;不引起预应力钢筋脆断;不污染混凝土表面。因此,《混凝土用水标准》(JGJ 63—2006)对混凝土用水提出了具体的质量要求。

混凝土用水按水源可分为饮用水、地表水、地下水、海水以及经适当处理后的工业废水。拌制及养护混凝土宜采用饮用水。地表水和地下水常溶有较多的有机质和矿物盐类,必须按标准规定检验合格后方可使用。海水中含有较多硫酸盐和氯盐,影响混凝土的耐久性和加速混凝土中钢筋的锈蚀,因此对于钢筋混凝土和预应力混凝土结构有破坏作用,不得采用海水拌制;对有饰面要求的混凝土,也不得采用海水拌制,以免由于表面产生盐析而影响装饰效果。工业废水处理经检验合格后方可用于拌制混凝土。生活污水的水质比较复杂,不能用于拌制混凝土。

对水质有怀疑时,应将待检验水与蒸馏水分别做水泥凝结时间和砂浆或混凝土强度对比试验。对比试验测得的水泥初凝时间差和终凝时间差,均不得超过 30 min,且其初凝及终凝时间应符合国家水泥标准的规定。用待检验水配制的水泥砂浆或混凝土的 28 d 抗压强度不得低于用蒸馏水配制的对比砂浆或混凝土强度的 90%。混凝土用水中各种物质含量限值见表6-9。

表6-9 水中物质含量限值(JGJ 63—2006)

项目	预应力混凝土	钢筋混凝土	素混凝土
pH 值	>4	>4	>4
不溶物(mg/L)	<2 000	<2 000	<5 000
可溶物(mg/L)	<2 000	<5 000	<10 000
氯化物(以 Cl^- 计)(mg/L)	<500	<1 200	<3 500
硫酸盐(以 SO_4^{2-} 计)(mg/L)	<600	<2 700	<2 700
硫化物(以 S^{2-} 计)(mg/L)	<100	—	—

注:使用钢丝或经热处理钢筋的预应力混凝土,氯化物含量不得超过 350 mg/L。

6.2.4 外加剂

混凝土外加剂是指在混凝土拌和过程中掺入的,用以改善混凝土性能的物质。掺量一般不超过水泥质量的 5%。

混凝土外加剂的使用是混凝土技术的重大突破。随着混凝土材料的广泛应用,对混凝土性能提出了许多新的要求,混凝土要求高的流动性;冬季施工要求高的早期强度;高层建筑、海洋结构要求高强、高耐久性。这些性能的实现,只有高性能外加剂的使用才使其成为可能。由于外加剂对混凝土技术性能的改善,使得它在工程中应用的比例越来越大,不少国家使用掺外加剂的混凝土已占混凝土总量的 60%~90%。因此,外加剂已逐渐成为混凝土中必不可少的第五种成分。

6.2.4.1 外加剂的分类

混凝土外加剂种类繁多,目前有 400 余种,我国生产的外加剂有 200 多个牌号,根据《混凝土外加剂的分类、命名与定义》(GB 8075—2017)的规定,混凝土外加剂按其主要功能分为以下几类。

(1)改善混凝土拌和物流动性能的外加剂,包括各种减水剂、引气剂等。

(2)调节混凝土凝结时间、硬化性能的外加剂,包括缓凝剂、早强剂和速凝剂等。

(3)改善混凝土耐久性的外加剂,包括引气剂、防水剂和阻锈剂等。

（4）改善混凝土其他性能的外加剂,包括加气剂、膨胀剂、防冻剂、着色剂等。

目前在工程中常用的外加剂主要有减水剂、引气剂、早强剂、缓凝剂、防冻剂和速凝剂等。

6.2.4.2 减水剂

减水剂是指在混凝土坍落度基本相同的条件下,能显著减少混凝土拌和水量的外加剂。根据减水剂的作用效果及功能情况,可分为普通减水剂、高效减水剂、早强减水剂、缓凝减水剂和引气减水剂等。

1.减水剂的作用机理

常用减水剂均属表面活性物质,是由亲水基因和憎水基因两个部分组成。当水泥加水拌和后,由于水泥颗粒间分子凝聚力的作用,使水泥浆形成絮凝结构,如图6-4所示。在絮凝结构中,包裹了一定的拌和水（游离水）,从而降低了混凝土拌和物的和易性。如在水泥浆中加入适量的减水剂,由于减水剂的表面活性作用,致使憎水基因定向吸附于水泥颗粒表面,亲水基因指向水溶液,使水泥颗粒表面带有相同的电荷,在电性斥力作用下,使水泥颗粒相互分开,如图6-5(a)所示。絮凝结构解体,包裹的游离水被释放出来,从而有效地增加了混凝土拌和物的流动性,如图6-5(b)所示。当水泥颗粒表面吸附足够的减水剂后,使水泥颗粒表面形成一层稳定的溶剂化膜层,它阻止了水泥颗粒间的直接接触,并在颗粒间起润滑作用,也改善了混凝土拌和物的和易性。此外,由于水泥颗粒被有效分散,颗粒表面被水分充分润湿,增大了水泥颗粒的水化面积,使水化比较充分,从而提高了混凝土的强度。

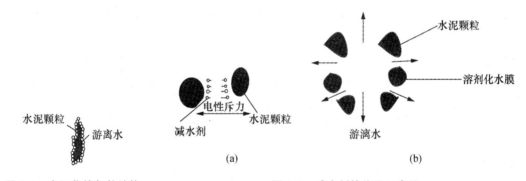

图6-4 水泥浆的絮状结构

图6-5 减水剂的作用示意图
(a)絮凝结构解体 (b)减水剂润滑作用

2.减水剂的技术经济效果

在混凝土中加入减水剂时,根据使用目的的不同,一般可取得以下几种效果。

（1）增加流动性。在用水量及水胶比不变时,混凝土坍落度可增大 100 ~ 200 mm,且不影响混凝土的强度。

（2）提高混凝土强度。在保持流动性及水泥用量不变的条件下,可减少拌和水量 10% ~15%,从而降低了水胶比,使混凝土强度提高 15% ~ 20%,特别是早期强度提高更为显著。

（3）节约水泥。在保持流动性及水胶比不变的条件下,可以在减少拌和水量的同时,相应减少水泥用量,即在保持混凝土强度不变时,可节约 10% ~15% 的水泥用量。

（4）改善混凝土的耐久性。由于减水剂的掺入,显著地改善了混凝土的孔隙结构,使混凝土的密实度提高,透水性可降低 40% ~ 80% ,从而可提高抗渗、抗冻、抗化学腐蚀及防锈蚀等能力。

此外,掺入减水剂后,还可以改善混凝土拌和物的泌水、离析现象,延缓混凝土拌和物的凝结时间,减慢水泥水化放热速度。

3. 目前常用的减水剂

减水剂是使用最广泛,效果最显著的外加剂。其种类很多,目前有木质素系、萘系、树酯系、糖蜜系和腐殖酸等几类减水剂。

(1)木质素系减水剂。这类减水剂包括木质素磺酸钙(木钙)、木质素磺酸钠(木钠)、木质素磺酸镁(木镁)等。其中木钙减水剂(又称 M 型减水剂)使用较多。

木钙减水剂的适宜掺量,一般为水泥质量的 0.2% ~ 0.3% ,其减水率为 10% ~ 15% ,混凝土 28 d 抗压强度提高 10% ~ 20% ;若不减水,混凝土坍落度可增大 80 ~ 100 mm,若保持混凝土的抗压强度和坍落度不变,可节约水泥用量 10% 左右。木钙减水剂对混凝土有缓凝作用,掺量过多或在低温下缓凝作用更为显著,而且还可能使混凝土强度降低,使用时应注意。

木钙减水剂可用于一般混凝土工程,尤其适用于大体积浇筑、滑模施工泵送混凝土及夏季施工等。木钙减水剂不宜单独用于冬季施工,在日最低气温低于 5℃ 时,应与早强剂或防冻剂复合使用。木钙减水剂也不宜单独用于蒸养混凝土及预应力混凝土,以免蒸养后混凝土表面出现酥松现象。

(2)萘磺酸盐系减水剂。萘磺酸盐减水剂简称萘系减水剂,一般为棕黄色粉末,也有的为棕色黏稠液体。这类减水剂品牌很多,我国主要有:NNO、NF、FDN、UNF、MF、建 I 型等。

萘系减水剂的适宜掺量,一般为水泥质量的 0.5% ~ 1.0% ,减水率为 10% ~ 25% ,混凝土 28 d 强度提高 20% 以上。在保持混凝土强度和坍落度相近时,可节约水泥 10% ~ 20% 。掺入萘系减水剂后,混凝土的其他力学性能以及抗渗性、耐久性等均有所改善。萘系减水剂适用于配制早强混凝土、高强混凝土、流态混凝土和蒸养混凝土等。

(3)水溶性树酯系减水剂。此类减水剂是以一些水溶性树酯为主要原料制成的减水剂,加三聚氰胺树酯、古玛隆树酯等。该类减水剂增强效果显著,为高效减水剂,我国产品有 SM 树酯减水剂等。

SM 减水剂掺量为水泥质量的 0.5% ~ 2.0% ,其减水率为 20% ~ 27% ,混凝土 3 d 强度提高 30% ~ 100% ,28 d 强度可提高 20% ~ 30% 。同时能提高混凝土抗渗、抗冻性能。SM 减水剂适于配制高强混凝土、早强混凝土、流态混凝土和蒸养混凝土等。

6.2.4.3 早强剂

早强剂是加速混凝土早期强度发展的外加剂。早强剂可以在常温、低温和负温(不低于 -5 ℃)条件下加速混凝土的硬化过程,多用于冬季施工和抢修工程。早强剂主要有氯盐类、硫酸盐类和有机胺类等 3 种。

1. 氯盐类早强剂

氯盐类早强剂主要有氯化钠、氯化钙、氯化钾、氯化铝和三氯化铁等,其中以氯化钙应用最广。氯化钙为白色粉状物,其适宜掺量为水泥质量的 0.5% ~ 1.0% ,能使混凝土 3 d 强度提高 50% ~ 100% ,7 d 强度提高 20% ~ 40% ,同时能降低混凝土中水的冰点,防止混凝土早期受冻。

氯化钙对影响混凝土产生早强作用的主要原因,一般认为是它能与水泥中的 C_3A 作用,生成不溶于水的氯铝酸钙($C_3A \cdot CaCl_2 \cdot 10H_2O$),并与 C_3S 水化析出的氢氧化钙作用,生成不溶性氧氯化钙[($CaCl_2 \cdot 3Ca(OH)_2 \cdot 12H_2O$)]。这些复盐的形成,增加了水泥浆中固相的比例,有助于水泥石结构的形成。同时,由于氯化钙与氢氧化钙的迅速反应,降低了液相中的碱度,使 C_3S 水化反应加快,也有利于提高水泥石早期强度。

采用氯化钙做早强剂,最大的缺点是含有 Cl^- 离子,会使钢筋锈蚀,并导致混凝土开裂。因此,《混凝土外加剂应用技术规范》(GB 50119—2013)规定,在钢筋混凝土中氯化钙的掺量不得超过水泥质量的 1%,在无筋混凝土中掺量不得超过 3%。在使用冷拉和冷拔低碳钢丝的混凝土结构及预应力混凝土结构中,不允许掺用氯化钙。同时还规定,在下列结构的钢筋混凝土中不得掺用氯化钙和含有氯盐的复合早强剂:在高湿度空气环境中、处于水位升降部位、露天结构或经受水淋结构;与含有酸、碱或硫酸盐等侵蚀性介质相接触的结构;使用过程中经常处于环境温度为 60 ℃ 以上的结构;直接靠近直流电源或高压电源的结构等。为了抑制氯化钙对钢筋的锈蚀作用,常将氯化钙与阻锈剂亚硝酸钠($NaNO_2$)复合使用。

2. 硫酸盐类早强剂

硫酸盐类早强剂主要有硫酸钠、硫代硫酸钠、硫酸钙、硫酸铝和硫酸铝钾等,其中硫酸钠应用较多。硫酸钠为白色粉状物,一般掺量为 0.5% ~ 2.0%,当掺量为 1% ~ 1.5% 时,达到混凝土设计强度 70% 的时间可缩短一半左右。

硫酸钠掺入混凝土后产生早强的原因,一般认为是硫酸钠与水泥的水化产物 $Ca(OH)_2$ 作用,生成高分散性的硫酸钙,均匀分布在混凝土中,这些高度分散的硫酸钙,与 C_3A 的反应比外掺石膏的作用快得多,能使水化硫铝酸钙迅速生成,大大加快了水泥的硬化。同时,由于上述反应的进行,使得溶液中 $Ca(OH)_2$ 浓度降低,从而促使 C_3S 水化加速,使混凝土早期强度提高。

硫酸钠对钢筋无锈蚀作用,适用于不允许掺用氯盐的混凝土。但由于它与 $Ca(OH)_2$ 作用生成强碱 NaOH,为防止碱—骨料反应,硫酸钠严禁用于含有活性骨料的混凝土。同时应注意硫酸钠不能超量掺加,以免导致混凝土产生后期膨胀开裂破坏,以及防止混凝土表面产生"白霜"。

3. 有机胺类早强剂

有机胺类早强剂主要有三乙醇胺、三异丙醇胺和二乙醇胺等,其中早强效果以三乙醇胺为佳。

三乙醇胺为无色或淡黄色油状液体,呈碱性,能溶于水。掺量为水泥质量的 0.02% ~ 0.05%,能使混凝土早期强度提高 50% 左右,与其他外加剂(如氯化钠、氯化钙和硫酸钠等)复合使用,早强效果更加显著。三乙醇胺对混凝土稍有缓凝作用,掺量过多会造成混凝土严重缓凝和混凝土强度下降,故应严格控制掺量。

6. 2. 4. 4 缓凝剂

缓凝剂是指能延缓混凝土凝结的时间,并对混凝土后期强度发展无不利影响的外加剂。缓凝剂主要有四类:糖类,如糖蜜;木质素磺酸盐类,如木钙、木钠;羟基羧酸及其盐类,如柠檬酸、酒石酸;无机盐类,如锌盐、硼酸盐等。常用的缓凝剂是木钙和糖蜜,其中糖蜜的缓凝效果最好。

糖蜜缓凝剂是制糖下脚料经石灰处理而成,也是表面活性剂,掺入混凝土拌和物中,能吸附在水泥颗粒表面,形成同种电荷的亲水膜,使水泥颗粒相互排斥,并阻碍水泥水化,从而起缓凝作用。糖蜜的适宜掺量为 0.1% ~ 0.3%,混凝土凝结时间可延长 2 ~ 4 h,掺量过大会使混凝土长期酥松不硬,强度严重下降。

缓凝剂具有缓凝、减水、降低水化热和增强作用,对钢筋也无锈蚀作用。主要适用于大体积混凝土和炎热气候下施工的混凝土,以及需长时间停放或长距离运输的混凝土。缓凝剂不宜用于日最低气温 5 ℃以下施工的混凝土,也不宜单独用于有早强要求的混凝土及蒸养混凝土。

6.2.4.5 引气剂

引气剂是指在混凝土搅拌过程中,能引入大量分布均匀的微小气泡,以减少混凝土拌和物离析,改善和易行,并能显著提高硬化混凝土的抗冻性、耐久性的外加剂。目前应用较多的引气剂为松香热聚物、松香皂和烷基苯磺酸盐等。

松香热聚物是松香与碳酸、硫酸、氢氧化钠以一定配比加热缩聚而成。松香皂是由松香经氢氧化钠皂而成。松香热聚物的适宜掺量为水泥质量的 0.005% ~ 0.02%,混凝土的含气量为 3% ~ 5%,减水率为 8% 左右。

引气剂属憎水性表面活性剂,由于能显著降低水的表面张力和界面能,使水溶液在搅拌过程中极易产生许多微小的封闭气泡,气泡直径多在 50 ~ 250 um。同时,因引气剂定向吸附在气泡表面,形成较为牢固的液膜,使气泡稳定而不破裂。按混凝土含气量为 3% ~ 5% 计(不加引气剂的混凝土含气量为 1%),1 m³ 混凝土拌和物种含数百亿个气泡。由于大量微小、封闭并均匀分布的气泡的存在,使混凝土的某些性能得到明显改善或改变。

(1)改善混凝土拌和物的和易性。由于大量微小封闭球状气泡在混凝土拌和物内形成,如同滚珠一样,减少了颗粒间的摩擦阻力,使混凝土拌和物流动性增加。同时,由于水分均匀分布在大量气泡的表面,使能自由移动的水量减少,混凝土拌和物的保水性、黏聚性也随之提高。

(2)显著提高混凝土的抗渗性、抗冻性。大量均匀分布的封闭气泡切断了混凝土中毛细管渗水通道,改变了混凝土的孔结构,使混凝土抗渗性显著提高。同时,封闭气泡有较大的弹性变形能力,对由于结冰所产生的膨胀应力有一定的缓冲作用,因而混凝土的抗冻性得到提高。

(3)降低混凝土的强度。由于大量气泡的存在,减少了混凝土的有效受力面积,使混凝土的强度有所降低。一般混凝土的含气量每增加 1% 时,其抗压强度将降低 4% ~ 5%,抗折强度降低 2% ~ 3%。引气剂可用于抗渗混凝土、抗冻混凝土、抗硫酸盐侵蚀混凝土、泌水严重的混凝土、贫混凝土、轻混凝土以及对饰面有要求的混凝土等,但引气剂不宜用于蒸养混凝土及预应力混凝土。

6.2.4.6 防冻剂

防冻剂是指在规定温度下,能显著降低混凝土的冰点,使混凝土液相不冻结或仅部分冻结,以保证水泥的水化作用,并在一定的时间内获得预期强度的外加剂。常用的防冻剂有氯盐类(氯化钙、氯化钠);氯盐阻锈类(以氯盐与亚硝酸钠阻锈剂复合而成);无氯盐类(以硝酸盐、亚硝酸盐、碳酸盐、乙酸钠或尿素复合而成)。

氯盐类防冻剂适用于无筋混凝土;氯盐阻锈类防冻剂可用于钢筋混凝土;无氯盐类防冻剂可用于钢筋混凝土工程和预应力钢筋混凝土工程。硝酸盐、亚硝酸盐、碳酸盐易引起钢筋的应力腐蚀,故不适用于预应力混凝土以及与镀锌钢材或与铝铁相接触部位的钢筋混凝土结构。另外,含有六价铬盐、亚硝酸盐等有毒成分的防冻剂,严禁用于饮水工程及与食品接触的部位。

防冻剂用于负温条件下施工的混凝土。目前国产防冻剂品种适用于 $-15 \sim 0$ ℃的气温,当在更低气温下施工时,应增加其他混凝土冬季施工措施,如暖棚法原料(砂、石、水)预热法等。

6.2.4.7　速凝剂

速凝剂是指能使混凝土迅速凝结硬化的外加剂。速凝剂主要有无机盐类和有机物两类。我国常用的速凝剂是无机盐类,主要型号有红星Ⅰ型、711 型、728 型、8604 型等。

红星Ⅰ型速凝剂是由铝氧熟料(主要成分铝酸钠)、碳酸钠、生石灰按质量1∶1∶0.5的比例配制而成的一种粉状物,适宜掺量为水泥质量的 2.5% ~4.0%。711 型速凝剂是由铝氧熟料与水石膏按质量比 3∶1 配合粉磨而成,适宜掺量为水泥质量的 3% ~5%。

速凝剂掺入混凝土后,能使混凝土在 5 min 内初凝,10 min 内终凝,1 h 就可产生强度,1 d 强度提高 2 ~3 倍,但后期强度会下降,28 d 强度为不掺时的 80% ~90%。速凝剂的速凝早强作用机理是使水泥中的石膏变成 Na_2SO_4,失去缓凝作用,从而促使 C_3A 迅速水化,并在溶液中折出其水化产物晶体,导致水泥浆迅速凝固。

速凝剂主要用于矿山井巷、铁路隧道、引水涵洞、地下工程及喷锚支护时的喷射混凝土或喷射砂浆工程中。

5.2.4.8　外加剂的选择和使用

在混凝土中掺入外加剂,可明显改善混凝土的技术性能,取得显著的技术经济效果。若选择和使用不当,会造成事故。因此,在选择和使用外加剂时,应注意以下几点。

1.外加剂品种的选择

外加剂的种类很多,效果各异,在选择外加剂时,主要应根据工程的情况,材料情况进行试验后确定。

2.外加剂的掺量的确定

混凝土外加剂均有适宜掺量,掺量过小,往往达不到预期效果;掺量过大,则会影响混凝土质量,甚至造成质量事故。因此,应通过试验配定最佳掺量。

3.外加剂的掺入方法

外加剂的掺量很少,必须保证其均匀分散,一般不能直接加入混凝土搅拌内。对于可溶于水的外加剂,应先配成一定浓度的溶液,随水加入搅拌机。对于不溶于水的外加剂,应与适量水泥或砂混合均匀后再加入搅拌机内。另外,外加剂的掺入时间对其效果的发挥也有很大影响,如为保证减水剂的减水效果,减水剂有同掺法、后掺法、分次掺入等 3 种方法。

6.2.5　混凝土掺和料

6.2.5.1　混凝土掺和料的概念

什么是混凝土掺和料? 混凝土掺和料是指矿粉、粉煤灰,此外还有沸石粉、硅灰、钢纤维和化学纤维等相对代替等量水泥的一种掺料,所起的作用是,增强混凝土的外观和强度。

6.2.5.2　混凝土掺和料的作用

混凝土掺和料有以下几个作用。

(1)提高混凝土的密实度,提高抗冻、抗渗性能。

(2)增加混凝土的含灰量,提高流动性,可作泵送混凝土。

(3)配制高强度、高性能混凝土。

6.2.5.3　混凝土掺和料的种类

1.粉煤灰

煤粉在炉膛中呈悬浮状态燃烧,燃煤中的绝大部分可燃物都能在炉内烧尽,而煤粉中的不燃物(主要为灰粉)大量混杂在高温烟气中。这些不燃物因受到高温作用而部分熔融,同时由于其表面张力的作用,形成了大量细小的球形颗粒,排出后则成为粉煤灰。它是一种火山灰质工业废料活性掺和料,是燃煤电厂的主要固体废物,其颗粒多数呈球形,表面比较光滑,紧密堆积密度为 1 590 ~ 2 400 kg/m³,松散堆积密度为 550 ~ 800 kg/m³。

根据国家标准《用于水泥和混凝土中的粉煤灰》(GB 1596—2017)中的规定,按产生粉煤灰的煤种不同,可以分为 F 类粉煤灰和 C 类粉煤灰两种:由无烟煤或烟煤煅烧收集的粉煤灰称为 F 类粉煤灰,F 类粉煤灰是低钙;由褐煤或次烟煤煅烧收集的粉煤灰称为 C 类粉煤灰,C 类粉煤灰是高钙灰,其氧化钙含量一般大于 10%。用于拌制混凝土和砂浆用粉煤灰,可分Ⅰ级、Ⅱ级、Ⅲ级等 3 个等级,技术要求见表 6-10。

表 6-10　拌制混凝土和砂浆用粉煤灰的技术要求

项目	粉煤灰的种类	技术要求		
		Ⅰ级	Ⅱ级	Ⅲ级
细度(0.045 mm 方孔筛筛余)(%) ≤	F 类粉煤灰	12.0	25.0	45.0
	C 类粉煤灰			
需水量比(%) ≤	F 类粉煤灰	95	105	115
	C 类粉煤灰			
烧石量(%) ≤	F 类粉煤灰	5.0	8.0	15.0
	C 类粉煤灰			
含水量(%) ≤	F 类粉煤灰	1.0		
	C 类粉煤灰			
三氧化硫(%) ≤	F 类粉煤灰	3.0		
	C 类粉煤灰			
游离氧化钙(%) ≤	F 类粉煤灰	1.0		
	C 类粉煤灰	4.0		
安定性,雷氏夹沸煮后增加距离(mm) ≤	C 类粉煤灰	5.0		

大部分火电厂的粉煤灰能满足指标,能用于混凝土的配制,但进料要按规定检验,与所需等级相符。

混凝土中掺加粉煤灰的作用是节约了水泥和细骨料;减少了用水量;改善了混凝土拌和物的和易性;增强混凝土的可泵性;减少了混凝土的徐变;减少水化热、热能膨胀性;提高混凝土抗渗能力;增加混凝土的修饰性。粉煤灰混凝土是今后应当重点推广和研究的新型环保型建筑材料。

2. 矿渣粉

粒化高炉矿渣粉(简称矿渣粉、矿粉)是将符合国家标准规定的粒化高炉矿渣(简称矿渣)经干燥、粉磨(或添加少量石膏一起粉磨)达到相当细度且符合活性指数要求的粉体。矿渣是将钢铁企业使用高炉冶炼生铁时产生的熔融态炉渣经过急冷得到的、由于来不及结晶而大部分形成玻璃态的物质,主要组分为硅铝酸钙,具有较高的潜在活性。

以前矿渣一直作为一种工业副产品(废渣)使用,主要用于水泥生产中的活性混合材,与水泥熟料共同粉磨制备矿渣水泥、复合水泥等。由于矿渣的易磨性比水泥熟料差,两者共同粉磨时,矿渣比水泥熟料颗粒粗得多,比表面积约为 $300 \text{ m}^2/\text{kg}$,矿渣活性并未得到充分发挥。为了使水泥中的矿渣活性得到充分发挥,可将矿渣、水泥熟料分别粉磨至一定细度后,再进行混合制成水泥。

2000 年国家标准《用于水泥和混凝土的粒化高炉矿渣粉》(GB 18046—2000)颁布实施,2017 年改版为《用于水泥和混凝土的粒化高炉矿渣粉》(GB 18046—2017)。2017 年国家标准《高强高性能混凝土用矿物外加剂》(GB/T 18736—2017)颁布,在该标准中正式将矿渣微粉命名为"矿物外加剂"纳入混凝土第六组分,比表面积 $400 \text{ m}^2/\text{kg}$ 以上。矿粉作为一个独立的产品出现在建筑市场,广泛应用于商品混凝土中。矿粉等量取代部分水泥掺入混凝土中,可改善混凝土的工作性、延缓凝结时间、提高强度、改善耐久性。矿粉是配制高性能混凝土的理想材料。大型粒磨矿渣技术在我国的迅速发展,矿粉的应用逐渐成熟,并被广泛接受和使用。

随着混凝土技术的发展,对混凝土的耐久性越来越重视,而配制耐久性混凝土的途径有:掺加矿物掺和料、掺加引气剂等。矿粉的大量应用,改变了以往仅以粉煤灰为主要掺和料的局面。随着矿粉研究和应用的不断深入,混凝土的性能质量将逐步提高。同时,矿粉的应用,可以克服仅掺粉煤灰时取代水泥量有限的弱点,可以进一步降低水泥用量,不仅可以减少水化热、增加强度、改善耐久性,而且能够降低生产成本、节约能源、保护环境,实现商品混凝土可持续发展。

项目 6.3　普通混凝土的主要技术性质

6.3.1　新拌混凝土的和易性

什么是新拌混凝土?混凝土的各组成材料按一定比例配合、搅拌而成的尚未凝固的混合材料称为新拌混凝土或混凝土拌和物。新拌混凝土必须具备良好的和易性,才能便于施工和获得均匀而密实的混凝土,从而保证混凝土的强度和耐久性。

6.3.1.1 新拌混凝土和易性的概念

新拌混凝土和易性是指混凝土拌和物易于各工序施工操作(搅拌、运输、浇注、捣实)并能获得质量均匀、成型密实的混凝土的性能。和易性是一项综合性的技术指标,包括流动性、粘聚性和保水性。

流动性是指混凝土拌和物在自重或机械振捣作用下,能流动并均匀密实地填满模板的性能。流动性的大小,反映混凝土拌和物的稀稠,直接影响着浇捣施工的难易和混凝土的质量。

黏聚性是指混凝土拌和物内各组分之间具有一定的凝聚力,在运输和浇注过程中不致发生分层离析现象,使混凝土保持整体均匀的性能。

保水性是指混凝土拌和物具有一定的保持内部水分的能力,在施工过程中不致产生严重的泌水现象。保水性差的混凝土拌和物,在施工过程中,一部分水易从内部析出至表面,在混凝土内部形成泌水通道,使混凝土的密实性变差,降低混凝土的强度和耐久性。

混凝土拌和物的流动性、黏聚性、保水性,三者之间互相关联又互相矛盾。如黏聚性好则保水性往往也好,但当流动性增大时,黏聚性和保水性往往变差。因此,所谓拌和物的和易性良好,就是要使这三方面的性能在某种具体条件下得到统一,达到均为良好的状况。

混凝土拌和物和易性的内涵比较复杂,难以用一种简单的测定方法来全面恰当地表达,根据我国现行标准《普通混凝土拌和物性能试验方法》规定,用坍落度和维勃稠度来测定混凝土拌和物的流动性,并辅以直观经验来评定黏聚性和保水性,以评定和易性。

6.3.1.2 流动性(坍落度)的选择

选择混凝土拌和物的坍落度,要根据结构类型、构件截面大小、配筋疏密、输送方式和施工捣实方法等因素来确定。当构件截面较小或钢筋较密,或采用人工插捣时,坍落度可选大些。反之,如构件截面尺寸较大,或钢筋较疏,或采用机械振捣时,坍落度选择可小些。根据《普通混凝土拌和物性能试验方法标准》(GB/T 50080—2002)规定,混凝土浇筑的坍落度宜按表6-11选用。

表6-11 混凝土浇筑时的坍落度

项目	结构种类	坍落度(mm)
1	基础或地面等的垫层、无筋的厚大结构或配筋稀疏的结构构件	10~30
2	板、梁和大型及中型截面的柱子等	30~50
3	配筋密列的结构(薄壁、筒仓、细柱等)	50~70
4	配筋特密的结构	70~90

从表6-11中可以看出采用机械振捣的坍落度。当采用人工捣实时可适当增大。当施工工艺采用混凝土泵送混凝土拌和物时,则要求混凝土拌和物具有高的流动性,其坍落度通常在80~180 mm。在选择坍落度时,原则上应在不妨碍施工操作并保证振捣密实的条件下进行,尽量采用较小的坍落度,以节约水泥并获得质量高的混凝土。

6.3.1.3 影响和易性的因素

1. 水泥浆的用量

混凝土拌和物中的水泥浆,应具有一定的流动性。在水胶比不变的情况下,单位体积拌和物内,如果水泥浆愈多,则拌和物的流动性愈大,若水泥浆过多,将会出现流浆现象,使拌和物的黏聚性变差,同时对混凝土的强度与耐久性也会产生一定的影响,且水泥用量也大。水泥浆过少,不能填满骨料间空隙或不能很好包裹骨料表面时,就会产生崩塌现象,黏聚性变差。因此,混凝土拌和物中水泥浆的用量应以满足流动性和强度的要求为度,不宜过量。

2. 水泥浆的稠度

水泥浆的稠度是由水胶比决定的。在水泥用量不变的情况下,水胶比愈小,水泥浆就愈稠,混凝土拌和物的流动性就愈小。当水胶比过小时,水泥浆干稠,混凝土拌和物的流动性过低,会使施工困难,不能保证混凝土的密实性。增大水胶比会使流动性加大,但如果水胶比过大,又会造成混凝土拌和物的黏聚性和保水性不良,而产生流浆、离析现象,并严重影响混凝土的强度。所以水胶比不能过大或过小,一般应根据混凝土强度和耐久性要求合理地选用。

无论是水泥浆的多少还是水泥浆的稀稠,实际上对混凝土拌和物流动性起决定作用的是用水量的多少。即在一定条件下,要使混凝土拌和物获得一定的流动性,所需的单位用水量基本上是一个定值。因单纯加大用水量会降低混凝土的强度和耐久性,对混凝土拌和物流动性的调整,应在保证水胶比不变的条件下,用调整水泥浆量的方法来调整。1 m³ 混凝土拌和物的用水量,一般应根据选定的坍落度,按表6-12选用。

表6-12 塑性和干硬性混凝土的用水量(kg/m³)(普通混凝土配合比设计规程 JGJ 55—2011)

项目	指标	卵石最大粒径(mm)			碎石最大粒径(mm)		
		10	20	40	16	20	40
坍落度(mm)	10~30	190	170	150	200	185	165
	35~50	200	180	160	210	195	175
	55~70	210	190	170	220	205	185
	75~90	215	195	175	230	215	195
维勃稠度(S)	16~20	175	160	145	180	170	155
	11~15	180	165	150	185	175	160
	5~10	185	170	155	190	180	165

注:(1)本表用水量系采用中砂时的平均取值,采用细砂时,1 m³ 混凝土用水量可增加5~10 kg,采用粗砂时则可减少5~10 kg。

(2)掺用各种外加剂或掺和料时,用水量应相应调整。

(3)本表不适用于水胶比小于0.4或大于0.8的混凝土以及采用特殊成型工艺的混凝土。

3. 砂率

砂率是指混凝土中砂的质量占砂石总质量的百分率。砂的作用是填充石子间空隙,并以砂浆包裹在石子外表面,减少粗骨料颗粒间的摩擦阻力,赋予混凝土拌和物一定的流动性。砂率的变动会使骨料的空隙率和骨料的总表面积有显著改变,因而对混凝土拌和物的和易性产生显著的影响。砂率过大时,骨料的总表面积及空隙率都会增大,在水泥浆含量不变的情况下,相对的水泥浆显得少了,减弱了水泥浆的润滑作用,导致混凝土拌和物流动性降低。如果砂率过小,又不能保证粗骨料之间有足够的砂浆层,也会降低混凝土拌和物的流动性,并严重影响其粘聚性和保水性,容易造成离析、流浆。当砂率适宜时,砂不但填满石子间的空隙,而且还能保证粗骨料间有一定厚度的砂浆层以减小粗骨料间的摩擦阻力,使混凝土拌和物有较好的流动性,这个适宜的砂率称为合理砂率。当采用合理砂率时,在用水量及水泥用量一定的情况下,能使混凝土拌和物获得最大的流动性,且能保持良好的粘聚性和保水性。或者,当采用合理砂率时,能使混凝土拌和物获得所要求的流动性及良好的粘聚性与保水性,而水泥用量最少。

4. 组成材料性质的影响

骨料的性质对混凝土拌和物的和易性影响较大。级配良好的骨料,空隙率小,在水泥浆量相同的情况下,包裹骨料表面的水泥浆较厚,和易性好。碎石比卵石表面粗糙,所配制的混凝土拌和物流动性较卵石配制的差。细砂的比表面积大,用细砂配制的混凝土比用中、粗砂配制的混凝土拌和物流动性小。

水泥对和易性的影响主要表现在水泥的需水性上。需水量大的水泥品种,达到相同的坍落度,需要较多的用水量。常用水泥中,以普通硅酸盐水泥所配制的混凝土拌和物的流动性和保水性较好。矿渣、火山灰质混合材料对需水性都有影响,矿渣水泥所配制的混凝土拌和物的流动性较大,但粘聚性差,易泌水。火山灰水泥需水量大,在相同加水量条件下,流动性显著降低,但粘聚性和保水性较好。

5. 外加剂

在拌制混凝土时,加入少量的外加剂能使混凝土拌和物在不增加水泥用量的条件下,获得良好的和易性,不仅流动性显著增加,而且还有效地改善混凝土拌和物的粘聚性和保水性。

6. 时间和温度

搅拌后的混凝土拌和物,随着时间的延长而逐渐变得干稠,和易性变差。其原因是一部分水供水泥水化,一部分水被骨料吸收,一部分水蒸发以及混凝土凝聚结构的逐渐形成,致使混凝土拌和物的流动性变差。

拌和物的和易性也受温度的影响。因为环境温度的升高,水分蒸发及水化反应加快,坍落度损失也变快。所以在施工中为保证一定的和易性,必须注意环境温度的变化,采取相应的措施。

在实际工程上可采用如下几种措施调整混凝土拌和物的和易性。

(1)通过试验,采用合理砂率,并尽可能采用较低的砂率。

(2)改善砂、石(特别是石子)的级配。

(3)在可能条件下,尽量采用较粗的砂、石。

(4)当混凝土拌和物坍落度太小时,保持水胶比不变,增加适量的水泥浆;当坍落度太大时,保持砂率不变,增加适量的砂石。

(5)有条件时尽量掺用外加剂(减水剂、引气剂等)。

6.3.2 硬化混凝土的强度

强度是混凝土最重要的力学性质,因为混凝土主要用于承受荷载或抵抗各种作用力。混凝土强度与混凝土的其他性能关系密切,一般来说,混凝土的强度愈高,其刚性、不透水性、抵抗风化和某些侵蚀介质的能力也愈高,通常用混凝土强度来评定和控制混凝土的质量。

混凝土的强度包括抗压强度、抗拉强度、抗弯强度、抗剪强度和与钢筋的黏结强度等。其中混凝土的抗压强度最大,抗拉强度最小,因此,在建筑工程中混凝土主要用于承受压力。

6.3.2.1 混凝土的抗压强度与强度等级

混凝土的抗压强度是指其标准试件在压力作用下直到破坏的单位面积所能承受的最大应力。混凝土构件常以抗压强度为主要参数,而且抗压强度与其他强度及变形有良好的相关性。因此,抗压强度常作为评定混凝土质量的指标,并作为确定强度等级的依据,在实际工程中提到的混凝土强度一般是指抗压强度。

根据国家标准《普通混凝土力学性能试验方法》(GB/T 50081—2002)的规定,制作 150 mm × 150 mm × 150 mm 的标准立方体试件,在标准条件下,养护时间 28 d 的龄期,经标准方法测试得到的抗压强度值,称为混凝土的立方体抗压强度值,以符号 f_{cu} 来表示。

按照国家标准《混凝土结构设计规范》(GB 50010—2002)的规定,混凝土的强度等级应根据混凝土立方体抗压强度标准值确定。立方体抗压强度标准值是按标准试验方法制作和养护的边长为 150 mm 的立方体试件,在 28 d 龄期(从搅拌加水开始计时),用标准方法测试得到的具有 95% 保证率的抗压强度,以 $f_{cu,k}$ 表示。混凝土强度等级采用符号 C 与立方体抗压强度标准值(以 N/mm² 即 MPa 计)表示,共划分成下列强度等级:C15、C20、C25、C30、C35、C40、C45、C50、C55、C60、C65、C70、C75 及 C80 等 14 个强度等级。例如,C40 表示混凝土立方体抗压强度标准值为 40 MPa。

6.3.2.2 混凝土的轴心抗压强度(f_{cp})

确定混凝土强度等级采用立方体试件,但实际工程中钢筋混凝土结构形式极少是立方体的,大部分是棱柱体形或圆柱体形。为了使测得的混凝土强度接近于混凝土结构的实际情况,在钢筋混凝土结构计算中,计算轴心受压构件(例如柱子、桁架的腹杆等)时,都采用混凝土的轴心抗压强度 f_{cp} 作为设计依据。

根据国家标准(GB/T 50081—2002)的规定,轴心抗压强度采用 150 mm × 150 mm × 300 mm 的棱柱体作为标准试件,或可采用非标准尺寸的棱柱体试件,但其高宽比(h/a)应在 2~3 的范围。轴心抗压强度值 f_{cp} 比同截面的立方体抗压强度值 f_{cp} 小,棱柱体试件高宽比(h/a)越大,轴心抗压强度越小,但当 h/a 达到一定值后,强度不再降低。在立方体抗压强度 $f_{cu}=10~55$ MPa 范围内,轴心抗压强度值 $f_{cp}≈(0.70~0.80)f_{cu}$。

6.3.2.3 混凝土的抗拉强度(f_{ts})

混凝土的抗拉强度只有抗压强度的 1/10~1/20,并且这个比值随着混凝土强度等级的提高而降低。由于混凝土受拉时呈脆性断裂,破坏时无明显残余变形,故在钢筋混凝土结构设计中,不考虑混凝土承受拉力,而是在混凝土中配以钢筋,由钢筋来承受结构中的拉力。但混凝土抗拉强度对于混凝土抗裂性具有重要作用,它是结构设计中确定混凝土抗裂度的主要指标,有时也用它来间接衡量混凝土与钢筋间的黏结强度,并预测由于干湿变化和温度变化而产生裂缝的情况。

用轴向拉伸试件测定混凝土的抗拉强度,荷载不易对准轴线,夹具处常发生局部破坏,使测值很不准确,故我国目前采用由劈裂抗拉强度试验法间接得出混凝土的抗拉强度,称为劈裂抗拉强度(f_{ts})。标准规定,劈裂抗拉强度采用边长为 150 mm 的立方体作为标准试件。此法是在试件的两个相对的表面素线上,施加均匀分布的压力,这样就能在外力作用的竖向平面内产生均匀分布的拉应力图,该应力可以根据弹性理论计算得出。这个方法不但大大简化了抗拉试件的制作,并且能较正确地反映试件的抗拉强度。劈裂抗拉强度计算公式为:

$$f_{ts} = \frac{2P}{\pi A} = 0.637\frac{P}{A} \tag{6-1}$$

式中:f_{ts}——混凝土劈裂抗拉强度,MPa;

P——破坏荷载,N;

A——试件劈裂面积,mm^2。

试验表明,在相同条件下,混凝土用轴拉法测得的抗拉强度,较用劈裂法测得的劈裂抗拉强度略小,二者比值约为 0.9。混凝土的劈裂抗拉强度与混凝土标准立方体抗压强度(f_{cu})之间的关系,可用经验公式表达如下:

$$f_{ts} = 0.35f_{cu}^{3/4} \tag{6-2}$$

6.3.2.4 混凝土与钢筋的黏结强度

在钢筋混凝土结构中,为使钢筋混凝土这类复合材料能有效工作,混凝土与钢筋之间必须要有适当的黏结强度。这种黏结强度主要来源于混凝土与钢筋之间的摩擦力、钢筋与水泥石之间的黏结力及变形钢筋的表面机械啮合力。黏结强度与混凝土质量有关,与混凝土抗压强度成正比。此外,黏结强度还受其他许多因素影响,如钢筋尺寸及变形钢筋种类;钢筋在混凝土中的位置(水平钢筋或垂直钢筋);加载类型(受拉钢筋或受压钢筋);以及干湿变化、温度变化等。

目前还有一种较适当的标准试验能准确测定混凝土与钢筋的黏结强度。为了对比不同混凝土的黏结强度,美国材料试验学会(ASTMC234)提出了一种拔出试验方法:混凝土试件为边长 150 mm 的立方体,其中埋入 ϕ19 mm 的标准变形钢筋,试验时以不超过 34 MPa/min 的加荷速度对钢筋施加拉力,直到钢筋发生屈服;或混凝土裂开;或加荷端钢筋滑移超过 2.5 mm。记录出现上述 3 种中任一情况时的荷载值 P,用下式计算混凝土与钢筋的黏结强度:

$$f_N = \frac{P}{\pi dl} \tag{6-3}$$

式中:f_N——黏结强度,MPa;

d——钢筋直径,mm;

l——钢筋埋入混凝土中的长度,mm;

P——测定的荷载值,N。

6.3.2.5 影响混凝土强度的因素

硬化后的混凝土在未受到外力作用之前,由于水泥水化造成的化学收缩和物理收缩引起砂浆体积的变化,在粗骨料与砂浆界面上产生了分布极不均匀的拉应力,从而在界面上形成了许多微细的裂缝。另外还因为混凝土成型后的泌水作用,某些上升的水分为粗骨料颗粒所阻止,因而聚集于粗骨料的下缘,混凝土硬化后就成为界面裂缝。当混凝土受力时,这些预存的界面裂缝会逐渐扩大、延长并汇合连通起来,形成可见的裂缝,致使混凝土结构丧失连续性而遭到完全破坏。强度试验也证实正常配比的混凝土破坏为骨料与水泥石的黏结界面破坏,所以,混凝土的强度主要取决于水泥石强度及其与骨料的黏结强度。而黏结强度又与水泥强度等级、水胶比及骨料的性质有密切关系,此外混凝土的强度还受施工质量、养护条件及龄期的影响。

1. 水泥强度等级与水胶比

水泥强度等级和水胶比是决定混凝土强度最主要的因素,也是决定性因素。水泥是混凝土中的活性组分,在水胶比不变时,水泥强度等级愈高,硬化水泥石强度愈大,对骨料的胶结力就愈强,配制成的混凝土强度也就愈高。在水泥强度等级相同的条件下,混凝土的强度主要取决于水胶比。从理论上分析,水泥水化时所需的结合水,一般只占水泥质量的23%左右,但在拌制混凝土拌和物时,为了获得施工所要求的流动性,常需多加一些水,如常用的塑性混凝土,其水胶比均在 0.4~0.8。当混凝土硬化后,多余的水分就残留在混凝土中形成水泡或蒸发后形成气孔,大大减小了混凝土抵抗荷载的有效断面,而且可能在孔隙周围引起应力集中。因此,在水泥强度等级相同的情况下,水胶比愈小,水泥石的强度愈高,与骨料黏结力愈大,混凝土强度愈高。但是,如果水胶比过小,拌和物过于干稠,在一定的施工振捣条件下,混凝土不能被振捣密实,出现较多的蜂窝、孔洞,反将导致混凝土强度严重下降。

根据工程实践的经验,可建立如下的混凝土强度与水胶比、水泥强度等因素之间的线性经验公式为:

$$f_{cu} = \partial_a f_{ce} \left(\frac{C}{W} - \partial_b \right) \tag{6-4}$$

式中:f_{cu}——混凝土 28 d 龄期的抗压强度,MPa;

C——1 m³ 混凝土中水泥用量,kg;

W——1 m³ 混凝土中水的用量,kg;

f_{ce}——水泥的实际强度,MPa,水泥厂为保证水泥出厂强度等级,所产水泥实际强度要高于其强度等级的标准值($f_{ce.k}$),在无法取得水泥实际强度数据时,可用式 $f_{ce} = rf_{ce.k}$ 代入,其中 r 为水泥值的富余系数(一般为 1.13);

∂_a、∂_b——回归系数,与骨料品种及水泥品种等因素有关,其数值通过试验求得,若无试验统计资料,则可按《普通混凝土配合比设计规程》(JGJ/T 55—2011)提供的 ∂_a、∂_b 经验系数取用:

采用碎石 $\partial_a = 0.53$;$\partial_b = 0.20$;

采用卵石 $\partial_a = 0.49$;$\partial_b = 0.13$。

以上的经验公式,一般只适用于流动硅混凝土及低流动性混凝土,对于干硬性混凝土则不适用。利用混凝土强度公式,可根据所用的水泥强度等级和水胶比来估计所配制混凝土的强度,也可根据水泥强度等级和要求的混凝土强度等级来计算应采用的水胶比。

2. 骨料的影响

当骨料级配良好、砂率适当时,由于组成了坚强密实的骨架,有利于混凝土强度的提高。如果混凝土骨料中有害杂质较多、品质低、级配不好时,会降低混凝土的强度。由于碎石表面粗糙有棱角,提高了骨料与水泥砂浆之间的机械啮合力和黏结力,所以在原材料的坍落度相同的条件下,用碎石拌制的混凝土比用卵石的强度要高。骨料的强度影响混凝土的强度,一般骨料强度越高,所配制的混凝土强度越高,这在低水胶比和配制高强度混凝土时,特别明显。

3. 养护温度及湿度的影响

混凝土强度是一个渐进发展的过程,其发展的程度和速度取决于水泥的水化状况,而温度和湿度是影响水泥水化速度和程度的重要条件。因此,混凝土浇捣成型后,必须在一定时间内保持适当的温度和足够的湿度以使水泥充分水化,这就是混凝土的养护。养护温度高,水泥水化速度加快,混凝土强度的发展也快;反之,在低温下混凝土强度发展迟缓。当温度降至冰点以下时,则由于混凝土中的水分大部分结冰,不但水泥停止水化,混凝土强度停止发展,而且由于混凝土孔隙中的水结冰产生体积膨胀(约9%),而对孔壁产生相当大的压应力(可达100 MPa),从而使硬化中的混凝土结构遭到破坏,导致混凝土已获得的强度受到损失。混凝土早期强度低,更容易冻坏,所以冬季施工时,要特别注意保温养护,以免混凝土早期受冻破坏。

周围环境的湿度对水泥的水化作用能否正常进行有显著影响。湿度适当,水泥水化反应顺利进行,使混凝土强度得到充分发展。因为水是水泥水化反应的必要成分,如果湿度不够,水泥水化反应不能正常进行,甚至停止水化,严重降低混凝土强度,使混凝土结构疏松,形成干缩裂缝,增大了渗水性,从而影响混凝土的耐久性。因此,施工规范规定,在混凝土浇筑完毕后,应在12 h内进行覆盖,防止水分蒸发。同时,在夏季施工时,混凝土进行自然养护时,要特别注意浇水保湿,使用硅酸盐水泥、普通硅酸盐水泥和矿渣水泥时,浇水保湿应不少于7 d;使用火山灰水泥和粉煤灰水泥或在施工中掺用缓凝型外加剂或混凝土有抗渗要求时,应不少于14 d。

4. 龄期

龄期是指混凝土在正常养护条件下所经历的时间。在正常养护的条件下,混凝土的强度将随龄期的增强而不断发展,最初7~14 d内强度发展较快,以后缓慢,28 d达到设计强度,28 d后强度仍在发展,其增长过程可延续数10 N之久。

普通水泥制成的混凝土,在标准养护条件下,混凝土强度的发展,与龄期的常用对数成正比关系(龄期不小于3 d)为:

$$\frac{f_n}{f_{28}} = \frac{\lg n}{\lg 28} \qquad (6\text{-}5)$$

式中:f_n——n d 龄期混凝土的抗压强度,MPa;

　　　f_{28}——28 d 龄期混凝土的抗压强度,MPa;

　　　n——养护龄期(d),$n \geqslant 3$ d。

从上式,可以由所测混凝土早期强度,估算其28 d龄期的强度。或者可由混凝土的28 d

推算 28 d 前混凝土达到某一强度需要养护的天数,如确定混凝土拆模、构件起吊,放松预应力钢筋、制品养护、出厂等日期。但由于影响强度的因素很多,故按此式计算的结果作为参考。

5. 试验条件对混凝土强度测定值的影响

试验条件是指试件的尺寸、形状、表面状态及加荷速度等。试验条件不同,会影响混凝土强度的试验值。

(1)试件尺寸。相同配合比的混凝土,试件的尺寸越小,测得的强度越高。试件尺寸影响强度的主要原因是试件尺寸大小,内部孔隙、缺陷等出现的几率也大,导致有效受力面积的减小及应力集中,从而引起强度的降低。我国标准规定采用 150 mm × 150 mm × 150 mm 的立方体试件作为标准试件,当采用非标准的其他尺寸试件时,所测得的抗压强度应乘以表 6-13 的换算系数。

表 6-13 凝土试件不同尺寸的强度换算系数

骨料最大粒径(mm)	试件尺寸(mm × mm × mm)	换算系数
30	$100 \times 100 \times 100$	0.95
40	$150 \times 150 \times 150$	1.00
60	$200 \times 200 \times 200$	1.05

(2)试件的形状。当试件受压面积($a \times a$)相同,而高度(h)不同时,高宽比越大,抗压强度越小。这是由于试件受压时,试件受压面与试件承压板之间的摩擦力,对试件相对于承压板的横向膨胀起着约束作用,该约束有利于强度的提高。愈接近试件的端面,这种约束作用愈大。在距端面大约 $\frac{\sqrt{3}}{2}a$ 的范围以外,约束作用才消失。试件破坏以后,上下各呈现一个较完整的棱柱体,这就是这种约束作用结果通常称这种作用为环箍效应。

(3)表面状态。混凝土试件承压面的状态也是影响混凝土强度的重要因素。当试件受压面上有油脂类润滑剂时,试件受压时的环箍效应大大减小,试件将出现直裂破坏,测出的强度值也较低。

(4)加荷速度。加荷速度越快,测得的混凝土强度值也越大,当加荷速度超过 1.0 MPa/s时,效果更加明显。因此,我国标准规定混凝土抗压强度的加荷速度为 0.3 ~0.8 MPa/s。

6.3.2.6 提高混凝土强度的措施

1. 采用强度等级水泥或早强型水泥

在混凝土配合比相同的情况下,水泥的强度等级越高,混凝土的强度越高。采用早强型水泥可提高混凝土的早期强度,有利于加速施工进度。

2. 采用低水胶比的干硬性混凝土

低水胶比的干硬性混凝土拌和物游离水分少,硬化后留下的孔隙少,混凝土密度高,强度可显著提高。因此,降低水胶比是提高混凝土强度的最有效途径。但水胶比过小,将影响拌和物的流动性,造成施工困难,一般应采取同时掺加减水剂的方法,使混凝土在低水胶比下,仍具有良好的和易性。

3. 采用湿热处理养护混凝土

湿热处理可分为蒸汽养护及蒸压养护两类。

(1)蒸汽养护。蒸汽养护是指将混凝土放在温度低于 100 ℃ 的常压蒸汽中进行养护。一般混凝土经过 16 ~ 20 h 的蒸汽养护,其强度可达正常条件下养护 28 d 强度的 70% ~ 80%,蒸汽养护最适合于掺活性混合材料的矿渣水泥、火山灰水泥及粉煤灰水泥制备的混凝土,因为蒸汽养护可加速活性混合材料内的活性 SiO_2 及活性 Al_2O_3 与水泥水化析出的 $Ca(OH)_2$ 反应,使混凝土不仅提高早期强度,而且后期强度也有所提高,其 28 d 强度可提高 10% ~ 20%。而对普通硅酸盐水泥和硅酸盐水泥制备的混凝土进行蒸汽养护,其早期强度也能得到提高,但因在水泥颗粒表面过早形成水化产物凝胶膜层,阻碍水分继续深入水泥颗粒内部,使后期强度增长速度反而减缓,其 28d 强度比标准养护 28 d 的强度低 10% ~15%。

(2)蒸压养护。蒸压养护是指将静停 8 ~ 10 h 后的混凝土构件放在温度 175 ℃、0.8 MPa 的蒸压釜中进行的养护。在高温下结晶态的 SiO_2 溶解度增大,与水泥水化析出的 $Ca(OH)_2$ 反应,生成结晶较好的水化硅酸钙,有效提高混凝土的强度,并加速水泥的水化和硬化。这种方法对掺有活性混合材料的混凝土更为有效。

4. 采用机械搅拌和振捣

机械搅拌比人工搅拌和能使混凝土搅拌合物更均匀,特别是在拌和低流动性混凝土拌和物时效果更显著。采用机械振捣,可使混凝土拌和物的颗粒产生振动,暂时破坏水泥的凝聚结构,从而降低水泥浆的黏度和骨料间的摩擦阻力,提高混凝土拌和物的流动性,使混凝土拌和物能很好地充满模型,内部孔隙大大减小,从而使混凝土的密实度和强度大大提高。

采用二次搅拌工艺(造壳混凝土),可改善混凝土骨料与水泥砂浆之间的界面缺陷,有效提高混凝土强度。采用先进的高频振动、变频振动及多向振动设备,可获得更佳振动效果。

5. 掺入混凝土外加剂、掺和料

在混凝土中掺入早强剂可提高混凝土早期强度;掺入减水剂可减少用水量,降低水胶比,提高混凝土强度。此外,在混凝土中掺入高效减水剂的同时,掺入磨细的矿物掺和料(如硅灰、优质粉煤灰和超细磨矿渣等),可显著提高混凝土的强度,配制出强度等级为 C60 ~C100 的高强度混凝土。

6.3.3　混凝土的变形性能

混凝土的变形包括非荷载作用下的变形和荷载作用下的变形。非荷载作用下的变形分为混凝土的化学收缩、干湿变形及温度变形;荷载作用下的变形分为短期荷载作用下的变形及长期荷载作用下的变形——徐变。

6.3.3.1　非荷载作用下的变形

1. 化学收缩

在混凝土硬化过程中,由于水泥水化生成物的体积比反应前物质的总体积小,从而引起混凝土的收缩,称为化学收缩。化学收缩是不可恢复的。其收缩量随混凝土硬化龄期的延长而增加,一般在混凝土成型后 40 d 内增长较快,以后逐渐趋于稳定。化学收缩值很小(小于1%),对混凝土结构没有破坏作用,但在混凝土内部可能产生微细裂缝。

2. 干湿变形

由于混凝土周围环境湿度的变化,会引起混凝土的干湿变形,表现为干缩湿胀。

混凝土在干燥过程中,由于毛细孔水的蒸发,使毛细孔中形成负压,随着空气湿度降低,负压逐渐增大,产生收缩力,导致混凝土收缩。同时,水泥凝胶体颗粒的吸附水也发生部分蒸发,凝胶体因失水而产生紧缩。混凝土这种收缩在重新吸水以后大部分可以恢复。当混凝土在水中硬化时体积产生轻微膨胀,这是由于凝胶体粒子的吸附水膜增厚,胶体粒子间的距离增大所致。

混凝土的湿胀变形量很小,一般无破坏作用。但干缩变形对混凝土危害较大,干缩能使混凝土表面出现拉应力而导致开裂,严重影响混凝土的耐久性。

一般条件下混凝土的极限收缩值达 $(50 \sim 90) \times 10^{-5}$ mm/m,在工程设计时,混凝土的线收缩采用 $(15 \sim 20) \times 10^{-5}$ mm/m,即 1 m 收缩 0.15 ~ 0.20 mm。

3. 温度变形

混凝土与其他材料一样,也会随着温度的变化产生热胀冷缩的变形。混凝土的温度线膨胀系数为 $(1 \sim 1.5) \times 10^{-5}$ mm/m·℃,即温度升高 1 ℃,1 m 膨胀 0.01 ~ 0.015 mm。温度变形对大体积混凝土及大面积混凝土工程极为不利,易使这些混凝土造成温度裂缝。

在混凝土硬化初期,水泥水化放出较多热量,而混凝土又是热的不良导体,散热很慢,因此造成混凝土内外温差很大,有时可达 50 ~ 70 ℃,这将使混凝土产生内胀外缩,结果在混凝土外表产生很大的拉应力,严重时使混凝土产生裂缝。因此,大体积混凝土施工时常采用低热水泥,减少水泥用量,掺加缓凝剂及采用人工降温等措施。一般纵向较长的钢筋混凝土结构物,应采取每隔一定长度设置伸缩缝以及在结构物中设置温度钢筋等措施。

6.3.3.2 荷载作用下的变形

1. 在短期荷载作用下的变形 σ

(1)混凝土的弹塑性变形。混凝土是一种由水泥石、砂、石、游离水、气泡等组成的不均匀的多组分三相复合材料。它既不是一个完全弹性体,也不是一个完全塑性体,而是一个弹塑性体。受力时既产生弹性变形,又产生塑性变形,其应力与应变的关系呈曲线如图 6-6 所示。

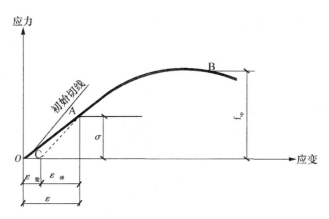

图 6-6 混凝土在应力作用下的应力—应变曲线

在静力试验的加荷过程中,若加荷至应力为σ,应变为ε的A点,然后将荷载逐渐卸去,则卸荷时的应力—应变曲线如AC所示(微向上弯曲)。卸荷能恢复的应变$\varepsilon_{弹}$是由混凝土的弹性性能引起的,称为弹性应变;剩余的不能恢复的应变$\varepsilon_{塑}$则是由混凝土的塑性性质引起的,称为塑性应变。

(2)混凝土的弹性模量。在应力—应变曲线上任一点的应力σ与其应变ε的比值,称作混凝土在该应力下的变形模量。它反映混凝土所受应力与所产生应变之间的关系。在计算钢筋混凝土结构的变形、裂缝开展及大体积混凝土的温度应力时,均需知道该混凝土的变形模量。

根据《普通混凝土力学性能试验方法》(GBJ—85)中规定,采用150 mm×150 mm×300 mm的棱柱体作为标准试件,取测定点的应力为试件轴心强度的40%(即$\sigma = 0.4f_{cp}$),经3次以上反复加荷与卸荷后,测得的变形模量值,即为该混凝土的弹性模量。

影响混凝土弹性模量的因素主要有混凝土的强度、骨料的含量与弹性模量、养护条件等。混凝土的强度越高,弹性模量越大,当混凝土的强度等级由C10增加到C60时,其弹性模量最大值由1.75×10^4 MPa增加到3.60×10^4 MPa;骨料的含量越多,弹性模量越大,混凝土的弹性模量越高;混凝土的水胶比较小,养护较好及龄期较长时,混凝土的弹性模量就较大。

2. 在长期荷载作用下的变形——徐变

混凝土在长期荷载作用下,除产生瞬间的弹性变形和塑性变形外,还会产生随时间而增长的非弹性变形。这种在长期荷载作用下,随时间而增长的变形称为徐变,如图6-7所示。

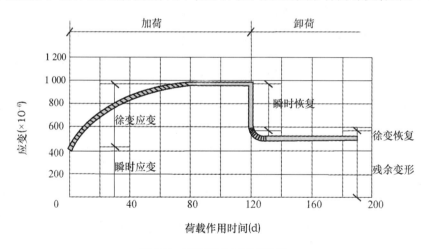

图6-7 徐变变形与徐变恢复

在加荷的瞬间,混凝土产生瞬时变形,随着时间的延长,又产生徐变变形。在荷载初期,徐变变形增长较快,以后逐渐变慢并稳定下来,最终徐变应变可达$(3 \sim 15) \times 10^{-4}$ mm/m,即$0.3 \sim 1.5$ mm/m。在荷载除去后,一部分变形瞬时恢复,其值小于在加荷瞬间产生的瞬时变形。在卸荷后的一段时间内变形还会继续恢复,称为徐变恢复。最后残存的不能回复的变形称为残余变形。

混凝土的徐变一般认为是由于水泥石中凝胶体在长期荷载作用下的黏性流动,凝胶孔水向毛细孔内迁移的结果。在混凝土的较早龄期加荷,水泥尚未充分水化,所含凝胶体较多,且水泥石中毛细孔较多,凝胶体易流动,所以徐变发展较快;在晚龄期,水泥继续硬化,凝胶体含量相对减少,毛细孔亦少,徐变发展渐慢。

混凝土的徐变受许多因素的影响。混凝土的水胶比较小或在水中养护时,徐变较小;水胶比相同的混凝土,其水泥用量越多,徐变越大;混凝土所用骨料的弹性模量较大时,徐变较小;所受应力越大徐变越大。

混凝土的徐变对结构物影响有有利方面,也有不利的方面。有利的是徐变可消除钢筋混凝土内的应力集中,使应力重新分布,从而使局部应力集中得到缓解;对大体积混凝土则能消除一部分由于温度变形所产生的破坏应力。不利的是在预应力钢筋混凝土中,混凝土的徐变将使钢筋的预加应力受到损失。

6.3.4　硬化混凝土的耐久性

混凝土应有足够的强度,以保证其能安全地承受荷载外,还应根据其周围的自然环境以及使用条件,具有经久耐用的性能。例如受水压作用的混凝土,要求具有抗渗性;与水接触并遭受冰冻作用的混凝土,要求具有抗冻性;处于侵蚀性环境中的混凝土,要求具有相应的抗侵蚀性等。因此,把混凝土抵抗环境介质作用并长期保持其良好的使用性能和外观完整性,从而维持混凝土结构的安全、正常使用的能力称为耐久性。

混凝土的耐久性主要包括抗渗、抗冻、抗磨、抗侵蚀、抗碳化、抗碱—骨料反应及混凝土中的钢筋耐锈蚀等性能。

6.3.4.1　混凝土的抗渗性

混凝土的抗渗性是指混凝土抵抗有压介质(水、油、溶液等)渗透作用的能力。它是决定混凝土耐久性的主要的因素,若混凝土的抗渗性差,不仅周围液体物质易渗入内部,而且当遇有负温或环境水中含有侵蚀性介质时,混凝土就易受冰冻或侵蚀作用而破坏,对钢筋混凝土还将引起其内部钢筋锈蚀并导致表面混凝土保护层开裂与剥落。因此必须要求混凝土具有一定的抗渗性。

混凝土的抗渗性用抗渗等级表示。抗渗等级是以 28 d 龄期的标准试件,在标准试验方法下所能承受的最大静水压来确定的。抗渗等级有 P6、P8、P10、P12 及以上等级,表示能抵抗 0.6 MPa、0.8 MPa、1.0 MPa、1.2 MPa 的静水压力而不渗透。

混凝土渗水的主要原因是由于内部的孔隙形成连通的渗水通道。这些通道除生产于施工振捣不密实外,主要来源于水泥浆中多余水分的蒸发而留下的气孔、水泥浆沁水所形成的毛细孔以及粗骨料下部界面水富集所形成的孔穴。这些渗水通道的多少,主要与水胶比大小有关,因此水胶比是影响抗渗性的一个主要因素。随着水胶比的增大,抗渗性逐渐变差,当水胶比大于 0.6 时,抗渗性急剧下降。

提高混凝土抗渗性的主要措施是提高混凝土的密实度和改善混凝土中的孔隙结构,减少连通孔隙。这些可通过降低水胶比、选择好的骨料级配、充入振捣和养护、掺入引气剂等方法来实现。

6.3.4.2　混凝土的抗冻性

混凝土的抗冻性是指混凝土在饱和状态下,能经受多次冻融循环而不破坏,同时也不严重降低所具有的性能的能力。在寒冷地区,特别是接触水又受冻的环境下的混凝土要求具有较高的抗冻性。

混凝土的抗冻性用抗冻等级来表示。抗冻等级是以 28 d 龄期的混凝土标准试件,在充分的水后承受反复冻融循环,以抗压强度损失不超过 25%,且质量损失不超过 5% 时所能承受的最大循环次数来确定。混凝土的抗冻等级有 F50、F100、F150、F250 和 F300 等等级,分别表示混凝土能承受冻融循环的最大次数不小于 50、100、150、200、250 和 300 次。

混凝土受冻融破坏的原因,是由于混凝土内部孔隙中的水在负温下结冰后体积膨胀形成的静水压力,当这种压力产生的内应力超过混凝土的抗拉强度,混凝土就会产生裂缝,多次冻融循环使裂缝不断扩展直至破坏,混凝土的密实度、孔隙率的孔隙构造、孔隙的充水程度是影响抗冻性的主要因素。密实的混凝土和具有封闭孔隙的混凝土(如引气混凝土)抗冻性较高。渗入引气剂、减水剂和防冻剂可有效提高混凝土的抗冻性。

6.3.4.3 混凝土的抗侵蚀性

当混凝土所处环境中含有侵蚀性介质时,混凝土便会遭受侵蚀,通常有软水侵蚀、硫酸盐侵蚀、镁盐侵蚀、碳酸侵蚀、一般酸侵蚀与强碱侵蚀等,随着混凝土在地下工程、海洋与海洋工程等恶劣环境中的应用,对混凝土的抗侵蚀提出了更高的要求。

混凝土的抗侵蚀性与所用水泥品种、混凝土的密实度和孔隙特征等有关。密实和孔隙封闭的混凝土,环境水不易侵入,抗侵蚀性较强。提高混凝土抗侵蚀性的主要措施是合理选择水泥品种、降低水胶比、提高混凝土密实度和改善孔结构。

6.3.4.4 混凝土的碳化

混凝土的碳化是指混凝土内水泥石中的氢氧化钙与空气中的二氧化碳,在湿度适宜时发生化学反应,生成碳酸钙和水。混凝土的碳化是二氧化碳由表及里逐渐向混凝土内部扩散的过程。碳化引起水泥石化学组成及组织结构的变化,对混凝土的碱度、强度和收缩产生影响。

碳化对混凝土性能既有有利的影响,也有不利的影响。其不利影响首先是碱度降低减弱了对钢筋的保护作用。这是因为混凝土中水泥化生成大量的氢氧化钙,使钢筋处在碱性环境中而在表面生成一层顿化膜,保护钢筋不易腐蚀。但当碳化深度穿透混凝土保护层而达钢筋表面时,钢筋钝化膜被破坏而发生锈蚀,此时产生体积膨胀,致使混凝土保护层产生开裂,开裂后的混凝土更有利于二氧化碳、水、氧等有害介质的侵入,加剧了碳化的进行和钢筋的锈蚀,最后导致混凝土产生顺钢筋开裂而破坏。另外碳化作用会增加混凝土的收缩,引起混凝土表面产生拉应力而出现微细裂缝,从而降低混凝土的抗拉、抗折强度及抗渗能力。

碳化作用对混凝土也有一些有利影响,即碳化作用产生的碳酸钙填充了水泥石的孔隙,以及碳化时放出的水分有助于水泥的水化,从而提高混凝土的碳化层的密实度,对提高抗压强度有利。

影响碳化速度的主要因素有环境中二氧化碳的浓度、水泥品种、水胶比和环境湿度等。二氧化碳浓度高,碳化速度快;当环境中的相对湿度在 50%~75% 时,碳化速度最快,当相对湿度小于 25% 或大于 100% 时,碳化将停止;水胶比越小,混凝土愈密实,二氧化碳和水不易侵入,碳化速度就慢;掺混合材料的水泥碱度较低,碳化速度随混合材料掺量的增多而加快。

在实际工程中,为减少碳化作用对钢筋混凝土结构的不利影响,应采取以下几种措施。

（1）在钢筋混凝土结构中采用适当的保护层,使碳化深度在建筑物设计年限内达不到钢筋表面。

（2）根据工程所处环境及使用条件,合理选择水泥品种。

（3）使用减水剂,改善混凝土的和易性,提高混凝土的密实度。

（4）采用水胶比小,单位水泥用量较大的混凝土配合比。

（5）加强施工质量控制,加强养护,保证振捣质量,减少或避免混凝土出现蜂窝等质量事故。

（6）在混凝土表面涂刷保护层,防止二氧化碳侵入等。

6.3.4.5 混凝土的碱—骨料反应

碱—骨料反应是指水泥中的碱（Na_2O、K_2O）与骨料中的活性二氧化硅发生化学反应,在骨料表面生成复杂的碱—硅酸凝胶,吸水,体积膨胀（体积可增加 3 倍以上）,从而导致混凝土产生膨胀开裂而破坏,这种现象称为碱—骨料反应。

混凝土凡是碱—骨料反应必须具备以下几个条件。

（1）水泥中碱含量高:即（$Na_2O + 0.658K_2O$）% 大于 0.6%。

（2）砂、石骨料中含有二氧化硅成分:含活性二氧化硅成分的矿物有蛋白石、玉髓、鳞石英等。

（3）有水存在:在无水情况下,混凝土不可能发生碱—骨料反应。

在实际工程中,为抑制碱—骨料反应的危害,可采取以下方法:控制水泥总含碱量不超过 0.6%;选用非活性骨料;降低混凝土的单位水泥用量,以降低单位混凝土的含碱量;混凝土中掺入火山灰质混合材料,以减少膨胀值,防止水分侵入。设法使混凝土处于干燥状态。

6.3.4.6 提高混凝土耐久的措施

混凝土所处的环境和使用条件不同,对其耐久性的要求也不相同,但影响耐久性的因素却有许多相同之处,混凝土的密实程度是影响耐久性的主要因素,其次是原料的性质、施工质量等。提高混凝土耐久性主要有以下几个措施。

（1）合理选择水泥品种,根据混凝土工程的特点和所处的环境条件,选用水泥。

（2）选用质量良好、技术条件合格的砂石骨料。

（3）控制水胶比及保证足够的水泥用量是保证混凝土密实度并提供混凝土耐久性的关键。《普通混凝土配合比设计规程》（JGJ/T 55—96）规定了工业与民用建筑所用混凝土的最大水胶比和最小水泥用量的限值见表 6-14。

（4）掺入减水剂或引气剂,改善混凝土的孔结构,对提高混凝土的抗渗性和抗冻性有良好作用。

（5）改善施工操作,保证施工质量。

表 6-14　混凝土的最大水胶比和最小水泥用量

环境条件		结构类型	最大水胶比			最小水泥用量(kg)		
			素混凝土	钢筋混凝土	预应力混凝土	素混凝土	钢筋混凝土	预应力混凝土
干燥环境		正常的居住或办公用房屋内	不作规定	0.60	0.60	250	280	300
潮湿环境	无冻害	(1)高湿度的室内 (2)室外部分 (3)在非侵蚀性土和(或)水中部分	0.70	0.55	0.60	280	300	300
	有冻害	(1)经受冻害的室外部分 (2)在非侵蚀性土和(或)水中且经受冻害的部分 (3)高湿度且经受冻害的室内部分	0.55	0.50	0.55	320	320	320
有冻害和除冰剂的潮湿环境		经受冻害和除冰剂作用	0.50	0.45	0.50	330	330	330

注:(1)当用活性掺和料取代部分水泥时,表中的最大水胶比及最小水泥用量即为取代前的水胶比和水泥用量。

　　(2)配制 C15 级及其以下等级的混凝土,可不受其表限制。

项目 6.4　普通混凝土的配合比设计

　　普通混凝土配合比设计是确定混凝土中各组成材料数量之间的比例关系。配合比常用的表示方法有两种:一种是以 1 m³ 混凝土中各项材料的质量表示,如水泥(m_c)300 kg、水(m_w)180 kg、砂(m_s)7 200 kg、石子(m_g)1 200 kg;另一种表示方法是以各项材料相互间的质量比来表示(以水泥质量为 1),将上例换算成质量比为,水泥:砂:石子:水 = 1:2.4:4:0.6。

6.4.1　混凝土配合比设计的基本要求

　　配合比设计的任务就是根据原料的技术性能及施工条件,确定出能满足工程所要求的技术经济指标的各项组成材料的用量。具体说混凝土配合比设计主要有以下几个基本要求。

　　(1)达到混凝土的结构设计的强度等级。

　　(2)满足混凝土施工所要求的和易性。

　　(3)满足工程所处环境对混凝土耐久性的要求。

　　(4)符合经济原则,节约水泥,降低成本。

6.4.2　普通混凝土配合比设计的步骤

　　混凝土配合比设计步骤,首先按照已选择的原材料性能及对混凝土的技术要求进行初步计算,得出初步计算配合比。并经过实验室试拌调整,得出基准配合比。然后经过强度检验(如有抗渗、抗冻等其他性能要求,应当进行相应的检验),定出满足设计和施工要求并比较经济的设计配合比(试验室配合比)。最后根据现场砂、石的实际含水率对实验室配合比进行调整,求出施工配合比。

6.4.2.1 初步计算配合比的确定

(1)混凝土配制强度($f_{cu,o}$)的确定。

根据《普通混凝土配合比设计规程》(JGJ/T 55—2000)的规定有:

$$f_{cu,o} \geq f_{cu,k} + 1.645\sigma \tag{6-2}$$

式中:$f_{cu,o}$——混凝土配制强度,MPa;

$f_{cu,k}$——混凝土立方体抗压强度标准值,MPa;

σ——混凝土强度标准差,MPa。

1)当施工单位具有近期的同一品种混凝土强度资料时,其混凝土强度标准差按下式计算:

$$\sigma = \sqrt{\frac{\sum_{i=1}^{n} f_{cu,i}^2 - n\overline{f_{cu}^2}}{n-1}} \tag{6-3}$$

式中:$f_{cu,i}$——第 i 组试件的强度,MPa;

$\overline{f_{cu}}$——n 组试件强度的平均值,MPa;

n——混凝土试件的组数,$n \geq 25$。

当混凝土强度等级为 C20 或 C25 级时,其强度差计算值 $\sigma < 2.5$ MPa,取 $\sigma = 2.5$ MPa;当强度等级大于 C30 级时,其强度差计算值 $\sigma < 3.0$ MPa;如计算值 $\sigma = 3.0$ MPa。

当无统计资料计算混凝土强度标准差时,其值应按现行国家标准《普通混凝土配合比设计规范》(JGJ 55—2011)的规定取用。

2)如果施工单位无历史统计资料时 σ 可按表 6-15 选用。

表 6-15 σ 值表(JGJ 55—2011)

混凝土强度等级	>C20	C20 ~ C35	>C35
σ(MPa)	4.0	5.0	6.0

(2)初步确定水胶比。

根据已知的混凝土配制强度($f_{cu,o}$)及所用水泥的实际强度 f_{ce} 或水泥强度等级,按混凝土强度公式算出所要求的水胶比值:

$$W/C = \frac{\partial_a f_{ce}}{f_{cu,o} + \partial_a \partial_b f_{ce}} \tag{6-4}$$

为了保证混凝土的耐久性,水胶比还不得大于表 6-14 中规定的最大水胶比值,如计算所得的水胶比大于规定的最大水胶比值时,应取规定的最大水胶比值。

(3)选取 1 m³ 混凝土的用水量 m_w。

根据已初步确定的水胶比和选用的单位用水量,可计算出水泥用量。

为保证混凝土的耐久性,由上式计算出的水泥用量还应满足表 6-14 规定的最小水泥用量的要求,如计算得出的水泥用量少于规定的最小水泥用量,则应取规定的最小水泥用量值。

(4)计算 1 m^3 混凝土的水泥用量 m_c。

根据已初步确定的水胶比(W/C)和选用的单位用水量 m_w,可计算出水泥量 m_c。

$$m_c = \frac{m_w}{W/C} \tag{6-5}$$

为了保证混凝土的耐久性,由式(6-5)计算出水泥用量 m_c,同时还应满足表 6-14 规定的最小水泥用量的要求,如计算出水泥用量少于规定的最小水泥用量,则应取规定的最小水泥用量值。

(5)选取合理的砂率值。应当根据混凝土拌和物的和易性,通过试验求出合理砂率。如无试验资料,可根据骨料品种、规格和水胶比,按表 6-16 选用。

表 6-16　混凝土的砂率(%)(JGJ 55—2000)

水胶比	卵石最大粒径(mm)			碎石最大粒径(mm)		
	10	20	40	16	20	40
0.40	26～32	25～31	24～30	30～35	29～34	27～32
0.50	30～35	29～34	28～33	33～38	32～37	30～35
0.60	33～38	32～37	31～36	36～41	35～40	33～38
0.70	36～41	35～40	34～39	39～44	38～43	36～41

注:(1)本表数值系中砂的选用砂率,对细砂或粗砂,可相应地减小或增大砂率。

(2)本表适用于坍落度 10～60 mm 的混凝土;对坍落度大于 60 mm 的混凝土,应在上表的基础上,按坍落度每增大 20 mm,砂率增大 1% 的幅度予以调整。

(3)只用一个单粒级粗骨料配制混凝土时,砂率应适当增大。

(4)对薄壁构件砂率取偏大值。

(6)计算粗、细骨料的用量(m_{g0},m_{s0})。

粗、细骨料的用量可用质量法或体积法求得。

1)质量法。如果原材料情况比较稳定,所配制的混凝土拌和物的表观密度将接近一个固定值,这样可以先假设一个 1 m^3 混凝土拌和物的质量值。因此可列出以下两式:

$$\begin{cases} m_{c0} + m_{g0} + m_{s0} + m_{w0} = m_{cp} \\ \beta_s = \frac{m_{s0}}{m_{s0} + m_{g0}} \times 100\% \end{cases} \tag{6-6}$$

式中:m_{c0}——1 m^3 混凝土的水泥用量,kg;

m_{g0}——1 m^3 混凝土的出骨料用量,kg;

m_{s0}——1 m^3 混凝土的细骨料用量,kg;

β_s——砂率,%;

m_{cp}——1 m³ 混凝土拌和物的假定质量,kg,其值可取 2 350 ~ 2 450 kg。解联立两式,即可求出 m_{g0}、m_{s0}。

2)体积法。假定混凝土拌和物的体积等于各组成材料绝对体积和混凝土拌和物中所含空气体积之总和。因此,在计算 1 m³ 混凝土拌和物的各材料用量时,可列出以下两式

$$\begin{cases} \dfrac{m_{c0}}{\rho_c} + \dfrac{m_{s0}}{\rho_s} + \dfrac{m_{g0}}{\rho_g} + \dfrac{m_{w0}}{\rho_w} + 0.01\alpha = 1 \\ \beta_s = \dfrac{m_{s0}}{m_{s0} + m_{g0}} \times 100\% \end{cases} \quad (6\text{-}7)$$

式中:ρ_c——水泥密度,可取 2 900 ~ 3 100,kg/m³;

ρ_g——粗骨料的表观密度,kg/m³;

ρ_s——细骨料的表观密度,kg/m³;

ρ_w——水的密度,可取 1 000,kg/m³;

α——混凝土的含气量百分数,在不使用引气型外加剂时,解联立两式,即可求出 m_{g0}、m_{s0}。

通过以上 6 个步骤,便可将水、水泥、砂和石子的用量全部求出,得出初步计算配合比,供试配用。

以上混凝土配合比计算公式和表格,均以干燥状态骨料(系指含水率小于 0.5% 的细骨料或含水率小于 0.2% 的粗骨料)为基准。当以饱和面干骨料为基准进行计算时,则应做相应的修正。

6.4.2.2 混凝土配合比的试配、调整与确定

1. 配合比的试配

进行混凝土配合比试配时应采用工程中实际使用的原材料。混凝土的搅拌方法,宜与生产时使用的方法相同。混凝土配合比试配时,每盘混凝土的最小搅拌量应符合表 6-17 的规定;当采用机械搅拌时,其搅拌时不应小于搅拌机额定搅拌量的 1/4。

表 6-17 混凝土试配的最小搅拌量(JGJ 55—2011)

颗粒最大粒径(mm)	搅拌物数量(L)
31.5 及以下	20
40	25

按计算的配合比进行试配时,首先应进行试拌,以检查拌和物的性能。当试拌得出的拌和物坍落或维勃稠度不能满足要求,或黏聚性和保水性不好时,应在保证水胶比不变的条件下相应调整用水量或砂率,直到符合要求为止,然后提出供混凝土强度试验用的基准配合比。混凝土强度试验时至少应采用 3 个不同的配合比。当采用 3 个不同的配合比时,其中一个应为本规程的《普通混凝土配合比设计规程》(JGJ 55—2011)6.1.3 条确定的基准配合比,另外两个配合比的水胶比,宜较基准配合比分别增加和减少 0.05,用水量应与基准配合

比相同,砂率可分别增加和减少1%。

当不同水胶比的混凝土拌和物坍落度与要求值的差超过允许偏差时,可通过增、减用水量进行调整。

制作混凝土强度试验试件时,应检验混凝土拌和物的坍落度或维勃稠度、黏聚性、保水性及拌和物的表观密度,并以此结果作为代表相应配和比的混凝土拌和物的性能。进行混凝土强度试验时,每种配合比至少应制作一组(3块)试件,标准养护到28 d时试压。需要时可同时制作几组试件,供快速检验或较早龄期试压,以便提前定出混凝土配合比供施工使用。但应以标准28 d强度或按现行行业标准《粉煤灰在混凝土和砂浆中应用技术规程一》(JGJ 28)等规定的龄期强度的检验结果为依据调整配合比。

2. 混凝土配合比调整与确定

(1)设计配合比的确定。

根据试验得出的混凝土强度与其相对应的灰水比(C/W)关系,用作图法或计算法求出与混凝土配制强度($f_{cu,o}$)相对应的灰水比,并按下列原则确定每立方米混凝土的材料用量:用水量(m_w)应在基准配合比用水量的基础上,根据制作强度试件时测得的坍落度或维勃稠度进行调整确定;水泥用量(m_c)应以用水量乘以选定出来的灰水比计算确定;粗骨料和细骨料用量(m_g和m_s)应在基准配合比的粗骨料和细骨料用量的基础上,按选定的灰水进行调整后调整后确定。

(2)混凝土表观密度的校正。配合比经试配、调整和确定后,还需根据实测的混凝土表观密度,做必要的校正,其步骤是:

计算混凝土表观密度计算值($\rho_{c,c}$):

$$\rho_{c,c} = m_w + m_g + m_s + m_c \tag{6-8}$$

计算混凝土配合比校正系数δ:

$$\delta = \frac{\rho_{c,t}}{\rho_{c,c}} \tag{6-9}$$

当混凝土表观密度实测值($\rho_{c,t}$)与计算值($\rho_{c,c}$)之差的绝对值不超过计算值的2%时,由以上定出的配合比即为确定的设计配合比;当二者之差超过计算值的2%时,应将配合比中的各项材料用量均乘以校正系数δ,即为确定的混凝土设计配合比。

6.4.2.3 施工配合比

设计配合比是以干燥材料为基准的,而工地存放的砂、石有含有一定的水分,而且随着气候的变化,含水情况经常变化。所以现场材料的实际称量应按工地砂、石的含水情况进行修正,修正后的配合比称为施工配合比。

假定工地存放砂的含水率为$a(\%)$,石子的含水率为$b(\%)$,则将上述设计配合比换算为施工配合比,其材料称量为:

$$m'_c = m_c$$

$$m'_s = m_s(1 + 0.01a)$$

$$m'_g = m_g(1 + 0.01b)$$

$$m'_w = m_w - 0.01am_s - 0.01bm_g$$

6.4.3 普通混凝土配合比设计实例

某框架结构工程现浇钢筋混凝土梁,混凝土的设计强度等级为 C30,施工要求坍落度为 30～50 mm(混凝土由机械搅拌、机械振捣),根据施工单位历史统计资料,混凝土强度标准差 $\sigma = 4.8$ MPa。

采用的原材料为:强度等级 52.5 级的普通水泥(实测 28 d 强度 56.7 MPa),密度 $\rho_c = 3\,100$ kg/m;中砂,表观密度 $\rho_s = 2\,650$ kg/m;碎石,表观密度 $\rho_g = 2\,700$ kg/m,最大粒径 $D_{max} = 20$ mm;自来水。试设计混凝土配合比(按干燥材料计算)。施工现场砂含水率 3%,碎石含水率 1%,求施工配合比。

解

(1)初步计算配合比的计算。

1)确定配制强度($f_{cu,o}$)。

$$(f_{cu,o}) = f_{cu,k} + 1.645\sigma = 30 + 1.645 \times 4.8 = 37.9(\text{MPa})$$

2)确定水胶比(W/C)。

碎石 $A = 0.53$ $B = 0.20$

$$W/C = \frac{Af_{ce}}{f_{ce,o} + ABf_{ce}} = \frac{0.53 \times 56.7}{37.9 + 0.53 \times 0.20 \times 56.7} = 0.68$$

由于框架结构梁处于干燥环境,查表 6-14,$(W/C)_{max} = 0.6$,故可取 $W/C = 0.6$。

3)确定单位用水量(m_{w0})查表 6-9,取 $m_{w0} = 195$ kg。

4)计算水泥用量(m_{c0})。

$$m_{c0} = \frac{m_{w0}}{W/C} = \frac{195}{0.6} = 325(\text{kg})$$

查表 6-14,最小水泥用量为 260 kg/m³,故可取 $m_{c0} = 325$ kg。

5)确定合理砂率值(β_s)。

根据骨料及水胶比情况,查表 6-14,取 $\beta_s = 35\%$

6)计算粗、细骨料用量(m_{g0}, m_{s0})。

①用质量法计算。

$$m_{c0} + m_{g0} + m_{s0} + m_{w0} = m_{cp}$$

$$\beta_s = \frac{m_{s0}}{m_{s0} + m_{g0}} \times 100\%$$

假定 1 m³ 混凝土拌和物的质量 $m_{cp} = 2\,400$ kg,则

$$\begin{cases} 325 + m_{g0} + m_{s0} + 195 = 2\,400 \\ \dfrac{m_{s0}}{m_{s0} + m_{g0}} = 35\% \end{cases}$$

解得：$m_{g0} = 1\ 222(\mathrm{kg})$，$m_{s0} = 658(\mathrm{kg})$。

②用体积法计算。

$$\begin{cases} \dfrac{m_{c0}}{\rho_c} + \dfrac{m_{g0}}{\rho_g} + \dfrac{m_{s0}}{\rho_s} + \dfrac{m_{w0}}{\rho_w} + 0.01a = 1 \\[3mm] \beta_s = \dfrac{m_{s0}}{m_{s0} + m_{g0}} \times 100\% \end{cases}$$

取 $a = 1$

$$\begin{cases} \dfrac{325}{3\ 100} + \dfrac{m_{g0}}{2\ 700} + \dfrac{m_{s0}}{2\ 650} + \dfrac{195}{1\ 000} + 0.01 \times 1 = 1 \\[3mm] \dfrac{m_{s0}}{m_{s0} + m_{g0}} = 35\% \end{cases}$$

解得：$m_{g0} = 1\ 203(\mathrm{kg})$，$m_{s0} = 648(\mathrm{kg})$。

两种方法计算结果相近。若按质量法，则初步计算配合比为：

水泥 $m_{c0} = 325(\mathrm{kg})$，砂 $m_{s0} = 658(\mathrm{kg})$，石子 $m_{g0} = 1\ 222(\mathrm{kg})$，水 $m_{w0} = 195(\mathrm{kg})$。

或 $m_{c0} : m_{s0} : m_{g0} : m_{w0} = 325 : 658 : 1\ 222 : 195 = 1 : 2.02 : 3.76 : 0.6$

（2）配合比的试配、调整与确定。

1）配合比的试配、调整。按初步计算配合比试拌混凝土 15 L，其材料用量为：

水泥 $0.015 \times 325 = 4.88(\mathrm{kg})$；水 $0.015 \times 195 = 2.93(\mathrm{kg})$；

砂 $0.015 \times 658 = 9.87(\mathrm{kg})$；石子 $0.015 \times 1\ 222 = 18.33(\mathrm{kg})$。

搅拌均匀后做和易性试验，测得的坍落度为 20 mm，不符合要求，增加 5% 的水泥浆，即水泥用量增加到 5.12 kg，水用量增加到 3.08 kg，测得坍落度为 30 mm，黏聚性、保水性均良好。试拌调整后的材料用量为：水泥 5.12 kg，水 3.08 kg，砂 9.87 kg，石子 18.33 kg，总质量 36.4 kg。混凝土拌和物的实测表观密度为 2410 kg/m³，则拌制 1 m³ 混凝土的材料用量分别如下。

水泥为：

$$m'_{c0} = \frac{m_{c0}}{m_{c0} + m_{w0} + m_{s0} + m_{g0}} \rho_{c,t} = \frac{5.12}{5.12 + 3.08 + 9.87 + 18.33} \times 2\ 410 = 339.0(\mathrm{kg})$$

水为：

$$m'_{w0} = \frac{3.08}{36.4} \times 2\ 410 = 203.9(\mathrm{kg})$$

砂为：

$$m'_{s0} = \frac{9.87}{36.4} \times 2\ 410 = 653.5(\mathrm{kg})$$

石子为：

$$m'_{g0} = \frac{18.33}{36.4} \times 2\ 410 = 1\ 213.6(\mathrm{kg})$$

即基准配合比为：

$$m'_{c0} : m'_{s0} : m'_{g0} : m'_{w0} = 339.0 : 653.5 : 1\ 213.6 : 203.9 = 1 : 1.93 : 3.58 : 0.6$$

2）检验强度。

在基准配合比的基础上，拌制 3 种不同水胶比的混凝土，并制作 3 组强度试件。其一是水胶比为 0.6 的基准配合比，另两种水胶比分别为 0.55 及 0.65，经试拌检查，和易性均满足要求。

标准养护 28 d 后，进行强度试验，得出的强度值分别如下。

水胶比为 0.55：45.5 MPa。

水胶比为 0.60：39.6 MPa。

水胶比为 0.65：34.5 MPa。

3）确定设计配合比。

根据上述 3 组水胶比与其相对应的强度关系，计算得出混凝土配制强度 $f_{cu,o}$ 为 37.9 MPa 时对应的水胶比为 0.62。则初步定出混凝土的配合比为：

水 $m_w = 203.9(\text{kg})$，水泥 $m_c = \dfrac{203.9}{0.62} = 328.9(\text{kg})$，砂 $m_s = 653.5(\text{kg})$，石子 $m_g = 1\ 213.6(\text{kg})$。

重新测得拌和物表观密度为 2 413 kg/m³，而混凝土表观密度的计算值：

$$\rho_{c,c} = 203.9 + 328.9 + 653.5 + 1\ 213.6 = 2\ 400(\text{kg/m}^3)，$$

其校正系数为：

$$\delta = \frac{\rho_{c,t}}{\rho_{c,c}} = \frac{2\ 413}{2\ 400} = 1.005$$

由于实测值与计算值之前不超过计算值的 2%，因此上述配合比不作校正。则设计配合比为：

$$m_c : m_s : m_g : m_w = 328.9 : 653.5 : 1\ 213.6 : 203.9 = 1 : 1.99 : 3.69 : 0.62$$

（3）现场施工配合比。将设计配合比换算成现场施工配合比。用水量应扣除砂、石所含水量，而砂、石量则应增加为砂、石含水的质量。所以施工配合比为：

$$m'_c = 328.9(\text{kg})$$

$$m'_s = 653.5 \times (1 + 3\%) = 673.1(\text{kg})$$

$$m'_g = 1\ 213.6 \times (1 + 1\%) = 1\ 225.7(\text{kg})$$

$$m'_w = 203.9 - 653.5 \times 3\% - 1\ 213.6 \times 1\% = 172.2(\text{kg})$$

项目 6.5 普通混凝土的质量控制与强度评定

混凝土质量是影响混凝土结构可靠性的一个重要因素，为保证结构的可靠，必须在施工过程的各个工序对原材料、混凝土拌和物及硬化后的混凝土进行必要的质量检验和控制。

6.5.1 混凝土质量波动与控制

6.5.1.1 混凝凝土质量波动

在混凝土施工过程中,力求做到既保证混凝土所要求的性能,又要保持其质量的稳定。但实际上,由于原材料、施工条件及实验条件等许多复杂因素的影响,必然造成混凝土质量的波动。引起质量波动的因素很多,归纳起来分为两类因素。

1. 正常因素

正常因素是指施工中不可避免的正常变化因素,如砂、石质量的波动,称量时的微小误差,操作人员技术上的微小差异等。这些因素是不可避免、不易克服的因素。受正常因素的影响而引起的质量波动,是正常波动。

2. 异常因素

异常因素是指施工中出现不正常情况,如搅拌时任意改变水胶比而随意加水,混凝土组成材料称量误差等。这些因素对混凝土质量影响很大。它们是可以避免和克服的因素。受异常影响引起的质量波动,是异常波动。

混凝土质量控制的目的,主要在于发现和排除异常因素,使混凝土质量呈正常波动状态,严格执行《混凝土质量控制标准》(GB 50164—1992)。

6.5.1.2 混凝土的质量控制

1. 混凝土的质量检验

混凝土的质量检验包括对组成材料的质量和用量进行检验、混凝土拌和物质量检验和硬化后混凝土的质量检验。

对混凝土拌和物的质量检验主要项目是:和易性和水胶比。按规定在搅拌机出口检查和易性是混凝土质量控制的一个重要环节。检查混凝土拌和物的水胶比,可以掌握水胶比的波动情况,以便找出原因及时解决。

对硬化后混凝土的质量检验,主要是检验混凝土的抗压强度。因为混凝土质量波动直接反映在强度上,通过对混凝土强度的管理就能控制住整个混凝土工程质量。对混凝土的强度检验是按规定的时间与数量在搅拌地点或浇筑地点抽取有代表性式样,按标准方法制作试件,养护规定龄期后,进行强度试验(必要时也需进行其他力学性能及抗渗、抗冻试验),以评定混凝土质量。对已建成的混凝土结构,也可采用破损试验方法进行检验。

2. 混凝土质量控制

为了便于及时掌握并分析混凝土质量的波动情况,常用质量检验得到的各项指标,如水泥强度等级、混凝土的坍落度、水胶比和强度等,绘成质量控制图。通过质量控制图可以及时发现问题,采取措施,以保证质量的稳定性。现以混凝土强度质量控制图为例来说明,如图6-8所示。

质量控制图的纵坐标表示试件强度的测定值,横坐标表示试件编号和测定日期。中心控制线为强度平均值 f_{cu}(也是混凝土的配制强度 $f_{cu,o}$),下控制线为混凝土设计强度等级 $f_{cu,k}$,最低限值线 $f_{cu,min} = f_{cu,k} - 0.7\sigma$。

把每次试验结果逐日填画在图上。若强度测定值在全部落在上、下控制线内,而且其排列是随机的,没有异常情况,说明生产过程处于正常稳定状态;如果强度测定值落在下控制

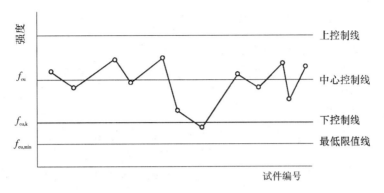

图 6-8　混凝土质量控制图

线以下,就要引起注意并及时查明原因予以纠正;如果强度测定值落于 $f_{cu,min}$ 线以下,则混凝土质量有问题,不能验收。

6.5.2　混凝土强度的合格评定

根据《混凝土强度检验评定标准》(GBJ 107—87)规定,混凝土强度评定可分为统计方法及非统计方法两种。

6.5.2.1　运用统计方法进行混凝土强度的合格评定

由于混凝土生产条件不同,混凝土强度的稳定性也不同,因此在运用统计法进行混凝土强度的合格评定时又分为标准差已知方案、标准差未知方案。

1. 标准差已知方案

当混凝土的生产条件较长时间内能保持一致,且同一品种混凝土的强度变异性能保持稳定,故每批的强度标准 σ_0 可按常数考虑。

强度评定应由连续的 3 组试件组成一个验收批,其强度应同时满足下列要求:

$$\overline{f_{cu}} \geqslant f_{cu,k} + 0.70\sigma_0 \tag{6-10}$$

$$f_{cu,min} \geqslant f_{cu,k} - 0.70\sigma_0 \tag{6-11}$$

当混凝土强度等级不高于 C20 时,其强度的最小值尚应满足下式要求:

$$f_{cu,min} \geqslant 0.85 f_{cu,k} \tag{6-12}$$

当混凝土强度等级高于 C20 时,起强度的最小值尚应满足下式的要求:

$$f_{cu,min} \geqslant 0.90 f_{cu,k} \tag{6-13}$$

式中: $\overline{f_{cu}}$ ——同一验收批混凝土立方体抗压强度的平均值,MPa;

$f_{cu,k}$ ——混凝土立方体抗压强度标准值,MPa;

$f_{cu,min}$ ——同一验收批混凝土立方体抗压强度的最小值,MPa;

σ_0 ——验收批混凝土立方体抗压强度的标准差,MPa。

验收批混凝土立方体抗压强度的标准差 σ_0 ,应根据前一个检验期内同一品种混凝土试件的强度数据,按下列公式计算:

$$\sigma_0 = \frac{0.59}{m} \sum_{i=1}^{m} \Delta f_{cu,i} \qquad (6\text{-}14)$$

式中：$f_{cu,i}$——第 i 批试件立方体抗压强度最大值与最小值之差；

　　　　m——用以确定验收批混凝土立方体抗压强度标准差的数据总组数。

上述检验期不应超过 3 个月，该期内强度数据的总批数不得少于 15 批。

2. 标准差未知方案

当混凝土的生产条件在较长时间内不能保持一致，且混凝土强度变异性不能保持稳定时，检验评定只能直接根据每一验收批抽样的强度数据确定。

强度评定时，应由不少于 10 组的试件组成一个验收批，其强度应同时满足下列要求：

$$f_{cu} - \lambda_1 sf_{cu} \geq 0.9 f_{cu,k} \qquad (6\text{-}15)$$

$$f_{cu,min} \geq \lambda_2 f_{cu,k} \qquad (6\text{-}16)$$

式中：sf_{cu}——同一验收批混凝土立方体抗压强度标准差，单位是 MPa，当计算值小于 $0.06 f_{cu,k}$ 时，取 $sf_{cu} = 0.06 sf_{cu,k}$；

　　　　λ_1，λ_2——合格判定系数，见表 6-18。

表 6-18　混凝土强度的合格判定系数

试件组数	$10 \sim 14$	$15 \sim 24$	≥ 25
λ_1	1.70	1.65	1.60
λ_2	0.90	0.85	

验收批混凝土强度标准差 sf_{cu} 按下式计算：

$$sf_{cu,i} = \sqrt{\sum_{i=1}^{n} \frac{f_{cu,k}^2 - n f_{cu}^2}{n-1}} \qquad (6\text{-}17)$$

式中：$sf_{cu,i}$——第 i 组混凝土试件的立方体抗压强度值，MPa；

　　　　n——个验收批混凝土试件的组数。

6.5.2.2　运用非统计方法进行混凝土合格评定

对一些小批量零星混凝土的生产，因其试件数量有限，不具备按统计方法评定混凝土强度的条件，可采用非统计方法。

按非统计方法评定混凝土强度时，其强度应同时满足下列要求：

$$\bar{f} \geq 1.15 f_{cu,k} \qquad (6\text{-}18)$$

$$f_{cu,k} \geq 0.95 f_{cu,k} \qquad (6\text{-}19)$$

6.5.2.3　混凝土强度的合格性判定

混凝土强度应分批进行检验评定，当检验结果能满足以上评定公式的规定时，则该混凝土判为合格，否则为不合格。不合格批混凝土制成的结构或构件，应进行鉴定。对不合格的结构或构件必须及时处理。

项目6.6 其他种类混凝土

6.6.1 轻混凝土

轻混凝土指干表观密度小于 1 950 kg/m³ 的混凝土。它包括轻骨料混凝土、多孔混凝土和大孔径混凝土。

6.6.1.1 轻骨料混凝土

《轻骨料混凝土技术规程》(JGJ 51—2002)规定,用轻粗骨料、轻砂(或普通砂)、水泥和水配制而成的混凝土,其干表观密度不大于 1 950 kg/m³ 者,称为轻骨料混凝土。

轻骨料混凝土按细骨料不同,又分为全轻混凝土(轻砂做细骨料配制而成的轻骨料混凝土)和砂轻混凝土(由普通砂或部分轻砂做细骨料配制而成的轻骨料混凝土)。

轻骨料可分为轻粗骨料和轻细骨料。凡颗粒径大于 5 mm,堆积密度小于 1 000 kg/m³ 的轻质骨料,称为轻粗骨料;凡粒径不大于 5 mm,堆积密度小于 1 000 kg/m³ 的轻质骨料,称为轻细骨料(或轻砂)。

轻骨料按其来源可分为工业废料轻骨料,如粉煤灰陶粒、自然煤矸石、膨胀矿渣珠、煤渣及其轻砂;天然轻骨料,如浮石、火山渣及其轻砂;人造轻骨料,如页岩陶粒、黏土陶粒、膨胀珍珠岩及其轻砂。

轻粗骨料按其粒形可分为圆球形、普通形和碎石形 3 种。轻骨料的制造方法基本上可分为烧胀法和烧结法两种。烧胀法是将原料破碎、筛分后经高温烧胀(如膨胀珍珠岩),或将原料加工成粒再经高温烧胀(如黏土陶粒、圆球形页岩陶粒)。由于原料内部所含水分或气体在高温下发生膨胀,因而形成了内部具有微细气孔结构和表面由一层硬壳包裹的陶粒。烧结法是将原料加入一定量胶结材料和水,经加工成粒,在高温下烧至部分熔融而成的呈多孔结构的陶粒,如粉煤灰陶粒。

轻骨料的技术性能,一般规定和性能指标如下所述。

(1)一般规定。轻骨料混凝土的强度等级应按立方体抗压强度标准值确定。轻骨料混凝土的强度等级应划分为:LC5.0;LC7.5;LC10;LC15;LC20;LC25;LC30;LC35;LC40;LC45;LC50;IC55;LC60。轻骨料混凝土按其干表观密度可分为 14 个等级,见表6-19。某一密度等级轻骨料混凝土的密度标准值,可取该密度等级干表观密度变化范围的上限值。

表 6-19 轻骨料混凝土的密度等级

密度等级	干表密度的变化范围 (kg/m³)	密度等级	干表密度的变化范围 (kg/m³)
600	560~650	1 300	1 260~1 350
700	660~750	1 400	1 360~1 450
800	760~850	1 500	1 460~1 550
900	860~950	1 600	1 560~1 650

续表

密度等级	干表密度的变化范围 （kg/m³）	密度等级	干表密度的变化范围 （kg/m³）
1 000	960～1 050	1 700	1 660～1 750
1 100	1 060～1 150	1 800	1 760～1 850
1 200	1 160～1 250	1 900	1 860～1 950

轻骨料混凝土根据其用途可按表6-20分为3大类。

表6-20　轻骨料混凝土按用途分类

类别名称	混凝土强度等级的 合理范围	混凝土密度等级的 合理范围	用途
保温轻骨料混凝土	LC5.0	≤800	主要用于保温的围护结构或热工构筑物
结构保温轻骨料混凝土	LC5.0 LC7.5 LC10 LC15	800～1 400	主要用于既保温又承重的围护结构
结构轻骨料混凝土	LC15 LC20 LC25 LC30 LC35 LC40 LC45 LC50 LC55 LC60	1 400～1 900	主要用于承重构件与构筑物

（2）性能指标。结构轻骨料混凝土的强度标准值应按表6-21采用。

表6-21　结构轻骨料混凝土的强度标准值（MPa）

强度种类	轴心抗压	轴心抗拉
符号	f_{ck}	f_{tk}

强度种类		轴心抗压	轴心抗拉
混凝土强度等级	LC15	10.0	1.27
	LC20	13.4	1.54
	LC25	16.7	1.78
	LC30	20.1	2.01
	LC35	23.4	2.20
	LC40	26.8	2.39
	LC45	29.6	2.51
	LC50	32.4	2.64
	LC55	35.5	2.74
	LC60	38.5	2.85

注:自燃煤矸石混凝土轴心抗拉强度标准值应按表中值乘以系数 0.85;浮石或火山渣混凝土轴心抗拉强度标准值应按表中值乘以系数 0.80。

轻骨料混凝土不同使用条件的抗冻性应符合表 6-22 的要求。

表 6-22 同使用条件的抗冻性

使用条件	抗冻强度等级
(1)非采暖地区	F15
(2)采暖地区	
相对湿度≤60%	F25
相对湿度>60%	F35
干湿交替部位和水位变化部位	≥F50

注:(1)非采暖地区是指最冷月份的平均气温高于 -5 ℃的地区。

(2)采暖地区系是最冷月份的平均气温低于或等于 -5 ℃的地区。

结构用砂轻混凝土的抗碳化耐久性应按快速碳化标准试验方法检验,其 28 d 的碳化深度值应符合表 6-23 的要求。

表 6-23 砂轻混凝土的碳化深度值

等级	使用条件	碳化深度值(mm)
1	正常温度,室内	40
2	正常温度,室外	35
3	潮湿,室外	30
4	干湿交替	25

注:(1)正常温度系指相对湿度为 55% ~65%。

(2)潮湿系指相对湿度为 65% ~80%。

（3）碳化深度值相当于在正常大气条件下，即 CO_2 的体积浓度为 0.03%、温度为 20±3℃环境条件下，自然碳化 50 N 时轻骨料混凝土的碳化深度。

结构用砂轻混凝土的抗渗性应满足工程设计抗渗等级和有关标准的要求，次轻混凝土的强度标准值、弹性模量、收缩和徐变等有关性能，应通过试验确定。

（3）有害物质含量及其他性能。轻骨料中严禁混入煅烧过的石灰石、白云石及硫化铁等不稳定的物质。轻骨料的有害

物质含量和其他性能指标应不大于表 6-24 所列的规定值。

表 6-24　轻骨料性能指标

项目名称	指标
抗冻性（F15 质量损失,%）	5
安定性（沸煮法,质量损失,%）	5
烧失量轻粗骨料（质量损失,%）	4
轻砂（质量损失,%）	5
硫酸盐含量（按 SO_3 计,%）	1
氯盐含量（按 Cl^- 计,%）	0.02
含泥量（质量,%）	3
有机杂质（比色法检验）	不深于标准色

6.6.1.2　轻骨料混凝土的用途

虽然人工轻骨料的成本高于就地取材的天然骨料，但轻骨料混凝土的表观密度比普通混凝土减少 1/4~1/3，隔热性能改善，可使结构尺寸减小，增加使用面积，降低基础工程费用和材料运输费用，其综合效益良好。因此，轻骨料混凝土主要适用于高层和多层建筑、软土地基、大跨度结构、抗震结构、要求节能的建筑和旧建筑的加层等。在运用中都取得了良好的技术经济效益。

6.6.2　耐热混凝土

耐热混凝土又称为耐火混凝土，它是由合适的胶凝材料、耐热粗、细骨料及水按一定比例配制而成。它是能长期在高温（200~900℃）作用下保持所要求的物理和力学性能的一种混凝土。普通混凝土不耐高温，故不能在高温环境中使用。其不耐高温的原因是：水泥石中有氢氧化钙及石灰岩质的粗骨料在高温下均要产生分解，石英砂在高温下要发生晶型转变而体积膨胀，加之水泥石与骨料的热膨胀系数不同。所有这些，均将导致普通混凝土在高温下产生裂缝，强度严重下降，甚至破坏。将耐热混凝土所用的胶凝材料不同，分为以下几种。

6.6.2.1　矿渣水泥耐热混凝土

矿渣水泥耐热混凝土是以矿渣水泥为胶结材料，安山岩、玄武岩、重矿渣和黏土碎砖等

为耐热粗、细骨料,并以烧黏土、砖粉等作磨细掺和料,再加入适量的水配制而成。耐热磨细掺和料中的二氧化硅和三氧化铝在高温下均能与氧化钙作用,生成稳定的无水硅酸盐和铝酸盐,能提高水泥的耐热性,矿渣水泥配制的耐热混凝土其极限使用温度为 900 ℃。

6.6.2.2 铝酸盐水泥耐热混凝土

铝酸盐水泥耐热混凝土是采用高铝水泥、耐热粗细骨料、高耐火度磨细掺和料及水配制而成。这类水泥在 300 ~ 400 ℃ 下其强度会发生急剧下降,但残留强度会保持不变。到 1 100 ℃ 时,其结构水全部脱出而烧结成陶瓷材料,则强度重又提高。常用粗、细骨料有碎镁砖、烧结镁砖、矾土、镁铁矿和烧黏土等。铝酸盐水泥耐热混凝土的极限使用温度 1 300 ℃。

6.6.2.3 水玻璃耐热混凝土

水玻璃耐热混凝土是以水玻璃作胶结材料,掺入氟硅酸作促硬剂,耐热粗、细骨料可采用碎铁矿、镁砖、铬镁砖、滑石和焦宝石等。磨细掺和料为烧黏土、镁砂粉和滑石粉等。水玻璃耐热混凝土的极限使用温度为 1 200 ℃。施工时严禁加水:养护时严禁加水保持干燥状态。

6.6.2.4 磷酸盐耐热混凝土

磷酸盐耐热混凝土是由磷酸铝与高铝质耐火材料或锆英石等制备的粗、细骨料及磨细掺和料配制而成,目前更多的是直接采用工业磷酸配制耐热混凝土。这种混凝土具有高温韧性强、耐磨性好、耐火度高的特点,极限使用温度为 1 500 ~ 1 700 ℃。磷酸盐耐热混凝土的硬化需在 150 ℃ 以上烘干,总干燥时间不少于 24 h,硬化过程中不允许浇水。

磷酸盐耐热混凝土多用于高炉基础,焦炉基础,热工设备基础及围护结构、护衬、烟囱等。

6.6.3 纤维混凝土

纤维混凝土是以普通混凝土为基体,外掺各种纤维材料而组成的复合材料。纤维材料有钢纤维、碳纤维、玻璃纤维、石棉及合成纤维等。纤维混凝土中,纤维的含量、纤维的几何形状及其在混凝土中的分布状况,对纤维混凝土的性能有重要影响。通常纤维的长径比为 70 ~ 120,掺加的体积率为 0.3% ~ 8%。纤维在混凝土中起增强作用,可提高混凝土的抗压、抗拉、抗弯、冲击韧性,也能有效地改善混凝土的脆性。冲击韧性约为普通混凝土的 5 ~ 10 倍,初裂抗弯强度提高 2.5 倍,劈裂抗拉强度提高 1.4 倍。混凝土掺入钢纤维后,抗压强度提高不大,但从受压破坏形式来看,破坏时无碎块、不崩裂,基本保持原来的外形,有较大的吸收变形的能力,也改善了韧性,是一种良好的抗冲击材料。目前,纤维混凝土主要用于飞机跑道、高速公路、桥面、水坝覆面、桩头和军事工程等要求高耐磨性、高抗冲击性和抗裂的部位及构件。

6.6.4 耐酸混凝土

能抵抗多种酸及大部分腐蚀性气体的侵蚀作用的混凝土称为耐酸混凝土。

6.6.5　防辐射混凝土

能屏蔽 X 射线、γ 射线或中子辐射的混凝土叫防辐射混凝土。材料对射线的吸收能力与其表观密度成正比,因此防辐射混凝土采用重骨料配制,常用的骨料有:重晶石(表观密度为 4 000 ~ 4 500 kg/m³)、赤铁矿和钢铁碎块等。为提高防御中子辐射性能,掺加硼和硼化物及锂盐等。胶凝材料采用硅酸盐水泥或高铝水泥,最好采用硅酸钡、硅酸锶等重水泥。防辐射混凝土用于原子能工业及国民经济各部门应用放射性同位素的装置,如反应堆、加速器、放射化学装置等的防护结构。

6.6.6　高强混凝土

高强混凝土是指强度等级为 C60 及其以上强度等级的混凝土,C100 强度等级以上的混凝土称为超高强混凝土。

高强混凝土特点是强度高、耐久性好、变形小,能适应现代工程结构向大跨度、重载、高耸发展和承受恶劣环境条件的需要。使用高强混凝土可获得明显的工程效益和经济效益。高效减水剂的使用,使在普通施工条件下制得高强混凝土成为可能。目前,我国实际应用的高强混凝土为 C60 ~ C80,主要用于混凝土桩基、预应力轨枕、电杆、大跨度薄壳结构、桥梁等。

提高混凝土强度的途径很多,通常是采取几种技术措施,增强效果显著。目前常用的配制原理及其措施有以下几种。

(1)减少混凝土内孔隙,改善孔结构,提高混凝土密实度。掺加高效减水剂,以大幅度降低水胶比,再配合加强振捣,这是目前提高混凝土强度最有效而简便的措施。

(2)提高水泥与骨料界面的黏结强度。除采用高强度等级水泥之外,在混凝土中掺加优质掺和料(如硅灰、超细粉煤灰等)及聚合物,可大大减少粗骨料周围薄弱区的影响,明显改善混凝土内部结构,提高密实程度。

(3)改善水泥石灰中水化产物的性质。通过蒸压养护及掺入适量掺和料,减少水泥石中低强度游离石灰的数量,使其转化为高强度的低碱性水化硅酸钙。

(4)提高骨料强度。选择高强度的骨料,其最大粒径要求不大于 31.5 mm,针、片状颗粒含量不宜大于 5.0%。细骨料宜采用中砂,其细度模数不宜大于 2.6。砂、石骨料级配要良好。此外,还可以用各种短纤维代替部分骨料,以改善胶结材料的韧性,提高高强混凝土的抗拉和抗弯强度。

6.6.7　喷射混凝土

用压力喷枪喷涂灌筑细石混凝土的施工法。常用于灌筑隧道内衬、墙壁和天棚等薄壁结构或其他结构的衬里以及钢结构的保护层。喷射混凝土有干拌法和湿拌法两种。

干拌法是将水泥、砂、石在干燥状态下拌和均匀,用压缩空气送至喷嘴并与压力水混合后进行喷灌的方法。此法须由熟练人员操作,水胶比宜小,石子须用连续级配,粒径不得过大,水泥用量不宜太小,一般可获得 28 ~ 34 MPa 的混凝土强度和良好的黏着力。但因喷射速度大,粉尘污染及回弹情况较严重,使用上受一定限制。

湿拌法是将拌好的混凝土通过压浆泵送至喷嘴,再用压缩空气进行喷灌的方法。施工时宜用随拌随喷的办法,以减少稠度变化。此法的喷射速度较低,由于水胶比增大,混凝土的初期强度亦较低,但回弹情况有所改善,材料配合易于控制,工作效率较干拌法为高。

将预先配好的水泥、砂、石子和一定数量的速凝剂,装入喷射机,利用高压空气将其送到喷头和水混合后,以很高的速度喷向岩石或混凝土的表面而形成。

宜采用普通水泥,要求良好的骨料,10 mm 以上的粗骨料控制在 30% 以下,最大粒径小于 25 mm;不宜使用细砂。主要用于岩石硐库、隧道或地下工程和矿井巷道的衬砌和支护。

6.6.8　大体积混凝土

我国《大体积混凝土施工规范》(GB 50496—2009)里规定,混凝土结构物实体最小几何尺寸不小于 1 m 的大体量混凝土,或预计会因混凝土中胶凝材料水化引起的温度变化和收缩而导致有害裂缝产生的混凝土,称之为大体积混凝土。

现代建筑中时常涉及大体积混凝土施工,如高层楼房基础、大型设备基础、水利大坝等。它主要的特点就是体积大,一般实体最小尺寸大于或等于 1 m。它的表面系数比较小,水泥水化热释放比较集中,内部升温比较快。混凝土内外温差较大时,会使混凝土产生温度裂缝,影响结构安全和正常使用。

大体积混凝土内出现的裂缝按深度的不同,分为贯穿裂缝、深层裂缝和表面裂缝 3 种。贯穿裂缝是由混凝土表面裂缝发展为深层裂缝,最终形成贯穿裂缝。它切断了结构的断面,可能破坏结构的整体性和稳定性,其危害性是较严重的;而深层裂缝部分地切断了结构断面,也有一定的危害性;表面裂缝危害性一般较小。

但出现裂缝并不是绝对地影响结构安全,它都有一个最大允许值。处于室内正常环境的一般构件最大裂缝宽度允许值≤0.3 mm;处于露天或室内高湿度环境的构件最大裂缝宽度允许值≤0.2 mm。

对于地下或半地下结构,混凝土的裂缝主要影响其防水性能。一般当裂缝宽度在 0.1 ~0.2 mm 时,虽然早期有轻微渗水,但经过一段时间后,裂缝可以自愈。如超过 0.2 ~ 0.3 mm 时,则渗漏水量将随着裂缝宽度的增加而迅速加大。所以,在地下工程中应尽量避免超过 0.3 mm 贯穿全断面的裂缝。如出现这种裂缝,将大大影响结构的使用,必须进行化学灌浆加固处理。

大体积混凝土施工阶段所产生的温度裂缝,一方面是混凝土内部因素:由于内外温差而产生的;另一方面是混凝土的外部因素:结构的外部约束和混凝土各质点间的约束,阻止混凝土收缩变形,混凝土抗压强度较大,但受拉力却很小,所以温度应力一旦超过混凝土能承受的抗拉强度时,即会出现裂缝。这种裂缝的宽度在允许限值内,一般不会影响结构的强度,但却对结构的耐久性有所影响,因此必须予以重视和加以控制。

产生裂缝的主要原因有以下几方面。

6.6.8.1　水泥水化热

水泥在水化过程中要释放出一定的热量,而大体积混凝土结构断面较厚,表面系数相对较小,所以水泥发生的热量聚集在结构内部不易散失。这样混凝土内部的水化热无法及时散发出去,以至于越积越高,使内外温差增大。单位时间混凝土释放的水泥水化热,与混凝土单位体积中水泥用量和水泥品种有关,并随混凝土的龄期而增长。由于混凝土结构表面可以自然散热,实际上内部的最高温度,多数发生在浇筑后的最初 3 ~5 d。

6.6.8.2 *外界气温变化*

大体积混凝土在施工阶段,它的浇筑温度随着外界气温变化而变化。特别是气温骤降,会大大增加内外层混凝土温差,这对大体积混凝土是极为不利的。

温度应力是由于温差引起温度变形造成的;温差愈大,温度应力也愈大。同时,在高温条件下,大体积混凝土不易散热,混凝土内部的最高温度一般可达 60 ~ 65 ℃,并且有较长的延续时间。因此,应采取温度控制措施,防止混凝土内外温差引起的温度应力。

6.6.8.3 *混凝土的收缩*

混凝土中约20%的水分是水泥硬化所必需的,而约80%的水分要蒸发。多余水分的蒸发会引起混凝土体积的收缩。混凝土收缩的主要原因是内部水蒸发引起混凝土收缩。如果混凝土收缩后,再处于水饱和状态,还可以恢复膨胀并几乎达到原有的体积。干湿交替会引起混凝土体积的交替变化,这对混凝土是很不利的。

影响混凝土收缩的因素主要是水泥品种、混凝土配合比、外加剂和掺和料的品种以及施工工艺(特别是养护条件)等。

6.6.9　泵送混凝土

混凝土拌和物的坍落度不低于 100 mm,并用混凝土泵通过管道输送拌和物的混凝土。

要求其流动性好,骨料粒径一般不大于管径的 1/4,需加入防止混凝土拌和物在泵送管道中离析和堵塞的泵送剂,以及使混凝土拌和物能在泵压下顺利通行的外加剂,减水剂、塑化剂、加气剂以及增稠剂等均可用作泵送剂。加入适量的混合材料(如粉煤灰等),可避免混凝土施工中拌和料分层离析、泌水和堵塞输送管道。泵送混凝土的原料中,粗骨料宜优先选用(卵石)。

习　题

一、填空题

1. 在混凝土中,砂子和石子起＿＿＿＿＿＿作用,水泥浆在硬化前起＿＿＿＿＿＿作用,在硬化后起＿＿＿＿＿＿作用。

2. 级配良好的骨料,其＿＿＿＿＿＿较小。使用这种骨料,可使混凝土拌和物的＿＿＿＿＿＿提高,＿＿＿＿＿＿用量较少,同时有利于硬化混凝土＿＿＿＿＿＿和＿＿＿＿＿＿的提高。

3. 合理砂率是指在用水量及水泥用量一定的条件下,使混凝土拌和物获得最大的＿＿＿＿＿＿及良好的＿＿＿＿＿＿与＿＿＿＿＿＿的砂率值;或者是指保证混凝土拌和物具有所要求的流动性及良好的粘聚性与保水性条件下,使＿＿＿＿＿＿用量最少的砂率值。

4. 混凝土强度等级采用符号＿＿＿＿＿＿与＿＿＿＿＿＿表示,共分成＿＿＿＿＿＿个强度等级。

5. ＿＿＿＿＿＿和＿＿＿＿＿＿是决定混凝土强度最主要的因素。

6. 混凝土的徐变对钢筋混凝土结构的有利作用是＿＿＿＿＿＿,不利作用是＿＿＿＿＿＿。

7. 为保证混凝土耐久性,必须满足＿＿＿＿＿＿水胶比和＿＿＿＿＿＿水泥用量要求。

8.普通混凝土的配合比是确定_____之间的比例关系。配合比常用的表示方法有两种:一是_____;二是_____。

9.普通混凝土配合比设计的 3 个重要参数是_____、_____、_____。

10.定混凝土拌和物和易性的方法有_____法或_____法。

二、判断题

1.当混凝土拌和物流动性过小时,可适当增加拌和物中水的用量。 （　　）

2.流动性大的混凝土比流动性小的混凝土强度低。 （　　）

3.混凝土的强度等级是根据标准条件下测得的立方体抗压强度值划分的。 （　　）

4.在水泥强度等级相同的情况下,水胶比越小,混凝土的强度及耐久性越好。 （　　）

5.相同配合比的混凝土,试件的尺寸越小,所测得的强度值越大。 （　　）

6.基准配合比是和易性满足要求的配合比,但强度不一定满足要求。 （　　）

7.混凝土现场配制时,若不考虑骨料的含水率,实际上会降低混凝土的强度。 （　　）

8.混凝土施工中,统计得出的混凝土强度标准差值越大,则表明混凝土生产质量越稳定,施工水平越高。 （　　）

9.混凝土中掺入引气剂,则混凝土密实度降低,因而使混凝土的抗冻性亦降低。（　　）

10.泵送混凝土、滑模施工混凝土及远距离运输的商品混凝土常掺入缓凝剂。 （　　）

11.混凝土的水胶比较小时,其所采用的合理砂率值较小。 （　　）

三、单项选择题

1.试拌混凝土时,调整混凝土拌和物的和易性,可采用调整（　　）的办法。

    A.拌合用水量   B.水胶比

    C.水泥用量   D.水泥浆量

2.用高强度等级的水泥配制低强度等级混凝土时,需采用（　　）措施,才能保证工程的技术经济要求。

    A.减小砂率   B.掺混合材料

    C.增大粗骨料的粒径   D.适当提高拌和物水胶比

3.混凝土配合比设计时,最佳砂率是根据（　　）确定的。

    A.坍落度和石子种类   B.水胶比和石子种类

    C.坍落度、石子种类和最大粒径   D.水胶比、石子种类和最大粒径

4.混凝土强度等级是按照（　　）来划分的。

    A.立方体抗压强度值   B.立方体抗压强度标准值

    C.立方体抗压强度平均值   D.棱柱体抗压强度值

5.混凝土最常见的破坏形式是（　　）。

    A.骨料破坏   B.水泥石的破坏

    C.骨料与水泥石的黏结界面破坏

6.坍落度是表示塑性混凝土（　　）的指标。

    A.流动性   B.粘聚性

    C.保水性   D.含砂情况

7.混凝土的抗压强度等级是以具有 95% 保证率的（　　）的立方体抗压强度代表值来确定的。

　　A. 3　　　　　　　　　　　　　　　　　　B. 7

　　C. 28　　　　　　　　　　　　　　　　　D. 3、7、28

8. 喷射混凝土必须加入的外加剂是(　　　)。

　　A. 早强剂　　　　　　　　　　　　　　　B. 减水剂

　　C. 引气剂　　　　　　　　　　　　　　　D. 速凝剂

9. 掺入引气剂后混凝土的(　　　)显著提高。

　　A. 强度　　　　　　　　　　　　　　　　B. 抗冲击性

　　C. 弹性模量　　　　　　　　　　　　　　D. 抗冻性

10. 在试拌混凝土时,发现混凝土拌和物对流动性偏大,应采取(　　　)。

　　A. 直接加水泥　　　　　　　　　　　　　B. 保持砂率不变,增加砂石用量

　　C. 保持 W/C 不变,加水泥浆　　　　　　D. 加混合材料

四、多项选择题

1. 在保证混凝土强度不变及水泥用量不增加的条件下,改善和易性最有效的方法是
　　(　　　)。

　　A. 掺加减水剂　　　　　　　　　　　　　B. 调整砂率

　　C. 直接加水　　　　　　　　　　　　　　D. 增加石子用量

　　E. 加入早强剂

2. 骨料中泥和泥块含量大,将严重降低混凝土的以下性质(　　　)。

　　A. 变形性质　　　　　　　　　　　　　　B. 强度

　　C. 抗冻性　　　　　　　　　　　　　　　D. 泌水性

　　E. 抗渗性

3. 普通混凝土拌和物的和易性的含义有(　　　)。

　　A. 流动性　　　　　　　　　　　　　　　B. 密实性

　　C. 黏聚性　　　　　　　　　　　　　　　D. 保水性

　　E. 干硬性

4. 配制混凝土时,若水泥浆过少,则导致(　　　)。

　　A. 黏聚性下降　　　　　　　　　　　　　B. 密实性差

　　C. 强度和耐久性下降　　　　　　　　　　D. 保水性差、泌水性大

　　E. 流动性增大

5. 若发现混凝土拌和物黏聚性较差时,可采取(　　　)来改善。

　　A. 增大水胶比　　　　　　　　　　　　　B. 保持水胶比不变,适当增加水泥浆

　　C. 适当增大砂率　　　　　　　　　　　　D. 加强振捣

　　E. 增大粗骨料最大粒径

6. 在原材料一定的情况下,为了满足混凝土耐久性的要求,在混凝土配合比设计时要注
　　意(　　　)。

　　A. 保证足够的水泥用量　　　　　　　　　B. 严格控制水胶比

　　C. 选用合理砂率　　　　　　　　　　　　D. 增加用水量

　　E. 加强施工养护

7. 混凝土发生碱—骨料反应的必备条件是(　　　)。

A. 水泥中碱含量高 　　　　　　　B. 骨料中有机杂质含量高

C. 骨料中夹杂有活性二氧化硅成分 　　D. 有水存在

E. 混凝土遭受酸雨侵蚀

五、问答题

1. 普通混凝土的组成材料有哪些？在混凝土凝固硬化前后各起什么作用？

2. 何谓骨料级配？骨料级配良好的标准是什么？混凝土的骨料为什么要级配？

3. 什么是混凝土拌和物的和易性？它包含哪些含义？

4. 影响混凝土拌和物和易性的因素有哪些？它们是怎样对其影响的？

5. 什么是合理砂率？合理砂率有什么技术及经济意义？

6. 影响混凝土强度的因素有哪些？采用哪些措施可提高混凝土强度？

7. 引起混凝土产生变形的因素有哪些？采用什么措施可减小混凝土的变形？

8. 采用哪些措施可提高混凝土的抗渗性？抗渗性大小对混凝土耐久性的其他方面有何影响？

9. 简述混凝土质量控制的方法。

10. 轻骨料混凝土的物理力学性能与普通混凝土相比，有什么特点？

六、计算题

1. 现浇框架结构梁，混凝土设计强度等级 C25，施工要求坍落度 30~50 mm，施工单位无历史统计资料。采用原材料为：普通水泥 425 号 $\rho_c = 3\ 000\ (kg/m^3)$；中砂 $\rho_s = 2\ 600 (kg/m^3)$；碎石 $D_{max} = 200 (mm)$；$\rho_g = 2\ 650 (kg/m^3)$；自来水。试求初步计算配合比。

2. 某混凝土试拌调整后，各材料用量分别为水泥 3.1 kg、水 1.86 kg、砂 6.24 kg、碎石 12.84 kg，并测得拌和物表观密度为 2 450 kg/m³。试求 1 m³ 混凝土的各材料实际用量。

3. 采用矿渣水泥、卵石和天然砂配制混凝土，水胶比为 0.5，制作 10 cm × 10 cm × 10 cm 试件 3 块，在标准养护条件下养护 7 d 后测得破坏荷载分别为 140 kN、135 kN、142 kN。试求：

（1）估算该混凝土 28 d 的标准立方体抗压强度。

（2）该混凝土采用的矿渣水泥的标号。

模块 7 建 筑 砂 浆

学习要求

掌握砂浆的组成、和易性的概念及测定方法、砂浆的强度测定及砌筑砂浆的配合比设计,了解普通抹面砂浆及其他建筑砂浆的常用品种及特点。

砂浆是由胶凝材料、细集料、掺加料和水按适当比例配合、拌制并经硬化而成的建筑材料。主要用于砌筑、抹面、修补和装饰工程等。按所用的胶凝材料,砂浆分为水泥砂浆、混合砂浆、石灰砂浆和聚合物砂浆等。按功能和用途,砂浆分为砌筑砂浆、抹面砂浆、装饰砂浆、绝热砂浆、吸声砂浆和防水砂浆等。

项目 7.1 砌 筑 砂 浆

将砖、石及砌块黏结成为砌体的砂浆,称为砌筑砂浆。它起着黏结砖、石及砌块构成砌体,传递荷载,协调变形的作用。因此,砌筑砂浆是砌体的重要组成部分。

土木工程中,要求砌筑砂浆具有下列性质。

(1)新拌砂浆应具有良好的和易性:新拌砂浆应容易在砖、石及砌体表面上铺砌成均匀的薄层,以利于砌筑施工和砌筑材料的黏结。

(2)硬化砂浆应具有一定的强度、良好的黏结力等力学性质:一定的强度可保证砌体强度等结构性能。良好的黏结力有利于砌块与砂浆之间的黏结。

(3)硬化砂浆应具有良好的耐久性:耐久性良好的砂浆有利于保证其自身不发生破坏,并对工程结构起到应有的保护作用。

7.1.1 砂浆的组成材料

7.1.1.1 胶凝材料

胶凝材料在砂浆中起着胶结的作用,它是影响砂浆流动性、保水性和强度等技术性质的主要成分。常用的有水泥、石灰等。

(1)水泥:配制砂浆可采用普通硅酸盐水泥、矿渣硅酸盐水泥和火山灰硅酸盐水泥等常用品种的水泥。水泥品种应根据使用部位的耐久性要求来选择。为合理利用资源、节约材料,在配制砂浆时,应尽量选用低强度等级的水泥,一般不超过42.5级。通常所用水泥的强度为砂浆强度的3~5倍。

(2)石灰:在配制石灰砂浆或混合砂浆时,砂浆中需使用石灰。石灰的技术要求见模块4,为保证砂浆的质量,应将石灰消解并"陈伏"半个月后再使用。

7.1.1.2 细集料

砂浆中使用的细集料,原则上应采用符合《建筑用砂》(GB/T 14684—2001)规定的优质河砂。由于砂浆层较薄,对砂的最大粒径应有所限制。用于砌筑毛石砌体的砂浆,砂的最大粒径应小于砂浆厚度的 1/4 ~ 1/5;用于砌筑砖砌体的砂浆,砂的最大粒径不大于砂浆厚度的 1/4(即小于等于 2. 47 mm);用于光滑的抹面和勾缝的砂浆,则应采用细砂;用于装饰的砂浆,还可采用彩砂、石渣等。

7. 1. 1. 3　掺加料和外加剂

在砂浆中,掺加料是为改善砂浆和易性而加入的无机材料,如石灰膏、磨细的生石灰粉、黏土膏、粉煤灰和沸石粉等。生石灰粉、石灰膏和黏土膏必须配制成稠度为 120 ± 5 mm 的膏状体,并用 3 mm × 3 mm 的网过滤后再使用。生石灰粉的熟化时间不得小于 2 d。严禁使用已经干燥脱水的石灰膏。为改善砂浆的和易性及其他性能,还可在砂浆中掺入外加剂,如增塑剂、早强剂和防水剂等。砂浆中掺用外加剂时,不但要考虑外加剂对砂浆本身性能的影响,还要根据砂浆的用途,考虑外加剂对砂浆的使用功能的影响,并通过试验确定外加剂的品种和掺量。

7. 1. 1. 4　拌和水

砂浆拌和用水的技术要求应符合《混凝土拌合用水标准》(JGJ 63—2006)的规定,选用不含有害杂质的洁净水。

7. 1. 2　新拌砂浆的和易性

和易性好的砂浆,在运输和操作时,不易出现分层、泌水现象,容易在粗糙的底面铺成均匀的薄层,使灰缝饱满密实,能将砌筑材料很好地黏结成整体。新拌砂浆的和易性包括流动性和保水性两个方面。

(1)流动性。流动性也叫稠度,是指砂浆在自重或外力的作用下产生流动的性质,若砂浆流动性过小,则不易均匀密实铺平于砖石表面;若砂浆流动性过大,则容易流淌,不易保证砂浆层的厚度,且强度较低,这都会影响砌体的质量。

砂浆的流动性用"沉入度"表示,用砂浆稠度仪通过试验测定,如图 7-1 所示,将拌好的砂浆按规定方法装入锥模,测定标准圆锥体在 10 s 内自由沉入砂浆中的沉入深度(mm),即为砂浆的沉入度。沉入度大,砂浆流动性大。

砂浆流动性的大小与砌体材料种类、施工条件及气候条件等因素有关。对于多孔吸水的砌体材料和干热的天气,则要求流动性大些。根据《砌筑砂浆配合比设计规程》(JGJ 98—2000)的规定,用于不同砌体的砂浆稠度见表 7-1。

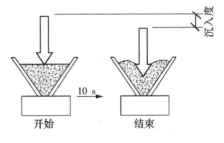

图 7-1　砂浆沉入度测定

表 7-1　砌筑砂浆的稠度(JGJ 98—2000)

砌体种类	砂浆稠度(mm)
烧结普通砖砌体	70 ~ 90

续表

砌体种类	砂浆稠度（mm）
轻骨料混凝土小型空心砌块砌体	60～90
烧结多孔砖、空心砖砌体	60～80
烧结普通砖平拱式过梁 空斗墙、洞拱 普通混凝土小型空心砌块砌体 加气混凝土砌块砌体	50～70
石砌体	30～50

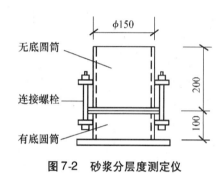

图7-2　砂浆分层度测定仪

（2）保水性。保水性是指砂浆保持水分不易析出的性能。新拌砂浆在存放、运输和使用的过程中，必须保持其中的水分不致很快流失，才能形成均匀密实的砂浆缝，保证砌体的质量。

砂浆的保水性用"分层度"表示，用分层度测定仪测定。如图7-2所示，将搅拌均匀的砂浆，先测其沉入度，然后将其装入分层度测定仪，静置30 min后，去掉上部200 mm厚的砂浆，再测其剩余部分砂浆的沉入度，两次沉入度的差值称为分层度，以毫米（mm）表示。砂浆的分层度在10～20 mm之间为宜，不得大于30 mm。分层度大于30 mm的砂浆，容易产生离析，不便于施工；分层度接近于零的砂浆，虽然无分层现象，保水性好，但这种情况，往往是胶凝材料用量过多，或者砂过细，致使砂浆硬化后干缩值大。

7.1.3　硬化砂浆的强度和强度等级

7.1.3.1　砂浆的强度和强度等级

砂浆的强度通常指立方体抗压强度，即按要求制作的70.7 mm×70.7 mm×70.7 mm的标准尺寸试件，3块一组，在标准养护条件（水泥混合砂浆为温度20±2 ℃，相对湿度60%～80%；水泥砂浆为温度20±2 ℃，相对湿度90%以上）下养护28 d，用标准试验方法测得的抗压强度评定值。通常以3个试件抗压强度测值的算术平均值为该组砂浆的抗压强度评定值；当3个测值的最大值或最小值中有一个与中间值的差值超过中间值的15%时，应把最大值及最小值一并舍去，取中间值作为该组砂浆的抗压强度评定值；当两个测值与中间值的差值均超过中间值的15%，该组试验无效。

砂浆的强度等级是根据砂浆的抗压强度值划分的。一般砌筑砂浆的强度等级有M20、M15、M10、M7.5、M5.0、M2.5共6个等级。混凝土小型空心砌块砌筑砂浆强度等级用Mb表示，有Mb30、Mb25、Mb20、Mb15、Mb10、Mb7.5、Mb5共7个强度等级。各强度等级相应的强度指标见表7-2。

表 7-2 砂浆强度指标

砂浆等级		抗压强度(MPa)
一般砌筑砂浆	混凝土小型砌块砌筑砂浆	
	Mb30	30.0
	Mb25	25.0
M20	Mb20	20.0
M15	Mb15	15.0
M10	Mb10	10.0
M7.5	Mb7.5	7.5
M5.0	Mb5	5.0
M2.5		2.5

7.1.3.2 影响砂浆强度的因素

影响砂浆强度的因素有很多,如材料性质、配合比和施工质量等,此外,还受到被黏结的块体材料表面吸水性的影响。

用于黏结吸水性较大的底面材料(如砖、砌块)的砂浆,因为砂浆中部分水被底面材料吸收,而剩余的水量大致相同,用水量对砂浆强度的影响不大。砂浆的强度主要取决于水泥强度和水泥用量。计算公式如下:

$$f_{m} = \frac{\alpha \cdot f_{ce} \cdot Q_{c}}{1\,000} + \beta \tag{7-1}$$

式中:f_{m}——砂浆 28 d 抗压强度,MPa;

f_{ce}——水泥的实测强度,MPa,$f_{ce} = \gamma_{c} \cdot f_{ce,k}$。其中,$\gamma_{c}$ 为水泥强度等级富余系数,按统计资料确定,无统计资料时取 1.0;$f_{ce,k}$ 为水泥的强度等级;

Q_{c}——每立方米砂浆中水泥用量,kg,对于水泥砂浆,Q_{c} 不应小于 200 kg;

α、β——砂浆的特征系数,$\alpha = 3.03$,$\beta = -15.09$。

用于黏结吸水性较小、密实的底面材料(如石材)的砂浆,其强度就与水的掺量有关,砂浆的强度主要取决于水胶比和水泥强度。计算公式如下:

$$f_{m} = 0.29 f_{ce}\left(\frac{C}{W} - 0.40\right) \tag{7-2}$$

式中:$\dfrac{C}{W}$——灰水比。

7.1.4 砂浆黏结力

砌筑砂浆必须具有足够黏结力,才能将砌筑材料黏结成一个整体。黏结力的大小,会影响砌体的强度、耐久性、稳定性和抗震性能。砂浆的黏结力由其本身的抗压强度决定。一般来说,砂浆的抗压强度越大,黏结力越大;另外,黏结力的大小与基础面的清洁程度、含水状态、表面状态等有关。所以,砌筑前砖要浇水湿润,其含水率控制在 10% ~ 15%,表面不沾泥土,以提高砂浆与砖之间的黏结力,保证砌筑质量。

7.1.5　砂浆变形性

砂浆在承受荷载、温度变化或湿度变化时,均会产生变形。如果变形过大或不均匀,则会降低砌体的质量,引起沉陷或裂缝。轻集料配制的砂浆,其收缩变形要比普通砂浆大。

7.1.6　砂浆的抗冻性

在某些使用环境下,要求砂浆具有一定的抗冻性。设计高强度等级砂浆时(大于M2.5),需进行冻融试验,测定其质量损失率与强度损失率两项指标,要求其试件经规定的冻融循环后,质量损失率不大于 5%,强度损失率不大于 25%,砂浆等级在 M2.5 及 M2.5 以下者,一般不耐冻。

7.1.7　砌筑砂浆的配合比设计

砂浆配合比是用每立方米砂浆中各种材料的质量比或各种材料的用量来表示。

7.1.7.1　砌筑砂浆配合比设计的基本要求

(1)新拌砂浆的和易性应满足施工要求,且新拌砂浆的体积密度:水泥砂浆不应小于 1 900 kg/m³;水泥混合砂浆不应小于 1 800 kg/m³。

(2)砌筑砂浆的强度、耐久性应满足设计要求。

(3)经济上合理,水泥及掺和料用量较少。

7.1.7.2　砌砖用水泥混合砂浆的配合比设计

《砌筑砂浆配合比设计规程》(JGJ 98—2000)规定,用于砌砖用水泥混合砂浆的配合比设计应按下列方法进行。

(1)计算砂浆的试配强度 $f_{m,0}$。

$$f_{m,0} = f_{m,k} + 0.645\sigma \tag{7-3}$$

式中:$f_{m,0}$——砂浆的试配强度,MPa;

$f_{m,k}$——砂浆强度的标准值,MPa;

σ——砂浆的现场强度标准差,MPa。

如有统计周期内同类砂浆试件的组数 $N \geqslant 25$ 的统计资料时,按统计方法计算;当不具有近期统计资料时,现场强度标准差可从表 7-3 中选用。

表 7-3　砂浆强度标准差选用表

单位:MPa

施工水平	砂浆强度等级					
	M2.5	M5	M7.5	M10	M15	M20
优良	0.50	1.00	1.50	2.00	3.00	4.00
一般	0.62	1.25	1.88	2.50	3.75	5.00
较差	0.75	1.50	2.25	3.00	4.50	6.00

（2）计算 1 m³ 砂浆中水泥用量 Q_c。

1 m³ 砂浆中水泥用量，可按式下式计算：

$$Q_c = \frac{1\,000(f_{m,0} - \beta)}{\alpha \cdot f_{ce}} \tag{7-4}$$

式中：Q_c——每立方米砂浆的水泥用量，kg；

$f_{m,0}$——砂浆的试配强度，MPa；

f_{ce}——水泥的实测强度值，MPa；

α,β——砂浆的特征系数，其中 $\alpha = 3.03$，$\beta = -15.09$。

（3）计算掺加料的用量 Q_d。

$$Q_d = Q_a - Q_c \tag{7-5}$$

式中：Q_d——每立方米砂浆中掺加料的用量，kg；

Q_c——每立方米砂浆中水泥的用量，kg；

Q_a——每立方米砂浆中掺加料与水泥的总量，宜在 300～350 kg。

（4）确定用砂量 Q_s。

$$Q_s = \rho_{os} \cdot V \tag{7-6}$$

式中：Q_s——每立方米砂浆的用砂量，kg；

ρ_{os}——砂子干燥状态时（含水量小于 0.5%）的堆积密度值，kg/m³；

V——每立方米砂浆所用砂的堆积体积，取 1 m³。

（5）选定用水量 Q_w。

根据砂浆的稠度，用水量在 240～310 kg 间选用。

7.1.7.3　砌砖用水泥砂浆的配合比设计

水泥强度等级为 32.5 级时，砂浆各种材料用量可按表 7-4 选用。

表 7-4　每立方米水泥砂浆材料用量

强度等级	水泥用量 Q_c（kg）	用砂量 Q_d（kg）	用水量 Q_w（kg）
M2.5～M5	200～230		
M7.5～M10	220～280	砂子的堆积密度数值	270～330
M15	280～340		
M20	340～400		

7.1.7.4　配合比的试配、调整与确定

砂浆试配时应采用工程中实际使用的材料；搅拌采用机械搅拌，搅拌时间自投料结束后算起，水泥砂浆和水泥混合砂浆不得小于 120 s，掺用粉煤灰和外加剂的砂浆不得小于 180 s。

按计算或查表选用的配合比进行试拌，测定其拌和物的稠度和分层度，若不能满足要求,则应调整用水量和掺和料用量,直至符合要求为止。此时的配合比为砂浆基准配合比。

为了测定的砂浆强度能在设计要求范围内,试配时至少采用 3 个不同的配合比,其中一个为基准配合比,另外两个配合比的水泥用量按基准配合比分别增加及减少 10%,在保证稠度和分层度合格的条件下,可将用水量或掺加料用量作相应调整。按《建筑砂浆基本性能试验方法》(JGJ 70—90)的规定成型试件,测定砂浆强度。选定符合试配强度要求并且水泥用量最少的配合比作为砂浆配合比。

7.1.7.5　砂浆配合比计算实例

要求设计用于砌筑砖墙的 M7.5 等级,稠度 70～100 mm 的水泥石灰砂浆配合比。

设计资料如下:42.5 MPa 普通硅酸盐水泥;石灰膏稠度 120 mm;中砂,堆积密度为 1 450 kg/m^3,含水率为 2%;施工管理水平一般。

解

(1)计算试配强度 $f_{m,0}$。

$$f_{m,0} = f_2 + 0.654\sigma = 7.5 + 0.645 \times 1.88 = 8.7(MPa)$$

(2)计算水泥用量 Q_c。

$$Q_c = \frac{1\ 000(f_{m,0} - \beta)}{\alpha \times f_{ce}} = \frac{1\ 000 \times (8.7 + 15.09)}{3.03 \times 42.5} = 185(kg/m^3)$$

其中,$\alpha = 3.03, \beta = -15.09$。

$$f_{ce} = \gamma_c \cdot f_{cu,t} = 1.0 \times 42.5 = 42.5(MPa)$$

(3)计算石灰膏用量 Q_d。

$$Q_d = Q_a - Q_c = 350 - 185 = 165(kg/m^3)$$

式中:$Q_a = 350(kg/m^3)$(按水泥和掺加料总量规定选取)。

(4)根据砂子堆积密度和含水率,计算砂用量 Q_s。

$$Q_s = 1\ 450 \times (1 + 2\%) = 1\ 479(kg/m^3)$$

(5)选择用水量 Q_w(常用取值)。

$$Q_w = 300(kg/m^3)$$

(6)砂浆试配时各材料的用量比例。水泥:石灰膏:砂:水 = 185:165:1479:300 或水泥:石灰膏:砂:水 = 1:0.89:7.99:1.62。

7.1.7.6　砌石用水泥砂浆的配合比设计

砌石用水泥砂浆的配合比设计方法可按混凝土配合比设计的步骤进行,其试配强度则与砌砖用水泥混合砂浆的试配强度相同。

项目7.2　抹　面　砂　浆

抹面砂浆是指涂抹于建筑物内、外表面,保护建筑物墙体并使其平整美观的砂浆。

7.2.1 抹面砂浆的组成材料

抹面砂浆的主要组成材料仍是水泥、石灰或石膏以及天然砂等,对这些原材料的质量要求同砌筑砂浆,但根据抹面砂浆的使用特点,对其主要技术要求不是抗压强度,而是其和易性及其与基层材料的黏结力,为此,常需多用一些胶凝材料,并加入适量的有机聚合物以增强黏结力。同时,为了减少抹面砂浆因收缩而引起开裂,常在砂浆中加入一定量纤维材料,砂浆常用的纤维材料有麻刀、纸筋、稻草和玻璃纤维等。

7.2.2 抹面砂浆的施工及要求

为了保证砂浆层与基层黏结牢固,表面平整,防止抹面层开裂,应采用分层施工的方法,通常分底层、中层和面层抹面施工。各层抹面的作用和要求不同,所以每层所选的砂浆也不一样。底层抹灰的作用是与基层牢固地黏结,要求砂浆具有较高的流动性(沉入度 100 ~ 120 mm);中层主要起找平作用,较底层流动性稍低(沉入度 70 ~ 90 mm),有时可省略;面层抹灰是为了获得平整光洁的表面效果,流动性控制在 70 ~ 80 mm,采用较细的砂(粒径小于 1.25 mm)。

7.2.3 抹面砂浆的种类及选用

常用的抹面砂浆有石灰砂浆、水泥混合砂浆、水泥砂浆、麻刀石灰砂浆和纸筋石灰砂浆等。

用于砖墙的底层抹灰,多用石灰砂浆;有防水、防潮要求时用水泥砂浆。用于混凝土基层的底层抹灰,多为水泥混合砂浆;中层抹灰多用水泥混合砂浆或石灰砂浆。面层抹面多用水泥混合砂浆、麻刀石灰砂浆或纸筋石灰砂浆。水泥砂浆不得涂抹在石灰砂浆层上。

项目 7.3 其他种类建筑砂浆

7.3.1 装饰砂浆

粉刷在建筑物内外表面,具有美化装饰、改善功能、保护建筑物的抹面砂浆称为装饰砂浆。装饰砂浆施工时,底层和中层的抹面砂浆与普通抹面砂浆基本相同,所不同的是装饰砂浆的面层,要求选用具有一定颜色的胶凝材料、集料以及采用特殊的施工操作工艺,使表面呈现出不同的色彩、质地、花纹和图案等装饰效果。

装饰砂浆所采用的胶凝材料除普通硅酸盐水泥、矿渣硅酸盐水泥等外,还可应用白水泥、彩色水泥,或在常用水泥中掺加耐碱矿物颜料,配制成彩色水泥砂浆;装饰砂浆采用的集料除普通河砂外,还可使用色彩鲜艳的花岗岩、大理石等色石及细石渣,有时也采用玻璃或陶瓷碎粒。外墙面的装饰砂浆有以下几种工艺做法。

(1)拉毛。先用水泥砂浆做底层,再用水泥石灰砂浆做面层。在砂浆尚未凝结之前,用抹刀将表面拍拉成凹凸不平的形状。

(2)水刷石。用颗粒细小(约 5 mm)的石渣拌成的砂浆做面层,在水泥终凝前,喷水冲刷表面,冲洗掉石渣表面的水泥浆,使石渣表面外露。水刷石用于建筑物的外墙面,具有一定的质感,且经久耐用,不需维护。

（3）干黏石。在水泥砂浆面层的表面黏结粒径 5 mm 以下的白色或彩色石渣、小石子、彩色玻璃以及陶瓷碎粒等。要求石渣黏结均匀、牢固。干粘石的装饰效果与水刷石相近,且石子表面更洁净艳丽;避免了喷水冲洗的湿作业,施工效率高,而且节约材料和水。

（4）斩假石。它又称为剁假石、斧剁石。砂浆的配制与水刷石基本一致,砂浆抹面硬化后,用斧刃将表面剁毛并露出石渣。斩假石的装饰效果与粗面花岗岩相似。

（5）假面砖。将硬化的普通砂浆表面用刀斧凿刻画出线条;或者,在初凝厚的普通砂浆表面用木条、钢片压划出线条;也可用涂料画出线条,将墙面装饰成仿砖砌体、仿陶瓷贴面和仿石材贴面等艺术效果。

（6）水磨石。用普通水泥、白水泥、彩色水泥或普通水泥加耐碱颜料拌和各种色彩的大理石石渣做面层。硬化后用机械反复磨平抛光表面而成。水磨石多用于地面、水池等工程部位。可事先设计图案色彩,磨平抛光后更具艺术效果,水磨石还可制成预制件或预制块,作楼梯踏步、窗台板、柱面、踢脚板和地面板等构件。

装饰砂浆还可采用喷涂、弹涂和辊压等工艺方法,做成丰富多彩、形式多样的装饰面层。装饰砂浆的操作方便,施工效率高。与其他墙面、地面装饰相比,成本低,耐久性好。

7.3.2　绝热砂浆

采用水泥、石灰和石膏等胶凝材料与膨胀珍珠岩、膨胀蛭石、陶粒、陶砂或聚苯乙烯泡沫颗粒等轻质多孔材料,按一定比例配制的砂浆称为绝热砂浆。绝热砂浆质轻,且具有良好的绝热保温性能。其导热系数为 0.07 ~ 0.10 W/(m·K),可用于屋面隔热层、隔热墙壁、冷库以及工业窑炉、供热管道隔热层等处。如在绝热砂浆中掺入或在绝热砂浆表面喷涂憎水剂,则这种砂浆的保温隔热效果会更好。

7.3.3　吸声砂浆

吸声砂浆是指具有吸声功能的砂浆。一般绝热砂浆都具有多孔结构,因而也都具有吸声的功能。工程中常用以水泥:石灰膏:砂:锯末 = 1:1:3:5(体积比)配制吸声砂浆。或在石灰、石膏砂浆中加入玻璃面、矿棉或有机纤维或棉类物质。吸声砂浆常用于厅堂的墙壁和顶棚的吸声。

7.3.4　防水砂浆

防水砂浆是指具有显著的防水、防潮性能的砂浆。一般依靠特定的施工工艺或在普通水泥砂浆中加入防水剂、膨胀剂、聚合物等配制而成,适用于不受振动或埋置深度不大、具有一定刚度的防水工程;不适用于易受振动或发生不均匀沉降的部位。

防水砂浆按其组成成分可分为:多层抹面水泥砂浆(也称五层抹面法或四层抹面法)、掺防水剂防水砂浆、膨胀水泥防水砂浆及掺聚合物防水砂浆等 4 类。

常用的防水剂有氯化物金属盐类防水剂、水玻璃类防水剂和金属皂类防水剂。

氯化物金属盐类防水剂主要是由氯化钙、氯化铝等金属盐和水按一定比例配成的有色液体。其配合比为氯化铝:氯化钙:水 = 1:10:11,掺量一般为水泥质量的 3% ~ 5%。这种防水剂在水泥凝结硬化过程中生成不透水的复盐,起促进结构密实作用,从而提高砂浆的抗渗性能。

水玻璃类防水剂是以水玻璃为基料,加入 2 种或 4 种矾的水溶液,又称二矾或四矾防水剂,其中四矾防水剂凝结速度快,一般不超过 1 min,适用于防水堵漏,不能用于大面积施工。

金属皂类防水剂是由硬脂酸、氨水、氢氧化钾(碳酸钠)和水按一定比例混合、加热、皂化而成的有色浆状物,这种防水剂掺入水泥砂浆中,主要起堵塞毛细孔隙和毛细管的作用,增加砂浆的密实性,使砂浆具有防水性。但由于憎水物质属非胶凝性的,会使砂浆强度降低,因而其掺量不宜过多,一般为水泥质量的 3% 左右。

防水砂浆的防渗效果在很大程度上取决于施工质量,因此施工时要严格控制原材料质量和配合比,防水砂浆层一般分 4 层或 5 层施工,每层约 5 mm 厚,每层在初凝前压实一遍,最后一层要进行压光。抹完后要加强养护,防止脱水过快造成开裂。总之,刚性防水层必须保证砂浆的密实性,对施工操作要求高,否则难以获得理想的防水效果。

7.3.5 防辐射砂浆

在水泥砂浆中掺入重晶石粉、重晶石砂,可配制有防 X 射线和 γ 射线的能力的砂浆。其配合比约为水泥:重晶石粉:重晶石砂 = 1:0.25:4 ~ 5。如在水泥中掺入硼砂、硼化物等可配制具有防中子射线的砂浆。厚重气密不易开裂的砂浆也可阻止地基中土壤或岩石里的氡(具有放射性的惰性气体)向室内的迁移或流动。

习 题

一、填空题

1.建筑砂浆是由 _____、_____、_____ 和 _____ 按一定比例配制而成的。

2.建筑砂浆根据所用胶凝材料可分为 _____、_____、_____,按用途可分为 _____、_____、_____、_____。

3.水泥砂浆采用的水泥强度不宜大于 _____ 级,水泥混合砂浆采用的水泥,其强度等级不宜大于 _____ 级。通常水泥强度等级为砂浆强度等级的 _____ 倍为宜。

4.红砖在用水泥砂浆砌筑前,一定要进行浇水湿润,其目的是 _____。

5.混凝土的流动性大小用 _____ 指标来表示,砂浆的流动性大小用 _____ 指标来表示。

6.抹面砂浆一般分底层、中层和面层 3 层进行施工,其中底层起着 _____ 的作用,中层起着 _____ 的作用,面层起着 _____ 的作用。

二、判断题

1.建筑砂浆的组成材料与混凝土一样,都是由胶凝材料、骨料和水组成。   (   )

2.配制砌筑砂浆,宜选用中砂。   (   )

3.砂浆的和易性包括流动性、黏聚性、保水性三方面的含义。   (   )

4.影响砌筑砂浆流动性的因素,主要是水泥的用量、砂子的粗细程度、级配等,而与用水量无关。   (   )

5.为便于铺筑和保证砌体的质量要求,新拌砂浆应具有一定的流动性和保水性。

　　　　　　　　　　　　　　　　　　　　　　　　　　　　　　（　　）

6.分层度愈小,砂浆的保水性愈差。　　　　　　　　　　　　　　　（　　）

7.砂浆的和易性内容与混凝土的完全相同。　　　　　　　　　　　　（　　）

8.混合砂浆的强度比水泥砂浆的强度大。　　　　　　　　　　　　　（　　）

9.防水砂浆属于刚性防水。　　　　　　　　　　　　　　　　　　　（　　）

三、单项选择题

1.提高砌筑砂浆黏结力的方法通常采用(　　　)。

　　A.砂浆中掺水泥　　　　　　　　　　B.将砖浇水润湿

　　C.砂浆不掺水　　　　　　　　　　　D.砂浆中掺石灰

2.砌筑砂浆中掺石灰是为了(　　　)。

　　A.提高砂浆的强度　　　　　　　　　B.提高砂浆的黏结力

　　C.提高砂浆的抗裂性　　　　　　　　D.改善砂浆的和易性

3.确定砌筑砂浆强度等级所用的标准试件尺寸为(　　　)。

　　A.150 mm×150 mm×150 mm　　　　B.70.7 mm×70.7 mm×70.7 mm

　　C.100 mm×100 mm×100 mm

4.新拌砂浆的和易性包括(　　　)。

　　A.流动性　　　　　　　　　　　　　B.黏聚性

　　C.保水性　　　　　　　　　　　　　D.工作性

5.经过试配与调整最终选用符合试配强度要求且(　　　)的配合比作为砂浆配合比。

　　A.水泥用量最少　　　　　　　　　　B.水泥用量最多

　　C.流动性最小　　　　　　　　　　　D.和易性最好

6.砌筑砂浆的保水性指标用(　　　)表示。

　　A.坍落度　　　　　　　　　　　　　B.维勃稠度

　　C.沉入度　　　　　　　　　　　　　D.分层度

7.砌筑砂浆的强度,对于吸水基层时,主要取决于(　　　)。

　　A.水胶比　　　　　　　　　　　　　B.水泥用量

　　C.单位用水量　　　　　　　　　　　D.水泥的强度等级和用量

8.用于砌筑砖砌体的砂浆强度主要取决于(　　　)。

　　A.水泥用量　　　　　　　　　　　　B.砂子用量

　　C.水胶比　　　　　　　　　　　　　D.水泥强度等级

9.用于石砌体的砂浆强度主要决定于(　　　)。

　　A.水泥用量　　　　　　　　　　　　B.砂子用量

　　C.水胶比　　　　　　　　　　　　　D.水泥强度等级

10.砌筑砂浆的流动性指标用(　　　)表示。

　　A.坍落度　　　　　　　　　　　　　B.维勃稠度

　　C.沉入度　　　　　　　　　　　　　D.分层度

四、多项选择题

1.砌筑砂浆的流动性指标不能用(　　　)表示。

A. 坍落度　　　　　　　　　　　　B. 维勃稠度

C. 沉入度　　　　　　　　　　　　D. 分层度

2. 砌筑砂浆的保水性指标不能用(　　)表示。

A. 坍落度　　　　　　　　　　　　B. 维勃稠度

C. 沉入度　　　　　　　　　　　　D. 分层度

3. 砌筑砂浆的组成材料有(　　)。

A. 胶凝材料　　　　　　　　　　　B. 砂

C. 水　　　　　　　　　　　　　　D. 掺加料及外加剂

4. 新拌砂浆的和易性主要包括(　　)方面的性能。

A. 流动性　　　　　　　　　　　　B. 黏聚性

C. 保水性　　　　　　　　　　　　D. 黏结力

5. 砂浆的强度是以(　　)个 70.7 mm×70.7 mm×70.7 mm 的立方体试块,在标准条件下养护(　　)天后,用标准试验方法测得的抗压强度(MPa)的平均值来确定。

A. 6、7　　　　　　　　　　　　　B. 6、28

C. 7、7　　　　　　　　　　　　　D. 3、28

五、问答题

1. 砂浆强度试件与混凝土强度试件有什么不同?

2. 为什么地上砌筑工程一般多采用混合砂浆?

3. 新拌砂浆的和易性包括哪两方面含义? 用什么方法测定?

4. 砌筑砂浆的组成材料有哪些?

5. 砌筑砂浆的主要性质包括哪些?

6. 砂浆的和易性与混凝土的和易性有何异同?

7. 砂浆的保水性主要取决于什么? 如何提高砂浆的保水性?

8. 普通抹面砂浆的技术要求包括哪几方面? 它与砌筑砂浆的技术要求有什么异同?

六、计算题

某工程需配置强度等级为 M7.5。稠度为 70～100 mm 的水泥石灰混合砂浆,用以砌筑烧结普通砖墙体。采用强度等级为 32.5 级的矿渣水泥(实测强度为 34.1 MPa),含水率为 2%、堆积密度为 1 450 kg/m³ 的中砂,石灰膏的稠度为 120 mm,施工水平优良。试计算该砂浆的配合比。

模块8 墙体及屋面材料

学习要求

掌握建筑常用石材、烧结砖、砌块、复合墙体和屋面材料的技术性质以及产品等级和强度等级的划分方法。

从节能和建筑工业的发展考虑,对墙体和屋面材料的发展方向以及新型墙体和屋面材料的开发应用应有所了解和掌握。

墙体材料是房屋建筑的主要围护材料和结构材料。常用的墙体材料有石材、砖、砌块和板材几大类。其中石材和实心黏土砖在我国已有数千年的应用历史,但由于实心黏土砖毁田取土、生产能耗大、抗震性能差、块体小、自重大、自然耗损大、劳动生产率低和不利于施工机械化等缺点,目前正逐步被限制和淘汰使用。

墙体材料的发展方向是生产和应用多孔砖、空心砖、废渣砖、建筑砌块和建筑板材等各种新型墙体材料,主要目标是节能、节土、利废、保护环境和改善建筑功能。同时要求轻质高强,减轻构筑物自重,简化地基处理;有利于推进施工机械化、加快施工速度、降低劳动强度、提高劳动生产率和工程质量;有利于加速住宅产业化的进程,且抗震性能好、平面布置灵活、便于房屋改造。

项目8.1 烧 结 砖

砖的种类很多,按所用原材料可分为黏土砖、页岩砖、煤矸石砖、粉煤灰砖、灰砂砖和煤渣砖等;按生产工艺可分为烧结砖和非烧结砖,其中非烧结砖又可分为压制砖、蒸养砖和蒸压砖等;按有无孔洞可分为多孔砖和实心砖。

8.1.1 烧结普通砖

凡通过高温焙烧而制得的砖统称为烧结砖。根据原料不同分为烧结黏土砖、烧结粉煤灰砖、烧结页岩砖和烧结煤矸石砖等。对孔洞率小于5%的烧结砖,称为烧结普通砖。烧结黏土实心砖,目前已被限制或淘汰使用,但由于我国已有建筑中的墙体材料绝大部分为此类砖,是一段不能割裂的历史。而且,烧结多孔砖可以认为是从实心砖演变而来。另一方面,烧结粉煤灰砖、烧结页岩砖和烧结煤矸石砖等的规格尺寸和基本要求均与烧结黏土实心砖相似。因此,我们仍应对其学习了解。

1. 生产工艺与技术性质

烧结页岩砖、烧结煤矸石砖和烧结粉煤灰砖的生产工艺基本相似,主要为配料、制坯、干燥和焙烧等工艺。

烧结页岩砖是以页岩为主要原料,经破碎、粉磨、成型、制坯、干燥和焙烧等工艺制成,其焙烧温度一般在 1 000 ℃左右。生产这种砖可完全不用黏土,配料时所需水分较少,有利于砖坯的干燥,且制品收缩小。砖的颜色与黏土砖相似,但表观密度较大,为 1 500 ~ 2 750 kg/m³,抗压强度为 7.5 ~ 15 MPa,吸水率为 20%左右,可代替实心黏土砖应用于建筑工程中。为减轻自重,可制成烧结页岩多孔砖。页岩砖的质量标准与检验方法及应用范围均与烧结普通砖相同。

烧结煤矸石砖是以煤矸石为原料,经配料、粉碎、磨细、成型和焙烧而制得。焙烧时基本不需外投煤,因此生产煤矸石砖不仅节省大量的黏土原料和减少废渣的占地,也节省了大量燃料。烧结煤矸石砖的表观密度一般为 1 500 kg/m³ 左右,比实心黏土砖小,抗压强度一般为 10 ~ 20 MPa,吸水率为 15%左右,抗风化性能优良。煤矸石砖的质量标准与检验方法及应用范围均与烧结普通砖相同。

烧结粉煤灰砖是以粉煤灰为主要原料,掺入适量黏土(二者体积比为 1∶1 ~ 1.25)或膨润土等无机复合掺和料,经均化配料、成型、制坯、干燥和焙烧而制成。由于粉煤灰中存在部分未燃烧的炭,能耗降低,也称为半内燃砖。表观密度为 1 400 kg/m³ 左右,抗压强度 10 ~ 15 MPa,吸水率为 20%左右。颜色从淡红至深红。烧结粉煤灰砖的质量标准与检验方法及应用范围均与烧结普通砖相同。

烧结黏土砖以粉质或砂质黏土为主要原料,经取土、炼泥、制坯、干燥和焙烧等工艺制成。其中焙烧是制砖工艺的关键环节。一般是将焙烧温度控制在 900 ~ 1 100 ℃之间,使砖坯烧至部分熔融而烧结。如果焙烧温度过高或时间过长,则易产生过火砖。过火砖的特点为色深、敲击声脆和变形大等。如果焙烧温度过低或时间不足,则易产生欠火砖。欠火砖的特点为色浅、敲击声哑、强度低、吸水率大和耐久性差等。当砖窑中焙烧时为氧化气氛,因生成三氧化铁(Fe_2O_3)而使砖呈红色,称为红砖。若在氧化气氛中烧成后,再在还原气氛中闷窑,红色 Fe_2O_3 还原成青灰色氧化亚铁(FeO),称为青砖。青砖一般较红砖致密、耐碱、耐久性好,但由于价格高,目前主要用于有特殊要求的一些清水墙中。此外,生产中可将煤渣、含碳量高的粉煤灰等工业废料掺入制坯的土中制作内燃砖。当砖焙烧到一定温度时,废渣中的碳也在干坯体内燃烧,因此可以节省大量的燃料和 5% ~ 10%的黏土原料。内燃砖燃烧均匀,表观密度小,导热系数低,且强度可提高约 20%。

烧结黏土实心砖的强度等级根据 10 块砖的抗压强度平均值、标准值或最小值划分,共分为 MU30、MU25、MU20、MU15、MU10 等 5 个等级,其具体要求见表 8-1。

表 8-1　普通黏土砖的强度等级(MPa)

强度等级	抗压强度平均值	变异系数 $\delta \leqslant 0.21$	变异系数 $\delta > 0.21$
		强度标准值 f_k	单块最小值 f_{min}
MU30	≥30.0	≥22.0	≥25.0
MU25	≥25.0	≥18.0	≥22.0
MU20	≥20.0	≥14.0	≥16.0
MU15	≥15.0	≥10.0	≥12.0
MU10	≥10.0	≥7.5	≥7.5

根据国家标准《烧结普通砖》(GB/T 5101—2003)的规定,烧结普通砖的技术要求包括形状、尺寸、外观质量、强度等级和耐久性等方面。根据尺寸偏差和外观质量分为优等品、一等品和合格品3个等级。

烧结普通砖为长方体,其标准尺寸为 240 mm × 115 mm × 53 mm,加上砌筑用灰缝的厚度 10 mm,则 4 块砖长,8 块砖宽,16 块砖厚分别恰好为 1 m,故每 1 m³ 砖砌体需用砖 512 块。烧结普通砖的强度试验根据《砌墙砖试验方法》(GB/T 2542—2003)进行。砖的强度等级评定按下列步骤进行。

(1)按下式计算平均强度:

$$\bar{f} = \frac{1}{10} \sum_{i=1}^{10} f_i \qquad (8-1)$$

(2)按下式计算变异系数和标准差:

$$\delta = \frac{S}{f} \qquad (8-2)$$

$$S = \sqrt{\frac{1}{9} \sum_{i=1}^{10} (f_i - \bar{f})^2} \qquad (8-3)$$

式中:δ——砖强度变异系数,精确至 0.01;

　　S——10 块砖强度标准差,精确至 0.01 MPa;

　　$\bar{f}$——10 块砖强度平均值,精确至 0.1 MPa;

　　f_i——单块砖强度测定值,精确至 0.01 MPa。

(3)当变异系数 $\delta \leq 0.2$ 工时,根据表 7-1 中的 $\bar{f}$ 和 f_k 指标评定砖的强度等级,f_k 按下式计算:

$$f_k = \bar{f} - 1.85S \qquad (8-4)$$

(4)当变异系数 $\delta > 0.21$ 时,根据表 8-1 中的 $\bar{f}$ 和 f_{min} 指标评定砖的强度等级。

f_{min} 指 10 块砖试样中的最小抗压强度值,精确至 0.1 MPa。

抗风化性能是烧结普通砖的重要耐久性指标之一,对砖的抗风化性能要求应根据各地区的风化程度而定。砖的抗风化性能通常用抗冻性、吸水率及饱和系数 3 项指标表示。饱和系数是指常温 24 h 吸水率与 5 h 沸煮吸水率之比。

原料中若夹带石灰或内燃料(粉煤灰、炉渣)中带入 CaO,在高温煅烧过程中生成过火石灰,在砖体内吸水膨胀,导致破坏,这种现象称为石灰爆裂。

2. 烧结普通砖的应用

烧结普通砖具有良好的耐久性,主要应用于承重和非承重墙体,以及柱、拱、窑炉、烟囱、市政管沟及基础等。

8.1.2　烧结多孔砖和烧结空心砖

烧结多孔砖的孔洞率要求大于 16%,一般超过 25%,孔洞尺寸小而多,且为竖向孔。多孔砖使用时孔洞方向平行于受力方向。主要用于六层及以下的承重砌体。烧结空心砖的孔洞率大于 35%,孔洞尺寸大而少,且为水平孔。空心砖使用时的孔洞通常垂直于受力方向。

主要用于非承重砌体。

多孔砖的技术性能应满足国家标准《烧结多孔砖》(GB 13544—2000)的要求。根据其尺寸规格分为 M 型和 P 型两类,如图 8-1 所示,其规格尺寸见表 8-2。圆孔直径必须≤22 mm,非圆孔内切圆直径≤15 mm。手抓孔一般为 30 ~ 40 mm × 75 ~ 85 mm。空心砖规格尺寸较多,常见形式如图 8-2 所示。

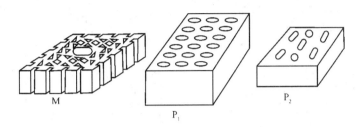

图 8-1　烧结多孔砖

表 8-2　烧结多孔砖规格尺寸

代号	长度(mm)	宽度(mm)	厚度(mm)
M	190	190	90
P	240	115	90

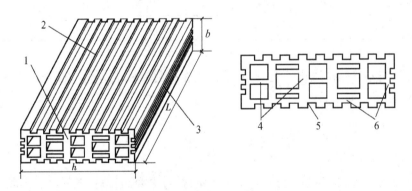

图 8-2　烧结空心砖
1—顶面;2—大面;3—条面;4—肋;5—凹线槽;6—外壁
L—长度;b—宽度;h—高度

与烧结普通砖相比,多孔砖和空心砖可节省黏土 20% ~ 30%,节约燃料 10% ~ 20%,减轻自重 30% 左右,且烧成率高,施工效率高,并改善绝热性能和隔声性能。

多孔砖根据抗压强度平均值和抗压强度标准值或抗压强度最小值分为 MU30、MU25、MU20、MU15、MU10 共 5 个强度等级。强度指标与烧结普通砖相同。并根据强度等级、尺寸偏差、外观质量和耐久性指标划分为优等品(A)、一等品(B)和合格品(C)。

空心砖的技术性能应满足国家标准《烧结空心砖和空心砌块》(GB 13545—2003)的要求。根据大面和条面抗压强度分为 MU10、MU7.5、MU5.0、MU3.5、MU2.5 共 5 个强度等级,同时按表观密度分为 800、900、1000、1100 共 4 个密度级别。并根据尺寸偏差、外观质量、强度等级和耐久性等分为优等品(A)、一等品(B)和合格品(C)3个等级。各技术指标见表8-3和表8-4。

表8-3　空心砖强度等级指标

强度等级	抗压强度(MPa)			密度等级范围（kg/m³）
	抗压强度平均值	变异系数 $\delta \leqslant 0.21$	变异系数 $\delta > 0.21$	
		强度标准值 f_k	单块最小抗压强度值 f_{min}	
MU10.0	≥10.0	≥7.0	≥8.0	≤1 100
MU7.5	≥7.5	≥5.0	≥5.8	
MU5.0	≥5.0	≥3.5	≥4.0	
MU3.5	≥3.5	≥2.5	≥2.8	
MU2.5	≥2.5	≥1.6	≥1.8	≤800

表8-4　空心砖密度等级

单位:kg/m³

密度等级	5块密度平均值	密度等级	5块密度平均值
800	≤800	1 000	901～1 000
900	801～900	1 100	1 001～1 100

多孔砖和空心砖的抗风化性能、石灰爆裂性能和泛霜性能等耐久性技术要求与烧结普通砖基本相同,吸水率相近。

项目8.2　砌　　块

建筑砌块的尺寸大于砖,并且为多孔或轻质材料,主要品种有:蒸压加气混凝土砌块、混凝土空心砌块(包括小型砌块和中型砌块两类)、粉煤灰砌块、轻集料混凝土砌块、煤矸石空心砌块、石膏砌块、菱镁砌块和大孔混凝土砌块等。其中目前应用较多的是蒸压加气混凝土砌块、混凝土小型空心砌块和粉煤灰砌块。

8.2.1　蒸压加气混凝土砌块

目前常用的蒸压加气混凝土砌块有以粉煤灰、水泥和石灰为主要原料生产的粉煤灰加气混凝土砌块和以水泥、石灰、砂为主要原料生产的砂加气混凝土砌块两大类。

8.2.1.1　规格尺寸

根据《蒸压加气混凝土砌块》(GB/T 11968—2006),加气混凝土砌块的长度一般为600 mm,宽度有100 mm、125 mm、150 mm、200 mm、250 mm、300 mm及120 mm、180 mm、240 mm等9种规格,高度有200 mm、240 mm、250 mm、300 mm等4种规格。在实际应用中,尺

寸可根据需要进行生产。因此,可适应不同砌体的需要。

8.2.1.2　强度及等级

抗压强度是加气混凝土砌块的主要指标,以 100 mm × 100 mm × 100 mm 的立方体试件强度表示,一组 3 块,根据平均抗压强度划分为 A1.0、A2.0、A2.5、A3.5、A5.0、A7.5、A10.0 共 7 个等级,同时要求各强度等级的砌块单块最小抗压强度分别不低于 0.8 MPa、1.6 MPa、2.0 MPa、2.8 MPa、4.0 MPa、6.0 MPa、8.0 MPa 的要求。

8.2.1.3　体积密度

加气混凝土砌块根据干燥状态下的体积密度划分为 B03、B04、B05、B06、B07、B08 共 6 个级别。各体积密度级别见表 8-5,体积密度和强度级别对照表见表 8-6。

表 8-5　蒸压加气混凝土砌块的干体积密度

体积密度级别		B03	B04	B05	B06	B07	B08
体积密度	优等品	300	400	500	600	700	800
	合格品	350	450	550	650	750	850

表 8-6　体积密度级别和强度级别对照表

体积密度级别		B03	B04	B05	B06	B07	B08
强度级别	优等品	A1.0	A2.0	A3.5	A5.0	A7.5	A10.0
	合格品			A2.5	A3.5	A5.0	A7.5

8.2.1.4　干燥收缩

加气混凝土的干燥收缩值一般较大,特别是粉煤灰加气混凝土,由于没有粗细集料的抑制作用,收缩率达 0.5 mm/m。因此,砌筑和粉刷时宜采用专用砂浆,并增设拉结钢筋或钢筋网片。

8.2.1.5　导热性能和隔声性能

加气混凝土中含有大量小气孔,导热系数为 0.10 ~ 0.20 W/(m·K),因此具有良好的保温性能,既可用于屋面保温,也可用于墙体自保温。加气混凝土的多孔结构,使得其具有良好的吸声性能,平均吸声系数可达 0.15 ~ 0.20。

8.2.1.6　加气混凝土砌块的应用

蒸压加气混凝土砌块具有表观密度小、导热系数小 0.10 ~ 0.20 W/(m·K)和隔声性能好等优点。B03、B04、B05 级一般用于非承重结构的围护和填充墙,也可用于屋面保温。B06、B07、B08 可用于不高于 6 层建筑的承重结构。在标高 ±0.000 以下,长期浸水或经常受干湿循环、受酸碱侵蚀以及表面温度高于 80 ℃ 的部位一般不允许使用蒸压加气混凝土砌块。

加气混凝土的收缩一般较大,容易导致墙体开裂和粉刷层剥落,因此,砌筑时宜采用专用砂浆,以提高黏结强度。粉刷时对基层应进行处理,并宜采用聚合物改性砂浆。

8.2.2 混凝土砌块

普通混凝土小型空心砌块(GB/T 8239—1997)主要以水泥、砂、石和外加剂为原材料，经搅拌成型和自然养护制成，空心率为25%～50%，采用专用设备进行工业化生产。

混凝土小型空心砌块于19世纪末期起源于美国，目前在各发达国家已经十分普及。它具有强度高、自重轻和耐久性好等优点，部分砌块还具有美观的饰面以及良好的保温隔热性能，适合于建造各种类型的建筑物，包括高层和大跨度建筑，以及围墙、挡土墙和花坛等设施，应用范围十分广泛。砌块建筑还具有使用面积增大、施工速度较快、建筑造价和维护费用较低等优点。但混凝土小型空心砌块的收缩较大易产生收缩变形、不便砍削施工和管线布置等不足之处。

混凝土小型空心砌块主要技术性能指标如下所述。

8.2.2.1 形状、规格

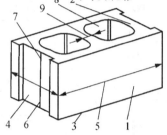

图8-3　砌块各部位的名称

1—条面；2—坐浆面(肋厚最小的面)；
3—铺浆面(肋厚较大的面)；
4—顶面；5—长度；6—宽度；
7—高度；8—壁；9—肋

混凝土砌块各部位的名称如图8-3所示，其中主规格尺寸为390 mm×190 mm×190 mm，空心率不小于25%。

根据尺寸偏差和外观质量分为优等品(A)、一等品(B)和合格品(C)三级。

为了改善单排孔砌块对管线布置和砌筑效果带来的不利影响，近年来对孔洞结构做了大量的改进：目前实际生产和应用较多的为双排孔、三排孔和多排孔结构。另一方面，为了确保肋与肋之间的砌筑灰缝饱满和布浆施工的方便，砌块的底部均采用半封底结构。

8.2.2.2 强度等级

根据混凝土砌块的抗压强度值划分为 MU3.5、MU5.0、MU7.5、MU10.0、MU15.0、MU20.0 共 6 个等级。抗压强度试验根据(GB/T 419—1997)进行。每组 5 个砌块，上、下表面用水泥砂浆抹平，养护后进行抗压试验，以 5 个砌块的平均值和单块最小值确定砌块的强度等级，见表8-7。

表8-7　混凝土砌块强度等级表

强度等级	砌块抗压强度		强度等级	砌块抗压强度	
	平均值不小于	单块最小值不小于		平均值不小于	单块最小值不小于
MU3.5	3.5	2.8	MU10.0	10.0	8.0
MU5.0	5.0	4.0	MU15.0	15.0	12.0
MU7.5	7.5	6.0	MU20.0	20.0	16.0

8.2.2.3 相对含水率

相对含水率指混凝土砌块出厂含水率与砌块的吸水率之比值，是控制收缩变形的重要指标。对年平均相对湿度大于75%的潮湿地区，相对含水率要求不大于45%；对年平均相

对湿度 RH 在 50% ~75% 的地区,相对含水率要求不大于 40%;对年平均相对湿度 RH <
50% 的地区,相对含水率要求不大于 35%。

8.2.2.4　抗渗性

用于外墙面或有防渗要求的砌块,尚应满足抗渗性要求。它以 3 块砌块中任一块水面
下降高度不大于 10 mm 为合格。

此外,混凝土砌块的技术性质常有抗冻性、干燥收缩值、软化系数和抗碳化性能等。由
于混凝土砌块的收缩较大,特别是肋厚较小,砌体的黏结面较小,黏结强度较低,砌体容易开
裂,因此应采用专用砌筑砂浆和粉刷砂浆,以提高砌体的抗剪强度和抗裂性能。同时应增加
构造措施。

8.2.3　粉煤灰砌块

粉煤灰砌块又称为粉煤灰硅酸盐砌块,是以粉煤灰、石灰、石膏和骨料,经加水搅拌、振
动成型、蒸汽养护而制成的实心砌块。粉煤灰砌块的主规格尺寸为 880 mm × 380 mm ×
240 mm,880 mm ×430 mm ×240 mm,其外观形状如图 8-4 所示,根据外观质量和尺寸偏差
可分为一等品(B)和合格品(C)两种。砌块的抗压强度、碳化后强度、抗冻性能和密度应符
合表 8-8 的规定。

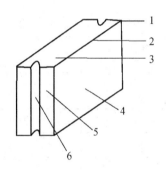

图 8-4　粉煤灰砌块各部位的名称
1—角;2—棱;3—坐浆面;4—侧面;5—端面;6—灌浆槽

表 8-8　粉煤灰砌块的性能指标

项目	指标	
	10 级	13 级
抗压强度(MPa)	3 块试块平均值不小于 10.0 单块最小值不小于 8.0	3 块试块平均值不小于 13.0 单块最小值不小于 10.5
人工碳化后强度(MPa)	不小于 6.0	不小于 7.5
抗冻性	冻融循环结束后,外观无明显疏松、剥落或裂缝,强度损失不大于 20%	
密度(kg/m³)	不超过设计密度 10%	
干缩值(mm/m)	一等品不大于 0.75,合格品不大于 0.90	

项目 8.3 复合墙体材料

单独一种墙板很难同时满足墙体的物理、力学和装饰性能要求,因此常常采用复合的方式满足建筑物内、外隔墙的综合功能要求,由于复合墙板和墙体品种繁多,这里仅介绍常用的几种复合墙板或墙体。

根据所用纤维材料的品种和胶结材料的种类,目前主要品种有:纤维增强水泥平板(TK 板)、玻璃纤维增强水泥复合内隔墙平板和复合板(GRC 外墙板)、钢筋混凝土岩棉复合外墙板(包括薄壁混凝土岩棉复合外墙板)、石棉水泥复合外墙板(包括平板)、钢丝网岩棉夹芯板(GY 板)等十几种。

8.3.1 纤维增强水泥平板(TK 板)

纤维增强水泥平板是以低碱水泥、中碱玻璃纤维或短石棉纤维为原料,在圆网抄取机上制成的薄型建筑平板。主要技术性能见表 8-9。耐火极限为 9.3 ~ 9.8 min;导热系数为 0.58 W/(m·K)。常用规格为:长 1 220 mm、1 550 mm、1 800 mm;宽 820 mm;厚 40 mm、50 mm、60 mm、80 mm。适用于框架结构的复合外墙板和内墙板。

表 8-9 TK 板主要技术性能

指标	优等品	一等品	合格品
抗折强度(MPa)	18.0	13.0	7.0
抗冲击(kJ/m^2)	2.8	2.4	1.9
吸水率(%)	25.0	28.0	32.0
密度(g/cm^3)	1.8	1.8	1.6

8.3.2 玻璃纤维增强水泥复合墙板(GRC 外墙板)

按照其形状可分为 GRC 平板和 GRC 轻质多孔条板。GRC 平板由耐碱玻璃纤维、低碱度水泥、轻集料和水为主要原料所制成。它具有密度低、韧性好、耐水、不燃烧和可加工性好等特点。其生产工艺主要有两种,即喷射—抽吸法和布浆—脱水—辊压法,前一种方法生产的板材又称为 S-GRC 板,后一种称为雷诺平板。以上两种板材的主要技术性质有:密度不大于 1 200 kg/m^3,抗弯强度不小于 8 MPa,抗冲击强度不小于 3 kJ/m^2,干湿变形不大于 0.15%,含水率不大于 10%,吸水率不大于 35%,导热系数不大于 0.22 W/(m·K),隔声系数不小于 22 dB 等。GRC 平板可以作为建筑物的内隔墙和吊顶板,经过表面压花、覆涂之后也可作为建筑物的外墙。

GRC 轻质多孔条板是以耐碱玻璃纤维为增强材料,以硫铝酸盐水泥轻质砂浆为基材制成的具有若干圆孔的条形板。GRC 轻质多孔条板的生产方式很多,有挤压成型、立模成型、喷射成型、预拌泵注成型和铺网抹浆成型等。根据其板的厚度可分为 60 型、90 型和 120 型(单位为 mm)。参照建材行业标准《玻璃纤维增强水泥轻质多孔隔墙条板》(JC 666—

1997),其主要技术性质有:抗折破坏荷重不小于板重的 0.75 倍,抗冲击次数不小于 3 次,干燥收缩不大于 0.8 mm/m,隔声量不小于 30 dB,吊挂力不小于 800 N 等。该条板主要用于建筑物的内外非承重墙体,抗压强度超过 10 MPa 的板材也可用于建筑物的加层和两层以下建筑的内外承重墙体。

GRC 复合外墙板是以低碱水泥砂浆做基材,耐碱玻璃纤维做增强材料制成面层,内设钢筋混凝土肋,并填充绝热材料内芯,一次制成的一种轻质复合墙板。GRC 复合外墙板的 GRC 面层具有高强度、高韧性、高抗渗性、高耐久性,内芯具有良好的隔热性和隔声性,适合于框架结构建筑的非承重外墙挂板。

8.3.3　钢筋混凝土岩棉复合外墙板

它包括承重混凝土岩棉复合外墙板和非承重薄壁混凝土岩棉复合外墙板。承重混凝土岩棉复合外墙板主要用于大模和大板高层建筑,非承重薄壁混凝土岩棉复合外墙板可用于框架轻板体系和高层大模体系的外墙工程。

承重混凝土岩棉复合外墙板一般由 150 mm 厚钢筋混凝土结构承重层、50 mm 厚岩棉绝热层和 50 mm 混凝土外装饰保护面层构成;非承重薄壁混凝土岩棉复合外墙板由 50 mm(或 70 mm)厚钢筋混凝土结构承重层、80 mm 厚岩棉绝热层和 30 mm 混凝土外装饰保护面层组成。绝热层的厚度可根据各地气候条件和热工要求予以调整。

8.3.4　石棉水泥复合外墙板

这种复合板是以石棉水泥平板(或半波板)为覆面板,填充保温芯材,石膏板或石棉水泥板为内墙板,用龙骨为骨架,经复合而成的一种轻质、保温非承重外墙板。其主要特性由石棉水泥平板决定,它是以石棉纤维和水泥为主要原料,经抄坯、压制、养护而成的薄型建筑平板。表观密度为 1 500 ~ 1 800 kg/m³,抗折强度为 17 ~ 20 MPa。

8.3.5　钢丝网岩棉夹芯板(GY 板)

这是一种采用钢丝网片和半硬质岩棉复合而成的墙板。面密度约 110 kg/m²,热阻 0.8 m²·K/W(板厚 100 mm,其中岩棉 50 mm,两面水泥砂浆各 25 mm),隔声系数大于 40 dB。适用于建筑物的承重或非承重墙体,也可预制门窗及各种异形构件。

项目 8.4　屋 面 材 料

屋面材料主要为各类瓦制品,按成分分为黏土瓦、水泥瓦、石棉水泥瓦、钢丝网水泥大波瓦、塑料大波瓦和沥青瓦等;按生产工艺分为压制瓦、挤制瓦和手工光彩脊瓦;按形状分有平瓦、波形瓦、脊瓦。新型屋面材料主要有轻钢彩色屋面板、铝塑复合板等。黏土瓦现已淘汰使用,故不再赘述。

8.4.1　石棉水泥瓦

石棉水泥瓦是以温石棉纤维与水泥为原料,经加水搅拌、压滤成型、蒸养、烘干而成的轻型屋面材料。有大波、中波和小波三种类型。石棉水泥瓦具有防火、防腐、耐热、耐寒和绝缘等性能,大量应用于工业建筑,如厂房、库房和堆货棚等。农村中的住房也常有应用。

石棉水泥瓦受潮和遇水后,强度会有所下降。石棉纤维对人体健康有害,很多国家已禁止使用。石棉水泥瓦根据抗折力、吸水率、外观质量等分为优等品、一等品和合格品3个等级。其规格和物理力学性能见表8-10。

表8-10 石棉水泥瓦的规格和物理力学性能

种类、规格及级别 性能		大波瓦 280 mm×994 mm×7.5 mm			中波瓦 2 400 mm×745 mm×6.5 mm 1 800 mm×745 mm×6.0 mm			小波瓦 1 800 mm×720 mm×6.0 mm 1 800 mm×720 mm×5.0 mm		
级别		优等品	一等品	合格品	优等品	一等品	合格品	优等品	一等品	合格品
抗折力	横向(N/m)	3 800	3 300	2 900	4 200	3 600	3 100	3 200	2 800	2 400
	纵向(N/m)	470	450	430	350	330	320	420	360	300
吸水率(%)		26	28	29	26	28	28	25	26	26
抗冻性		25 次冻融循环后不得有起层等破坏现象								
不透水性		浸水后瓦体背面允许出现滴斑,但不允许出现水滴								
抗冲击性		在相距 60 cm 处进行观察,冲击一次后被击处不得出现龟裂、剥落、贯通孔及裂纹								

8.4.2 钢丝网水泥波瓦

钢丝网水泥波瓦是普通水泥瓦中间设置一层低碳冷拔钢丝网,成型后再经养护而成的大波波形瓦。其规格有两种,一种长 1 700 mm,宽 830 mm,厚 14 mm,重约 50 kg;另一种长 1 700 mm,宽 830 mm,厚 12 mm,重约 39 ~ 49 kg。脊瓦每块约 15 ~ 16 kg。脊瓦要求瓦的初裂荷载每块不小于 2 200 N。在 100 mm 的静水压力下,24 h 后瓦背无严重印水现象。

钢丝网水泥大波瓦,适用于工厂散热车间、仓库及临时性建筑的屋面,有时也可用作这些建筑的围护结构。

8.4.3 玻璃钢波形瓦

玻璃钢波形瓦是以不饱和树脂和无捻玻璃纤维布为原料制成的。其尺寸为长 1 800 mm,宽 740 mm,厚 0.8 ~ 2 mm。这种瓦质轻、强度大、耐冲击、耐高温、透光、有色泽,适用于建筑遮阳板及车站月台,集贸市场等简易建筑的屋面。但不能用于与明火接触的场合。当用于有防火要求的建筑物时,应采用难燃树脂。

8.4.4 聚氯乙烯波纹瓦

聚氯乙烯波纹瓦,又称塑料瓦楞板,它是以聚氯乙烯树脂为主体,加入其他助剂,经塑化、压延、压波而制成的波形瓦。它具有轻质、高强、防水、耐腐、透光和色彩鲜艳等优点,适用于凉棚、果棚、遮阳板和简易建筑的屋面。常用规格为 1 000 ~ [750 × (1.5 ~ 2)] mm。抗拉强度 45 MPa,静弯强度 80 MPa,热变形特征为 60 ℃时 2 h 不变形。

8.4.5 彩色混凝土平瓦

彩色混凝土平瓦以细石混凝土为基层,面层覆制各种颜料的水泥砂浆,经压制而成。具有良好的防水和装饰效果,且强度高、耐久性良好,近年来发展较快。彩色混凝土平瓦的规格与黏土瓦相似。此外,建筑上常用的屋面材料还有沥青瓦、铝合金波纹瓦、陶瓷波形瓦和玻璃曲面瓦等。

8.4.6 油毡(沥青)瓦

彩色沥青瓦是以玻璃纤维毡为胎基,经浸涂石油沥青后,一面覆盖彩色矿物粒料,另一面撒以隔离材料所制成的瓦状屋面防水材料。它主要用于各类民用住宅,特别是多层住宅、别墅的坡屋面防水工程。由于彩色沥青瓦具有色彩鲜艳丰富,形状灵活多样,施工简便无污染,产品质轻性柔,使用寿命长等特点,在坡屋面防水工程中得到了广泛的应用。

彩色沥青瓦在国外已有 80 多年的历史。在一些工业发达国家,特别是美国,彩色沥青瓦的使用已占整个住宅屋面市场的 80% 以上。在国内,近几年来,随着坡屋面的重新崛起,作为坡屋面的主选瓦材之一,彩色沥青瓦的发展越来越快。

沥青瓦的胎体材料对强度、耐水性、抗裂性和耐久性起主导作用,胎体材料主要有聚酯毡和破纤毡两种。破纤毡具有优良的物理化学性能,抗拉强度大,裁切加工性能良好,与聚酯毡相比,破纤毡在浸涂高温熔融沥青时表现出更好的尺寸稳定性。

石油沥青是生产沥青瓦的传统黏结材料,具有黏结性、不透水性、塑性、大气稳定性均较好以及来源广泛和价格相对低廉等优点。宜采用低含蜡量的 100 号石油沥青和 90 号高等级道路沥青,并经氧化处理。此外,涂盖料、增粘剂、矿物粉料填充、覆面材料对沥青瓦的质量也有直接影响。

8.4.7 琉璃瓦

琉璃瓦是素烧的瓦坯表面涂以琉璃釉料后再经烧制而成的制品。这种瓦表面光滑、质地坚密、色彩美丽、耐久性好,但成本较高,一般多用于古建筑修复,仿古建筑及园林建筑中的亭、台、楼阁使用。

项目 8.5 其他墙体材料

8.5.1 纤维增强硅酸钙板

纤维水泥(硅酸钙)板预制复合墙板是以薄型纤维水泥或纤维增强硅酸钙板作为面板,中间填充轻质芯材一次复合形成的一种轻质复合板材,可作为建筑物的内隔墙、分户墙和外墙。主要材料为纤维水泥薄板或纤维增强硅酸钙薄板(厚度为 4 mm、5 mm),芯材采用普通硅酸盐水泥、粉煤灰、泡沫聚苯乙烯粒料、外加剂和水等拌制而成的混合料。

它通常称为"硅钙板",是由钙质材料、硅质材料和纤维作为主要原料,经制浆、成坯、蒸压养护而成的轻质板材,其中建筑用板材厚度一般为 5 ~ 12 mm。制造纤维增强硅酸钙板的钙质原料为消石灰或普通硅酸盐水泥,硅质原料为磨细石英砂、硅藻土或粉煤灰,纤维可用石棉或纤维素纤维。同时为进一步减低板的密度并提高其绝热性,可掺入膨胀珍珠岩;为进一步提高板的耐火极限温度并降低其在高温下的收缩率,有时也加入云母片等材料。

硅钙板按其密度可分为D0.6、D0.8、D1.0等3种,按其抗折强度、外观质量和尺寸偏差可分为优等品、一等品和合格品3个等级。导热系数为0.15~0.29W/(m·K)。

该板材具有密度低、比强度高、湿胀率小、防火、防潮、防霉蛀和加工性良好等优点,主要用作高层、多层建筑或工业厂房的内隔墙和吊顶,经表面防水处理后可用作建筑物的外墙板。由于该板材具有很好的防火性,特别使用于高层、超高层建筑。

复合墙板两面层采用纤维水泥薄板或纤维增强硅酸钙薄板,中间为轻混凝土夹芯层。长度可为2 450 mm、2 750 mm、2 980 mm;宽度为600 mm;厚度为60 mm、90 mm。

8.5.2 聚苯模块混凝土复合绝热墙体

聚苯模块混凝土复合绝热墙体是将聚苯乙烯泡沫塑料板组成模块,并在现场连接成模板,在模板内部放置钢筋和浇筑混凝土,此模板不仅是永久性模板,而且也是墙体的高效保温隔热材料。聚苯板组成聚苯模块时往往设置一定数量的高密度树脂腹筋,并安装连接件和饰面板。此种方式不仅可以不使用木模或钢模,加快施工进度;而且由于聚苯模板的保温保湿作用,便于夏冬两季施工中混凝土强度的增长;在聚苯板上可以十分方便地进行开槽、挖孔以及铺设管道、电线等操作。

8.5.3 金属面夹芯板

随着轻钢结构的广泛应用,金属面夹芯板也得到了较大发展。目前,主要有金属面硬质聚氨酯夹芯板(JC/T 868—2000)、金属面聚苯乙烯夹芯板(JC 689—1998)、金属面岩棉和矿渣棉夹芯板(JC/T 869—2000)等。

金属面夹芯板通常采用的金属面材料见表8-11。

表8-11 金属面夹芯板常用面材种类

面材种类	厚度(mm)	外表面	内表面	备注
彩色喷涂钢板	0.5~0.8	热固化型聚酯树脂涂层	热固化型环氧树脂涂层	金属基材热镀锌钢板,外表面两涂两烘,内表面一涂一烘
彩色喷涂镀铝锌板	0.5~0.8	热固化型丙烯树脂涂层	热固化型环氧树脂涂层	金属基材铝板,外表面两涂两烘,内表面一涂一烘
镀锌钢板	0.5~0.8	—	—	—
不锈钢板	0.5~0.8	—	—	—
铝板	0.5~0.8	—	—	可用压花铝板
钢板	0.5~0.8	—	—	—

8.5.4 石膏墙板

石膏墙板是以石膏为主要原料制成的墙板的统称,包括纸面石膏板、石膏纤维板、石膏空心条板和石膏刨花板等,主要用作建筑物的隔墙、吊顶等。

纸面石膏板是以熟石膏为胶凝材料,掺入适量添加剂和纤维作为板芯,以特制的护面纸作为面层的一种轻质板材。按照其用途可分为普通纸面石膏板(P)、耐水纸面石膏板(S)和耐火纸面石膏板(H)3 种。

石膏纤维板由熟石膏、纤维(废纸纤维、木纤维或有机纤维)和多种添加剂加水组合而成,按照其结构主要分为 3 种:一种是单层均质板,一种是三层板(上、下面层为均质板,芯层为膨胀珍珠岩、纤维和胶料组成),还有一种为轻质石膏纤维板(由熟石膏、纤维、膨胀珍珠岩和胶料组成,主要做天花板)。石膏纤维板不以纸覆面并采用半干法生产,可减少生产和干燥时的能耗,且具有较好的尺寸稳定性和防火、防潮、隔声性能以及良好的可加工性和二次装饰性。

石膏空心条板是以熟石膏为胶凝材料,掺入适量的水、粉煤灰或水泥和少量的纤维,同时掺入膨胀珍珠岩为轻质骨料,经搅拌、成型、抽芯和干燥等工序制成的空心条板,包括石膏、石膏珍珠岩和石膏粉煤灰硅酸盐空心条板等。

石膏刨花板以熟石膏为胶凝材料,木质刨花碎料为增强材料,外加适量的水和化学缓凝助剂,经搅拌形成半干性混合料,在 2.0～3.5 MPa 的压力下成型并维持在该受压状态下完成石膏和刨花的胶结所形成的板材。

以上几种板材均是以熟石膏作为其胶凝材料和主要成分,其性质接近,主要有以下几个。

(1)防火性好。石膏板中的二水石膏含 20% 左右的结晶水,在高温下能释放出水蒸气,降低表面温度、阻止热的传导或窒息火焰达到防火效果,且不产生有毒气体。

(2)绝热、隔声性能好。石膏板的导热系数一般小于 0.20 W/(m·K),故具有良好的保温绝热性能。石膏板的孔隙率高,表观密度小(<900 kg/m³),特别是空心条板和蜂窝板,表观密度更小,吸声系数可达 0.25～0.30。故具有较好的隔声效果。

(3)抗震性能好。石膏板表观密度小,结构整体性强,能有效地减弱地震作用和承受较大的层间变位,特别是蜂窝板,抗震性能更佳,特别适用于地震区的中高层建筑。

(4)强度低。石膏板的强度均较低。一般只能作为非承重的隔墙板。

(5)耐干湿循环性能差,耐水性差。石膏板具有很强的吸湿性,吸湿后体积膨胀,严重时可导致晶型转变、结构松散、强度下降。故石膏板不宜在潮湿环境及经常受干湿循环的环境中使用。若经防水处理或粘贴防水纸后,也可以在潮湿环境中使用。

石膏板复合墙板,指用纸面石膏板为面层、绝热材料为芯材的预制复合板。石膏板复合墙体,指用纸面石膏板为面层,绝热材料为绝热层,并设有空气层与主体外墙进行现场复合,用做外墙内保温复合墙体。

预制石膏板复合墙板按照构造可分为纸面石膏复合板、纸面石膏聚苯龙骨复合板和无纸石膏聚苯龙骨复合板,所用绝热材料主要为聚苯板、岩棉板或玻璃棉板。

现场拼装石膏板内保温复合外墙采用石膏板和聚苯板复合龙骨,在龙骨间用塑料钉挂装绝热板保温层、外贴纸面石膏板,在主体外墙和绝热板之间留有空气层。

8.5.5　纤维复合板

纤维复合板的基本形式有 3 类:第一类是在黏结料中掺加各种纤维质材料经"松散"搅

拌复制在长纤维网上制成的纤维复合板;第二类是在两层刚性胶结材料之间填充一层柔性或半硬质纤维复合材料,通过钢筋网片、连接件和胶结作用构成复合板材;第三类是以短纤维复合板作为面板,再用轻钢龙骨等复制岩棉保温层和纸面石膏板构成复合墙板。复合纤维板材集轻质、高强、高韧性和耐水性于一体,可以按要求制成任意规格的形状和尺寸,适用于外墙及内墙面承重或非承重结构。

8.5.6 混凝土墙板

混凝土墙板由各种混凝土为主要原料加工制作而成。主要有蒸压加气混凝土板、挤压成型混凝土多孔条板和轻骨料混凝土配筋墙板等。

蒸压加气混凝土板是由钙质材料(水泥 + 石灰或水泥牛矿渣)、硅质材料(石英砂或粉煤灰)、石膏、铝粉、水和钢筋组成的轻质板材,其内部含有大量微小、封闭的气孔,孔隙率达 70% ~80%,因而具有自重小、保温隔热性好和吸声性强等特点,同时具有一定的承载能力和耐火性,主要用作内、外墙板,屋面板或楼板。

轻骨料混凝土配筋墙板是以水泥为胶凝材料,陶粒或天然浮石为粗骨料,陶砂、膨胀珍珠岩砂、浮石砂为细骨料,经搅拌、成型、养护而制成的一种轻质墙板。为增强其抗弯能力,常常在内部轻骨料混凝土浇筑完后铺设钢筋网片。在每块墙板内部均设置 6 块预埋铁件,施工时与柱或楼板的预埋钢板焊接相连,墙板接缝处需采取防水措施(主要为构造防水和材料防水两种)。

混凝土多孔条板是以混凝土为主要原料的轻质空心条板。按其生产方式分为固定式挤压成型、移动式挤压成型两种;按其混凝土的种类有普通混凝土多孔条板、轻骨料混凝土多孔条板、VRC 轻质多孔条板等。其中 VRC 轻质多孔条板是以快硬型硫铝酸盐水泥掺入 35% ~40% 的粉煤灰为胶凝材料,以高强纤维为增强材料,掺入膨胀珍珠岩等轻骨料而制成的一种板材。以上混凝土多孔条板主要用作建筑物的内隔墙。

习　　题

一、填空题

1.烧结普通砖按抗压强度分为_____、_____、_____、_____、_____ 5 个强度等级。

2.烧结普通砖按照烧结工艺不同主要分为_____和_____。

3.烧结普通砖的抗风化性通常以其_____、_____及_____等指标判别。

4.砌块通常分为_____、_____和_____ 3 种。

5.水泥类墙用板材可分为_____、_____、_____和_____墙板。

二、判断题

1.建筑工程中常用的非烧结砖有灰砂砖、粉煤灰砖、混凝土小型空心砌块等。　　(　　)

2.制砖时把煤渣等可燃性工业废料掺入制坯原料中,这样烧成的砖叫内燃砖,这种砖的表观密度较小,强度较低。　　　　　　　　　　　　　　　　　　　　　(　　)

3.空心砖的孔为竖孔,隔热性好,强度高,用做承重墙。多孔砖则相反,用做非承重墙。

(　　)

4. 红砖是在氧化气氛中烧得,青砖是在还原气氛中烧得。　　　　　　（　　）

5. 黏土质砂岩可用于水工建筑物中。　　　　　　　　　　　　　　（　　）

三、单项选择题

1. 烧结空心砖是指孔洞率≥（　　　）%的砌块。

A. 15　　　　　　　　　　　　　　　B. 35

C. 20　　　　　　　　　　　　　　　D. 25

2. 空心砌块是指空心率≥（　　　）%的砌块。

A. 10　　　　　　　　　　　　　　　B. 15

C. 20　　　　　　　　　　　　　　　D. 25

3. 蒸压加气混凝土砌块常用（　　　）粉作为发气剂。

A. 铝　　　　　　　　　　　　　　　B. 铜

C. 铁　　　　　　　　　　　　　　　D. 石灰

4. 烧结普通砖 1 m。砖砌体大约需要砖（　　　）块。

A. 480　　　　　　　　　　　　　　　B. 500

C. 520　　　　　　　　　　　　　　　D. 512

四、多项选择题

1. 用于砌体结构墙体的材料,主要有（　　　）。

A. 砖　　　　　　　　　　　　　　　B. 砌块

C. 木板　　　　　　　　　　　　　　D. 墙板

2. 强度和抗风化性能合格的烧结多孔砖,根据（　　　）等分为优等品（A）、一等品（B）和
合格品（C）3 个质量等级。

A. 尺寸偏差　　　　　　　　　　　　B. 外观质量

C. 孔型及孔洞排列　　　　　　　　　D. 泛霜

E. 石灰爆裂

3. 烧结多孔砖常用规格分为（　　　）型和（　　　）型两种。

A. M　　　　　　　　　　　　　　　B. N

C. O　　　　　　　　　　　　　　　D. P

4. 蒸压灰砂砖是以（　　　）、（　　　）为主要原料,经配料、成型、蒸压养护而成。

A. 粉煤灰　　　　　　　　　　　　　B. 石灰

C. 砂　　　　　　　　　　　　　　　D. 水泥

5. 利用煤矸的和粉煤灰等工业废渣烧砖,可以（　　　）。

A. 减少环境污染　　　　　　　　　　B. 节约黏土和保护大片良田

C. 节约大量燃料煤　　　　　　　　　D. 大幅度提高产量

五、问答题

1. 简述各种岩石的形成过程及分类。

2. 简述常用建筑石材的开采方法。

3. 常用的建筑石材有哪些? 简述各自品种的用途和技术性质。

4. 烧结普通砖的种类、技术性质、强度等级主要有哪些?

5. 烧结多孔砖与烧结普通砖相比的主要优点有哪些?

6. 混凝土小型空心砌块的主要技术性质有哪些?

7. 简述常用的建筑砌块有哪些?

8. 墙体、屋面材料的主要品种有哪些?

六、计算题

某烧结普通砖抽样 10 块作抗压强度试验(每块砖的受压面积以 120 mm × 115 mm 计),结果见表 8-12。确定该砖的强度等级。

表 8-12　某烧结普通砖抗压强度试验结果

编号	1	2	3	4	5	6	7	8	9	10
破坏荷载(kN)	266	235	221	183	238	259	225	280	220	250
抗压强度(MPa)										

模块9　建筑钢材

建筑钢材是主要的建筑材料之一,其力学性能、工艺性能、冷加工是学习的重点和难点。钢结构用钢和混凝土结构用钢筋是建筑工程使用最广的两大类钢材,在学习时,要能综合他们的各项技术性能指标,根据工程实际情况做出合理选材。

建筑钢材是指用于钢结构的各种型钢(如圆钢、角钢、槽钢、工字钢等)、钢板和用于钢筋混凝土的各种钢筋、钢丝。

项目9.1　钢材的基本知识

建筑钢材具有较高的强度,有良好的塑性和韧性,能承受冲击和振动荷载;可焊接或铆接,易于加工和装配,是建筑工程的主要原材料之一。但钢材也存在易锈蚀及耐火性差等缺点。

现代建筑工程中大量使用的钢材主要有两类,一类是钢筋混凝土用钢材,与混凝土共同构成受力构件;另一类则为钢结构用钢材,充分利用其轻质高强的优点,用于建造大跨度、大空间或超高层建筑。

9.1.1　钢的分类

9.1.1.1　钢按其化学成分分类

钢是以铁为主要元素,含碳量为 0.02% ~ 2.06%,并含有其他元素的铁碳合金。钢按化学成分可分为碳素钢和合金钢两大类。

1.碳素钢

碳素钢指含碳量为 0.02% ~ 2.06% 的 Fe-C 合金。碳素钢根据含碳量可分为:含碳量 <0.25% 的低碳钢;含碳量为 0.25% ~ 0.6% 的中碳钢;含碳量 >0.6% 的高碳钢。

2.合金钢

合金钢是在碳素钢中加入某些合金元素(锰、硅、钒、钛等),以改善钢的性能或使其获得某些特殊性能。合金钢按掺入合金元素的总量可分为:合金元素总含量 <5% 的低合金钢;合金元素总含量为 5% ~ 10% 的中合金钢;合金元素总含量 >10% 的高合金钢。

9.1.1.2　钢按其质量分类

含硫量≤0.050%;含磷量≤0.045%的普通钢;含硫量≤0.035%,含磷量≤0.035%的优质钢;含硫量≤0.025%,含磷量≤0.025%的高优质钢。

9.1.1.3　钢按其用途分类

结构钢:钢结构用钢和混凝土结构用钢;工具钢:用于制作刀具、量具和模具等用钢;特殊钢:如不锈钢、耐酸钢、耐热钢和磁钢等。

9.1.1.4　钢按其炼钢过程中脱氧程度不同分类

沸腾钢,代号为 F;镇静钢,代号为 Z;半镇静钢,代号为 b;特殊镇静钢,代号为 TZ。目前,在建筑工程中常用的钢种是普通碳素结构钢和普通低合金结构钢。

9.1.2　钢的化学成分对钢材的影响

用生铁冶炼钢材时,会从原料、燃料中引入一些其他元素,这些元素存在于钢材的组织结构中,对钢材的结构和性能有重要的影响,可分为两类:一类能改善钢材的性能称为合金元素,主要有硅、锰、钛、钒和铌等;另一类能劣化钢材的性能,属钢材的杂质元素,主要有氧、硫、氮和磷等。

9.1.2.1　碳

碳是决定钢材性质的主要元素。钢材随含碳量的增加,强度和硬度相应提高,而塑性和韧性相应降低。当含碳量超过 1% 时,因钢材变脆,强度反而下降,同时,钢材的含碳量增加,还将使钢材冷弯性、焊接性及耐锈蚀性质下降,并增加钢材的冷脆性和时效敏感性,降低抗腐蚀性和可焊性。建筑工程用钢材含碳量不大于 0.8%,含碳量对热轧碳素钢性能的影响如图 9-1 所示。

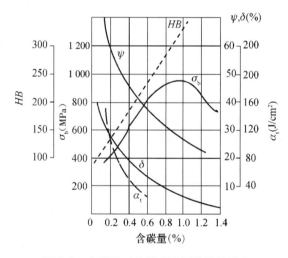

图 9-1　含碳量对热轧碳素钢性能的影响

9.1.2.2　硅、锰

硅和锰是在炼钢时为了脱氧去硫而加入的元素。硅是钢的主要合金元素,含量小于 1% 时,能提高钢材的强度,而对塑性和韧性没有明显影响。但硅含量超过 1% 时,冷脆性增加,可焊性变差。锰是低合金结构钢的主要合金元素,含量一般在 1%～2%,能消除钢热脆性,改善热加工性质。

9.1.2.3　硫、磷

硫、磷都是钢材的有害元素。硫和铁化合成硫化铁,散布在纯铁体层中,当温度在 800～100 ℃时熔化而使钢材出现裂纹,称为"热脆"现象,使钢的焊接性变坏,硫还能降低钢的塑性和冲击韧性;磷使钢材在低温时韧性降低并容易产生脆性破坏,称为"冷脆"现象。

9.1.2.4 氧、氮

氧、氮是在炼钢过程中进入钢液的,也是有害元素,可显著降低钢材的塑性、韧性、冷弯性及可焊性等。

9.1.2.5 钛、钒、铌

钛、钒、铌均是钢的脱氧剂,也是合金钢常用的合金元素。可改善钢的组织、细化晶粒、改善韧性和显著提高钢材的强度。

项目 9.2 建筑钢材性能

钢材的主要性能包括力学性能和工艺性能。力学性能是钢材最重要的使用性能,包括拉伸性能、塑性、韧性及硬度等。工艺性能表示钢材在各种加工过程中表现出的性能,包括冷弯性能和可焊性。

9.2.1 力学性能

9.2.1.1 拉伸性能

钢材有较高的抗拉性能,拉伸性能是建筑用钢材的重要性能。钢材受拉时,在产生应力的同时,相应地产生应变。应力和应变关系曲线反映出钢材的主要力学特征。以低碳钢的应力—应变曲线为例,如图 9-2 所示,低碳钢从开始受力至拉断可分为 4 阶段:弹性阶段(OA)、屈服阶段(AB)、强化阶段(BC)、颈缩阶段(CD)。

1. 弹性阶段

图中 OA 应力与应变成正比。此时若卸去外力,试件能恢复原来的形状。A 点对应的应力值称为弹性极限,用 σ_e 表示,应力与应变的比值为常数,称为弹性模量,用 E 表示,$E = \sigma/\varepsilon$,单位 MPa。弹性模量反映钢材的刚度,是计算结构受力变形的重要指标,建筑工程中常用钢材的弹性模量为 $(2.0 \sim 2.1) \times 10^5$ MPa。

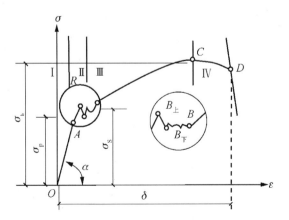

图 9-2　低碳钢受拉应力应变曲线

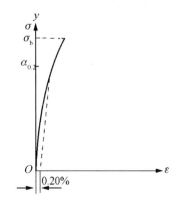

图 9-3　中碳钢、高碳钢受拉应力应变曲线

2. 屈服阶段

当应力超过 A 点后,应力和应变失去线性关系,此时应变迅速增长,而应力增长滞后于应变增长,出现塑性变形,这种现象称为屈服。一般取波动应力相对稳定的 B 下点对应的应力作为材料的屈服强度(又称屈服点),用 σ_F 表示。

对于屈服现象不明显的钢材,如高碳钢,规范规定卸载后残余应变为 0.2% 时对应的应力值作为屈服强度,用 $\sigma_{0.2}$ 表示,如图 9-3 所示。

钢材受力大于屈服点后,会出现较大的塑性变形,已不能满足使用要求,因此屈服强度 σ_s 是建筑设计中钢材强度取值的依据,是工程结构计算中非常重要的一个参数。

3. 强化阶段

当应力超过 B 点后,由于钢材内部晶格扭曲、晶粒破碎等原因,阻止了塑性变形的进一步发展,钢材抵抗外力的能力重新提高,如图 9-2 所示中的 BC 段,称为强化阶段。对应于最高点 C 点的应力称为极限抗拉强度,简称抗拉强度,用 σ_b 表示。

σ_b 是钢材受拉时所能承受的最大应力值,屈服强度与抗拉强度的比值称屈强比 σ_s/σ_b,反映钢材的利用率和结构安全可靠程度。屈强比越小,其结构的安全可靠程度越高,但屈强比过小,又说明钢材强度的利用率偏低,造成钢材浪费,建筑结构合理的屈强比为 $0.6 \sim 0.75$。

4. 颈缩阶段

钢材受力达到 C 点后,试件薄弱处的断面将显著减小,塑性变形急剧增加,产生"颈缩"现象而断裂,如图 9-4 所示。

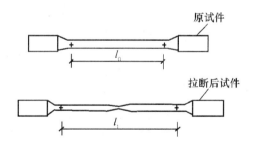

图 9-4 试件拉伸前和断裂后标距的长度

塑性是钢材的一个重要性能指标,通常用伸长率 δ 来表示。计算式如下:

$$\delta = \frac{L_1 - L_0}{L_0} \times 100\% \tag{9-1}$$

式中:δ——伸长率(当 $L_0 = 5d_0$ 时,为 δ_5;当 $L_0 = 10d_0$ 时,为 δ_{10});

L_1——试件拉断后标距间的长度,mm;

L_0——试件原标距间长度($L_0 = 5d_0$ 或 $L_0 = 10d_0$),mm。

伸长率是评定钢材塑性的指标,δ 越大,表示钢材塑性越好。钢材拉伸试件通常取 $L_0 = 5d_0$ 或 $L_0 = 10d_0$,其伸长率分别以 δ_5 和 δ_{10} 表示对于同一种钢材,$\delta_5 > \delta_{10}$。

9.2.1.2 冲击韧性

冲击韧性是指钢材抵抗冲击荷载作用而不被破坏的能力。冲击韧性指标是通过冲击试验确定的,如图9-5所示。以摆锤冲击试件,试件冲断时缺口处单位面积上所消耗的功即为冲击韧性指标,用 α_k 表示。α_k 值愈大,钢材的冲击韧性愈好。

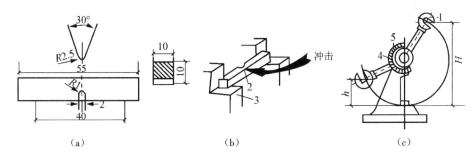

图9-5　冲击韧性试验

(a)试件尺寸　(b)试验装置　(c)试验机

1—摆锤;2—试件;3—试验台;4—刻度盘;5—指针;H—摆锤扬起高度;h—摆锤向后摆动高度

钢材的化学成分、内存缺陷、加工工艺及环境温度都会影响钢材的冲击韧性,钢材的冲击韧性受下列因素影响。

1. 钢材的化学组成与组织状态

钢材中硫、磷的含量高时,冲击韧性显著降低。细晶粒结构比粗晶粒结构的冲击韧性要高。

2. 钢材的轧制、焊接质量

沿轧制方向取样的冲击韧性高;焊接钢件处形成的热裂纹及晶体组织的不均匀,会使 α_k 显著降低。

3. 环境温度

当温度较高时,冲击韧性较大。试验表明,冲击韧性随温度的降低而下降,其规律是开始时下降较平缓,当达到一定温度范围时,冲击韧性会突然下降很多而呈现脆性,这种现象称为钢材的冷脆性。发生冷脆性的温度范围,称为脆性转变温度范围。钢材冲击韧性随温度变化如图9-6所示。其数值愈低,说明钢材的低温冲击性能愈好。所以在负温下使用的结构,应当选用脆性转变温度较工作温度低的钢材。对于直接承受动荷载而且可能在负温下工作的重要结构必须进行钢材的冲击韧性检验。

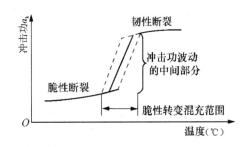

图9-6　刚才冲击韧性随温度变化图

9.2.1.3 疲劳强度

钢材在承受交变荷载反复作用时,可能在远低于屈服强度时突然发生破坏,这种破坏称为疲劳破坏。钢材疲劳破坏的指标即疲劳强度。试件在交变应力作用下,不发生疲劳破坏的最大应力值即为疲劳强度。一般把钢材承受交变荷载 $10^6 \sim 10^7$ 次时不发生破坏的最大应力作为疲劳强度。在设计承受反复荷载且须进行疲劳验算的结构时,应当了解所用钢材的疲劳强度。

钢材的疲劳破坏往往是由拉应力引起的,首先在局部开始形成微细裂纹,其后由于裂纹尖端处产生应力集中而使裂纹迅速扩张,直到钢材断裂。因此,钢材内部成分缺陷和夹杂物的多少以及最大应力处的表面粗糙程度、加工损伤等,都是影响钢材疲劳强度的因素。疲劳破坏经常是突然发生的,因而具有很大的危险性,往往造成严重事故。

9.2.1.4 感度

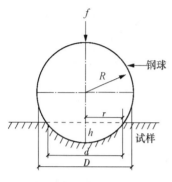

图9-7 布氏硬度试验

金属材料抵抗硬物压入表面的能力称为硬度,通常与材料的抗拉强度有一定关系。目前测定钢材硬度的方法很多,常用的有洛氏硬度法(HRC)和布氏硬度法(HB),如图9-7所示为布氏硬度试验。

一般来说,材料的强度越高,抵抗塑性变形能力越强,硬度值也就越大。有试验证明,当低碳钢的布氏硬度值小于175时,其抗拉强度与布氏硬度的经验关系如下:

$$b = 3.6HB \qquad (9-2)$$

根据这一关系,可以直接在钢结构上测出钢材的 HB 值,并估算该钢材的抗拉强度值。

9.2.2 工艺性能

良好的工艺性能,可以保证钢材顺利通过各种加工,而使钢材制品的质量不受影响。建筑钢材主要的工艺性能有冷弯、冷拉、冷拔和焊接等。

9.2.2.1 冷弯性能

冷弯性能是指钢材在常温下抵抗弯曲变形的能力。按规定的弯曲角度 α 和弯心直径 d 弯曲钢材后,通过检查弯曲处的外面和侧面有无裂纹、起层或断裂等现象进行评定,如图9-8所示。

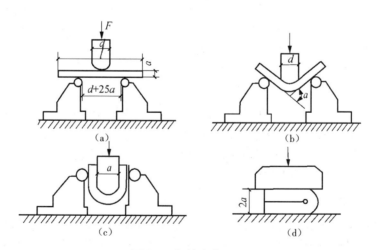

图9-8 钢筋冷弯实验

(a)试件安装　(b)弯曲90°　(c)弯曲180°　(d)弯曲至两面重合

若弯曲角度 d 越大,弯心直径与试件厚度(或直径)的比值(d/a)越小,则表明冷弯性能越好,如图9-9所示。

冷弯性和伸长率都是评定钢材塑性的指标,而冷弯试验对钢材的塑性评定比拉伸试验更严格,更有助于揭示钢材是否存在内部组织不均匀、内应力和夹杂物等缺陷,并且能揭示焊件在受弯表面存在未熔合、微裂纹及夹杂物等缺陷。

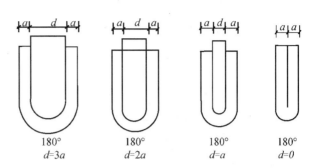

图 9-9　钢筋冷弯规定弯曲直径

9.2.2.2　焊接性能

焊接是各种型钢、钢板、钢筋的重要连接方式。建筑工程的钢结构有 90% 以上是焊接结构。焊接质量取决于焊接工艺、焊接材料及钢材本身的焊接性能。焊接性能好的钢材,焊接后的焊头牢固,硬脆倾向小,强度不低于原有钢材。

钢材焊接性能主要受钢的化学成分及其含量的影响。碳含量高将增加焊接接头的硬脆性,碳含量小于 0.25% 的碳素钢具有良好的可焊性;硫含量高会使焊接处产生热裂纹,出现热脆性;杂质含量增加,也会使可焊性降低;其他元素(如硅、锰、钒)也将增大焊接的脆性倾向,降低可焊性。

钢筋焊接应注意的问题是:冷拉钢筋的焊接应在冷拉之前进行;焊接部位应清除铁锈、熔渣和油污等;应尽量避免不同国家的进口钢筋之间或进口钢筋与国产钢筋之间的焊接。

9.2.2.3　钢材的冷加工、时效及热处理

将钢材在常温下进行冷拉、冷拔或冷轧使其产生塑性变形,从而提高屈服强度,降低塑性和韧性,称为冷加工。

1.冷拉

冷拉是将钢筋拉至超过屈服点任一点处,然后缓慢卸去荷载,则当再度加载时,其屈服强度将有所提高,而其塑性变形能力将有所降低。钢筋经冷拉后,一般屈服强度可提高 20%~25%。为了保证冷拉钢材质量,而不使冷拉钢筋脆性过大,冷拉操作应采用双控法,即控制冷拉率和冷拉应力,如冷拉至控制应力而未超过控制冷拉率,则属合格,若达到控制冷拉率,未达到控制应力,则钢筋应降级使用。

受低温、冲击荷载作用下冷拉钢筋会发生脆断,所以不宜使用。实践中,可将冷拉、除锈、调直、切断合并为一道工序,这样既简化了工艺流程,提高了效率;又可节约钢材,是钢筋冷加工的常用方法之一。

2.冷拔

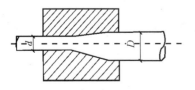

图 9-10　钢筋冷拔示意图

冷拔是在常温下,使钢筋通过截面小于直径的拔丝模,同时受拉伸和挤压作用,以提高屈服强度,如图 9-10 所示为钢筋冷拔示意图。

冷拔比冷拉作用强烈,在冷拔过程中,钢筋不仅受拉,同时还受到挤压作用,经过一次或数次的冷拔后得到的冷拔低碳钢丝,其屈服强度可提高 40%~60%,但同时失去软钢的塑性和韧性,具有硬钢的特点。对于直

接承受动荷载作用的构件,如吊车梁、受震动荷载的楼板等,在无可靠试验或实践经验时,不宜采用冷拔钢丝预应力混凝土构件;处于侵蚀环境或高温下的结构,不得采用冷拔钢丝预应力混凝土构件。

3.冷轧

将圆钢在轧钢机上轧成刻痕,可增大钢筋与混凝土间的黏结力。钢筋在冷轧时,纵向与横向同时产生变形,因而能较好地保持其塑性和内部结构均匀性。

钢筋采用冷加工强化具有明显的经济效益。经过冷加工的钢材,可适当减小钢筋混凝土结构设计截面,或减小混凝土中配筋数量,从而达到节约钢材的目的。钢筋冷拉还有利于简化施工工序。冷拉盘条钢筋可省去开盘和调直工序;冷拉直条钢筋则可与矫直、除锈等工序一并完成。但冷拔钢丝的屈强比较大,相应的安全储备较小。

4.时效

钢材经冷加工后,在常温下存放 15 ~ 20 d,或加热到 100 ~ 200 ℃并保持 2 h 左右,钢材屈服强度和抗拉强度进一步提高,而塑性和韧性逐渐降低,这个过程称为时效。前者为自然时效,后者为人工时效。

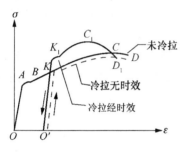

图 9-11　钢筋冷拉时效后应力
—应变曲线

如图 9-11 所示,经冷加工和时效后,其应力—应变曲线为 $O'K_1C_1D_1$,此时屈服强度点 K_1 和抗拉强度点 C_1 均较时效前有所提高。一般强度较低的钢材采用自然时效,而强度较高的钢材则采用人工时效。

因时效而导致钢材性能改变的程度称为时效敏感性。时效敏感性大的钢材,经时效后,其韧性、塑性改变较大。因此,对受动荷载作用的钢结构,如锅炉、桥梁、钢轨和吊车梁等,为了避免其突然脆性断裂,应选用时效敏感性小的钢材。

5.热处理

将钢材按一定规则加热、保温和冷却,获得需要性能的一种工艺过程称为热处理。热处理的方法有:退火、正火、淬火和回火。建筑工程所用钢材一般只在生产厂进行热处理,并以热处理状态供应。在施工现场,有时需对焊接钢材进行热处理。

【工程实例9-1】钢材的低温冷脆性

【现象】"泰坦尼克号"于 1912 年 4 月 14 日夜晚,在加拿大纽芬兰岛大滩以南约 150 km 的海面上与冰山相撞后,船的右舷撕开了长 91.5 m 的口子。

【原因分析】

钢材在低温下会变脆,在极低的温度下甚至像陶瓷那样经不起冲击和震动。当低于脆性转变温度时钢材的断裂韧度很低,因此对裂纹的存在很敏感,在受力不大的情况下,便导致裂纹迅速扩展造成断裂事故。

项目9.3　建筑工程常用钢材的品种与应用

建筑钢材可分为钢结构用型钢和混凝土结构用钢筋两大类。各种型钢和钢筋的性能主要取决于所用钢种及其加工方式。

9.3.1　建筑常用钢种

9.3.1.1　碳素结构钢

1. 牌号

根据国家标准《碳素结构钢》(GB 700—2006)的规定:碳素结构钢牌号由代表屈服点的字母(Q)、屈服点数值(MPa)、质量等级符号、脱氧程度符号等 4 部分按顺序组成。其中,屈服点的数值共分 195 MPa,215 MPa,235 MPa,255 MPa 和 275 MPa 共 5 种;质量等级以硫、磷等杂质含量由多到少,分为 A,B,C,D 共 4 个等级;按照脱氧程度不同分为沸腾钢(F),半镇静钢(B),镇静钢(Z),特殊镇静钢(TZ),Z 和 TZ 在牌号表示法中予以省略。

例如:Q235 - A · F 表示屈服点为 235 MPa 的 A 级沸腾钢。Q255 - B 表示屈服点为 255 MPa 的 B 级镇静钢。

钢材随着牌号的增大,含碳量增加,强度提高,塑性和韧性降低,冷弯性能逐渐变差。同一钢号内质量等级越高,钢材的质量越好。

2. 技术性能

根据国家标准《碳素结构钢》(GB 700—2006)的规定,碳素结构钢的化学成分、力学性质、冷弯性能应符合表 9-1 至表 9-3 的规定。

表 9-1　碳素结构钢的化学成分(GB 700—2006)

牌号	统一数字代号 a	等级	厚度(或直径)(mm)	化学成分(%)					脱氧方法
				C	Mn	Si	S	P	
				≮					
Q195	U11952	—	—	0.12	0.50	0.30	0.040	0.035	F、Z
Q215	U12152	A	—	0.15	1.20	0.35	0.050	0.045	F、Z
	U12155	B					0.045		
Q235	U12352	A	—	0.22	1.40	0.35	0.050	0.045	F、Z
	U12355	B		0.20			0.045		
	U12358	C	0.17				0.040	0.040	Z
	U12359	D					0.035	0.035	TZ
Q275	U12752	A	—	0.24	1.50	0.35	0.050	0.045	F、Z
	U12755	B	≤40	0.21			0.045	0.045	Z
			>40	0.22					
	U12758	C	—	0.20			0.040	0.040	Z
	U12759	D					0.035	0.035	TZ

注:(1)表中为镇静钢、特殊镇静钢牌号的统一数字,沸腾钢牌号的统一数字代号如下:Q195F-U11950;Q215AF-U12150,Q215BF-U12153;Q235AF-U12350,Q235BF-U12353;Q275AF-U12750。

（2）经双方同意，Q235BF 的碳含量可不大于 0.22% 。

表 9-2　碳素结构钢的力学性能（GB 700—2006）

牌号	等级	拉伸试验 b													冲击试验	
		屈服强度 σ_s（MPa），不小于						抗拉强度 σ_b（MPa）	断后伸长率 δ_5（%），不小于						V 型冲击功（纵向）（J）
		钢材厚度（直径）（mm）							钢材厚度（直径）（mm）					温度（℃）	
		≤16	>16~40	>40~60	>60~100	>100~150	>150~200		≤40	>40~60	>60~100	>100~150	>150~200		
		≮							≮						≮
Q195	—	195	185	—	—	—	—	315~430	33	—	—	—	—	—	—
Q215	A	215	205	195	185	175	165	335~410	31	29	28	27	26	—	—
	B													+20	27
Q235	A	235	225	215	205	195	185	375~460	26	24	23	22	21	—	—
	B													120	27
	C													0	
	D													−20	
Q275	A	275	265	255	245	225	215	410~540	22	21	20	18	17	—	—
	B													+20	27
	C													0	
	D													−20	

注：（1）Q195 的屈服强度值仅供参考，不作交货条件。

（2）厚度大于 100 mm 的钢材，抗拉强度下限允许降低 20 N/mm^2。宽带钢（包括剪切钢板）抗拉强度上限不作交货条件。

（3）厚度小于 25 mm 的 Q235 级钢材，如供方能保证冲击吸收功值合格，经需方同意，可不做检验。

表 9-3　碳素结构钢的冷弯试验指标（GB 700—2006）

牌号	试样方向	冷弯试验 $B=2\alpha$ ᵃ，弯曲角度 =180°	
		钢材厚度 b（直径）（mm）	
		≤60	>60~100
		弯心直径 d	
Q195	纵	0	—
	横	0.5α	
Q215	纵	0.5α	1.5α
	横	α	2α
Q235	纵	α	2α
	横	1.5α	2.5α
Q275	纵	1.5α	2.5α
	横	2α	3α

注：(1) B 为试样宽度，α 为试样厚度(或直径)。

(2) 钢材厚度(或直径)大于 100 mm 时，弯曲试验由双方协商确定。

3. 选用

碳素结构钢随牌号的增大，含碳量增加，强度和硬度相应提高，而塑性和韧性则降低。

Q195 钢强度不高，塑性、韧性、加工性能与焊接性能较好，主要用于轧制薄板和盘条等。

Q215 钢与 Q195 钢基本相同，其强度稍高，大量用作管坯、螺栓等。

Q235 钢强度适中，有良好的承载性，又具有较好的塑性、韧性、可焊性和可加工性，且成本较低，是钢结构常用的牌号。大量制作成钢筋、型钢和钢板用于建造房屋和桥梁等。

Q255、Q275 钢强度高、塑性和韧性稍差，不易冷弯加工，可焊性较差，可用于轧制钢筋、做螺栓配件等，但更多用于机械零件和工具等。

9.3.1.2　优质碳素结构钢

优质碳素结构钢与碳素结构钢相比，大部分为镇静钢，对有害杂质含量尤其是 S、P 含量限制更为严格，其含量均不得超过 0.035%。质量稳定，综合性能好，但成本较高。优质碳素结构钢分为普通含锰量钢(锰含量 < 0.8%)和较高含锰量钢(0.70 ~ 1.20%)两大组。

1. 牌号

《优质碳素结构钢》(GB/T 699—1999)中优质碳素结构钢共有 31 个牌号，表示方法以平均含碳量(以 0.01% 为单位)、锰含量标注、脱氧程度符号组合而成。如牌号为 10F 的优质碳素结构钢表示平均含碳量为 0.10% 的沸腾钢；牌号为 45Mn 的表示平均含碳量为 0.45%，较高含锰量的镇静钢；牌号为 30Mn 的表示平均含碳量为 0.30%，普通含锰量的镇静钢。

2. 技术性能及选用

优质碳素结构钢的性能主要取决于含碳量。含碳量高，则强度高，但塑性和韧性降低。

3. 选用

在建筑工程中，30 ~ 45 号钢主要用于重要结构的钢铸件和高强度螺栓等；45 号钢用作预应力混凝土锚具；65 ~ 80 号钢用于生产预应力混凝土用钢丝和钢绞线。

9.3.1.3　低合金高强度结构钢

低合金高强度结构钢是在碳素钢的基础上添加总量小于 5% 的一种或多种合金元素的钢材。合金元素有：硅(Si)、锰(Mn)、钒(V)、铌(Nb)、铬(Cr)、镍(Ni)及稀土元素等。

1. 牌号

根据国家标准《低合金高强度结构钢》(GB 1591—1994)的规定，低合金钢均为镇静钢，牌号由代表屈服点的字母(Q)、屈服点的数值(MPa)和质量等级(A、B、C、D、E)符号 3 部分组成。分为 Q295、Q345、Q390、Q420 和 Q460 共 5 个牌号。每个牌号根据硫、磷等有害杂质的含量，分为 A、B、C、D 和 E 共 5 个等级。如：Q295A 表示屈服点为 295 MPa，质量等级为 A 级的低合金高强度结构钢。

2. 技术性能

根据国家标准《低合金高强度结构钢》(GB 1591—1994)的规定，其化学成分、力学性质应符合表 9-4 和表 9-5 的规定。

表 9-4 低合金高强度结构钢的化学成分（GB/T 1591—1994）

牌号	质量等级	化学成分（%）										
		C≤	Mn	Si	P≤	S≤	V	Nh	Ti	Al≥	Cr≤	NI≤
Q295	A	0.16	0.80～1.50	0.55	0.045	0.045	0.02～0.15	0.015～0.060	0.02～0.20	—	—	—
	B	0.16	0.80～1.50	0.55	0.040	0.040	0.02～0.15	0.015～0.060	0.02～0.20	—	—	—
Q345	A	0.02	1.00～1.60	0.55	0.045	0.045	0.02～0.15	0.015～0.060	0.02～0.20	—	—	—
	B	0.02	1.00～1.60	0.55	0.040	0.040	0.02～0.15	0.015～0.060	0.02～0.20	—	—	—
	C	0.20	1.00～1.60	0.55	0.035	0.035	0.02～0.15	0.015～0.060	0.02～0.20	0.015	—	—
	D	0.18	1.00～1.60	0.55	0.030	0.030	0.02～0.15	0.015～0.060	0.02～0.20	0.015		
	E	0.18	1.00～1.60	0.55	0.025	0.025	0.02～0.15	0.015～0.060	0.02～0.20	0.015		
Q390	A	0.20	1.00～1.60	0.55	0.045	0.045	0.02～0.20	0.015～0.060	0.02～0.20	—	0.30	0.70
	B	0.20	1.00～1.60	0.55	0.040	0.040	0.02～0.20	0.015～0.060	0.02～0.20	—	0.30	0.70
	C	0.20	1.00～1.60	0.55	0.035	0.035	0.02～0.20	0.015～0.060	0.02～0.20	0.015	0.30	0.70
	D	0.20	1.00～1.60	0.55	0.030	0.030	0.02～0.20	0.015～0.060	0.02～0.20	0.015	0.30	0.70
	E	0.20	1.00～1.60	0.55	0.025	0.025	0.02～0.20	0.015～0.060	0.02～0.20	0.015	0.30	0.70
Q420	A	0.20	1.00～1.70	0.55	0.045	0.045	0.02～0.20	0.015～0.060	0.02～0.20	—	0.40	0.70
	B	0.20	1.00～1.70	0.55	0.040	0.040	0.02～0.20	0.015～0.060	0.02～0.20	—	0.40	0.70
	C	0.20	1.00～1.70	0.55	0.035	0.035	0.02～0.20	0.015～0.060	0.02～0.20	0.015	0.40	0.70
	D	0.20	1.00～1.70	0.55	0.030	0.030	0.02～0.20	0.015～0.060	0.02～0.20	0.015	0.40	0.70
	E	0.20	1.00～1.70	0.55	0.025	0.025	0.02～0.20	0.015～0.060	0.02～0.20	0.015	0.40	0.70
Q460	C	0.20	1.00～1.70	0.55	0.035	0.035	0.02～0.20	0.015～0.060	0.02～0.20	0.015	0.70	0.70
	D	0.20	1.00～1.70	0.55	0.030	0.030	0.02～0.20	0.015～0.060	0.02～0.20	0.015	0.70	0.70
	E	0.20	1.00～1.70	0.55	0.025	0.025	0.02～0.20	0.015～0.060	0.02～0.20	0.015	0.70	0.70

注：表中的 Al 为全铝含量。如化验酸溶铝时，其含量应不小于 0.010%。

表 9-5 低合金高强度结构钢的力学性能（GB 1591—1994）

牌号	质量等级	屈服程度 σ_a（MPa）				抗拉强度 %（MPa）	伸长率 δ_b（%）	冲击功（纵向）（J）				180°弯曲试验 d=弯曲直径 a=试样厚度（直径） 钢材厚度（直径）（mm）	
		≤15	16～35	36～50	51～100			+20℃	0℃	-20℃	-40℃	≤15	16～100
		≮						≮					
Q295	A	295	275	255	235	390～570	23	34	—	—	—	d=2a	d=3a
	B	295	275	255	235	390～570	23					d=2a	d=3a
Q345	A	345	325	295	275	470～630	21	34				d=2a	d=3a
	B	345	325	295	275	470～630	21		34			d=2a	d=3a
	C	345	325	295	275	470～630	22			34		d=2a	d=3a
	D	345	325	295	275	470～630	22				27	d=2a	d=3a
	E	345	325	295	275	470～630	22					d=2a	d=3a

续表

牌号	质量等级	屈服程度 σ_a(MPa)				抗拉强度 % (MPa)	伸长率 δ_b(%)	冲击功(纵向)(J)				180°弯曲试验 d=弯曲直径 a=试样厚度(直径) 钢材厚度(直径)(mm)	
		≤15	16~35	36~50	51~100			+20℃	0℃	-20℃	-40℃	≤15	16~100
		≮						≮					
Q390	A	390	370	350	330	490~650	19	34				$d=2a$	$d=3a$
	B	390	370	350	330	490~650	19		34			$d=2a$	$d=3a$
	C	390	370	350	330	490~650	19			34		$d=2a$	$d=3a$
	D	390	370	350	330	490~650	20				27	$d=2a$	$d=3a$
	E	390	370	350	330	490~650	20					$d=2a$	$d=3a$
Q420	A	420	400	380	360	520~680	18	34				$d=2a$	$d=3a$
	B	420	400	380	360	520~680	18		34			$d=2a$	$d=3a$
	C	420	400	380	360	520~680	19			34		$d=2a$	$d=3a$
	D	420	400	380	360	520~680	19				27	$d=2a$	$d=3a$
	E	420	400	380	360	520~680	19					$d=2a$	$d=3a$
Q460	C	460	440	420	400	550~720	17	34				$d=2a$	$d=3a$
	D	460	440	420	400	550~720	17		34			$d=2a$	$d=3a$
	E	460	440	420	400	550~720	17			27		$d=2a$	$d=3a$

3. 选用

低合金高强度结构钢具有轻质高强,耐蚀性、耐低温性好,抗冲击性强,使用寿命长等良好的综合性能,具有良好的可焊性及冷加工性,易于加工与施工。因此,低合金高强度结构钢可以用做高层及大跨度建筑(如大跨度桥梁、大型厅馆和电视塔等)的主体结构材料,与普通碳素钢相比可节约钢材,具有显著的经济效益。

主要用于轧制各种型钢、钢板、钢管和钢筋,广泛用于钢结构和钢筋混凝土结构中,特别适用于各种重型结构、高层结构、大跨度结构及桥梁工程等。

9.3.2 钢结构用钢

钢结构构件一般直接选用各种型钢。构件之间可直接或附连接钢板进行连接。连接方式有铆接、螺栓连接或焊接。

9.3.2.1 热轧型钢

钢结构常用的型钢有 H 型钢、T 型钢、工字钢、槽钢、角钢、Z 型钢和 U 型钢等,截面形式如图 9-12 所示。型钢由于截面形式合理,材料在截面上分布对受力最为有利,且构件间连接方便,所以它是钢结构中采用的主要钢材。

H 型钢由工字钢发展而来,优化了截面的分布。H 型钢截面形状合理,力学性能好,常用于要求承载力大、截面稳定性好的大型建筑。T 型钢由 H 型钢对半剖分而成。

H 型钢、H 型钢桩的规格标记采用:高度 H × 宽度 B × 腹板宽度 t_1 × 翼缘厚度 t_2 表示。

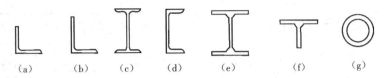

图 9-12　热轧型钢的截面形状
(a)等边角钢　(b)不等边角钢　(c)工字钢　(d)槽钢;
(e)H 型钢;(f)T 型钢;(g)钢管

如 H340×250×9×14。剖分 T 型钢的规格标记采用:高度 H ×宽度 B ×腹板宽度 t_1 ×翼缘厚度 t_2 表示。如 T248×199×9×14。

9.3.2.2 冷弯薄壁型钢

通常是用 2~6 mm 薄钢板冷弯或模压而成,有角钢、槽钢等开口薄壁型钢及方形、矩形等空心薄壁型钢,截面形式如图 9-13 所示。主要用于轻型钢结构,其表示方法与热轧型钢相同。

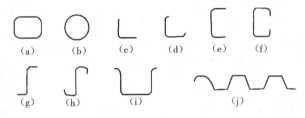

图 9-13　冷弯薄壁型钢的截面形式
(a)至(i)冷弯薄壁型钢;(j)压型钢板

1.钢管

钢结构中常用钢管分为无缝钢管和焊接钢管两大类。焊接钢管采用优质带材焊接而成,表面镀锌或不镀锌。按其焊缝形式分为直纹焊管和螺纹焊管。焊管成本低,易加工,但一般抗压性能较差。无缝钢管多采用热轧—冷拔联合工艺生产,也可采用冷轧方式生产,但成本昂贵。热轧无缝钢管具有良好的力学性能与工艺性能。无缝钢管主要用于压力管道,在特定的钢结构中,往往也设计使用无缝钢管。

2.板材

板材包括钢板、花纹钢板、建筑用压型钢板和彩色涂层钢板等,如图 9-14 所示是彩色涂层示意图,如图 9-15 所示是彩色压型钢板示意图。钢板可由矩形平板状的钢材直接轧制而成或由宽钢带剪切而成,按轧制方式分为热轧钢板和冷轧钢板。钢板规格表示方法为宽度(mm)×厚度(mm)×长度(mm)。钢板分厚板(厚度 >4 mm)和薄板(厚度 ≤4 mm)两种。厚板主要用于结构,薄板主要用于屋面板、楼板和墙板等。

在钢结构中,单块钢板一般较少使用,而是用几块板组合而成工字形、箱形等结构来承受荷载。

3.棒材

六角钢、八角钢、扁钢、圆钢和方钢是常用的棒材。热轧六角钢和八角钢是截面为六角形和八角形的和长条钢材,规格以"对边距离"表示。建筑钢结构的螺栓常以此种钢材为坯

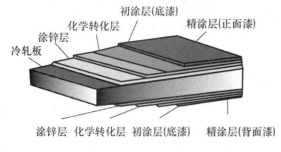

图 9-14　彩色涂层钢板

图 9-15　彩色压型钢板

材。热轧扁钢是截面为矩形并稍带钝边的长条钢材,规格以"厚度×宽度"表示,规格范围为 3×10~60×150(单位为 mm)。扁钢在建筑上用作房架构件,扶梯、桥梁和栅栏等。

9.3.3　混凝土结构用钢筋

9.3.3.1　热轧钢筋

热轧钢筋是建筑工程中用量最大的钢材品种之一,主要用于钢筋混凝土结构和预应力钢筋混凝土结构的配筋。热轧钢筋根据表面形状分为光圆钢筋和带肋钢筋,其中带肋钢筋有月牙肋钢筋和等高肋钢筋等,如图 9-16 所示。带肋钢筋与混凝土的黏结力大,共同工作性更好。

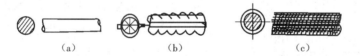

(a)　　　　　　　(b)　　　　　　　(c)

图 9-16　热轧钢筋外形

(a)光圆钢筋　(b)月牙肋钢筋　(c)等高肋钢筋

1. 牌号

根据国家标准规定,热轧光圆钢筋的牌号见表 9-6。热轧带肋钢筋的牌号见表 9-8,有热轧光圆钢筋由碳素结构钢轧制而成,表面光圆;热轧带肋钢筋由低合金钢轧制而成,外表带肋。

表 9-6　热轧光圆钢筋牌号的构成以含义

产品名称	牌号	牌号组成	英文字母含义	光圆钢筋的截面形状 (d 为钢筋直径)
热 轧 光 圆 钢筋	HPB300	由 HPB+屈服强度特征值构成	HPB 为热轧光圆钢筋的英文(Hot rolled Plain Bars)缩写	

2. 技术性能

热轧光圆钢筋化学成分(熔炼分析)、力学性能及工艺性能应符合表 9-7 的规定。

表 9-7 热轧光圆钢筋的化学成分、力学性能及工艺应性能（GB 1499.1—2008）

牌号	化学成分（质量分数）（%），不小于					R_{eL}（MPa）	R_m（MPa）	A（%）	A_{gt}（%）	冷弯实180°弯芯直径 d 钢筋公称直径 a
	C	Si	Mn	P	S	不小于				
HPB300	0.25	0.55	1.50	0.045	0.050	300	420	25.0	10.0	$d = a$

钢筋混凝土用热轧光圆钢筋以养气转炉、电炉冶炼，钢筋的屈服强度 R_{eL}、抗拉强度 R_m、断后伸长率 A、最大力总伸长率 A_{gt} 等力学性能应符合表 9-7 的规定。表 9-7 所列各力学性能特征值，可作为交货检验的最小保证值。特征值应根据供需双方协议，伸长率类型可从 A 或 A_{gt} 中选定，如伸长率类型未经协议确定，则伸长率采用 A，仲裁检验是采用 A_{gt}。钢筋的弯曲性能，按表中规定的弯芯直径弯曲 180° 后，钢筋受弯曲部位不得产生裂纹。

根据《钢筋混凝土热轧带肋钢筋》（GB 1499.2—2007）规定，热轧钢筋分普通热轧钢筋和细晶粒热轧钢筋。按屈服强度特征值分为 335、400、500 级。钢筋的牌号构成及含义见表 9-8。

表 9-8 热轧带肋钢筋牌号的构成以及含义（GB 1499.2—2007）

类别	牌号	牌号构成	英文字母含义
普通热轧钢筋	HRB335	由 HRB + 屈服强度特征值构成	HRB—热轧带肋钢筋的英文（Hot rolled Ribbed Bars）的缩写。
	HRB400		
	HRB500		
细晶粒热轧钢筋	HRBF335	由 HRBF + 屈服强度特征值构成	HRBF—热轧带肋钢筋的英文缩写后加"细"的英文（Fine）首尾字母。
	HRBF400		
	HRBF500		

带肋钢筋的技术性质见表 9-9。

表 9-9 钢筋混凝土用热轧带肋钢筋的力学性能特征值与冷弯性能（GB 1499.2—2007）

牌号	公称直径（mm）	R_{eH}（MPa）	R_m（MPa）	A（%）	A_{gt}（%）	冷弯实验180° d—弯芯直径 a—钢筋公称直径
		不小于				
HRB335 HRBF335	6 ~ 25	335	455	17	7.5	$d = 3a$
	28 ~ 40					$d = 4a$
	> 40 ~ 50					$d = 5a$
HRB400 HRBF400	6 ~ 25	400	540	16		$d = 4a$
	28 ~ 50					$d = 5a$
	> 40 ~ 50					$d = 6a$

续表

牌号	公称直径 (mm)	R_{eH} (MPa)	R_m (MPa)	A (%)	A_{gt} (%)	冷弯实验 180° d—弯芯直径 a—钢筋公称直径
		不小于				
HRB500 HRBF500	6~25	500	630	15	—	$d = 6a$
	28~50					$d = 7a$
	>40~50					$d = 8a$

根据《钢筋混凝土热轧带肋钢筋》(GB 1499.2—2007)规定,该类钢筋力学指标除满足表 9-10 特征值外,还应满足:实测抗拉强度与实测屈服强度之比应不小于 1.25;实测屈服强度与表 9-10 规定的屈服强度特征值之比不大于 1.3;钢筋最大伸长率不小于 9%。

表 9-10　预应力混凝土用热处理钢筋的力学性质(GB 4463—1992)

公称直径 (mm)	牌号	屈服强度 $\sigma_{0.2}$ (MPa)	抗拉强度 σ_b (MPa)	伸长率 δ_{10} (%)
		≥		
6	$40Si_2Mn$			
8.2	$48Si_2Mn$	1 325	1 476	6
10	$45Si_2Cr$			

3. 选用

光圆钢筋的强度较低,但塑性及焊接性好,便于冷加工,广泛用作普通钢筋混凝土结构;HRB335 和 HRB400 带肋钢筋的强度较高,塑性及焊接性也较好,广泛用作大、中型钢筋混凝土结构的受力钢筋;HRB500 带肋钢筋强度高,但塑性和焊接性较差,适宜用作预应力钢筋。

9.3.3.2　热处理钢筋

热处理钢筋是由普通热轧中碳低合金钢筋经淬火和回火调质处理后的钢筋。它具有高强度、高韧性和黏结力及塑性降低少等优点,特别适用于预应力混凝土构件的配筋,但其对应力腐蚀及缺陷敏感性强,使用时应防止锈蚀及刻痕等。

热处理钢筋系成盘供应,开盘后能自然伸直,使用时应按所需长度切割,不能用电焊或氧气切割,也不能焊接,以免引起强度下降或脆断。热处理钢筋代号为"RB×××",后面阿拉伯数字表示抗拉强度等级数值。热处理钢筋技术性能应符合我国现行标准《预应力混凝土用热处理钢筋》(GB 4463—92)的规定,热处理钢筋有 $40Si_2Mn$、$48Si_2Mn$ 和 $45Si_2Cr$ 共 3 个牌号。按其外形又可分为有纵肋和无纵肋两种,但都有横肋,如图 9-17 所示。

热处理钢筋在预应力结构中使用,具有与混凝土黏结性能好,应力松弛率低,施工方便等优点。各牌号热处理钢筋的力学性质应符合表 9-10 的要求。

9.3.3.3　预惕力混凝土用钢丝、钢绞线

预应力钢筋应优先采用钢绞线和钢丝,也可采用热处理钢筋。钢绞线是由多根高强钢

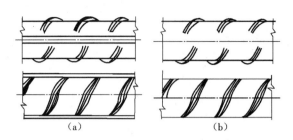

图 9-17　热处理钢筋外形

（a)有纵肋　(b)无纵肋

丝交织在一起而形成的,有 3 股和 7 股两种,多用于后张法大型构件。预应力钢丝主要是消除应力钢丝,其外形有光面、螺旋肋、三面刻痕 3 种,外形如图 9-18 所示。

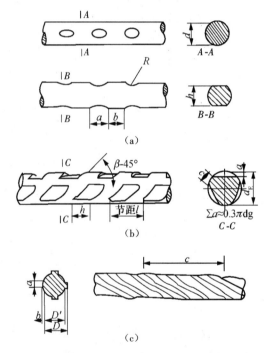

图 9-18　损应力混凝土用钢丝外形示意

a)二面刻痕钢丝　(b)三面刻痕钢丝　(c)螺旋肋钢丝

1. 钢丝

预应力混凝土用钢丝是由优质碳素结构钢盘条为原料,经淬火、酸洗、冷拉制成。根据国家标准《预应力混凝土用钢丝》(GB/T 5223—1995)中规定,钢丝按加工状态分为冷拉钢丝和消除应力钢丝两类。消除应力钢丝按松弛性能又分为低松弛级钢丝和普通松弛钢丝。冷拉钢丝代号为 WCD,低松弛钢丝代号为 WLR,普通松弛钢丝代号为 WNR。钢丝按外形分光圆钢丝、刻痕钢丝和螺旋肋钢丝 3 种。光圆钢丝代号为 P,螺旋肋钢丝代号为 H,刻痕钢丝代号为 I。

预应力钢丝的抗拉强度比钢筋混凝土用热轧光圆钢筋、热轧带肋钢筋高许多,在构件中采用预应力钢丝可节省钢材、减少构件截面和节省混凝土。主要用于桥梁、吊车梁、大跨度屋架和管桩等预应力钢筋混凝土构件中。

2.钢绞线

预应力混凝土用钢绞线是以数根优质碳素结构钢钢丝经绞捻和消除内应力的热处理后制成。根据钢丝的股数,钢绞线分为 $1\times2,1\times3$ 和 1×7 等 3 种类型。

其中 1 表示以一根钢丝为芯;2、3、7 分别表示其周围围绕的钢丝数量为 2 根、3 根和 7根;预应力钢绞线按应力松弛性能分为 Ⅰ 级松弛和 Ⅱ 级松弛。钢绞线无接头、柔性好、强度高,主要用于大跨度、大负荷的桥梁、屋架和吊车梁等的曲线配筋及预应力钢筋。

9.3.3.4　冷加工钢筋

1.冷轧带肋钢筋

冷轧带肋钢筋是用低碳钢热轧圆盘条经冷轧后,在其表面冷轧成沿长度方向均匀分布的三面或两面横肋的钢筋。根据国家标准《冷轧带肋钢筋》(GB 13788—2000)的规定,冷轧带肋钢筋的牌号由 CRB 和钢筋的抗拉强度最小值构成。分为 CRB550、CRB650、CRBS00、CRB970、CRB1170 共 5 个牌号,C、R、B 分别为冷轧(Cold rolled)、带肋(Ribbed)、钢筋(Bar)3 个词的英文首位字母。

冷轧带肋钢筋与冷拔低碳钢丝相比,具有强度高、塑性好,与混凝土黏结牢固,节约钢材,质量稳定等优点。CRB550 广泛用于普通混凝土结构中,其他牌号主要用于中、小型预应力构件。

2.冷轧扭钢筋

冷轧扭钢筋是采用低碳钢热轧盘条经冷轧扁和冷扭转而成的具有连续螺旋状的钢筋。该钢筋刚度大,不易变形,与混凝土的握裹力大,无需加工(预应力或弯钩),可直接用于混凝土工程,节约钢材 30%。使用冷轧扭钢筋可免除现场加工钢筋,改变了传统加工钢筋占用场地、不利于机械化生产的弊端。

冷轧扭钢筋力学性能指标见表 9-11。

表 9-11　冷轧扭钢筋力学性能

规格 (mm)	抗拉强度 (MPa)	弹性模量 (N/mm²)	伸长率 δ_{10} (%)	抗压强度设计值 (MPa)	冷弯180° (弯心直径 =3b)
$\neq76.5\sim\neq712$	≥580	1.9×10^5	≥4.5	360	受弯部位表面不得产生裂纹

冷轧扭钢筋是适应我国国情的新品种钢筋,应用在工程中对节约钢材、降低工程成本效果明显。另外,冷轧扭钢筋有独特的螺旋形截面,可使钢筋骨架刚度增大,与混凝土的握裹力好,可防止钢筋的收缩裂缝,保证混凝土构件质量。

9.3.3.5　钢材的选用原则

钢材的选用一般遵循下面原则。

1.荷载性质

对于经常承受动力或振动荷载的结构,容易产生应力集中,从而引起疲劳破坏,需要选用材质高的钢材。

2. 使用温度

对于经常处于低温状态的结构,钢材容易发生冷脆断裂,特别是焊接结构更甚,因而要求钢材具有良好的塑性和低温冲击韧性。

3. 连接方式

对于焊接结构,当温度变化和受力性质改变时,焊缝附近的母体金属容易出现冷、热裂纹,促使结构早期破坏。所以焊接结构对钢材化学成分和机械性能要求应较严。

4. 钢材厚度

钢材力学性能一般随厚度增大而降低,钢材经多次轧制后、钢的内部结晶组织更为紧密,强度更高,质量更好。故一般结构用的钢材厚度不宜超过 40 mm。

5. 结构重要性

选择钢材要考虑结构使用的重要性,如大跨度结构、重要的建筑物结构,须相应选用质量更好的钢材。

项目9.4　建筑钢材的腐蚀与防护

9.4.1　钢材的腐蚀

钢材表面与周围介质发生化学反应而引起破坏的现象称作腐蚀(锈蚀)。钢材腐蚀可发生在许多引起锈蚀的介质中,如湿润空气、土壤和工业废气等。腐蚀会显著降低钢的强度、塑性、韧性等力学性能。根据钢材表面与周围介质的不同作用,腐蚀分为化学腐蚀和电化学腐蚀。

9.4.1.1　化学腐蚀

化学腐蚀指钢材与周围的介质(如氧气、二氧化碳、二氧化硫和水等)直接发生化学反应,生成疏松的氧化物而引起的腐蚀。在干燥环境中化学腐蚀的速度缓慢,但在温度高和湿度较大时,腐蚀速度大大加快,如钢材在高温中氧化形成 Fe_3O_4 的现象。

在常温下,钢材表面被氧化,形成一层薄薄的、钝化能力很弱的 FeO 氧化保护膜,使化学腐蚀很缓慢,对保护钢筋是有利的。

9.4.1.2　电化学腐蚀

钢材由不同的晶体组织构成,由于表面成分、晶体组织不同、受力变形和平整度差等的不均匀性,使邻近的局部产生电极电位的差别,因而构成许多"微电池"。整个电化学腐蚀过程如下所述:

阳极区:$Fe = Fe^{2+} + 2e$;

阴极区:$2H_2O + 2e + 1/2O_2 = 2OH^- + H_2O$;

溶液区:$Fe^{2+} + 2OH = Fe(OH)_2, 4Fe(OH)_2 + O_2 + 2H_2O = 4Fe(OH)_3$。

水是弱电解质溶液,而溶有 CO_2 的水则成为有效的电解质溶液,从而加速电化学腐蚀的过程。钢材在大气中的腐蚀,实际上是化学腐蚀和电化学腐蚀共同作用所致,但以电化学腐蚀为主。

9.4.2　钢材的防护

9.4.2.1　钢材的防腐

钢材的腐蚀既有内因(材质),又有外因(环境介质的作用),因此要防止或减少钢材的腐蚀可以从改变钢材本身的易腐蚀性、隔离环境中的侵蚀性介质或改变钢材表面的电化学过程 3 方面入手。具体措施如下。

1. 表面覆盖法

可采用耐腐蚀性的金属或非金属材料覆盖在钢材表面,提高钢材的耐腐蚀能力。金属覆盖中常用的方法有:镀锌(如白铁皮)、镀锡(如马口铁)、镀铜和镀铬等;非金属覆盖中有喷涂涂料、搪瓷和塑料等。

2. 添加合金元素

在碳素钢和低合金钢中加入少量铜、铬、镍、钼等合金元素,能制成耐候钢,大大提高钢材的耐腐蚀性。这种钢在大气作用下,能在表面形成一种致密的防窗保护层,起到耐腐蚀作用。耐候钢的强度级别与常用碳素钢和低合金钢一致,技术指标也相近,但其耐腐蚀能力却高出数倍。

3. 混凝土用钢筋的防锈

在正常的混凝土中 pH 值约为 12,这时在钢材表面能形成碱性氧化膜(钝化膜),对钢筋起保护作用。若混凝土碳化后,由于碱度降低(中性化)会失去对钢筋的保护作用。此外,混凝土中氯离子达到一定浓度,也会严重破坏钢筋表面的钝化膜。

为防止钢筋锈蚀,应保证混凝土的密实度以及钢筋外侧混凝土保护层的厚度,在二氧化碳浓度高的工业区采用硅酸盐水泥或普通硅酸盐水泥,限制含氯盐外加剂掺量并使用混凝土用钢筋防锈剂。预应力混凝土应禁止使用含氯盐的集料和外加剂。钢筋涂覆环氧树脂或镀锌也是一种有效的防锈措施。

【工程实例 9-2】"防冰盐"腐蚀
【现象】为了防止冰雪对车辆行驶造成的事故危害,20 世纪 50—60 年代,以美国为主的西方国家开始大量使用防冰盐。到了 70—80 年代,防冰盐所带来的腐蚀破坏大量表现出来,美国 56.7 万座高速公路桥已有半数以上遭腐蚀和需要修复。
【原因分析】
　氯离子是一种穿透力极强的腐蚀介质,当接触到钢铁表面,便迅速破坏钢铁表面的钝化层,即使在强碱性环境中,氯离子引起的点锈腐蚀依然会发生。当氯离子渗透到达钢筋表面,氯离子浓度较高的局部保护膜破坏,成为活化态,在氧和水充足的条件下,活化的钢筋表面形成一个小阳极,未活化的钢筋表面成为阴极,结果阳极金属铁溶解,形成腐蚀坑,一般称这种腐蚀为点腐蚀。

9.4.2.2　钢材的防火

钢是不燃性材料,但钢材在高温下力学强度会明显降低。钢材遇火后,力学性能变化主要有强度降低、变形加大。如普通低碳钢的抗拉强度在 250~300 ℃时达到最大值。温度超过 350 ℃,抗拉强度开始大幅度下降,在 500 ℃时约为常温时的 1/2,600 ℃时约为常温时的 1/3。

钢材在高温下强度降低很快、塑性增大、导热系数增大,这是造成钢材在火灾发生时极易在短时间内破坏的主要原因。

钢结构防火保护的基本原理是采用绝热或吸热材料,阻隔火焰和热量,推迟钢结构的升温速率。防火方法以包裹法为主,即以防火涂料、不燃性板材或混凝土和砂浆将钢构件包裹起来。防火涂料是目前钢结构防火相对简单而有效的方法。

【工程实例9-3】钢材耐火性

【现象】2001年9月11日,美国纽约世贸大厦、五角大楼相继遭到被恐怖分子劫持的飞机的撞击,有110层、高410 m的纽约世贸大厦在"隆隆"巨响中化做了尘烟。

【原因分析】

两座建筑物均为钢结构,钢材有一个致命的缺点,就是遇高温变软,丧失原有强度。一般的钢材超过300 ℃,强度就急降一半;500 ℃左右的燃烧温度,就足以让无防护的钢结构建筑完全垮塌。耐火性差成为超高层建筑无法回避的固有缺陷,使纽约世贸大楼这样由美国高强度的建筑钢材、高水平的结构设计技术建成的大楼还是未能躲过大火毁灭的命运。

习 题

一、填空题

1. 低碳钢的受拉破坏过程,可分为_____、_____、_____和_____4个阶段。

2. 建筑工程中常用的钢种是_____和_____。

3. 普通碳素钢分为_____个牌号,随着牌号的增大,其_____和_____提高,和_____降低。

4. 建筑钢材按化学成分可分为_____和_____两大类。

5. 建筑钢材按质量不同可分为_____、_____和_____3大类。

6. 建筑钢材按用途不同分为_____、_____和_____3大类。

7. 钢材按炼钢过程中脱氧程度不同可分为_____、_____、_____和_____4大类。

8. 钢材的主要性能包括_____性能和_____性能。钢材的工艺性能包括_____和_____。

9. 国家标准《碳素结构钢》规定,钢的牌号由代表屈服点字母_____、_____、_____和_____4部分构成。

10. 热轧钢筋根据表面形状分为_____和_____。

二、判断题

1. 屈强比越大,钢材受力超过屈服点工作时的可靠性越大,结构的安全性越高。( )

2. 一般来说,钢材硬度越高,强度也越大。 ( )

3. 钢材的品种相同时,其伸长率$\delta_{10} > \delta_5$。 ( )

4. 钢含磷较多时呈热脆性,含硫较多时呈冷脆性。 ( )

5. 对钢材冷拉处理,是为提高其强度和塑性。 ( )

三、单项选择题

1. 下列碳素钢结构钢牌号中,代表半镇静钢的是( )。

A. Q195 – B · F   B. Q235 – A · F

C. Q255 – B · b   D. Q275 – A

2. 钢材冷加工后,下列哪种性能降低(   )。

   A. 屈服强度   B. 硬度

   C. 抗拉强度   D. 塑性

3. 结构设计时,碳素钢以(   )作为设计计算取值的依据。

   A. 弹性极限 σ_p B. 屈服强度 σ_s

   C. 抗拉强度 σ_b D. 屈服强度 σ_s 和抗拉强度 σ_b

4. 钢筋冷拉后(   )强度提高。

   A. 弹性极限 σ_p B. 屈服强度 σ_s

   C. 抗拉强度 σ_b D. 屈服强度 σ_s 和抗拉强度 σ_b

5. 钢材随着含碳量的增加,其(   )降低。

   A. 强度   B. 硬度

   C. 塑性

6. 在钢结构中常用(   )钢,轧制成钢板、钢管、型钢来建造桥梁、高层建筑及大跨度钢结构建筑。

   A. 碳素钢   B. 低合金钢

   C. 热处理钢筋

7. 钢材中(   )的含量过高,将导致其热脆现象发生。

   A. 碳   B. 磷

   C. 硫

8. 钢材中(   )的含量过高,将导致其冷脆现象发生。

   A. 碳   B. 磷

   C. 硫

9. 对同一种钢材,其伸长率 δ_5(   )δ_{10}。

   A. 大于   B. 等于

   C. 小于

10. 钢中碳的质量分数为(   )。

   A. 小于 2.0%   B. 小于 3.0%

   C. 大于 2.0%   D. 小于 1.5%

四、问答题

1. 低碳钢拉伸试验分成哪几个阶段? 每个阶段的性能表征指标是什么?

2. 何谓钢材的冷加工和时效,钢材经冷加工和时效处理后性能如何变化?

3. 说明下列钢材牌号的含义:Q215 – B · b、Q235 – B · F、Q255 – A。

五、计算题

某建筑工地有一批碳素结构钢材料,其标签上牌号字迹模糊。为了确定其牌号,截取了两根钢筋做拉伸试验,测得结果如下:屈服点荷载分别为 33.0 kN,31.5 kN;抗拉极限荷载分别为 61.0 kN,60.3 kN。钢筋实测直径为 12 mm,标距为 60 mm,拉断时长度分别为 72.0 mm,71.0 mm。计算该钢筋的屈服强度,抗拉强度及伸长率。并判断这批碳素结构钢的牌号。

模块 10　建 筑 木 材

学习要求

本模块介绍了木材的宏观、微观结构及木材的识别程序。为了合理利用木材,较为详细地阐述了木材应用上的主要性质及存在的缺点。详细讲解了主要的几种木材装饰制品及其应用,如木地板、木饰面板、木装饰线条,应重点掌握它们的品种、性能、特点及其在建筑装饰工程中的应用。

木材具有许多优良的性质:轻质、高强、易于加工、有较好的弹性和塑性、在干燥环境长期置于水中均有很好的耐久性。因而木材历来与水泥、钢材并列为建筑工程的 3 大材料。由于木材具有美丽的天然纹理,给人以古朴、雅致、亲切的质感,因此木材作为装饰、装修材料,具有其独特的魅力和价值,从而被广泛地使用。

木材同时还具有构造不均匀性,各向异性,易吸水吸湿而产生变形并导致尺寸、强度等变化,在干湿交替环境中耐久性能变差,易燃、易腐、天然瑕疵较多等缺点。这使得木材在应用时受到了很大限制。

由于木材使用范围广、需求量大、生产周期长,因此对木材的节约使用与综合利用显得尤为重要。

项目 10.1　木材的分类与构造

10.1.1　木材的分类

木材的树种很多,从树叶的外观形状可将木材分为针叶树和阔叶树两大类。

1.针叶树

针叶树树叶细长如针,多为常绿树,树干通直而高大,易得大材。针叶树材质均匀,织理平顺,本质软而易于加工,所以又称为"软木材"。针叶树木材强度较高,表观密度和胀缩变形较小,常含有较多的树脂,耐腐蚀性较强。针叶树木材是主要的建筑用材,广泛用于各种承重构件、装饰和装修部件。常用的树种有松、杉、相等。

2.阔叶树

阔叶树树叶宽大,大都为落叶树,树干通直部分一般较短,大部分树种的表观密度大,材质较硬,较难加工,所以又称为"硬木材"。阔叶树木材胀缩变形大,易于翘曲变形,较易开裂,建筑上常用做尺寸较小的构件。有些树种具有美丽的纹理,适用于室内装修、制作家具及胶合板等,常用树种有榆木、柞木、水曲柳、橡木等。

10.1.2　木材的构造

1.木材的宏观构造

木材的宏观构造,是指用肉眼或放大镜所能看到的木材组织。图 10-1 显示了木材的 3

个切面,即横切面(垂直于树轴的面)、径切面(通过树轴的纵切面)和弦切面(平行于树轴的纵切面)。由图可见,木材由树皮、木质部和髓心等部分组成,靠近髓心颜色较深的部分,称为"心材";靠近横切面外部颜色较浅的部分,称为"边材"。在横切面上深浅相同的同心环,称为"年轮"。年轮由春材(早材)和夏材(晚材)两部分组成。春材颜色较浅,组织疏松,材质较软;夏材颜色较深,组织致密,材质较硬。相同树种,夏材所占比例越多木材强度越高,年轮密而均匀,树质好。从髓心向外的辐射线,称为"髓线"。髓线与周围连接弱,木材干燥时易沿此线开裂。

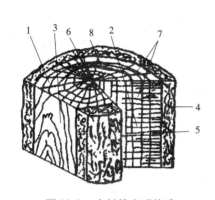

图 10-1 木材的宏观构造

1—横切面;2—经切面;3—弦切面;4—树皮;
5—木质部;6—髓心;7—髓线;8—年轮

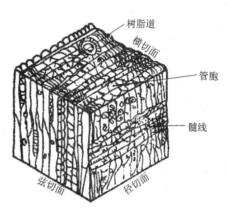

图 10-2 针叶树马尾松的微观构造

2. 水材的微观构造

木材的微观构造,是指用显微镜所能观察到的木材组织,图 10-2 显示厂针叶树马尼松的微观构造。在显微镜下,可以看到木材是由无数管状细胞结合而成的。每个细胞都有细胞壁和细胞腔两个部分。细胞壁由若干层细纤维组成,纤维之间有微小的空隙能渗透和吸附水分。细胞本身的组织构造在很大程度上决定了木材的性质。

针叶树的显微结构简单而规则,它由管胞、髓线、树脂道组成,其髓线较小,不很明显;阔叶树的显微结构较复杂,主要由导管、木纤维及髓线等组成,其髓线很发达,粗大而明显。由于其微观的差异,从而造成了针叶树木和阔叶树木加工后纹理不同和物理力学性能的差异。

项目 10.2 木材的基本性质

1. 化学性质

木质素、纤维素、半纤维素是木材细胞壁的主要组成,此外还有少量的油脂、树脂、果胶质、蛋白质、无机盐等。木材的化学性质复杂多变,在常温下,木材对稀的盐溶液、稀酸、弱碱有一定的抵抗能力,但随着温度的升高,木材的抵抗能力显著降低。而强酸、强碱在常温下也会使木材发生变色、湿胀、水解、氧化、酯化、降解交联等反应。在高温下即使是中性水也会与木材发生水解等反应。

木材的上述化学性质也正是木材某些处理、改性以及综合利用的工艺基础。

2. 物理性质

(1)密度与表现密度。

木材的密度各树种相差不大,一般为 1.48 ~ 1.56 g/cm³。

木材的表观密度与木材的孔隙率、含水量以及其他一些因素的变化有关。一般有气干表观密度、绝干表观密度和饱水表现密度之分。木材的表观密度愈大,其湿胀干缩串也愈大。树种不同,表观密度也不同,如台湾的二色轻木为 0.186,东北的水曲柳为 0.686,河南的泡桐为 0.283,广西的蚬木为 1.128。就是同一树种,木材的表观密度也会因产地、生长条件、树龄等不同而不同。

(2)吸湿性与含水率

由于纤维素、半纤维素、木质素的分子均具有较强的亲水力,所以木材很容易从周围环境中吸收水分。木材中所含的水根据其存在形式可分为以下几类。

1)自由水。存在于细胞腔和细胞的间隙中的水。自由水含量影响木材的表观密度、燃烧性和抗腐蚀性。

2)吸附水。被吸附在细胞壁内细纤维间的水分。吸附水含量是影响木材强度和胀缩变形的主要原因。

3)化合水。即木材化学组成中的结合水。它在常温下不变化,对木材的性质一般无影响。

当木材中无自由水,而细胞壁内吸附水达饱和时,这时的木材含水率称为纤维饱和点。木材的纤维饱和点随树种而异,一般介于 25% ~35%,通常取其平均值,约为 30%。纤维饱和点是木材物理力学性质发生变化的转折点。

木材中所含的水分是随着环境的温度和湿度的变化而改变的。当木材长时间处于一定温度和湿度的环境中时,木材中的含水量最后会达到与周围环境湿度相平衡,这时木材的含水率称为平衡含水率。它是木材进行干燥时的重要指标。

(3)湿胀与干缩。

木材具有很显著的湿胀干缩性。当木材的含水率大于纤维饱和点时,木材干燥或吸湿只有自由水增减变化,木材的体积不发生变化;当木材的含水率小于纤维饱和点时,木材干燥细胞壁中的吸附水开始蒸发,木材体积收缩,反之,干燥木材吸湿后,将发生体积膨胀。因此,木材的纤维饱和点是木材发生湿胀干缩变形的转折点。

由于木材构造的不均匀性,造成了在不同方向的胀缩值不同。其中以弦向最大,径向次之,纵向(即顺纤维方向)最小。木材显著的湿胀干缩变形,对木材的实际应用带来严重的影响。干燥会造成木结构的拼缝不严、接榫松弛、翘曲开裂,而湿胀又会使木材产生凸起变形。为了避免这种不利影响,最根本的措施是,在木材加工制作前预先将木材进行干燥处理,使木材干燥至其含水率与将做成的木制品使用时所处环境的湿度相适应时的平衡含水率。

(4)其他物理性质。

木材的导热系数随其表现密度增大而增大。顺纹方向的导热系数大于横纹方向;木材具有很高的电阻。当木材的含水率提高或温度升高时,木材电阻会降低;木材具有较好的吸声性能,故常用软木板、木丝板、穿孔板等作为吸声材料。

3. 力学性能

建筑上通常利用的木材强度主要有抗压强度、抗拉强度、抗弯强度和抗剪强度。其中抗压、抗拉、抗剪强度又有顺纹与横纹之分。作用力方向与纤维方向平行时,称为"顺纹";作用力方向与纤维方向垂直时,则称为"横纹"。木材的顺纹强度与横纹强度差别很大,木材各种强度之间的关系见表 10-1。

表 10-1　木材各种强度的关系

抗压(MPa)		抗拉(MPa)		抗弯(MPa)	抗剪(MPa)	
顺纹	横纹	顺纹	横纹		顺纹	横纹切断
100	10～20	200～300	6～20	150～200	15～20	50～100

除与木材的构造及受力方向有关外,还受含水率、荷载持续时间及木材的缺陷等因素的影响。

当木材的含水率小于纤维饱和点时,随着含水率降低,吸附水减少,木材强度增大,反之,强度则减少。木材的含水率对各种强度的影响不同,对顺纹抗压和抗弯强度影响较大,对顺纹抗剪强度影响较小,而对抗拉强度几乎没有什么影响。

木材在长期荷载作用下的持久强度,一般约为短期荷载作用下的极限强度的 50% － 60%。持久强度是木结构设计的重要指标。

木材的强度随环境温度的升高而降低。当木材长期处于 40～60 ℃的环境中,木材会发生缓慢的碳化。当温度在 100 ℃以上时,木材中部分组成会分解、挥发、木材颜色变黑,强度明显下降;因此如果环境温度长期超出 50 ℃,则不宜采用木结构。

此外,木材的缺陷,如木节、斜纹、裂缝、腐朽及虫害等,都会对木材的强度有不同程度的影响。

项目 10.3　木材的应用

10.3.1　木材的规格及用途

我国木材供应的形式主要有原条、原木和板枋。

原条为去除皮、根、树梢的木料,但并未按照一定的尺寸加工。用原条制作屋架等。

原木是将原条按一定尺寸加工成规定直径和长度的木料,可直接在建筑中做木桩、楼梯和木柱等。

板枋是原木经锯解加工而成的木料,有板材和方材。截面宽度为厚度 3 倍或 3 倍以上的木料为板材,宽度不足厚度 3 倍的木料为方材。

板枋根据木材的缺陷(木节、腐朽、裂纹、夹皮、虫眼、钝棱、弯曲和斜纹等)分为 3 个等级:一等材用于受拉和拉弯构件;二等材用于受弯和压弯构件;三等材用于受压构件。主要用于木结构、门窗、地板和装饰装修等。

10.3.2　木材的综合利用

木材的综合利用具有重大的现实意义,既可节约木材,避免浪费,做到物尽其用,同时也可使木材在性能上扬长避短,充分发挥其功能。木材综合利用包括改性木材和木质人造材料等。

1. 改性木材

改性木材是木杉经过各种物理、化学方法进行特殊处理的产品。改性木材克服或减少木材的吸湿性、胀缩变形性、腐朽、易燃、低强度、不耐磨和构造的非均匀性质,是木材改性后的特殊材料。如层积木是将极薄的木片用合成树脂浸透叠放起来加热加压而成的,具有很高的耐磨性,收缩膨胀极小,且不会腐朽和虫蛀,强度也得到显著提高。可用于机器上的轴瓦、齿轮和水工闸门滑道等。

2. 木质人造材料

木质人造材料是用木材或木材废料为主要原料,经过机械加工和物理、化学处理制成的一类再构成材料。按其几何形状可分为木制人造方材、木制人造板材和木质模压制品等。木制人造方材是用薄板或厚单板顺纹胶合压制成的一种结构材料。木质人造板材是以木材、木质纤维、碎木料或其他植物纤维为原料,加入胶粘剂和其他添加剂制成的板材。木材模压制品也是用各种不同形状的结构单元,组坯或铺装成不同结构形式的板坯,用专门结构的模具压制成各种非平面状的制品。

其中人造板材是木质人造材料中品种最多、用途最广的一类材料。木质人造板材主要有以下几种。

(1)胶合板。

胶合板是由原木旋切下的薄层木片用胶黏合,压制而成的。木片层数为奇数,一般为3~13层,工程中常用的是三合板和五合板。胶合时应使相邻木片的纤维互相垂直。胶合板的特点是:材质均匀,强度高,无明显纤维饱和点存在,吸湿性小,不翘曲开裂,无疵病,幅面大,使用方便,装饰性好。在工程中胶合板广泛用做建筑室内隔板墙、护壁板、天花板、门面板以及各种家具和装修。

(2)纤维板。

纤维板是以植物纤维为主要原料的一种人造板材,其原料相当丰富,可为木材采伐加工剩余物(树皮、刨花、树枝等)、稻草、麦秸、玉米秆、竹材等。按纤维板的体积密度可分为硬质纤维板、软质纤维板和中密度纤维板。硬质纤维板强度高、耐磨、不易变形,可用于墙壁、地面、家具等;软质纤维板结构松软,故强度低,能吸声和保温性能好,主要用于吊顶等;中密度纤维板表面光滑、材质细密、性能稳定、边缘牢固,且板材表面的再装饰性能好,主要用于隔断、隔墙、地面、高档家具等。

(3)刨花板、木丝板、木屑板。

这三种均是将原料(刨花碎片、短小废料加工刨制的木丝、木屑等)经过打碎、筛选、烘干等工序,拌以胶料(动植物胶、合成树脂胶或无机胶凝材料如水泥、水玻璃等)压制成的人造板。其属于中低档次装饰材料,强度较低,一般用做绝热、吸声材料,也可用于天花板、隔墙等。

（4）细木工板。

细木工板也称大心板,心板用木板条拼接而成,两面胶黏一层或两层木质单板,经热压熟合而成。它集实木板和胶合板的优点于一身,可作为装饰构造材料,用于家具和建筑物内装修等。

项目 10.4　木材及装饰制品

木材历来被广泛用于建筑物室内装修与装饰,它给人以自然美的享受,还能使室内空间产生温暖、亲切感。

10.4.1　条木地板

条木地板是使用最普遍的木质地面,分空铺和实铺两种。普通条木地板的板材常选用松、杉等软质木材,硬木条板多选用水曲柳、柞木、枫木、柚木和榆木等硬质木材。材质要求采用不易腐蚀、不易变形开裂的木板。

条木地板自重轻,弹性好,脚感舒适,其导热性好,冬暖夏凉,易于清洁,是良好的室内地面装饰材料。它适用于办公室、会议室、会客厅、休息室、旅馆客房、住宅起居室、幼儿园及仪器室等地面。

10.4.2　拼花木地板

拼花木地板是较高级的室内地面装饰材料,分双层和单层两种。板材多选用水曲柳、柞木、核桃木、栎木、榆木、槐木等质地优良、不易腐朽开裂的硬质木材。

拼花木地板分高、中、低 3 个档次。高档产品适合于三星级以上中、高级宾馆,大型会议室等室内地面装修;中档产品适于办公室、疗养院、托儿所、体育馆、舞厅和酒吧等地面装饰;低档的适用于各类民用住宅的地面装饰。

10.4.3　护壁板

护壁板铺设于有拼花地板的房间内,使室内空间的材料协调一致,给人一种和谐的室内空间,护壁板可采用木板、企口条板和胶合板等装修而成,设计和施工时采用嵌条、拼缝和嵌装等手法构图,以实现装饰意图。护壁板下面的墙面一定要做防潮层,表面宜刷涂清漆,显示木纹饰面。护壁板主要用于高级的宾馆、办公室和住宅的室内墙壁装饰。

10.4.4　木花格

木花格即为用木板和枋木制作成具有若干个分隔的木架,这些分隔的尺寸和形状一般都各不相同。木花格宜选用硬木或杉木木材制作,并要求材质木节少、木色好、无虫蛀和腐朽等缺陷。

木花格多用于建筑物室内的花窗、隔断和博古架等,它能够调整室内设计的格调,改进空间效能和提高室内艺术质量等。

10.4.5　木装饰线条

建筑物室内采用的木线条由材质较好的树种加工而成。木线条主要用作建筑物室内墙面的墙腰装饰线、墙面洞口装饰线、护壁板和勒脚的压条装饰线、门框装饰线、顶棚装饰脚线、楼梯栏杆扶手、墙壁挂画条、镜框线以及高级建筑的门窗和家具的镶边等。

项目 10.5　木材的防腐与防火

木材作为建筑材料,最大的缺点就是容易腐朽、虫蛀和燃烧,因此大大缩短了木材的使用寿命,并限制了它的应用范围。从这些方面采取措施来提高木材的耐久性,对木材的合理使用具有十分重要的意义。

10.5.1　木材的化学腐蚀、腐朽、虫蛀与防腐

1.化学腐蚀

木材主要由纤维素、木质素和半纤维素组成,它们是构成细胞壁的主要成分。此外,还有少量油脂、树脂、果胶质蛋白质及天机化合物等。在常温下,木材对稀的盐溶液、稀酸、弱碱有一定的抵抗能力,但随着温度的升高,其抵抗能力显著下降。在高温下,即使是中性水也会使木材发生水解等反应。强氧化性的酸、强碱在常温下也会使木材发生变色、湿胀、水解、氧化、酯化、降解交联等反应,使木材腐朽破坏。

2.腐朽

木材是天然有机材料,易受到真菌或昆虫的侵害而腐朽变质。木材中常见的真菌有霉菌、变色菌、腐朽菌三种。霉菌、变色菌不破坏木材细胞壁,对强度影响不大,也不起破坏作用,只是使木材变色,影响外观;腐朽菌对木材危害严重,它以木质素为养料,并分泌酶来分解细胞壁中的纤维素和半纤维素,使木材腐朽破坏。腐朽菌在木材中繁殖生存除必须有养料外,还必须同时具备三个条件:适宜的温度、适当的含水率、少量的空气。腐朽菌所需要的养分是构成细胞壁的木质素或纤维素。当温度为 25 ~ 30 ℃ 时,木材含水量为 35% ~ 50%,木材小又存在一定的空气时,最适宜腐朽菌繁殖。如果设法破坏其中一个条件,就能防止木材腐朽。频繁受到干湿循环作用的木材易腐朽。

3.虫蛀

危害木材的昆虫有白蚁、天牛等,外表几乎看不出破坏的痕迹。

4.防腐

木材防腐的基本方法有两种:一种是创造木材不适于真菌和昆虫寄生和繁殖的条件,具体是将木材干燥,使木材的含水率小于 20%,储存和使用时注意通风,对木材构件表面应刷以油漆,使木材隔绝湿气和水汽;另一种是把木材变成有毒的物质,使其不能做真菌的养料、即进行化学处理。化学处理具体的办法是用化学防腐剂对木材进行处理,化学防腐剂对真菌和昆虫有毒害作用,使真菌和昆虫无法在木材中生存繁殖,从而起到防腐的作用。化学防腐剂主要有水溶性防腐剂、油剂防腐剂和复合防腐剂。水溶性防腐剂主要有氯化锌、氟化钠、硼格合剂等,常用于室内构件的防腐。油剂防腐剂主要有蒽油、克鲁苏油等,由于毒性大且持久,又有臭味,多用于室外、地下或水下的木构件。复合防腐剂主要有硼酚合剂、氟铬酚

合剂等。这类防腐剂的药效持久,对人、畜的毒性小,应用较广泛。用防腐剂处理木材的方法很多,常用的有压力渗透法、冷热槽法、喷涂法和浸渍法。

10.5.2　木材的燃烧与防火

木材易燃,在火的作用下,木材的外层碳化,结构疏松,内部温度升高,强度降低。当木材受到高温作用时,会分解出可燃气体并放出热量,当温度达到 260 ℃时,木材在无火源的情况下,会自行发焰燃烧。

木材的防火主要是采用对木材及其制品进行表面覆盖、涂抹、深层浸渍阻燃剂等方法来实现。常见方法有用非燃烧性材料贴面处理法和浸渍法等。不燃烧的材料有各种金属、水泥及耐火涂料,浸渍的防火剂有硼酸、磷酸铵和碳酸铵等。

习　　题

一、填空题

1. _____是木材的最大缺点。

2. 木材中_____水发生变化时,木材的物理力学性质也随之变化。

3. 木材的性质取决于木材的_____。

4. 木材的构造分为_____和_____。

5. 木材按树种分为_____和_____两大类。

二、判断题

1. 易燃是木材最大的缺点,因为它使木材失去了可用性。　　　　　　　　(　　)

2. 纤维饱和点是木材强度和体积随含水率发生变化的转折点。　　　　　(　　)

3. 木材的自由水处于细胞腔和细胞之间的间隙中。　　　　　　　　　　(　　)

4. 木材愈致密,体积密度和强度愈大,胀缩愈小。　　　　　　　　　　(　　)

5. 化学结合水是构成木质的组分,不予考虑。　　　　　　　　　　　　(　　)

三、单项选择题

1. 木材中(　　)发生变化时,木材的物理力学性质也随之变化。

　　A. 自由水　　　　　　　　　　　　B. 吸附水

　　C. 化合水　　　　　　　　　　　　D. 游离水

2. 木材在不同受力下的强度,按其大小可排成如下顺序(　　　)。

　　A 抗弯 > 抗压 > 抗拉 > 抗剪　　　　B. 抗压 > 抗弯 > 抗拉 > 抗剪

　　C 抗拉 > 抗弯 > 抗压 > 抗剪　　　　D. 抗拉 > 抗压 > 抗弯 > 抗剪

3. (　　　)是木材物理、力学性质发生变化的转折点。

　　A. 纤维饱和点　　　　　　　　　　B. 平衡含水率

　　C. 饱和含水率　　　　　　　　　　D. A + B

4. (　　　)是木材最大的缺点。

　　A. 易燃　　　　　　　　　　　　　B. 易腐朽

　　C. 易开裂和翘曲　　　　　　　　　D. 易吸潮

5. (　　　)是木材的主体。

A. 木质部   B. 髓心

C. 年轮   D. 树皮

四、多项选择题

1. 木材含水率变化对下列(   )影响较大。

A. 顺纹抗压强度   B. 顺纹抗拉强度

C. 抗弯强度   D. 顺纹抗剪强度

2. 木材的疵病主要有(   )。

A. 木节   B. 腐朽

C. 斜纹   D. 虫害

3. 木材可以通过下列(   )方式加以综合利用。

A. 胶合板   B. 纤维板

C. 刨花板   D. 木丝板

E. 木屑板

五、问答题

1. 木材的优缺点有哪些? 针叶树和阔叶树在性质和应用上各有何特点?

2. 木材的抗拉强度最高,但实际上木材多用做顺纹受压或受弯构件,而很少用做受拉构件,这是为什么?

3. 为什么木材使用前必须干燥,使其含水率接近使用环境下的平衡含水率?

4. 影响木材强度的因素有哪些? 不同受力强度受含水率影响程度有何不同?

模块 11　建筑玻璃

本模块主要介绍了玻璃的基本知识,包括玻璃的组成和性质。应掌握平板玻璃的原料和生产、产品检验和应用,建筑装饰节能玻璃、玻璃马赛克和其他装饰玻璃的性能及应用。

玻璃是以石英、纯碱、长石和石灰石等为主要原料,经熔融、成型、冷却、固化而成的非结晶无机材料。

项目 11.1　玻璃的性质与分类

11.1.1　玻璃的性质

1.玻璃的密度

玻璃内几乎无孔隙,属于致密材料。普通玻璃的密度为 $2.45 \sim 2.55$ g/cm³

2.玻璃的光学性质

当光线入射玻璃时,表现有反射、吸收和透射三种性质。光线透过玻璃的性质,称为透射,以透光率表示。光线被玻璃阻挡,按一定角度反射出来,称为反射,以反射率表示。光线通过玻璃后,一部分光能量被损失,称为吸收,以吸收率表示。玻璃的反射率、吸收率、透光率之和等于入射光的强度,为 100%。用于采光、照明的玻璃,要求透光率高;用于遮光和隔热的热反射玻璃,要求反射率高;用于隔热、防眩作用的吸热玻璃,要求既能吸收大量红外线辐射能,同时又保持良好的透射性。

3.玻璃的热工性质

玻璃的比热容一般为 $0.33 \sim 1.05 \times 10^{3}$ J/(kg·K),导热系数一般为 $0.75 \sim 0.92$ W/(m·K)。玻璃传热慢,是热的不良导体。当玻璃温度急变时,沿玻璃的厚度从表面到内部,有着不同的膨胀量,由此而产生内应力。当内应力超过玻璃极限强度时,就造成碎裂破坏。

4.玻璃的力学性质

玻璃的抗压强度高,一般为 $600 \sim 1\ 200$ MPa,而抗拉强度很小,为 $40 \sim 80$ MPa。故玻璃在冲击力作用下易破碎,是典型的性材料。玻璃在常温下具有弹性,普通玻璃的弹性模量力 $6 \times 10^{4} \sim 7 \times 10^{4}$ MPa。

5.玻璃的化学性质

玻璃具有较高的化学稳定性,在通常情况下,对水、酸、碱以及化学试剂或气体等,具有较强的抵抗能力,能抵抗氢氟酸以外的各种酸类的侵蚀。

11.1.2　建筑玻璃的分类

建筑玻璃按生产方法和功能特性可分为以下几类。

1.平板玻璃

平板玻璃是建筑工程中应用量比较大的建筑材料之一,它主要包括以下几种。

(1)透明窗玻璃。指的是一般平板玻璃,大量用于建筑采光。

(2)不透明玻璃。采用压花、磨砂等方法制成的透光不透视的玻璃。

(3)装饰类玻璃。采用蚀花、压花、着色等方法制成具有较强装饰性的玻璃。

(4)安全玻璃。将玻璃经过钢化或在玻璃中央金属丝(网)夹层而成的玻璃。

(5)镜面玻璃。即镜子,用于室内。

(6)装饰—节能型玻璃。能透射大部分的可见光,但具有吸热、热反射或隔热等性能的玻璃。

2.建筑艺术玻璃

建筑艺术玻璃是指用玻璃制成的具有建筑艺术性的屏风、花饰、扶栏、雕塑以及玻璃锦砖等。

项目 11.2　玻璃在建筑上的用途

11.2.1　围护、分隔空间

玻璃通常安装在门窗、幕墙、隔断等部位,尤其是外墙上的玻璃,它同样可以防止风吹雨打,既起到分隔空间又起到围护作用。

11.2.2　采光

任何玻璃都有采光作用,一般玻璃的透光率在80%左右。

11.2.3　控制光线

在一些特殊位置或房间,使其既有采光作用,又不能透视,如浴室等房间。着色玻璃、压花玻璃和磨砂玻璃都能满足这些要求。

11.2.4　反射

镜面玻璃和幕墙玻璃可对光起到反射作用。

11.2.5　保温节能

采用吸热或双层(中空)玻璃,能使建筑起到保温阳热的效果,使其节约能源。

11.2.6　艺术效果

在一些特殊部位如隔断、壁圆、橱窗等地方,采用彩色玻璃、玻璃画等,能增强艺术效果。

11.2.7　装饰立面

采用玻璃马赛克装饰外墙面,使建筑美观耐久;采用大面积玻璃幕墙,取得特定的装饰效果;在外墙的窗上安装彩色玻璃,使建筑立面的色彩丰富。

11.2.8　玻璃制品

1.普通平板玻璃

普通平板玻璃是建筑使用量最大的一种,它的厚度为 2～12 mm,主要用于装配门窗,起透光、挡风雨和保温隔音等作用,具有一定的机械强度,但易碎,紫外线通过率低。

2.安全玻璃

安全玻璃是指打碎后渣子不易伤人,对某些伤害源起阻挡作用的玻璃。目前,常用的安全玻璃有钢化玻璃、夹丝玻璃和夹层玻璃等。主要特性是力学强度较高,抗冲击能力较好,被击碎时,碎块不会飞溅伤人,并有防火的功能。

(1)钢化玻璃。钢化玻璃是将普通平板玻璃、磨光玻璃或吸热玻璃等加热软化,用空气、油类或溶盐等冷却介质使之骤冷制成的。钢化玻璃破碎时先出现网状裂纹,而后呈圆钝碎片破碎。相对于普通平板玻璃来说,钢化玻璃具有机械强度高、弹性好及热稳定性高的特点,可用做高层建筑物的门窗、幕墙、隔墙、屏蔽、桌面玻璃、炉门上的观察窗、辐射式气体加热器、弧光灯用玻璃,以及汽车挡风、电视屏幕等。

(2)夹丝玻璃。夹丝玻璃用连续压延法制造,当平板玻璃加热到红热软化状经过压延机的两辊中间时,将预热处理的铁丝网或铁丝连续送入玻璃上面或下面从而嵌入玻璃中而制成。夹丝玻璃的表面可以压花或磨光,颜色可以是无色透明或彩色的。与普通平板玻璃相比,它的耐冲击性和耐热性好,防火性优越,可遮挡火焰,高温燃烧时不炸裂,破碎时不会造成碎片伤人。另外还有防盗性能,玻璃割破还有铁丝网阻挡。夹丝玻璃适用于各种采光屋顶天窗、阳台窗、楼梯、电梯间、走廊、高层楼宇和震荡性强的厂房天窗。

(3)夹层玻璃。夹层玻璃是由两片或多片平板玻璃夹入透明塑料薄片,经加热、加压黏合在一起的玻璃。生产夹层玻璃的原片可采用一等品的引拉法平板玻璃或浮法玻璃,也可为钢化玻璃、半钢化玻璃、丝、网玻璃、吸热玻璃或夹丝玻璃等。当受到破坏时,碎片仍黏附在胶层上,避免了碎片飞溅对人体的伤害,多用于有安全要求的装修项目。夹层玻璃的层数有 2 层、3 层、5 层和 7 层等,最多可达 9 层,达 9 层时一般子弹不易穿透,成为防弹玻璃。多用于银行或者豪宅等对安全要求非常高的装修工程之中。

3.保温隔热玻璃

保温隔热玻璃主要包括吸热玻璃、热反射玻璃和中空玻璃等。它们在建筑上主要起装饰作用,并具有良好的保温隔热功能。除用于一般门窗外,还常作为幕墙玻璃。

(1)吸热玻璃。吸热玻璃也称着色玻璃,是能吸收大量红外线辐射能、并保持较高可见光透过率的平板玻璃。其生产方法是在普通钠钙硅酸盐玻璃的原料中加入着色剂,使玻璃着色而具有吸热性能,这种着色称为本体着色,玻璃不易褪色;或在玻璃表面喷涂氧化锡、氧化锑和氧化铁等着色氧化物薄膜,颜色有灰色、茶色、蓝色、绿色、古铜色、青铜色、粉红色和金黄色等。我国目前主要生产前 3 种颜色的吸热玻璃,厚度有 2 mm、3 mm、4 mm、5 mm、6 mm、8 mm、10 mm、12 mm 共 8 种。吸热玻璃广泛应用于建筑物的门窗、外墙以及用做车、船挡风玻璃等,起到隔热、防眩、采光和装饰等作用。

由于吸热玻璃两侧温差较大,热应力较高,易发生炸裂,故使用时应使窗帘、百叶帘等远离玻璃表面,以利通风散热。

(2)热反射玻璃。热反射玻璃是将平板玻璃经过深加工得到的一种新型玻璃制品,具有良好的遮光性和隔热性能,可用于各种建筑中。普通平板玻璃的辐射热反射率为7%左右,而热反射玻璃可到达30%左右。它不仅可以节约室内空调能源,而且还可以起到良好的建筑装饰效果;同时,热反射玻璃还保持有较好的透气性能。

热反射玻璃是具有较高的热反射能力而又保持良好透光性的平板玻璃。热反射玻璃主要用于有绝热要求的建筑物门窗、玻璃幕墙、汽车和轮船的玻璃窗等。热反射玻璃又称镜面玻璃或低辐射玻璃、遮阳镀膜玻璃。按照《镀膜玻璃》(GB/T 18951—2002),镀膜玻璃包括阳光控制镀膜玻璃和低辐射镀膜玻璃。按厚度可分为5 mm、6 mm、8 mm、10 mm、12 mm共5种规格。因此除了具有遮阳节能作用外,还可以改善室内的色调,对建筑外观也有一定装饰作用。但在限制热辐射的同时也限制了可见光的透过,一定程度上影响了室内采光。

(3)中空玻璃。中空玻璃是由两片或多片平板玻璃构成,用边框隔开,四周边缘部分用密封胶密封,玻璃层间充有干燥气体。中空玻璃的特性是保温隔热,节能性好,隔声性能优良,并能有效地防止结露。中空玻璃主要用于需要采暖、空调、防止噪音、结露的建筑上。中空玻璃的节能效果是非常明显的。有统计表明,采用双层普通中空玻璃,冬季采暖的能耗可降低25% ~30%。

4. 压花玻璃和磨砂玻璃

压花玻璃是用带花纹图案的滚筒压制处于可塑状态的玻璃料坯而制成的,可一面压花,也可双面压花。

磨砂玻璃又称毛玻璃,是指经研磨、喷砂或氢氟酸溶蚀等加工,使其表面均匀粗糙的平板玻璃。

压花玻璃和磨砂玻璃都具有透光不透视的特点,但装饰效果较好,一般用于宾馆、饭店、酒吧、游泳池、浴池、卫生间及办公室、会议室的门窗和隔断等。

5. 自洁净玻璃

纳米TiO_2抗菌自洁净玻璃是一种高附加值的新型功能玻璃,也是21世纪玻璃深加工领域最尖端的高科技绿色环保玻璃。通过磁控溅射法在普通玻璃表面镀上一层纳米级锐钛矿TiO_2晶体的透明涂层后,玻璃在紫外线的照射下会表现出光催化性、光诱导超亲水性和杀菌的功能。通过光催化性可以将附着在玻璃表面的有机污物分解成无机物而实现自净,而光诱导超亲水性会使水的接触角在5°以下而使玻璃表面不易挂住水珠,从而隔断油污与TiO_2薄膜表面的直接接触,保持玻璃的自洁净。

6. 装饰玻璃

(1)彩釉钢化玻璃。彩釉钢化玻璃是将玻璃釉料通过特殊工艺印刷在玻璃表面,然后经烘干、钢化处理而成。彩色釉料永久性烧结在玻璃表面上,具有抗酸碱、耐腐蚀、永不褪色和安全高强等优点,并有反射和不透视等特性。

彩釉钢化玻璃可具有不同的颜色和花纹。为了防止釉层开裂或脱落,釉料的膨胀系数要和玻璃的膨胀系数相接近。

釉面玻璃可用作建筑物的内外墙装饰,也可用作空心墙的护壁板及柜台等。

（2）喷砂和磨砂玻璃。磨砂玻璃是在普通平板玻璃上面进行打磨工艺处理，破坏玻璃表面对光线的镜面作用，使玻璃具有透光而不透视的特点。喷砂玻璃是用 0.4～0.7 MPa 的压缩空气或高压风机产生的高速气流将金刚砂、硅砂等细砂吹到玻璃表面上，使玻璃表面产生砂痕而成。如用橡胶、纸等作为保护膜将不需要喷砂的部位遮盖起来，还可以得到各种文字、图案和线条等，增强装饰效果。

一般厚度多在 9 cm 以下，以 5、6 cm 厚度居多。喷砂玻璃的性能基本上与磨砂玻璃相似，主要作为室内隐蔽处隔断使用。

（3）压花玻璃。压花玻璃是采用压延方法制造的一种平板玻璃。其最大的特点是透光不透明，多使用于洗手间等装修区域。

（4）玻璃马赛克。玻璃马赛克又叫玻璃锦砖或玻璃纸皮砖。它是一种小规格的彩色饰面玻璃。一般规格为 20 mm×20 mm、30 mm×30 mm、40 mm×40 mm。厚度为 4～6 mm，是多种颜色的小块玻璃质镶嵌材料。外观有无色透明的、着色透明的、半透明的、带金、银色斑点、有花纹或条纹的。正面光泽滑润细腻，背面有较粗糙的槽纹以利于与基面黏结。为便于施工，出厂前，将玻璃马赛克按设计图案反贴在牛皮纸上。

玻璃马赛克具有色调柔和、朴实、典雅、美观大方、化学稳定性和冷热稳定性好等优点。而且还有不变色、不积尘、容重轻和黏结牢等特性，多用于室内局部、阳台外侧装饰。

7. 玻璃墙体和屋面材料

（1）玻璃砖。玻璃砖又称特厚玻璃，是用玻璃制成的实心或空心块料，它们均具有透光而不透视的特点。其制作工艺基本和平板玻璃一样，不同的是成型方法，中间为干燥的空气。玻璃砖的形状和尺寸有多种，砖的内外表面可制成光面或凹凸花纹面，有无色透明或彩色多种，形状有正方形、矩形及各种异形产品，尺寸有 115 mm×145 mm、240 mm×300 mm。

玻璃砖被誉为"透光墙壁"，具有强度高、透明性好、绝热、隔声和防火等优点，能防止致眩的直射阳光直射入室内，如果天花板反射性能良好，还能补偿室内深处的照度不足。空心砖内部为空气，其绝热性能好，且不易结露。如果抽成真空度约为 0.03 MPa 的稀薄空气时，能使声波的传播受阻，从而增强隔音性能。

玻璃砖主要用于砌筑透光的墙壁或者有保温要求的透光造型之中，如建筑物的非承重内外隔墙、淋浴隔断、门厅和通道等，特别适用于高级建筑、体育馆等必须控制透光、眩光和太阳热的地方。

（2）玻璃幕墙。玻璃幕墙是以轻金属边框架和功能玻璃预制成模块的建筑外墙单元，镶嵌或是挂在框架结构外，作为围护和装饰墙体。由于它大片连续，不受荷载、质轻如幕，故称之为玻璃幕墙。国内常见的玻璃幕墙多以铝合金型材为边框，功能玻璃，如中空、夹层、吸热、热反射、镀膜玻璃为外敷面，内多以绝热材料作为复合墙体。

玻璃幕墙作为立面装饰材料，具有自重轻、保温隔热、隔声和外观华丽的特点，它是将建筑功能、建筑美学、建筑结构和节能等因素有机结合在一起的外墙装饰，目前多用于豪华建筑的外墙装饰。

玻璃幕墙建筑分为两种，一种是局部玻璃幕墙，这种玻璃幕墙占有一面外墙的一部分或大部分，施工相对容易，工程造价也较低；另一种是全部玻璃幕墙，这种玻璃幕墙是一面或几面外墙甚至全部外墙都是玻璃幕墙组成，建筑显得明净透彻，晶莹美观。需要指出的是2005 年建设部颁布实施的《公共建筑节能设计标准》中规定：公共建筑的建筑幕墙不能超过墙面积的70%,屋顶透明部分不得大于屋顶面积的20%。玻璃幕墙的结构形式主要有明框式幕墙(将玻璃嵌在铝合金边框上)、隐框式幕墙(没有铝合金框格,靠结构胶把玻璃粘在铝型材框架上)、半隐式幕墙。

玻璃幕墙在风压变形、雨水渗透、保温、隔声、耐撞击、防火、防雷、抗震和平面内变形等方面均应符合相关标准规定。

8.浮法玻璃

浮法玻璃是使熔融的玻璃流入锡槽,在干净的液面上自由摊平,逐渐降温退火加工而成。浮法玻璃的组成与普通平板玻璃相同,浮法技术也可以生产出尺寸和厚度更大的平板玻璃。浮法玻璃最大的特点是其表面平整光滑,厚度均匀,不产生光学畸变,具有机械磨光玻璃的质量。

浮法玻璃的厚度由熔融状玻璃的流速和流量控制,宽度则仅仅由融锡的最大宽度控制,由于浮措的长度可以做得很大,因而可以制造出尺寸满足需要的玻璃。国家标准《浮法玻璃》(GB 11614—1999)对浮法玻璃的规格、尺寸、尺寸偏差及质量要求等指标作了规定。

(一)浮法玻璃的分类

浮法玻璃按厚度分 2 mm、3 mm、4 mm、5 mm、6 mm、8 mm、10 mm、12 mm、15 mm、19 mm 等 10 类。尺寸不小于 1 000 mm×1 200 mm,不大于 2 500 mm×3 000 mm,亦可供需双方协商。

浮法玻璃按等级分为优等品、一等品和合格品三等。

(二)浮法玻璃的技术要求

(1)厚度允许偏差。3 mm、4 mm 厚度的允许偏差为 ±0.20 mm;5 mm、6 mm 厚度的允许偏差为 +0.20 mm,−0.30 mm;8 mm、10 mm 厚度的允许偏差为 ±0.35 mm;12 mm 厚度的允许偏差为 ±0.40 mm。一般玻璃厚薄差不得大于 0.3 mm。

(2)尺寸偏差应符合表 11-1 的规定。

表 11-1　浮法玻璃尺寸允许偏差

厚度(mm)	允许偏差(mm)	
	≤1 500	>1 500
3,4,5,6	3	5
8,10,12	4	6

(3)弯曲度不得超过0.3%。

(4)凸出、残缺深度,边部八出或残缺部分及缺角深度不得超过表 11-2 的规定。

表 11-2　浮法玻璃凸出或残缺部分及缺角深度允许限值

厚度(mm)	凸出或残缺	缺角深度
3,4,5,6	3	5
8,10,12	4	6

（5）透光率应不小于表 11-3 规定数值。

表 11-3　浮法玻璃透光串要求

厚度（mm）	3	4	5	6	8	10	12
透光率（%）	87	86	84	83	80	78	75

（6）外观质量　应符合国标《浮法玻璃》（GB 11614—1999）对外观质量的规定要求。

随着建筑等行业的发展和物质文化水平的不断提高，以及节约能源、改善舒适生活环境条件的需要，浮法玻璃在规格、品种和性能等方面都有迅速的发展和提高，应用范围也越来越广泛。浮法玻璃除可作为采光和装饰材料外，还向控制光线、调节热量、节约能源、防止噪声以及降低建筑物自重、改善环境条件等多功能发展。目前，直接应用浮法玻璃原片愈来愈少，而是将浮法玻璃经过深加工，成为新型玻璃产品使用。窗玻璃、厚平板玻璃、颜色玻璃、钢化玻璃、镜面玻璃、隔热隔声玻璃、吸热玻璃、夹层玻璃等有不少是由浮法玻璃加工而成。

项目 11.3　各种光学材料的选用

建筑玻璃按其用途可分为两大类：一类是透视采光用的平板玻璃，它可以是未经深加工的普通玻璃，也可以是经过深加工的玻璃制品，如钢化玻璃，夹层玻璃、中空玻璃和镀膜玻璃等，另一类是作为墙体及内墙装饰用的建筑玻璃饰面材料，如玻璃马赛克、微晶玻璃花岗岩饰面板等。

11.3.1　普通平板玻璃

普通平板玻璃是指未经加工的平板玻璃制品，主要用于一般建筑的门窗，起透光、挡风雨、保温和隔音等作用，同时也是深加工为具有特殊功能玻璃的基础材料。

普通平板玻璃的成型均采用机械拉制，通常采用的有引拉法和浮法。平板玻璃主要分为 3 种：即引上法平板玻璃（分有槽和无槽两种）、平拉法平板玻璃和浮法玻璃。引拉法玻璃易产生波纹和波筋。浮法玻璃表面平整，可替代磨光玻璃使用。浮法玻璃由于厚度均匀、上下表面平整，再加上劳动生产率高及利于管理等方面的因素影响，浮法玻璃正成为玻璃制造方式的主流。

浮法生产的平板玻璃，质量应符合《浮法玻璃》（GB 11614—1999）的规定，其形状应为正方形或长方形，按厚度分为 2 mm、3 mm、4 mm、5 mm、6 mm、8 mm、10 mm、12 mm、15 mm 和 19 mm 等 10 种；按外观质量分为优等品、一级品和合格品 3 个等级；按用途分为制镜级、汽车级、建筑级 3 类。

3～4 mm 玻璃（mm 在日常生活中也称为厘。），这种规格的玻璃主要用于画框表面；5～6 mm 玻璃，主要用于外墙窗户、门扇等小面积透光造型等；7～9 mm 玻璃，主要用于室内屏风等较大面积但又有框架保护的造型之中；9～10 mm 玻璃，可用于室内大面积隔断、栏杆等装修项目；11～12 mm 玻璃，可用于地弹簧玻璃门和一些活动人流较大的隔断之中。15 mm 以上玻璃，一般市面上销售较少，往往需要订货，主要用于较大面积的地弹簧玻璃门外墙整块玻璃墙面。

11.3.2 安全玻璃

安全玻璃是指打碎后渣子不易伤人,对某些伤害源起阻挡作用的玻璃。目前,常用的安全玻璃有钢化玻璃、夹丝玻璃和夹层玻璃等。

11.3.3 功能玻璃

功能玻璃主要有吸热玻璃、热反射玻璃、中空玻璃、自洁净玻璃。

11.3.4 装饰玻璃

玻璃应用于建筑装饰,最早出现在欧洲中世纪教堂中的彩绘玻璃。在 19 世纪的欧洲,随着工业化道路的发展建设,玻璃制造成本降低并可大量生产,玻璃便成为生活用品走进了建筑物和家庭。随着玻璃产品的大量应用以及玻璃所特有的晶莹剔透的特性,引起了建筑师的关注,各种玻璃装饰艺术应运而生,玻璃已成为建筑及装饰中不可缺少的材料,主要有彩釉钢化玻璃、喷砂和磨砂玻璃、压花玻璃和玻璃马赛克。

11.3.5 玻璃墙体和屋面材料

玻璃墙体和屋面材料主要有玻璃砖、玻璃幕墙。

为了满足人们的各种需求,各种新型的、功能性的装饰玻璃应运而生、层出不穷。现简单介绍一些新型功能性装饰玻璃制品。

1. 防盗玻璃

防盗玻璃为多层结构,夹层中间嵌有极细的金属导线,万一盗贼将玻璃击碎时,与金属导线相连接的警报系统会立即发出报警信号。

2. 真空玻璃

真空玻璃是在两片厚度为 3 mm 的玻璃之间设有 0.2 mm 间隔的 1/100 大气压的真空层,层内有金属小圆柱支撑以防外部大气压使玻璃贴到一起。这种真空玻璃厚度仅6.2 mm,可直接安装在一般的窗框上。它具有良好的隔热、隔音效果,适用于民宅和高层建筑的窗户。

3. 不反光玻璃

不反光玻璃,光线反射率在 1% 以内(普通玻璃为 8%),从而解决了玻璃反光和令人目眩的问题。

4. 隔音玻璃

这种新型隔音玻璃是用厚达 5 mm 的软质树脂将两层玻璃黏合在一起,几乎可将全部杂音吸收,特别适合录音室和播音室使用。它的价格相当于普通玻璃的 5 倍。

5. 空调玻璃

这是一种用双层玻璃加工制造,可将暖气送到玻璃夹层中,通过气孔散发到室内,代替暖气片。这不仅节约能量,而双方位、隔音和防尘,到了夏天还可改为送冷气。隔音效果好,适用于民宅和高层建筑的窗户。

6.透明度变化的玻璃

这种玻璃透明度能随着视野角度变化而变化,它有一种特殊的高分子膜,其散光度、厚度、面积和形式都能由制造各自选择。利用它可以起到一定的保护和屏蔽作用。

7.全息折射玻璃

这种全息衍射玻璃,可将某些颜色的光线集中到选择的方位。用这种玻璃的窗户可将自然光线分解成光谱组合色,并将光线射向天花板进而反射至房间的各个角落。

8.调温玻璃

被称为云胶的热变色调温玻璃,是一种两面是塑料薄膜和中间夹着聚合物水色溶剂的合成玻璃:它在低温环境中呈透明状,吸收日光的热能,待环境温度升高后则变成不透明的内云色,并阻挡日光的热能,从而有效地起到调节室内温度的作用。

9.杀菌(本体)窗玻璃

杀菌(本体)窗玻璃是在普通钠钙硅酸盐浮法玻璃原料成分中加入 NHB 活化杀菌剂而制成的。该发明没改变浮法玻璃的生产工艺、过程、设备和设施条件,只对原料配方予以适当调整,使窗玻璃在原有隔离、采光、装饰等功能作用的基础上,直接增加了杀除室内细菌和霉菌的特殊作用,让室内空气得到净化,保护了人体健康。在自然通风的情况下,该玻璃可持续发挥杀菌的功能,使室内空气环境得以不断改善。该技术生产工艺简便,生产成本低廉,不增加环境污染。产品除应用在窗玻璃上外,还广泛应用于建筑装饰、装潢、幕墙玻璃等领域,还可直接进行切割、热弯、钢化、夹层、中空等加工。

10.排二氧化碳玻璃

将可透过二氧化碳的玻璃膜应用在居室的玻璃窗上,可将室内的二氧化碳气体排出室外。它在不同的湿度下,透过的二氧化碳量不同,湿度越大,透过性越高。

11.复合型丽晶石

复合型丽晶石产品是用高强度透明玻璃作面层,高分子材料作底层,经复合而成。目前有钻石、珍珠、金龙、银龙、富贵竹、水波纹、甲骨文、树皮、浮雕面等 10 个系列、100 多个花色品种。丽晶石具有立体感强、装饰效果独特、不吸水、抗污、抑菌、易于清洁等特点,适用于室内墙面、地面装饰,也可用于建筑门窗及屏风。

习 题

一、填空题

1.普通玻璃的表观密度在_____。

2.安全玻璃主要包括_____、_____、_____。

二、判断题

1.釉和玻璃都没有固定的熔点。 ( )

2.玻璃是典型脆性材料,导热系数大,导热性好。 ( )

3.空心玻璃砖是一种具有干燥空气层的空腔,并周边均密封的玻璃制品,因此保温绝热性能和隔声性能好。 ( )

三、单项选择题

1.对阳光具有单向透视性的玻璃是( )。

  A. 中空玻璃   B. 着色玻璃

  C. 阳光控制镀膜玻璃   D. 低辐射镀膜玻璃

2. 主要用做高档场所的室内隔断或屏风的是( )。

  A. 浮花玻璃   B. 喷花玻璃

  C. 压花玻璃   D. 刻花玻璃

3. 可以作为浴室、卫生间门窗玻璃使用的是( )。

  A. 钢化玻璃   B. 镀膜玻璃

  C. 压花玻璃   D. 着色玻璃

4. 有抗冲击作用要求的商店、银行、橱窗、隔断及水下工程等安全性能高的场所或部位
  使用的玻璃是( )。

  A. 夹层玻璃   B. 压花玻璃

  C. 钢化玻璃   D. 夹丝玻璃

5. ( )是作为钢化、夹层、镀膜、申空等深加工玻璃的原片。

  A. 净片玻璃   B. 彩色平板玻璃

  C. 压花玻璃   D. 釉面玻璃

6. 当遇到盗抢等情况时,可起到防盗、防抢等安全作用的玻璃是( )。

  A. 夹层玻璃   B. 彩色玻璃

  C. 钢化玻璃   D. 夹丝玻璃

7. 下列属于安全玻璃的有( )。

  A. 夹层玻璃   B. 夹丝玻璃

  C. 钢化玻璃   D. 防火玻璃

  E. 中空玻璃

8. 着色玻璃是一种节能装饰性玻璃,其特性是( )。

  A. 有效吸收太阳的辐射热,产生"温室效应",可达到节能的效果

  B. 吸收较多的可见光,使透过的阳光变得柔和,避免眩光并改善室内色泽

  C. 能较强吸收紫外线,有效防止紫外线对室内物品的褪色和变质作用

  D. 有单向透视性,故又称为单反玻璃

  E. 仍具有一定的透明度,能清晰地观察室外景物

9. 下列属于安全玻璃的是( )。

  A. 钢化玻璃   B. 压花玻璃

  C. 夹丝玻璃   D. 釉面玻璃

  E. 夹层玻璃

10. 中空玻璃的特性是( )。

  A. 光学性能良好   B. 防结露

  C. 保温隔热   D. 机械强度高

  E. 碎后不易伤人

11. 钢化玻璃的特性是( )。

  A. 热稳定性差   B. 可发生自爆

  C. 保温隔热   D. 机械强度高

　　E. 碎后不易伤人

四、多项选择题

1. 下列属于装饰玻璃的有(　　　)。

　　A. 彩釉钢化玻璃　　　　　　　　B. 磨砂玻璃

　　C. 压花玻璃　　　　　　　　　　D. 玻璃马赛克

　　E. 安全玻璃

2. 下列属于保温隔热玻璃的有(　　　)。

　　A. 吸热玻璃　　　　　　　　　　B. 热反射玻璃

　　C. 中空玻璃　　　　　　　　　　D. 钢化玻璃

五、问答题

1. 建筑玻璃主要有哪些品种?

模块 12　建筑功能材料

本项目所介绍的各种建筑功能材料的品种很多,在工程实践中,若使用不当将难以保证工程质量,因此,必须了解各种功能材料的性质和使用范围。在学习中注意理论联系实际,通过实践,加深对功能材料性能特点的理解和掌握,以便合理选用各种功能材料。

建筑工程材料是以材料力学性能以外的功能为特征的材料,它赋予了建筑物防水、防火、隔声、绝热、采光、装饰等功能。随着社会的进步、经济的发展,人们的生活水平不断提高,人们对生活、工作空间的要求也不再停留在坚固上,而是更多地关注生活质量、环境舒适,对建筑物功能的要求日益提高。建筑物用途的拓展以及人们需求的提高,使其对建筑功能材料方面的要求越来越高。目前,国内外现代建筑中常用的建筑功能材料有:防水材料、装饰材料、绝热材料、吸声隔声材料、透光材料和建筑塑料等。

项目 12.1　防　水　材　料

在各类建筑工程中,防水材料是一项很重要的功能材料,通常被分为刚性防水材料和柔性防水材料两大类。

刚性防水材料主要是指采用较高强度和无延伸能力的材料制成的防水材料,比如以水泥混凝土为主,掺入各种防水剂等共同组成的水泥混凝土或砂浆自防水结构。柔性防水材料是指具有一定柔韧性和较大延伸性的防水材料,如防水卷材、有机涂料等,它们构成柔性防水层。相比之下,柔性防水材料以其高效的防水性能,在国内外被广泛推广和使用,是目前用量和产量都较大的一类防水材料。本任务中就主要分析柔性防水材料。

自 20 世纪 60 年代开始,随着城市的发展扩张,科学技术的进步,柔性防水材料技术也发生了很大改变,80 年代高分子防水材料出现后,各种新品种新材料不断涌出。其中,沥青类防水材料一直占据着我国建筑防水材料的主导地位,无论在品种、质量和产量上都发展迅速。

12.1.1　防水的基本用材

防水的基本用材即沥青材料。沥青材料是一种有机胶凝材料,是由多种有机化合物构成的复杂混合物。在常温状态下,沥青呈褐色或黑褐色的固体、半固体、液体状态,并且几乎完全不溶于水,是一种憎水性材料,但能溶解于多种有机溶剂,并且与多种矿物材料之间有较强的黏结力。沥青结构紧密,具有不透水、绝缘、耐酸、耐碱、耐侵蚀和加热软化冷却变硬的特点,常被广泛应用于建筑工程上的防水、防腐、防潮处理以及道路水利工程。沥青的分类见表 12-1。

表 12-1　沥青的分类

沥青	地沥青	天然沥青	天然条件下,石油在长时间地球物理作用下所形成的产物
		石油沥青	石油经炼制加工后所得到的产品
	焦油沥青	煤沥青	由煤干馏所得到的煤焦油再加工所得
		页岩沥青	由页岩炼油所得的工业副产品

　　天然沥青,是将自然界中存在的天然沥青矿经提炼加工后得到的沥青产品;石油沥青,是将石油原料蒸馏提炼出各种石油产品后,留下的一种呈褐色或黑褐色的残留物,再经过系列加工得到的沥青产品;煤沥青是将煤焦油蒸馏得出各种油产品后留下的残留物再进一步加工得到的沥青产品;页岩沥青,介于石油沥青和煤沥青之间,是页岩经炼油加工后得到的副产品。

　　目前,各类工程中常用的多是石油沥青,煤沥青也被少量使用。建筑工程上使用的多为建筑石油沥青以及各种制品,道路工程上使用的多为道路石油沥青。

12.1.1.1　石油沥青

1. 石油沥青的组分

　　石油沥青是由许多种复杂的高分子碳氢化合物及其非金属衍生物(氧、硫、氮等)所组成,化学成分很复杂,对其组成进行分析也比较困难,而且其化学成分也并不能反映出不同沥青性质上的差异,因此对沥青的化学成分一般不作分析,而是采用分组的方法将沥青中化学成分和物理成分性质相近且具有一些共同研究特征的部分归划分类成若干组,这个方法称为“组分”,不同的组分对沥青性质的影响不相同。目前,我国执行的是《公路工程沥青与沥青混合料试验规程》(JTJ 052—2000)中规定采用的三组分和四组分两种分析方法。

　　(1)三组分分析法。在三组分分析法中,石油沥青被分为油分、树脂和沥青质 3 种成分(见表 12-2)。

　　油分通常呈淡黄至红褐色,为沥青中最轻的组分,其密度为 0.7 ~ 1.0 g/cm^3,在 170 ℃以下较长时间内加热可以挥发。它能与大多数有机溶剂(丙酮、苯、三氯甲烷等)相溶,但不溶于酒精。油分在石油沥青中含量为 40% ~ 60%,它的存在使沥青具有流动性,油分含量的多少直接影响沥青的柔软性、抗裂性及施工难度。另外,油分在一定条件下可以转化为树脂甚至沥青质。

表 12-2　石油沥青三组分的主要特征及作用

组分	外观	密度(g/cm^3)	物化特征	作用
油分	淡黄色至红褐色黏性液体	小于 1	溶于大部分有机溶剂,具有光学活性,常发现有荧光	使沥青具有流动性
树脂	红褐色至黑褐色黏稠半固体	略大于 1	温度敏感性高,熔点低于100 ℃	提高沥青与矿物的黏结性
沥青质	溶褐色至黑褐色固体微粒	大于 1	加热不熔化而碳化	提高沥青的黏结性、耐热性,含量提高,沥青塑性降低

　　树脂是一种呈红褐色或黑褐色的黏稠状固体物质,其密度略大于$1.0\ g/cm^3$,能溶于一些有机溶剂(汽油、三氯甲烷、苯等),在丙酮和酒精中溶解度较低。树脂在石油沥青中的含量为15%～30%,它的存在使石油沥青具有黏结性和塑性。树脂又分为中性树脂和酸性树脂,中性树脂使沥青具有一定塑性、可流动性和黏结性,其含量增加,沥青的黏结力和延伸性随着增加;酸性树脂能改善沥青对矿质材料的浸润性,是沥青中活性最大的部分,特别是提高了沥青与碳酸盐类岩石的粘附性,增加了沥青的可乳化性。

　　沥青质是一种呈深褐色至黑褐色的固体物质,其密度大于$1.0\ g/cm^3$,不溶于汽油、酒精,但溶于二硫化碳、三氯甲烷等。沥青质的存在决定着石油沥青的温度稳定性、黏结力、黏度,以及沥青的硬度、软化点等,在石油沥青中的含量为10%～30%。在石油沥青中,随着沥青质的含量增加,石油沥青的软化点升高,黏度和黏结力增加,硬度和温度稳定性提高,但塑性会降低。

　　此外,石油沥青中还常含有一定量的固体石蜡,用来降低沥青的黏度、塑性、温度稳定性和耐热性。由于石蜡是有害物质,因此常对这类多蜡沥青采取氯盐、高温吹氧、溶剂脱蜡等处理,来降低沥青的软化点,改善沥青的性能。

　　(2)四组分分析法。在四组分分析法中,石油沥青被分为:沥青质,沥青中溶于甲苯但不溶于正庚烷的物质;饱和分,又称饱和烃,沥青中溶于正庚烷、吸附于Al_2O_3谱柱下,能为正庚烷或石油醚溶解脱附的物质;环烷芳香分,又称芳香烃,沥青中经上一步处理,被甲苯溶解脱附后的物质;极性芳香分,又称胶质,沥青中经上一步处理,被苯—乙醇或苯—甲醇溶解脱附的物质。

　　沥青的各组分是不稳定的,各组分及含量的不同会引起沥青性质发展变化。一般看来,在外界多种因素作用下,沥青中的油分、树脂含量会逐渐减少,沥青质会增多,这个过程称为沥青的老化,老化后的沥青流动性变小、塑性变差、脆性变大,易发生脆裂松散变化,失去防水防腐的效能。

2. 石油沥青的结构

　　石油沥青中的油分和树脂可以互溶,树脂可以浸润到沥青质颗粒中并在其表面覆盖成膜,最后形成以沥青质为中心,部分树脂和油分的互溶物胶团吸附在沥青质周围,无数胶团同时分散在油分中的状态,即为胶体结构。按照各组分的相对含量和化学组成的不同,沥青可以呈现溶胶型结构、凝胶型结构、溶凝胶型结构3种胶体状态。3种胶体结构的性能对比见表12-3。

表12-3　3种胶体结构的性能比较

胶体结构	含量	性能
溶胶型	沥青质较少、油分和树脂相对较多	黏性小、塑性好、流动性大、温度稳定性较差
凝胶型	沥青质较多、油分和树脂相对较少	弹性、黏结性较高、温度稳定性较好、塑性较差
溶凝胶型	沥青质含量适当	介于溶胶型和凝胶型两者之间

3. 石油沥青的技术性质

　　(1)黏滞性(黏性)。黏滞性是石油沥青材料在外力作用下,内部阻碍其相对流动的一种特性。它反映了石油沥青的软硬程度、稀稠程度和其在外力作用下抵抗变形的能力,是与沥青力学性质联系最密切的一项性能。不同的石油沥青具有不同的黏滞性,黏滞性的大小与石油沥青的组分和温度有关,当沥青质的含量较高、树脂适量、油分含量较少时,其黏滞性较大;一定温度范围内,温度升高,黏滞性减小,反之,黏度增大。

　　建筑工程中,常用黏度来表示液态石油沥青的黏滞性大小,用针入度来表示半固体或固体石油沥青的黏滞性大小,黏度和针入度是划分沥青牌号的主要指标。

　　黏度是指在一定温度条件下(20 ℃、60 ℃),将定量的液体沥青,经过规定直径的孔(直径3.5 mm、10 mm)流出,记录漏下50 ml所需要的秒数,测定示意图如图12-1所示。沥青流出所用的时间越长,表示稠度越大,黏滞性越好。

　　针入度是指在规定温度条件下(25 ℃),以规定质量的标准针(100 g),在规定的时间内(5 s),沉入样品沥青中的深度,0.1 mm 为1度,测定示意图如图12-2所示。沥青的针入度越小,表示流动性越小,黏滞性越好。

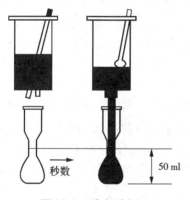

图 12-1　黏度测定图

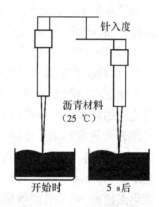

图 12-2　针入度测定图

　　(2)塑性。塑性是指石油沥青在一定外力作用下发生变形而不被破坏,当外力作用被去掉后,仍能保持变形后形状的性质,是用来表示沥青开裂后的自愈能力和受机械应力作用后变形而不破坏的能力,是石油沥青的重要技术指标之一。石油沥青之所以能制造出性能优良的柔性防水材料,很大程度上取决于沥青的塑性。塑性较好的沥青防水层能随建筑物变形而变形,一旦产生裂缝时,也会因其特有的粘塑性而自行愈合,同时,沥青的塑性对冲击振动荷载也有一定的吸收能力,并能减少摩擦时的噪声,由此,石油沥青是一种优良的道路路面防水材料。

　　石油沥青的塑性用"延伸度"或"延伸率"来表示。按照标准,把石油沥青制作成8字形标准试件(试件中间最薄处截面面积为1 cm²),然后在规定温度(25 ℃)、规定速度(5 cm/min)的条件下拉伸,拉断裂时的长度即为沥青的延伸度,单位常用 cm 来表示,测定示意图如图12-3所示,沥青的延伸度越大,表示塑性越好。

　　(3)温度敏感性。温度敏感性是指石油沥青的塑性和黏滞性随温度的变化而发生变化的一种性能。石油沥青没有固定的熔点,当温度发生变化时,沥青的变化程度小,即表示该沥青温度敏感性小,反之则表示其温度敏感性大。当石油沥青组分中的沥青质含量较多时,温度敏感性较小,其黏滞性和塑性随温度的变化也会很小,反之亦然。

　　温度敏感性是石油沥青材料的一个重要性质,作为防水材料的石油沥青,在受到阳光照

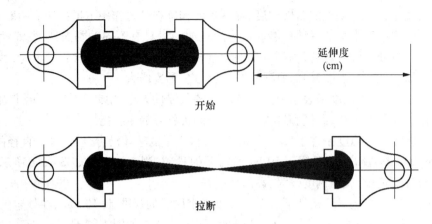

图 12-3　延伸度测定图

射时如果发生软化甚至流动,将会失去或降低防水功能。因此,在工程使用中,常常会在石油沥青中加入滑石粉、石灰石粉等矿物填料,来降低沥青的温度敏感性,满足多种使用要求。另外,如果沥青中的石蜡含量较多时,其温度敏感性会增大,很容易在高温下流动、低温下变硬开裂,影响防水效果,因而多蜡沥青不能用于建筑工程。

石油沥青的温度敏感性用"软化点"来表示,软化点是指石油沥青材料由固体状态变为可以流动的膏体状态所需的温度。软化点一般通过"环球法"试验测定,具体操作为:将沥青试样装入规定(内径为18.9 mm)的铜环 B 中,用规定尺寸质量的钢球 a(3.5 g)压住铜环,再放置到盛有水或甘油的烧杯中,以规定的速度(5 ℃/min)加热,直至沥青软化下垂到固定距离(25 mm),这时沥青的温度即为沥青的软化点,测定示意图如图 12-4 所示。沥青的软化点越高,表示温度敏感性越小。

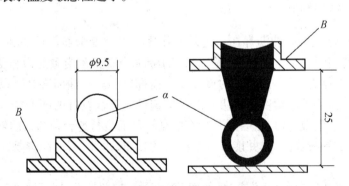

图 12-4　软化点测定图

不同的石油沥青,具有不同的软化点,通常在 25 ~ 100 ℃之间。沥青的软化点越高,表示耐热性能好,温度敏感性越小,反之亦然。但如果沥青的软化点过于高,又不易加工,软化点过于低,在夏季很容易变形甚至流动,所以,在使用时,常常在沥青中加入增塑剂、橡胶、树脂和填料等多种成分,来提高沥青的耐热性和耐寒性,使其起到更好的防水效果。

(4)大气稳定性。大气稳定性是指石油沥青在热量、阳光、氧气、潮湿和水分等多种大气因素的长期综合作用下抗老化的性能。在多种因素的长期作用下,石油沥青的组分会不断发生变化,其中的很多低分子组分会向高分子组分转化,即沥青中油分、树脂的含量会逐渐减少,沥青质的含量会逐渐增多,使得沥青的塑性降低,黏度提高,流动性减小,硬性和脆性增大,导致沥青的老化,以致最后脆裂松散,失去防水功能。大气稳定性是衡量沥青耐久性的重要指标,大气稳定性好的石油沥青可以在长期使用中保持原有性质不发生改变。

石油沥青的大气稳定性一般用试样沥青在 160 ℃下加热 5 h 后的质量损失百分率和蒸发前后的针入度比两项指标来表示。沥青的蒸发损失率越小,针入度比越大,表示它的大气稳定性越好,抗老化的性能相应就越好。

(5)其他性质。为全面评定石油沥青的品质,保证施工安全,还应了解石油沥青的其他性质,比如它的闪点、燃点和溶解度。

石油沥青在加热后所产生的易燃气体与空气中的气体混合遇到火后会产生闪火现象,这个过程中,开始闪火时的温度即为石油沥青的闪火点(闪点),与火焰接触能持续燃烧时的最低温度即为石油沥青的燃点(着火点),闪火点是加热石油沥青时不能超过的最高温度,也是石油沥青防火的重要指标。闪点和燃点的高低表明沥青引起火灾或爆炸的可能性的大小,这两项指标关系到沥青的运输、储存和加热使用等方面的安全。

溶解度是指石油沥青在三氯乙烯、四氯化碳或苯中溶解的百分率。不溶解的物质会降低石油沥青的多项性能(如黏性等),因而溶解度表示石油沥青中有效物质含量的多少。

4. 石油沥青的标准

按用途,石油沥青通常被分为道路石油沥青、建筑石油沥青和普通石油沥青 3 种,在土木工程中,常用的是前两种。石油沥青的牌号主要依据其针入度、延伸度和软化点等指标来划分,以针入度为例,同一品种的石油沥青,牌号越高,表示其针入度越大,延伸度越大,塑性越好,软化点越低,温度敏感性越大。

建筑石油沥青除了按针入度来划分牌号外,每一牌号的沥青还应保证具有相应的延伸度、软化点、溶解度、蒸发损失、针入度比和闪点,其技术标准见表 12-4。

表 12-4　建筑石油沥青的技术标准(GB/T 494—1998)

质量指标	建筑石油沥青		
	40 号	30 号	10 号
针入度,(25 ℃,100 g,5 s),(0.01 mm)	36～50	26～35	10～25
延伸度(25 ℃,5 cm/min),(cm)	≥3.5	≥2.5	≥1.5
软化点,(℃)	≥60	≥75	≥95
溶解度,(%)	≥99.5		
蒸发损失(160 ℃,5 h),(%)	≤1		
蒸发后针入度比,(%)	≥65		
闪点,(℃)	≥230		

注:蒸发后针入度比为蒸发损失后样品的针入度与原针入度之比乘以 100 所得到的百分率。

我国的道路石油沥青也采用针入度来划分等级,按照不同交通量的道路,被划分为:中、轻交通道路石油沥青(代号 A),重交通道路石油沥青(代号 AH)。其中,重交通道路石油沥青主要用于高速公路、城市一级公路路面、机场道路路面及重要城市道路路面等工程中;而道路沥青的牌号比较多(具体见表12-5),在选择不同牌号的道路沥青时还应根据具体地区的气候条件、施工季节、道路类型以及施工的工作部位来选择。

表 12-5　道路石油沥青的技术标准

质量指标	道路石油沥青(SH 0522—2002)						
	A－200	A－180	A－140	A－100 甲	A－100 乙	A－60 甲	A－60 乙
针入度(25 ℃,100 g,5 s),(0.01 mm)	201～300	161～200	121～160	91～120	81～120	51～80	41～80
延伸度(25 ℃,5 cm/min),(cm)	—	≥100	≥100	≥90	≥60	≥70	≥40
软化点(℃)	30～45	35～45	38～48	42～52	42～52	45～55	45～55
溶解度(%)	≥99						
蒸发损失(160 ℃,5 h)(%)	≤1						
蒸发后针入度比(%)	≥50	≥60	≥60	≥65	≥65	≥70	≥70
闪点(℃)	≥180	≥200	≥230	≥230	≥230	≥230	≥230

5. 石油沥青的应用

在选择石油沥青的牌号时,应根据不同的工程类别及当地的综合条件来选择具体牌号的石油沥青,在满足使用要求的前提下,尽量选择大牌号的沥青品种,来保证沥青具有更长的使用年限。

道路石油沥青,具有塑性好,黏性差,弹性、耐热性和温度稳定性差等特征,多用于道路路面、车间路面和各类防渗防护工程中,使用过程中常将石油沥青拌成沥青混凝土或沥青砂浆,道路沥青还可以作为密封材料和黏结剂等。建筑石油沥青,具有较好的黏性、耐热性及温度稳定性,但塑性较小,延伸变形能力较差,主要用来制造油毡、油纸、防水涂料和沥青胶等,多应用于屋面及地下的防水处理、沟槽防水处理和管道防腐处理等。

另外,在屋面防水处理时应注意石油沥青软化点的选择,一般软化点应比当地历年来屋面最高温度高 25～30 ℃左右,比如,武汉、长沙地区夏季沥青屋面的最高温度约为68 ℃,选用的沥青软化点应在 90 ℃左右,如果软化点过低,沥青夏季容易流动,软化点过高,冬季容易硬脆开裂,均达不到理想的防水效果。在地下防潮、防水处理时,对软化点的要求不高,但应保证沥青具有较大的黏性、塑性和韧性,使之能适应基体结构的变形,保持优良的防水效果。

12.1.1.2　煤沥青

在烟煤炼焦炭或制煤气过程中,将其中的干馏挥发物冷却会形成一种黑色黏性液体,这个液体即为煤焦油,将煤焦油继续蒸馏出轻油、中油、重油后所留下的残渣,即为煤沥青,它的主要化学成分为油分、树脂胶和游离碳等,是炼焦或生产煤气过程中的副产品。煤沥青按照蒸馏程度的不同,被分为低温沥青、中温沥青和高温沥青;按其组分的不同,被分为软煤沥青和硬煤沥青,软煤沥青呈现黏稠状或半固体状,油分含量较多,硬煤沥青多数质硬且脆,性能稳定性差,建筑上多采用的是低温沥青和软煤沥青。

1. 煤沥青的特性和应用

煤沥青的主要技术性能有以下几种。

(1)煤沥青中可溶性树脂的含量大,温度稳定性较差,受热易软化,受冷易脆裂。

(2)煤沥青中不饱和碳氢化合物含量较大,大气稳定性差,容易老化变质。

(3)煤沥青中游离碳的含量较大,塑性差,在使用过程中容易变形开裂。

(4)煤沥青具有良好的黏结力,可以与矿物表面很好的黏结在一起。

(5)煤沥青中含有酚、蒽等有毒物质,有很强的防腐能力,可以用作木材的防腐处理、地下防水层的防腐处理等。

(6)煤沥青中的酚易溶于水,所以其防水性能相对较差。根据煤沥青以上特性,它经常被应用于木材防腐,路面铺设,制作防腐涂料、防水涂料、胶粘剂,制作油毡油膏等。

2. 煤沥青与石油沥青

煤沥青在性能上存在着较多缺点,也有一定毒性,对人体和环境不利,所以近年来已经被石油沥青所取代。煤沥青和石油沥青在颜色外观上基本相同,但两者不能混合使用,在使用过程中,区分两种性质的沥青很重要,简易鉴别方法见表12-6。

表 12-6 石油沥青与煤沥青的主要区别

特性	石油沥青	煤沥青
密度(g/cm^3)	密度近似于 1.0	大于 1.10
颜色	灰亮褐色	浓黑色
锤击	声哑、有弹性、韧性好	声脆、韧性差
燃烧	烟少无色、无刺激性味、有松香味	烟多、呈黄色、有刺激性味、有毒
溶解比色	易溶于汽油、煤油中滴于滤纸上,斑点为棕色	难溶于汽油、煤油中,滴于滤纸上,斑点为内外两圈,内黑外棕
温度敏感性	较好	较差
防水性	好	差
抗腐蚀性	差	较好

12.1.1.3 改性沥青

建筑工程中,对沥青的物理性质要求较高,如要求沥青在低温条件下具有弹性和塑性;高温条件下具有足够的强度和稳定性;加工、使用过程中具有抗老化能力;还应与各种矿物和基体表面有较强的黏附力;以及对形体变形的适应能力等,而一般的石油沥青并不能满足全面的使用要求,因此,需要对沥青进行改性,经过改性后的石油沥青被称为改性沥青。一般常用橡胶、树脂和矿物填料等对沥青进行改性,这些材料被统称为石油沥青的改性材料,改性后的石油沥青在性质上得到了很大程度的改善,具有低温下较好的柔韧性、高温下较好的稳定性、使用过程中不易变形、较好的抗老化能力以及与各种材料之间较好的黏结性等,基本上满足了建筑工程中多方面的使用要求。

通常情况下,改性沥青被分为矿物填充料改性沥青、橡胶改性沥青、合成树脂改性沥青和橡胶与树脂共混改性沥青 4 种。

1. 矿物填充料改性沥青

沥青对各类矿物填充料有良好的浸润和吸附作用,在石油沥青中加入一定量的粉状或纤维状矿物填充料后,石油沥青会在矿物颗粒表面形成一层稳定、牢固的沥青薄膜,使得这些矿物颗粒具有更好的黏性和耐热性,即得到了矿物填充料改性沥青。改性后的石油沥青在黏结性和耐热性上都得到了提高,温度敏感性变小,使用温度范围变大。常见的矿物填充料有滑石粉、石灰粉、云母粉、石棉粉和硅藻土粉等。此类改性沥青常用于生产沥青胶,在配制过程中,要求矿物填充料的掺入量要恰当,以形成恰当的沥青薄膜层。

2. 橡胶改性沥青

橡胶是一类重要的沥青改性材料,在石油沥青中掺入橡胶,来改变石油沥青的性质,即得到橡胶改性沥青。橡胶与沥青有较好的混溶性,被橡胶改性后的沥青同时具有了橡胶的很多优点,如高温下不易变形,低温下韧性加强,有较高的强度、延伸度以及有较好的抗老化性等。常用于改性的橡胶有氯丁橡胶(CR)、丁基橡胶(IIR)、天然橡胶和再生橡胶等。

用氯丁橡胶对沥青进行改性后,它的很多性能,如气密性、低温下柔韧性、耐腐蚀性、耐光性、耐臭氧性、温度稳定性和耐燃烧性等,都较之前得到了较大改善。丁基橡胶改性沥青具有优异的耐分解性,较好的低温抗裂性和耐热性,多用于道路路面工程、制作密封材料和防水涂料等。再生橡胶改性沥青具有优异的弹性、塑性和黏结性,多用于制作防水卷材、密封材料和防水涂料等。SBS 是以丁二烯、苯乙烯等为单体,加溶剂、活化剂,以阴离子聚合反应生成的共聚物,在常温下不需要硫化就有很好的弹性,当温度升至 180 ℃时,会变软、熔化,在石油沥青中加入 SBS 后,石油沥青的多项性能得到了明显改善,SBS 改性沥青是目前应用最广泛的改性沥青材料之一,几种类型的橡胶改性沥青性能与用途见表 12-7。

表 12-7　橡胶改性沥青的主要类型

品种	制作方式	性能	用途
氯丁橡胶改性沥青	将氯丁橡胶溶于溶剂中,再加入液态沥青混合均匀	气密性较好、低温下柔性好、耐腐性、耐热、耐光、耐燃性好	多用于道路路面工程的防水
丁基橡胶改性沥青	将丁基橡胶溶于溶剂中,再加入液态沥青混合均匀	抗拉强度好、耐热性强、抗扭曲性强、优异的耐分解性,较好的低温抗裂性	多用于道路路面工程、制作密封材料和防水涂料
SBS 改性沥青	将 SBS 溶于溶剂中,再加入液态沥青混合均匀	塑性好、抗老化能力强、热不黏冷不脆、易于加工	多用于制作防水卷材
再生橡胶改性沥青	将废旧橡胶加工成颗粒,与沥青混合,加热搅拌脱硫	优异的弹性、塑性和黏结性	多用于制作防水卷材、片材、密封材料和防水涂料等

3. 合成树脂改性沥青

在石油沥青中加入树脂,用树脂来改变石油沥青的性质,被称为合成树脂改性沥青。这类沥青的耐寒性、耐热性、黏结性和防渗透性都得到了一定程度的加强,多被用作生产防水卷材和一些防水涂料产品。石油沥青中含芳香性化合物较少,导致树脂和石油沥青的相溶性较差,用来对沥青改性的树脂品种也较少,常用的合成树脂品种有:古马隆树脂、聚乙烯(PE)、聚丙烯(PP)、无规聚丙烯 APP、环氧树脂、酚醛树脂及天然松香等,几类不同的合成树脂改性沥青的性能、用途见表 12-8。

表 12-8　合成树脂改性沥青的主要类型和用途

主要类型	制作方式	主要性能	用途
古马隆树脂改性沥青	沥青加热脱水,加入古马隆树脂,升温搅拌使之混合	黏性较大	和 SBS 等一起用于黏结油毡、制作沥青基黏结剂
聚乙烯树脂改性沥青	沥青加热脱水,加入聚乙烯树脂,升温搅拌使之混合	黏性大,耐热性和防渗透性提高	多用于制作防水涂料
环氧树脂改性沥青	沥青中加入聚乙烯树脂,搅拌混合	强度和黏结力大大提高,延伸性改变不大	多用于屋面、厕所、浴室等的防水修补
APP 改性沥青	沥青中加入无规聚丙烯树脂,搅拌混合	软化点提高,耐老化性好	有很大发展潜力、多用于制作柔性屋面防水材料

4. 橡胶和树脂改性沥青

该类沥青是同时在石油沥青中加入橡胶和树脂,改变石油沥青的性质,使其同时具有橡胶和树脂的多种性能。树脂比橡胶便宜,两者互混互溶的效果好,在制作过程中,可以根据采用原材料品种的不同、制作工艺的不同,得到很多性能不同的产品,比如防水卷材、防水片材、密封材料和防水涂料等。

12.1.2　防水卷材

防水卷材是一种可卷曲的片状防水制品,是建筑工程中重要的防水材料。该类防水材料尺寸大,易施工,使用年限长,防水效果好,特性主要表现在:具有较好的耐水性、耐热性,较强的温度稳定性和大气稳定性,同时具有必要的延伸性、柔韧性、抗断裂能力和一定的机械强度。防水卷材根据组成材料的不同,多被分为沥青防水卷材、高聚物改性沥青防水卷材和合成高分子防水卷材 3 大类,其中的沥青防水卷材是比较传统的防水材料,现在已经逐渐被性能更为优良的改性沥青防水卷材取代。

12.1.2.1　沥青防水卷材

沥青防水卷材是将原纸、纤维植物等与石油沥青组合制成的一种防水材料,根据制作原料和制作工艺的不同,可被分成浸渍卷材和辊压卷材两种,前者是以一些原纸、玻璃布、石棉布和棉麻制品等为基胎,浸涂石油沥青或焦油沥青,再在表面撒上粉状或片状的隔离材料,制成的一种可卷曲的片状防水材料,称有胎卷材;后者是直接将石棉、橡胶粉等材料与石油沥青相混合,再经过碾压制成的一种片状可卷曲的防水材料,称无胎卷材。目前,在我国,受国家出台的各项产业政策的影响,沥青防水卷材的生产量逐年下降,产销量也已经很小。常见的有以下几个种类。

1. 石油沥青纸胎防水卷材

先采用低软化点的石油沥青浸渍原纸制成油纸,再用高软化点的石油沥青涂盖油纸两面,撒上隔离材料,从而制成的一种纸胎油毡,称为石油沥青纸胎防水卷材。

按照国际《石油沥青纸胎油毡》(GB 326—2007)中的规定,该类卷材幅宽 1 000 mm,每卷总面积为 20 ± 0.3 m²,卷重见表 12-9。按油毡卷重和各自的物理性能分为Ⅰ型、Ⅱ型、Ⅲ型 3 个等级,其中,Ⅰ型、Ⅱ型油毡常用于简易防水、临时性建筑防水、防潮、包装等;Ⅲ型油毡多用于建筑屋面、地下、水利等工程中的多层防水。施工时应注意,铺设完毕,经检查合格后,应立即黏铺保护层。石油沥青纸胎防水卷材的技术性能执行 GB 326—2007 标准,见表 12-10。

表 12-9　石油沥青纸胎油毡卷重

类型	Ⅰ型	Ⅱ型	Ⅲ型
卷重(kg)	17.5	22.5	28.5

表 12-10　石油沥青纸胎防水卷材的技术性能

项目		性能指标		
		Ⅰ型	Ⅱ型	Ⅲ型
单位面积浸涂材料总量(g/m²)		≥600	≥750	≥1 000
不透水性	压力(MPa)	≥0.02	≥0.02	≥0.10
	保持时间(min)	≥20	≥30	≥30
吸水率(%)		≤3.0	≤2.0	≤1.0
耐热度,(85 ± 2 ℃),(5 h)		涂盖层无滑动、流淌和集中性气泡		
拉力,纵向(N/50 mm)		≥240	≥270	≥340
柔度,(18 ± 2 ℃)		绕 φ20 mm 圆棒或弯板无裂缝		

同时,石油沥青纸胎防水卷材也存在着一定的缺点,如抗拉强度较低、塑性较低、不透水性较差等,原纸的来源比较困难、易腐蚀。目前,已经开始广泛使用玻璃布及玻璃纤维毡等材料作为内胎来生产石油沥青纸胎油毡卷材,该类卷材在运输贮存时应注意,不同类型、不同规格的产品分类码放,避免日晒,要求在 45 ℃以下温度环境中立放。

2. 石油沥青玻璃布防水卷材、玻璃纤维胎防水卷材

该类防水卷材是分别采用玻璃布、玻璃纤维薄毡为内胎,内外两面浸涂石油沥青,然后撒上矿物材料或隔离材料制成的一种防水卷材。玻璃布油毡的规格为:幅宽 1000 mm,每卷面积为 20 ± 0.3 m²,按物理性能被分为一等品和合格品。玻璃纤维胎油毡的规格为:幅宽 1 000 mm,按上表面材料的不同被分为膜面(PE 膜)、砂面,按每 10 m² 标称质量分为 15 号、25 号,按物理力学性能分为Ⅰ型、Ⅱ型,各型号卷材单位面积的质量见表 12-11,两种油毡的技术指标分别符合《石油沥青玻璃布油毡》《石油沥青玻璃纤维胎油毡》的规定。

表 12-11　石油沥青玻璃纤维胎防水卷材单位面积质量

标号	15 号		25 号	
上表面材料	PE 膜面	砂面	PE 膜面	砂面
单位面积质量(kg/m²)	1.2	1.5	2.1	2.4

　　玻璃布油毡、玻璃纤维油毡的韧度远远好于纸胎油毡,这两类都耐霉菌、耐腐蚀,多用于地下防水防腐、屋面的防水层处理以及金属管道(热管道例外)的防腐层处理。其中,玻璃纤维油毡中的 15 号油毡多用于一般建筑工程中的多层防水和管道(热管道例外)的防腐保护层;25 号油毡多用于地下防水防腐、屋面的防水层处理和水利工程。

　　与此两类油毡卷材类似的还有麻布油毡、石棉布油毡和合成纤维布油毡等,制法与玻璃布油毡的制法相同,常用于对防水性、耐久性和防腐性要求较高的工程建设。

3. 沥青复合胎防水卷材

　　该类卷材是以涤棉无纺布和玻纤网格复合毡为胎基,浸涂改性沥青,再覆盖上隔离材料制成的一种防水卷材。按物理性能可分为Ⅰ型、Ⅱ型,按上表面材料可分为聚乙烯膜(PE)、细砂(S)、矿物粒(片)料(M),每卷幅宽 1 000 mm,厚度为 3 mm、4 mm。

4. 铝箔塑胶防水卷材

　　该类油毡是以玻璃化纤毡为内胎,浸涂氧化沥青,然后在其表面贴上压纹铝箔面,底面撒上细颗粒矿物材料或覆上聚乙烯膜(PE),制成的一种防水卷材。具有美化装饰基体的效果,反射热量、紫外线和防止蒸汽渗透的功能,可以有效降低屋面及室内温度。其规格为:幅宽 1 000 mm,按每卷标称质量分为 30 号、40 号两种类型,30 号油毡厚度不小于 2.4 mm,40 号油毡厚度不小于 3.2 mm;按物理性能分为优等品(A)、一等品(B)、合格品(C)3 个等级,每个等级的技术指标符合《铝箔面油毡》(JC 504)的规定。其中的 30 号油毡多用于多层防水工程中的面层防水,40 号油毡多用于单层或多层防水工程中的面层防水。

12.1.2.2　高聚物改性沥青防水卷材

　　利用改性沥青制作的防水卷材是我国化学建材行业 80 年代中期发展起来的一种防水材料,是目前发展最快的一种新型防水材料,它的出现取代了我国传统上"二毡三油"或"三毡四油"的局面,为中国的化学建材市场带来了新契机,把我国的防水材料市场推向了一个新高潮,较好地改善了我国防水层的质量和防水材料的使用年限。

　　高聚物改性沥青防水卷材,是以纤维织物、纤维毡等为基胎,涂盖高分子聚合改性沥青,覆上隔离层制成的一类防水卷材。较传统沥青卷材温度稳定性差、延伸率低的性能相比,此类卷材具备了高温下不流淌、低温下不脆裂、延伸率高和较强拉伸强度等性能,其中,用来改变沥青性能的材料主要有 SBS、APP 等。

　　按照高聚物改性剂的种类,改性沥青防水卷材可以分为弹性体改性沥青防水卷材、塑性体改性沥青防水卷材、胶粉改性沥青聚酯毡与玻纤网格布增强防水卷材、其他类改性沥青防水卷材几大类;按照防水卷材使用的内胎不同,可以分为玻纤胎改性沥青防水卷材、聚酯胎改性沥青防水卷材、黄麻布胎改性沥青防水卷材等几种。

1. SBS 弹性体改性沥青防水卷材

　　SBS 弹性体改性沥青防水卷材使用苯乙烯—丁二烯—苯乙烯(SBS)作为改性剂,SBS 是一种热塑性弹性体,对沥青有很好的改良效果,两者相互混合后形成键合牢固的混合物,SBS 的加入,可以使沥青的弹性、延展性、温度稳定性、低温下的柔韧性以及抗老化性等性能加强。弹性体改性防水卷材主要是以玻纤胎、聚酯胎为内胎,以 SBS 改性沥青为涂盖层,覆上塑料薄膜等隔离材料,经过一系列加工制成的一种防水材料,统称 SBS 卷材。

　　SBS 卷材的特性为:弹性好、韧性强、延展性好、抗老化性能强、抗腐蚀;耐温性好、高温下(90～105 ℃)不流淌、低温下(-25～18 ℃)不脆裂;并将传统的油毡热施工改为冷施工,操作简便。

　　按照胎基的不同,SBS 防水卷材被分为聚酯胎(PY)、玻纤胎(G)、玻纤增强聚酯胎(PYG)3 类;按其上表面隔离材料的不同分为聚乙烯膜(PE)、细砂(S)(颗粒不超过 0.6 mm)、矿物粒料(M)3 类;按下表面隔离材料的不同分为细砂(S)、聚乙烯膜(PE);按物理性能分为Ⅰ型和Ⅱ型,具体见表 12-12。

表 12-12　SBS 防水卷材品种(GB 18242—2000)

上表面材料　　　　胎基	聚酯胎(PY)	玻纤胎(G)	玻纤增强聚酯毡(PYG)
聚乙烯膜(PE)	PY-PE	G-PE	PYG-PE
细砂(S)	PY-S	G-S	PYG-S
矿物粒(片)料(M)	PY-M	G-M	PYG-M

　　SBS 卷材的规格为:幅宽 1 000 mm,聚酯胎厚度为 3 mm、4 mm、5 mm,玻纤胎厚度为 3 mm、4 mm,玻纤增强聚酯毡的厚度为 5 mm,每卷面积有 15 m^2、10 m^2、7.5 m^2 等 3 种规格,其技术性能执行国家 GB 18242—2008 标准,见表 12-13。

表 12-13　SBS 改性沥青防水卷材的材料性能(GB 18242—2008)

项　　目		指　　标				
		Ⅰ		Ⅱ		
		PY	G	PY	G	PYG
可溶物含量(g/m^2)	3 mm	≥2 100				—
	4 mm	≥2 900				—
	5 mm	≥3 500				
不透水性	压力(MPa)	≥0.3	≥0.2	≥0.3		
	保持时间(min)	≥30				
耐热度(℃)		90		105		
		无滑动、流淌、滴落				
拉力(N/50 mm)		≥500	≥350	≥800	≥500	≥900
最大拉力时延伸率(%)		30	—	40	—	—
低温柔度(℃)		−20		−25		
		无裂纹				

　　SBS 防水卷材一般用于工业与民用建筑的防水防潮,尤其适用于高层建筑物的屋面、地下室、卫生间的防水防潮处理,以及一些停车场、游泳馆、隧道和蓄水池等类建筑的防水处理,玻纤毡卷材多适用于多层防水中的底层防水。另外,SBS 卷材在低温时具有良好的柔韧

性、弹性和延展性,尤其适合于北方气温较低的地区和结构变形频繁的建筑物防水处理。此类卷材施工时应注意要涂刷的基层必须干燥 4 h(以不粘脚为宜)以上,施工现场应注意防火。

2. APP 改性沥青防水卷材

APP 塑性体改性沥青防水卷材是以聚酯毡或玻纤毡为内胎,用 APP 改性沥青浸润后,上表面撒上隔离材料,下表面覆盖聚乙烯薄膜,经过加工制成的防水卷材,统称 APP 防水卷材。首先,在石油沥青中加入一定量的无规聚丙烯(APP)作为改性剂,APP 可以使沥青的软化点大幅度提高,两者混合后,明显改善了沥青在低温下的柔韧性。

APP 卷材属热塑性体防水材料,其主要特性为:抗拉强度高、延展性好、耐热性好、韧性强、抗腐蚀、耐紫外线、抗老化性能好、常温施工、操作简便、高温下(110～130 ℃)不流淌、低温下(-15～-5 ℃)不脆裂、有较强的抗腐蚀性和较高的自然燃点(265 ℃),其规则、品种与 SBS 卷材相同,用途也与 SBS 卷材相同,主要性能指标见表 12-14。

表 12-14　APP 改性沥青防水卷材的材料性能(GB 18243—2008)

项　　目		指　　标				
		I		II		
		PY	G	PY	G	PYG
可溶物含量(g/m²)	3 mm	≥2 100				—
	4 mm	≥2 900				—
	5 mm	≥3 500				
不透水性	压力(MPa)	≥0.3	0.2	0.3		
	保持时间(min)	≥30				
耐热度(℃)		90		105		
		无滑动、流淌、滴落				
拉力(N/50 mm)		≥500	≥350	≥800	≥500	≥900
最大拉力时延伸率(%)		≥25	—	≥40	—	—
低温柔度(℃)		-7		-15		
		无裂纹				

注:当耐热度需要超过 130 ℃时,该指标可由供需双方协商确定。

APP 卷材一般用于工业与民用建筑屋面、地下室、卫生间等的防水防潮,以及桥梁、停车场和隧道等类建筑物的防水工程。尤其适用于高温或有强烈太阳辐射的地区建筑物的防水防潮。同样,该类卷材在施工时应注意要涂刷的基层必须干燥 4 h(以不粘脚为宜)以上,施工现场应注意防火。

3. 胶粉改性沥青聚酯毡与玻纤网格布增强防水卷材

该类卷材是以聚酯毡—玻纤网格布复合毡(PYK)为胎基,浸涂胶粉改性沥青,覆盖细砂、聚乙烯膜等材料制成的一种防水卷材,按物理性能分为 I 型、II 型;按上表面材料的不同分为聚乙烯膜(PE)、细砂(S)、矿物粒(片)料(M)。

4. 其他类改性沥青防水卷材

其他类改性沥青防水卷材还有:改性沥青聚乙烯胎防水卷材和再生胶改性沥青防水卷材等。

改性沥青聚乙烯胎防水卷材是以改性沥青为基料,以聚乙烯膜为胎体,上表面覆盖聚乙烯膜或铝箔,经辊压、冷却、成型制成的一类防水材料。按基料的不同常被分为改性氧化沥青防水卷材、丁苯橡胶改性氧化沥青防水卷材、高聚物改性沥青防水卷材3类;按表面覆盖材料的不同被分为聚乙烯膜、铝箔两类;按物理性能分为Ⅰ型和Ⅱ型。该类卷材常用于建筑屋面、水池水坝等水利工程的防水防潮处理,上表面覆盖聚乙烯膜的卷材适用于非外露防水工程,上表面覆盖铝箔的卷材适用于外露防水工程,施工条件的温度范围非常广泛,在-15 ℃以上均可。

再生胶改性沥青防水卷材是在再生橡胶粉内加入适量的石油沥青和化学助剂,进行高温高压处理,掺入一定的填料后经过系列加工而制成的一类无胎体防水卷材。这类卷材的特性是:延伸性好、低温下柔性好、有较强的抗腐蚀性、耐水性和热稳定性。常用于建筑屋面和地下接缝处的防水处理,尤其适用于有保护层的层面和建筑物变形裂缝处的防水处理。

12.1.2.3 合成高分子防水卷材

合成高分子防水卷材是以合成橡胶、合成树脂或者两者混合物为主要原料,再加入适量的填充料和化学助剂,经过一系列加工工序制作而成的一类可卷曲的片状防水材料。目前,合成高分子防水卷材的种类主要有橡胶系列防水材料、树脂系列防水材料、橡塑共混系列防水材料三大类,常见品种见表12-15。

表12-15 合成高分子防水卷材的品种

系列	主要品种
橡胶系列	三元乙丙橡胶卷材、丁基橡胶卷材、氯化聚乙烯卷材、氯磺化聚乙烯卷材、氯丁橡胶卷材、再生橡胶卷材
树脂系列	聚氯乙烯卷材、聚乙烯卷材、乙烯共聚物卷材
橡塑共混系列	氯化聚乙烯—橡胶共混卷材、聚丙烯—乙烯共聚物卷材

合成高分子防水卷材的共同性能有:拉伸强度高、耐热性好、低温下柔性好、抗腐蚀能力强和抗老化能力强等,是一种新型的高档防水卷材品种,常见的有三元乙丙橡胶防水卷材、聚氯乙烯防水卷材、氯化聚乙烯防水卷材、氯化聚乙烯—橡胶共混防水卷材等,规格主要有1 mm、1.2 mm、1.5 mm、1.8 mm、2.0 mm共4种厚度,目前,主要应用于一些对防水要求较高的高级建筑屋面、地下的防水工程,其物理性能见表12-16。

表 12-16　合成高分子防水卷材的物理性能

质量项目		物理性能要求		
		Ⅰ（弹性体）	Ⅱ（塑性体）	Ⅲ（合成纤维类）
拉伸强度（MPa）		7	2	9
断裂延伸率（%）		450	100	10
低温弯折性（℃）		−40	−20	−20
		无裂纹		
不透水性	压力（MPa）	0.3	0.2	0.3
	保持时间（min）	30		
热老化保持率 （80 ± 2℃），（168 h）	拉伸强度（%）	80		
	断裂延伸率（%）	70		

1. 三元乙丙橡胶防水卷材（EPDM）

三元乙丙橡胶防水卷材（EPDM）主要是以乙烯、丙烯、少量双环戊二烯 3 种单体合成的三元乙丙橡胶和适量的丁基橡胶为主要原料，加入各种添加剂等，经系列加工而制成的一种防水材料。目前，这类材料是防水材料中抗老化性能最好的一种卷材，使用寿命高达 30 ~ 50 N，它的特性主要有：质轻、弹性好、抗拉强度高、低温下柔性好、延展性好，防酸防碱、防腐蚀、耐热、耐紫外线、耐氧化，化学稳定性好，能在严寒或酷热环境中使用，对基体的伸缩开裂有很强的适应能力等。根据其各项指标，分为一等品和合格品两类，广泛应用于对防水性能、防水年限要求较高的水利、体育馆等类的防水工程，是一项重点发展的高档防水卷材。另外，该类卷材能在阳光、潮湿、寒冷的自然环境下使用，可适用于 − 50 ~ − 80 ℃ 的温度条件，其物理性能见表 12-17。

表 12-17　三元乙丙橡胶防水卷材的物理性能（HG 2402—1992）

质量项目		性能指标	
		一等品	合格品
拉伸强度（MPa）		8	7
撕裂断裂延伸率（%）		450	
撕裂强度（N/cm^2）		280	245
脆性温度（℃）		−45	−40
不透水性（MPa），30 min		0.3	0.1
热老化 80 ± 2 ℃，168 h，伸长率 100%		无裂纹	
臭氧老化	500 pphn，168 h，40 ℃，伸长率（%），静态	无裂纹	—
	1 000 pphn，168 h，40 ℃，伸长率（%），静态	—	无裂纹

2. 聚氯乙烯(PVC)防水卷材

PVC 防水卷材是以聚氯乙烯树脂为主要原料,加入适量的填充料、改性剂和增塑剂等,经系列加工制成的一类防水卷材,属于非硫化性、高档塑性防水材料,分卷包装。

PVC 防水卷材根据其基料的组分和特性的不同可以分为 S 型和 P 型两种,其中 S 型是以煤焦油和聚氯乙烯树脂混溶料为基料形成的柔性卷材,厚度为 1.50 mm、2.00 mm、2.50 mm 等,P 型是以增塑的聚氯乙烯树脂为基料形成的塑性卷材,厚度为 1.20 mm、1.50 mm、2.00 mm 等;此类卷材按有无复合层分为 N 类、L 类、W 类,N 类为无复合层,L 类为纤维单面复合层,W 类为织物内增强复合层;按物理性能分为 I 型和 II 型。

PVC 防水卷材的特点是:抗拉强度高,低温下韧性好,对基体伸缩开裂变形的适应能力强,可以在较低温度下施工。该类卷材多适用于制作大型屋面板、空心板等,并可用于地下室、水池和贮水池等类工程的防漏防渗处理,其物理力学性能见表 12-18。

表 12-18 PVC 防水卷材的物理性能

质量项目	P 型			S 型	
	优等品	一等品	合格品	一等品	合格品
拉伸强度(MPa)	15.0	10.0	7.0	5.0	2.0
撕裂断裂延伸率(%)	250	200	150	200	120
热处理尺寸变化率(%)	2.0	2.0	3.0	5.0	7.0
低温弯折性(℃)	-20,无裂纹				
抗渗透性	不透水				
剪切状态下的黏结性	不透水				

3. 氯化聚乙烯防水卷材

氯化聚乙烯防水卷材是以含氯量为 30%~40% 的氯化聚乙烯树脂为主要原料,加入大量填充料和适量增塑剂等制成的一类防水卷材。该类卷材的特点是,不仅具有合成树脂的热塑性,还具有弹性、防腐蚀性、抗老化性。另外,氯化聚乙烯可以被制成多种颜色,在防水的同时,起到隔热和美化装饰多重效果。此类卷材多适用于屋面外露部分的单层防水、各种保护层的防水中,也常被用作室内装饰材料,起到防水和装饰双重效果。

4. 氯化聚乙烯—橡胶共混防水卷材

氯化聚乙烯—橡胶共混防水卷材是以氯化聚乙烯树脂和合成橡胶为主要原料,加入适量的稳定剂、促进剂、硫化剂和填充料等,经系列加工制成的一类高弹性防水卷材。它的特性主要有:强度高、耐臭氧性好、抗老化性能优异、弹性高、延展性好、低温下柔性好(拉伸强度在 7.5 MPa 以上,断裂伸长率高达 450% 以上,脆性温度在 -40 ℃ 以下)。因此,该类卷材尤其适用于寒冷地区或变形较大的建筑防水工程。

合成高分子防水卷材产品除了以上几种类型外,还有很多其他种类,根据国家标准,合成高分子防水卷材多适用于防水等级为 I 级、II 级、III 级的屋面防水工程中,常见的合成高分子防水卷材特点和适用范围见表 12-19。

表 12-19　常见合成高分子防水卷材特性和适用范围

名称	性能特性	适用范围	施工方式
三元乙丙橡胶防水卷材	耐臭氧、耐腐蚀、有弹性、抗拉强度大、质轻、寿命长、但价格高	防水要求较高、使用年限较长的建筑,单层或复合均可	冷粘法、自粘法
氯化聚乙烯防水卷材	耐臭氧、耐热老化、耐腐蚀、耐油、抗撕裂强度高	紫外线强烈的炎热地区建筑,单层或复合使用	冷粘法
聚氯乙烯防水卷材	延伸性好、耐老化、抗撕裂强度高、易黏结、原材料丰富、价格便宜	外露或有保护层的防水工程,单层或复合使用	冷粘法、热风焊接法
三元乙丙橡胶—聚乙烯共混防水卷材	热塑性弹性材料,耐臭氧、耐老化、使用寿命长、低温柔性好、可在负温条件下施工	寒冷地区建筑,外露防水工程,单层或复合使用	冷粘法
氯化聚乙烯—橡胶共混防水卷材	强度高、耐臭氧、耐老化、弹性高、延伸性高、低温柔性好	寒冷地区建筑,变形较大的建筑,单层或复合使用	冷粘法
丁基橡胶防水卷材	耐油、抗拉强度大、延伸性好、	防水要求较高的工程,单层或复合使用	冷粘法

12.1.3　防水涂料

防水涂料是以沥青、高分子合成材料为主体,经涂刷在基体表面固化,形成具有相当厚度并有一定弹性、连续的防水薄膜的物料总称,常温下呈现无定形的黏稠状态,可以起到防水、防潮、保护基体的作用,同时起到黏结剂的作用。

12.1.3.1　防水涂料的特性

防水涂料的特点主要有几个方面。

(1)常温下呈液态,固化后在基体表面形成完整连续的防水薄膜。

(2)防水膜重量轻便,适宜用于轻型屋面的防水,可以在水平面、立面、阴角和阳角等平整或复杂表面施工。

(3)防水涂料大多采用冷施工,可刷涂、可喷涂,施工方便,少污染,改善了工作环境。

(4)防水涂料易于修补,直接在原防水膜的基础上修补即可。

(5)施工时,防水涂料须采用刷子、刮板等逐层涂刷或涂刮,故防水膜的厚度很难做到像防水卷材那样均匀。

12.1.3.2　防水涂料的分类

防水涂料可以分为有机防水涂料和无机防水涂料两类,前者主要包括橡胶沥青类、合成橡胶类和合成树脂类;后者主要包括聚合物水泥基防水涂料和水泥基渗透结晶型防水涂料。按形态,可分为溶剂型、水乳型、反应型;按主要成膜物质不同,可分为沥青类、高聚物改性沥青类、合成高分子类类;按涂料的组分不同分为单组分和双组分。

1.沥青类防水涂料

沥青防水涂料的主要成膜物质是沥青,有溶剂型和水乳型两类,在使用时经常采用沥青胶进行粘贴,在基体表面刷涂一层冷底子油,来提高沥青防水涂料与基体的黏结能力。

(1)冷底子油。冷底子油是在建筑石油沥青中加入汽油、煤油和轻柴油等,或者在煤沥青(软化点为50~70℃)中加入苯,相互溶合后得到的沥青溶液,这种溶液多数在常温下使用,并且位于防水工程的底层,所以被称为冷底子油。它一般不单独作为防水材料使用,常作为打底材料与沥青胶配合使用,起到增强沥青胶与基层的黏结力的作用。

这种溶液的特点有:黏度小,可以很容易渗入到混凝土、砂浆和木材等材料的毛细孔隙中,等到溶剂挥发后,溶液与基体牢固结合在一起,使得基体表面具有了一定的憎水能力,便于下一步与同类防水材料很好的黏结在一起。例如,在冷底子油层的上面铺上各类防水卷材,防水卷材便可与下面的基体更加牢固的黏结在一起,防水作用加强。

在施工中,冷底子油随配随用,通常要求涂于干燥的基体表面(水泥砂浆找平层的含水率≤10%),配置好贮存时,要求使用密封容器,以免溶剂挥发,失去功效。

(2)沥青胶。沥青胶又称沥青玛蹄脂,是在沥青中加入适量的粉状或纤维状填充料混合制成。其中,填充料的作用是为了提高沥青的温度稳定性和韧性,改善沥青的黏结性,降低沥青在低温下的脆性,减少沥青的消耗量等,填充物的类型有很多种,比如粉状的滑石粉、石灰石粉和白云石粉等,纤维状的木纤维、石棉屑等,或者两者的混合物,加入量通常为10%~30%。

沥青胶主要用来补漏、黏结防水卷材以及作为防水涂料的底层等,按照其在配制时使用溶剂的不同和操作方法的不同,又可以分为热熔沥青胶和冷沥青胶两类。

1)热熔沥青胶。将加热到150~200℃的沥青脱水后,加入20%~30%的加热干燥填充物,高温搅拌形成。用热沥青胶来粘贴油毡卷材效果更好,但使用时加热温度不能过高。

2)冷沥青胶。常温下,将40%~50%的石油沥青脱水,加入25%~30%的溶剂和10%~30%的填充料,混合搅拌形成。冷沥青胶施工起来比较方便、涂层薄、减少了环境污染,节省沥青,但溶剂使用量大,目前已被大范围的使用。

沥青胶的性质差异主要取决于沥青的性质及其组成,其技术指标主要有耐热度、韧性以及黏结性,根据耐热度的高低,可以将沥青胶划分为S-60、S-65、S-70、S-75、S-80、S-85六个标号,各标号的技术指标应符合表12-20的规定。

表12-20　石油沥青胶的技术性能

指标＼标号	石油沥青胶					
	S-60	S-65	S-70	S-75	S-80	S-85
耐热度	60	65	70	75	80	85
	用2 mm厚的沥青胶粘合两张沥青油纸,不低于上面温度(℃),在45°的坡度上,停放5 h,沥青胶不能流出,油纸不能滑动					
柔韧性	10	15	15	20	25	30
	将2 mm厚的沥青胶涂于沥青油纸上,在18±2℃时,围绕上面直径(mm)的圆棒用2 s时间以均衡速度弯曲半周,沥青胶不应有裂缝					
黏结力	将两张黏结在一起的油纸慢慢一次撕开,油纸和沥青胶黏结面的任何撕开一面,不大于黏结面的1/2					

在配制沥青胶的过程中,如果采用软化点较高的沥青材料,相应沥青胶的耐热性好,加

热后不会轻易流淌;如果采用延伸性高的沥青材料,沥青胶会具有较好的柔韧性,遇冷后不会轻易开裂,反之依然;当一种沥青不能满足配制时所需要的软化点时,可以根据情况采用几种沥青进行配制,来满足各种需要。同样,在各类防水工程中,应根据使用环境、当地气温等多方面因素,按有关规定来选取不同标号的沥青胶,具体标号选择见表12-21。

表 12-21　石油沥青胶标号的选择

屋面坡度(°)	历年极端室外温度(℃)	沥青胶标号
1～3	低于38	S-60
	38～41	S-65
	41～45	S-70
3～15	低于38	S-75
	38～41	S-70
	41～45	S-75
15～25	低于38	S-75
	38～41	S-80
	41～45	S-85

(3)乳化沥青防水涂料。乳化沥青防水涂料是以乳化沥青为基料配置的防水材料,借助于乳化剂的作用,将溶化后的沥青微粒,在强力机械的搅拌下,均匀分散于溶剂中,形成较为稳定的悬浮体,这个过程中,沥青的性质基本上没有改变或者改变很小。

乳化剂属于表面活性剂,种类有很多种,主要被分为离子型(阳离子型、阴离子型、两性离子型)和非离子型两大类。目前,使用最多的是阴离子型和非离子型,比如,肥皂、洗衣粉、十二烷基硫酸钠等属于阴离子型,石灰乳、乳化剂 OP(辛基酚聚氧乙烯醚)等属于非离子型。乳化剂的作用表现在:其中的憎水基团会吸附在沥青微粒表面,从而降低了沥青与水的表面扩张力,促使沥青微粒更加稳定、均匀地分散于溶剂中。

将乳化沥青涂刷于材料表面,或与其他材料搅拌成型后,其中的水分会逐渐消失,沥青微粒会挤破乳化剂薄膜而相互黏结到一起,这个过程称为乳化沥青的成膜过程。成膜后的乳化沥青具有一定的耐热性、黏结性、韧性、抗裂性和防水性。

乳化沥青防水涂料一般被分为厚质防水涂料和薄质防水涂料两大类,前者在常温下呈现膏体或黏稠状液体状态,不能自动流淌成平面;后者在常温下呈现液体状态,可以流淌,但施工中需要多次涂刷才可以满足涂膜防水的厚度要求。

乳化沥青可以充当基层处理剂,可以和其他材料粘结成多层防水层,也可以单独作为防水涂料来使用。建筑上经常使用的乳化沥青是一种呈棕黑色的乳状液体,常温下可以流动;土木工程中经常使用的乳化沥青有石灰乳化沥青防水涂料和膨润土沥青防水涂料。

和其他类型的防水涂料相比,乳化沥青的显著特点表现在它可以在潮湿基体上施工,具有相当大的黏结能力。其他优点还有:使用时不需要加热,可以冷施工,更加安全,减小劳动强度,加快了施工进度;价格便宜,施工机械容易清洗;与一般的橡胶乳液、树脂乳液等有良好的相溶性,混溶以后能显著改善乳化沥青的耐高温性和低温柔韧性。目前市场上 60% 以上的沥青涂料都为乳化沥青涂料,其技术在近几年来发展迅速。

但是,乳化沥青的稳定性相对较差,存储时要求存于密闭容器中,以防止水分的蒸发和流失,防止混入其他杂质,存储时间一般要求不超过半年,若时间过长,乳化沥青容易分层变质,不能再使用;运输过程中,要求温度不低于 0 ℃,同样也不能在 0 ℃ 以下使用。

2. 高聚物改性沥青防水涂料

高聚物改性沥青防水涂料,是以沥青为基料,加入适当的高分子聚合物制成的一种水乳型或溶剂型防水涂料。常见的高分子聚合物有再生橡胶、合成橡胶和 SBS 等,作用是用来改善沥青基料的柔韧性、抗裂性、弹性、流动性、耐高低温性、耐腐蚀性和抗老化性等性能。目前主要的高聚物改性沥青防水涂料品种有水乳型氯丁橡胶沥青防水涂料、SBS 橡胶改性沥青防水涂料和再生橡胶改性沥青防水涂料等,适用于建筑屋面、地面、混凝土地下室和卫生间的防水层处理。其质量要求应符合表 12-22 的规定。

表 12-22　高聚物改性沥青防水涂料的质量要求

项目		质量要求
固体含量(%)		43
耐热度,(80 ℃,5 h)		无流淌、起泡、滑动
柔韧度,(−10 ℃)		2 mm 厚,绕 φ20 mm 厚的圆棒,无裂缝、无断裂
不透水性	压力(MPa)	0.1
	保持时间(min)	30 不渗透
延伸度,(20 ± 2 ℃),拉伸,(mm)		4.4

(1)氯丁橡胶沥青防水涂料。

氯丁橡胶沥青防水涂料是以氯丁橡胶和石油沥青为基料制成的一种防水材料。根据制作方法的不同可分为溶剂型和水乳型两大类。

溶剂型氯丁橡胶沥青防水涂料的制作过程是:把氯丁橡胶溶于一定量的有机溶剂(甲基苯、二甲苯)中,然后再掺入液体状态的石油沥青,加入各种填充料、助剂等混合,形成的一种胶体溶液。其主要成膜物质是氯丁橡胶和石油沥青,黏结性比较好,但易燃、有毒、价格高,目前有逐渐被水乳型氯丁橡胶沥青防水材料取代的趋势。其技术性能见表 12-23。

表 12-22　溶剂型氯丁橡胶沥青防水涂料技术性能

项目	技术性能指标
外观	黑色黏稠状液体
耐热度(85 ℃,5 h)	无变化
黏结性(MPa)	>0.25
低温柔性(−40 ℃,1 h,绕 5 mm 圆棒弯曲)	无裂纹

续表

项目	技术性能指标
不透水性(0.2 MPa,3 h)	不透水
抗裂性,裂缝≤0.8 mm	涂膜不开裂

水乳型氯丁橡胶沥青防水涂料,是把阳离子型氯丁乳胶与阳离子型石油沥青乳液相混合而得到的。在混合过程中,氯丁乳胶的微粒与石油沥青的微粒借助于阳离子表面活性剂的作用,稳定地分散于溶剂中,形成一种乳状液态的物质,它的成膜物质也是氯丁橡胶和石油沥青,但其溶剂是水而不是甲苯类,因此成本较低且没有毒性。它的特点主要表现在:延展性好、耐热性好、低温下柔韧性好、抗腐蚀性好、耐臭氧老化、不易燃烧、能充分适应基体变化,且安全无毒,是一种性能良好的防水涂料,目前已被广泛适用于建筑物的屋面、墙体、地面以及管道设备的防水处理中。其技术性能见表12-24。

表 12-24   水乳型氯丁橡胶沥青防水涂料技术性能

项目	技术性能指标
外观	深棕色乳状液体
黏度(Pa·s)	0.1~0.25
含固量(%)	≥43
黏结力(MPa)	≥0.2
低温柔韧性,(-10 ℃,2 h)	φ2 mm 不断裂
不透水性,(0.1~0.2 MPa,0.5 h)	不透水
抗裂性	涂膜不裂

(2)水乳型再生橡胶防水涂料。

水乳型再生橡胶防水涂料是以石油沥青为基料,加入再生橡胶对其进行改性后而形成的一种水性防水涂料,常温下呈黑色、无光泽的黏稠状液体状态。

它是双组分(A 液、B 液)防水材料,其中的 A 液为乳化橡胶,B 液为阴离子型乳化沥青,两液分开包装,使用时现场配制。该涂料的特点主要有:无毒无味,不易燃烧,温度稳定性好,抗老化能力强,防腐蚀能力强,经刷涂或喷涂后形成防水涂膜,涂膜具有橡胶弹性,常温下施工,多用于建筑屋面、墙体、地面、地下室的防水防潮处理和一些防腐工程中。

(3)SBS 橡胶改性沥青防水涂料。

SBS 橡胶改性沥青防水涂料是以沥青、橡胶、合成树脂、SBS 及活性剂等高分子材料组成的一种水乳型沥青防水涂料。该涂料的特点是:低温下韧性好,抗裂能力强黏结性好,抗老化能力强,施工方便,可以与玻纤布等胎基复合成中档防水材料,多应用于一些复杂的基体上,如厕浴间、厨房和水池等,有较好的防水效果。

3. 合成高分子防水涂料

合成高分子防水涂料是以合成树脂或合成橡胶为主要成膜物质,再加入其他辅料配制成的一种防水材料,根据使用基料的不同,有多个品种,常见的有硅酮、聚氨酯(单、双组分)、聚氯乙烯、丙烯酸酯及水乳型三元乙丙橡胶防水涂料等。

(1)聚氨酯防水涂料。

聚氨酯防水涂料,又称聚氨酯涂膜防水材料,可以分为双组分型和单组分型两种,通常使用的是前者。双组分型聚氨酯防水涂料属于固化反应型高分子防水涂料,它其中包含甲乙两个组分,甲组分是含有异氰酸基的预聚体,乙组分是含有多羟基的固化剂、增塑剂和稀释剂等,两个组分相互混合后,形成均匀而有弹性的防水涂膜。该涂膜具有优异的拉伸强度、延伸率和不透水性,与水泥混凝土有较强的黏结力,可以起到很好的防水效果,并在外观上有黑色、彩色和透明等多个品种。双组分聚氨酯防水涂料的主要技术性能执行标准 GB/T 19250—2003,见表 12-25。

表 12-25 双组分聚氨酯防水涂料的主要技术性能

项目	指标
拉伸强度(MPa)	≥1.90
断裂伸长率(%)	≥550
不透水性,(0.3 MPa,30 min)	不透水
低温弯折性,(−35 ℃)	无裂纹
固体含量,(%)	≥92

聚氨酯防水涂料是反应型防水涂料,固化时体积收缩很小,可形成较厚的防水涂膜,是目前我国使用最多的防水涂料,该类涂料的特性是:富有弹性、耐高温低温、抗老化能力强、黏结性好、抗裂强度高,耐酸、耐碱、耐磨、绝缘、色彩多样、富有装饰性,对基体的伸缩开裂变化有较强适应能力,施工简单方便。它适用于高级公共建筑的防水工程和地下室、有保护层的屋面防水工程。在我国,聚氨酯防水涂料包括煤焦油聚氨酯和纯聚氨酯两种,由于环保因素,近几年煤焦油被限制使用,非煤焦油聚氨酯防水涂料得到了快速发展。

(2)丙烯酸酯防水涂料。

丙烯酸酯防水涂料是以丙烯酸酯共聚乳液为基料,加入填料、颜料、助剂等制成的一种水乳型防水涂料,是近几年发展较快的一种新型防水涂料,它涂刷或喷涂后形成的涂膜具有一定的柔韧性。另外,丙烯酸酯颜色很浅,可以配制成多种颜色,不仅可以起到防水功能,还可以美化基体,起到很好的装饰效果。

目前我国使用较多的是 AAS(丙烯酸丁酯—丙烯腈—苯乙烯)防水涂料,它对阳光的反射率高达 70%,具有防水、防碱、防污染、抗老化和抗裂抗冻等性能,可以起到防水和绝热双重功效,并且无毒、无污染、施工方便,多用于各类建筑工程的防水防腐处理。

(3)聚氯乙烯防水涂料。

聚氯乙烯防水涂料是以聚氯乙烯和煤焦油为基料,加入适量乳化剂、增塑剂等制成的一种水乳型防水涂料。该类防水涂料的弹性和塑性都很好,防腐蚀、抗老化、造价低、施工时,一般结合玻纤布、聚酯无纺布等胎体使用,多适用于地下室、厕浴间、屋面、桥洞和金属管道等的防水防腐工程。

12.1.4　新型防水材料

12.1.4.1　多彩玻纤胎沥青瓦

该类材料属于对传统沥青防水卷材和新型高聚物防水卷材的发展,是以玻璃纤维毡为胎基,经浸涂优质石油沥青,一面覆盖彩色矿物粒料,另一面撒以隔离材料制成的瓦状屋面防水片材。本产品可减轻屋面负荷 20% ~ 30%,具有形状颜色多样,立体感强,美观,质轻,便于运输,便于安装和防水性好等特点,同时,它的使用,也可以起到美化城市,加快我国城市建设步伐的作用,近几年来被广泛使用,尤其是双层多彩沥青瓦,上述特点更为突出,为坡顶屋面防水的最佳选择,其技术性能执行标准 GB/T 20474—2006,见表 12-26。

表 12-26　多彩玻纤胎沥青瓦主要技术性能标准

项目		指标	
		平瓦	叠瓦
可溶物含量(g/m²)		1 000	1 800
拉力(N/50 mm)	纵向	500	
	横向	400	
耐热度,(90 ℃)		无流淌、滑动、滴落、气泡	
柔度,(10 ℃)		无裂纹	
撕裂强度,(N/cm²)		≥9	
不透水性,(0.1 MPa,30 min)		不透水	
耐钉子拔出性能,(N)		≥75	
矿物料粘附性,(g)		≥1.0	
金属箔剥离强度(N/mm)		≥0.2	
人工气候加速老化	外观	无气泡、渗油、裂纹	
	色差,ΔE	≤3	
	柔度(10 ℃)	无裂纹	

它适用于公用设施防水、民用住宅和别墅等建筑的坡屋面,具有防水和装饰双重功能。施工时,应注意基体的平整性,不同颜色、不同等级的产品需要分类码放,平放,避免日晒、雨淋、受潮及污物油类侵蚀,注意通风。

12.1.4.2　聚乙烯丙纶防水卷材

该卷材的特点主要有:拉伸强度高、延伸率大,对基层伸缩或开裂变形的适应性强;具有良好的水蒸气扩散性,留在基层的湿气易于排出;耐根系穿刺、耐老化,使用寿命长(屋面可达 25 N、地下可达 50 N);可用于建筑各个部位。

多适用于各类工业用建筑屋面、地下室、厨房、厕浴间的防水防渗工程,水池、渠道、桥洞等的防水防渗工程。该类卷材在施工时,应注意施工温度应在 5 ~ 35 ℃,相对温度应小于

80%;雨雪雾大风天气及基面潮湿的情况下不能施工操作;在包装和运输时,应禁止接近火源。其技术性能执行 GB 18173.1—2006FS2 标准,见表 12-27。

表 12-27　聚乙烯丙纶防水卷材技术性能

检测项目	性能指标
拉伸强度(MPa)	60
延伸度(%)	400
撕裂强度(N/cm²)	20
不透水性,(30 min,0.3 MPa)	不透水
低温弯折性,(1 h,−20 ℃)	无裂纹

12.1.4.3　JS 复合防水涂料

该类防水涂料属于环保型产品,是丙烯酸防水涂料的一个品种,近几年发展较快。其特点是:无毒、无污染、使用安全;可以在干燥或潮湿的多种材质基面上直接施工;涂层强度高、弹性好、耐水性优异、可以与多种基层黏结牢固;可以在立面、平面、斜面上直接施工、不流淌、操作简单;也可以直接增加颜料形成彩色涂层,起到防水和美化装饰双重效果。

常适用于多种新旧建筑物的屋面、地下室、隧道、桥梁、游泳池、水库、卫生间及其他储水建筑物,能在砖石、砂浆、混凝土、金属、玻璃、木材、塑料、泡沫板及橡胶、SBS 卷材等多种防水层上直接施工,目前已被广泛应用。在施工时,应注意搅拌均匀,施工温度应在 0 ℃以上,现用现配,其主要性能执行 GB 18242—2000 标准,见表 12-28。

表 12-28　JS 复合防水涂料主要技术性能指标

实验项目		技术指标	
		I 型	II 型
固体含量		≥65	
干燥时间	表干时间(h)	≤4	
	实干时间(h)	≤8	
拉伸强度	无处理(MPa)	≤1.2	≤1.8
	加热处理后保持率(%)	≥80	≥80
	碱处理后保持率(%)	≥70	≥80
	紫外线处理后保持率(%)	≥80	≥80
断裂伸长率	无处理(%)	≥200	≥80
	加热处理(%)	≥150	≥65
	碱处理(%)	≥140	≥65
	紫外线处理(%)	≥150	≥65

续表

实验项目	技术指标	
	Ⅰ 型	Ⅱ 型
低温柔性,φ10 mm 棒	−10 ℃无裂纹	—
不透水性,(0.3 MPa,30 min)	不透水	不透水
潮湿基面黏结强度(MPa)	≥0.5	≥1
抗渗性(背水面)(MPa)	—	≥0.6

12.1.4.4　水泥基防水涂料

水泥基防水涂料可以分为两类,一类是涂层覆盖防水材料,另一类是水泥基渗透防水材料。前者是涂料与水混合后,在基体表面形成致密的防水层;后者是涂料直接喷涂于水泥砂浆或混凝土表面,再渗透到内部,与水泥中的碱性物质发生化学反应后,生成不溶于水的凝胶体,构成防水层。该类防水涂料广泛适用于隧道、大坝、水库、桥梁、机场跑道、蓄水池、工业与民用建筑地下室、屋面、厕浴间的防水施工,以及混凝土建筑设施等所有砼结构弊病的维修堵漏中,但存在渗透性差、成膜厚、易剥落、防水寿命相对较短的缺点。

施工时,必须在混凝土结构或牢固的水泥砂浆基面上进行,基面应干净无浮尘、无旧涂膜、无尘土污垢及其他杂物;运输和贮存时,应注意防潮。其主要性能执行 GB 18445—2001 标准,见表 12-29。

表 12-29　水泥基渗透结晶型防水涂料主要技术性能指标

项目		技术指标	
		Ⅰ 型	Ⅱ 型
安定性		合格	
凝结时间	初凝时间(min)	≥20	
	终凝时间(h)	≤24	
抗折强度(MPa)	7 d	≥2.80	
	28 d	≥3.50	
抗压强度(MPa)	7 d	≥12.0	
	28 d	≥18.0	
湿基面黏结强度(MPa)		≥1.0	
抗渗压力,(28 d),(MPa)		≥0.8	≥1.2
第二次抗渗压力,(56 d),(MPa)		≥0.6	≥0.8
渗透压力比,(28 d),(%)		200	300

12.1.4.5 高分子表面增强自粘沥青防水卷材

该类卷材是主要采用合成高分子复合片材为表面材料,以自粘改性沥青为基料复合而成的一种新型高分子防水卷材,兼有高分子防水卷材和自黏防水卷材的双重防水性能。

该类卷材适用于工业与民用建筑的屋面、地下室、桥梁和军事设施等的防水、防渗、防潮工程。其技术性能执行 Q/XW 0108006—2009 标准,见表 12-30。

表 12-30 高分子表面增强自粘沥青防水卷材主要技术性能指标

项目		性能指标	
		Ⅰ型	Ⅱ型
可溶物含量(g/m^2)	1.2 mm	300	500
	1.5 mm	400	600
	2.0 mm	500	700
耐碱度,$[10\% Ca(OH)_2]$		80	90
低温柔度(℃)		−20	−25
		无裂纹	
断裂拉伸强度(常温),(N/50mm)		≥300	
断裂延伸率(常温)(%)		≥400	
撕裂强度 N/cm^2		≥20	≥30
不透水性	压力(MPa)	0.3	
	保持时间(min)	30,不透水	
剥离强度(N/mm)	卷材与卷材	≥1.0	
	卷材与铝板	≥1.2	
人工候化处理	外观	无滑动、流淌、滴落	
	拉力保持率(%)	≥80	
	低温柔性	−18℃,无裂纹	

项目 12.2 建筑装饰材料

12.2.1 建筑装饰材料的基本性质与选用

建筑装饰材料是用于建筑物内、外表面,主要起装饰作用的材料。建筑装饰性的体现很大程度上受建筑装饰材料的制约,尤其受到材料的颜色、光泽、质感、图案和花纹等装饰特性的影响。因此,了解常用的建筑装饰材料的特点和性能,并在具体建筑环境中合理地应用,就显得十分重要了。

12.2.1.1 建筑装饰材料的基本性质

(1)材料的颜色、光泽、透明性。

颜色是材料对光谱选择吸收的结果。不同的颜色给人以不同的感觉,但材料颜色的表现不是材料本身所固有的,它与入射光光谱成分及人们对光的敏感程度有关。

光泽是材料表面方向性反射光线的性质。光线射到物体上,一部分被反射,一部分被吸收,如果物体是透明的,也有一部分被透射。反射光线可以分散在各个方向,叫漫反射;当为定向反射时,材料表面具有镜面特征,又称为镜面反射。镜面反射是产生光泽的重要因素。材料表面愈光滑,则光泽度愈高。不同的光泽度,会极大地影响材料表面的明暗程度,造成不同的虚实对比感受。

透明性是光线透过材料的性质。装饰材料可以分为透明体(透光、透视)、半透明体(透光、不透视)、不透明体(不透光、不透视)。利用材料的透明度不同,可以用来调节光线的明暗,改善建筑内部的光环境。

(2)材料的花纹图案、形状、尺寸。

在生产或加工材料时,利用不同的工艺将材料的表面作成各种不同的表面组织,如粗糙、平整、光滑、镜面、凹凸和麻点等;或将材料的表面制作成各种花纹图案,以达到一定的装饰效果。

建筑装饰材料的形状和尺寸对装饰效果影响很大。改变装饰材料的形状和尺寸,配合花纹、颜色和光泽等特征可以创造出各种图案,从而获得不同的装饰效果,以满足不同的建筑形体和功能的要求,最大限度地发挥材料的装饰性。

(3)材料的质感。

质感饰材料的表面组织结构、花纹图案、颜色、光泽和透明度等给人的一种综合感觉。

组成相同的材料可以有不同的质感,相同的表面处理形式往往具有相同或类似的质感,但有时并不完全相同。选择饰面质感,不能只看材料本身装饰效果如何,要结合具体建筑物的体型、体量和风格等进行统筹考虑。

(4)材料的耐污性、易洁性、耐擦性。

材料表面抵抗污物污染、保持其原有颜色和光泽的性质称为材料的耐污性。材料表面易于清洁的性质称为材料的易洁性,它包括在风雨等作用下的易洁性(又称自洁性)以及在人工清洗作用下的易洁性。良好的耐污性和易洁性是建筑装饰材料经久常新,长期保持其装饰效果的重要保证。用于地面、外墙以及卫生间、厨房等环境中的装饰材料必须考虑材料的耐污性和易洁性。

材料的耐擦性实质就是材料的耐磨性,分为干擦(称为耐干擦性)和湿擦(称为耐洗刷性)。耐擦性愈高,则材料的使用寿命愈长。

12.2.1.2 建筑装饰材料的恒用原则

建筑物的种类繁多,不同功能的建筑对装饰的要求是不同的,即使是同一类建筑物,因设计的标准不同,对装饰的要求也随之不同。在装饰工程中,应当按照不同档次的装饰要求,正确而合理地选用装饰材料。在选用装饰材料时,要从建筑物的实用出发,不仅要求表面的美观,而且要求装饰材料具有多种功能,能长期保持它的特征,并能有效的保护主体结构材料。

一般来讲,建筑装饰材料的选择应遵循以下几个原则。

1.满足使用功能

在选用装饰材料时,首先应满足与环境相适应的使用功能。如人流密集的公共场所地面,应采用耐磨性好、易清洁的地面装饰材料;住宅中厨房的墙面、地面和顶棚装饰材料,则宜用耐污性和耐擦性较好的材料。

2.满足装饰效果

建筑装饰材料的色彩、光泽、形体、质感和花纹图案等性质都影响装饰效果,在选用时应特别注意,而且,在选用材料时还应当根据设计风格和使用功能合理选择色彩。

3.安全性

在选用建筑装饰材料时,要妥善处理好安全性的问题,应优先选用环保材料;不燃烧或难燃的安全材料;无辐射、无有毒气体挥发的材料;在施工和使用时都安全的材料。

4.经济性

装饰工程的造价往往在整个建筑工程总造价中占有很高的比例,一般为30%以上,而一些对装饰要求很高的工程,所占比例甚至可以达到60%以上。所以,装饰材料的选择,必须考虑其经济性,这就要求在不影响使用功能和装饰效果的前提下,尽量选择质优价廉的材料,选择工效高、安装简便的材料,选择耐久性高的材料。而且,不但要考虑装饰工程的一次性投资,也要考虑其维修费用和环保效应,以保证总体上的经济性。

12.2.2 建筑装饰陶瓷制品

凡用黏土及其他天然矿物原料,经配料、制坯、干燥、焙烧制得的成品,统称为陶瓷制品。建筑陶瓷是用于建筑物墙面、地面及卫生设备的陶瓷材料及制品。建筑陶瓷具有强度高、性能稳定、耐腐蚀性好、耐磨、防水、防火、易清洗以及装饰性好等优点,在建筑工程及装饰工程中应用十分普遍。

12.2.2.1 外墙面砖

外墙面砖时镶嵌于建筑物外墙面上的片状陶瓷制品,是采用品质均匀而耐火度较高的黏土经压制成型后焙烧而成。为了与基层墙面能很好黏结,面砖的背面均有肋纹。

外墙面砖的主要规格尺寸较多,质感、颜色多样化,具有强度高、防潮、抗冻、耐用、不易污染和装饰效果好的特点。

9.2.2.2 内墙面砖

内墙面砖是适用于建筑物室内装饰的薄型精陶制品,又称釉面砖,表面施釉,烧成后表面光亮平滑,形状尺寸多种多样,颜色丰富多彩,并且具有不易沾污、耐水性好、耐酸碱性好、热稳定性较强和防火性好等优点。它主要被用于浴室、厨房、卫生间、实验室和医院等的内墙面及工作台面、墙裙等处。经专门设计的彩绘面砖,可镶拼成各式壁画,具有独特的装饰效果。

釉面砖的主要规格尺寸有:152 mm × 152 mm × (5,6) mm;108 mm × 108 mm × 5 mm;152 mm × 75 mm × (5,6) mm 共 3 种,近年来也出现了一些大规格的薄型砖,如厚度为 3 mm 的 200 mm × 200 mm,200 mm × 250 mm,200 mm × 300 mm 等。

9.2.2.3 墙地砖

墙地砖包括外墙用贴面砖和室内、外地面铺贴用砖。由于目前该类饰面砖发展趋势是既可以用于外墙又可以用于地面,所以称为墙地砖。其特点是:强度高,耐磨、耐久性好,化学稳定性好,不燃,易清洗和吸水率低等。墙地砖的主要品种主要有以下几种。

1. 劈离墙地砖

劈离墙地砖是一种新开发的彩釉墙地砖,兼有普通机制黏土砖和彩釉砖的特征。它是以黏土为主要原料制成的,抗折强度大于 30 MPa,吸水率小于 6%,耐磨抗冻。该材料富于个性、古朴高雅,并且品种多,颜色多样,可按需求拼砌成多种图案以适应建筑物和附近环境的需要。

2. 麻面砖

麻面砖是采用仿天然岩石的色彩配料,压制成表面凹凸不平的麻面坯体后经焙烧而成。砖的面表酷似经人工修造过的天然岩石,纹理自然,有白、黄等多种色调。该类砖的抗折强度大于 20 MPa,吸水率小于 1%,防滑耐磨。薄型砖适用于外墙饰面,厚型砖适用于广场、停车场和人行道等地面铺设。

3. 彩胎砖

彩胎砖是一种本色无釉瓷质饰面砖,具有天然花岗石的特点,纹络细腻,色调柔和,质朴高雅,其抗折强度大于 27 MPa,吸水率小于 1%,耐磨性和耐久性好。可用于住宅厅堂的墙、地面装饰,特别适用人流量大的商场、剧院和宾馆等公共场所的地面铺设。

12. 2. 2. 4　地面砖

地面砖是采用塑性较大且难熔的黏土,经精细加工烧制而成的。其抗压强度接近花岗石,耐磨性很好,质地密实均匀,吸水率一般小于 4%,抗冻融循环在 25 次以上。地面砖有正方形、长方形、六角形 3 种形状,其花色较多。主要用于人流较密集的地方的地面装饰,如站台、商店和旅馆大厅等,也可用作厨房、浴室和走廊等的地面。

12. 2. 2. 5　陶瓷锦砖

陶瓷锦砖俗称马赛克,它是指由边长不大于 50 mm、具有多种色彩和不同形状的小块砖镶拼组成各种花色图案的陶瓷制品。陶瓷锦砖采用优质瓷土烧制成正方形、长方形和六角形等薄片状小块瓷砖后,再通过铺贴盒将其按设计图案反贴在牛皮纸上,称作一联。

陶瓷锦砖具有美观、不吸水、防滑、耐磨、耐火以及抗冻性好等性能。主要用于室内地面装饰,也可用于室内、外墙饰面,并可镶拼成有较高艺术价值的陶瓷壁画,提高其装饰效果并可增强建筑物的耐久性。

12. 2. 2. 6　建筑琉璃制品

琉璃制品是以难熔黏土做原料,经配料、成型、干燥、素烧、表面涂以琉璃釉料后,再经烧制而成的。琉璃制品表面光滑,色彩绚丽,造型古朴,坚实耐用,富有民族特色。其彩釉不易剥落,装饰耐久性好,比瓷质饰面材料容易加工,且花色品种很多,主要用于具有民族风格的房屋以及建筑园林中的亭台、楼阁等。

12. 2. 2. 7　陶瓷卫生洁具

陶瓷卫生洁具主要是精陶质的,它是采用可塑性黏土、高岭土、长石和石英为原料,坯体成型后经过素烧和釉烧而成的。陶瓷卫生洁具颜色清澄、光泽度好、易于清洗、经久耐用的优点。其主要产品有洗面器、大小便器、水箱水槽和浴缸等,主要用于浴室、卫生间等处。

12.2.3　建筑涂料

涂料是一种可涂刷于基层表面,并能结硬成膜的材料。常用于建筑装饰工程中,主要起装饰和保护的作用。涂料是最简单的一种饰面方式,具有工期短、工效高、自重小、价格低和维修方便等特点,因此,涂料在建筑工程中应用相当广泛。

12.2.3.1　外墙涂料

外墙涂料的主要功能是美化建筑和保护建筑物的外墙面。要求其应有丰富的色彩和质感,使建筑物外墙的装饰效果好;耐水性和耐久性要好,能经受日晒、风吹、雨淋和冰冻等侵蚀;耐污染性要强,易于清洗。

1. 溶剂型丙烯酸外墙涂料

丙烯酸系列外墙涂料是以改型丙烯酸共聚物为成膜物质,参入紫外光吸收剂、填料、有机溶剂和助剂等,经研磨而制成的一种溶剂型外墙涂料。其主要特点是:无刺激性气味,耐候性良好,不易变色、粉化或脱落,耐碱性好,附着力强,有较好的抗渗性,施工方便。

丙烯酸外墙涂料适用于民用、工业、高层建筑及高级宾馆内外装饰,也适用于钢结构、木结构的装饰防护。

2. BSA 丙烯酸外墙涂料

BSA 丙烯酸外墙涂料是以丙烯酸酯类共聚物为基料,掺入各种助剂及填料加工而成的水乳型外墙涂料。该涂料具有无气味、干燥快、不燃和施工方便等优点,用于民用住宅、商业楼群和工业厂房等建筑物的外墙饰面,具有较好的装饰效果。

3. 聚氨酯丙烯酸外墙涂料

聚氨酯丙烯酸外墙涂料是由聚氨酯丙烯酸树脂为主要成膜物质,添加优质的颜料、填料及助剂,经研磨配制而成的双组分溶剂型涂料。主要应用于建筑物混凝土或水泥砂浆外墙的装饰。

4. 坚固丽外墙涂料

坚固丽外墙涂料是以新型丙烯酸树脂为主要成膜物质,添加脂肪烃石油溶剂、优质金红石型钛白粉、填料、助剂,经研磨配制而成的新一代溶剂型丙烯酸外墙涂料。该涂料除具有传统溶剂型涂料和乳胶型涂料两者优点外,其耐候性、耐沾污性、施工性更优越。适用于高层、多层住宅、工业厂房及其他各类建筑物的外面装饰。

坚固丽外墙涂料具有优良的墙面装饰性能,同时具有优良的耐水、耐碱性,耐洗刷性能可达 10 000 次以上,其涂层不易泛黄,涂料施工简便,也可以在稍潮湿的基层上施工。

5. 过氯乙烯外墙涂料

过氯乙烯外墙涂料是以过氯乙烯树脂为主,掺用少量的其他改型树脂共同组成主要成膜物质,添加一定量的增塑剂、填料、颜料和助剂等物质,经混炼、切片、溶解和过滤等工艺制成的一种溶剂型外墙涂料,也可用于内墙装饰。该涂料的色彩丰富,涂膜平滑,干燥快,在常温下 2 h 可全干,冬季晴天也可全天施工,且具有良好的耐候性及化学稳定性,耐水性好。但其热分解温度低,一般应在低于 60 ℃ 的环境下使用。涂膜的表干很快,全干较慢,完全固化前对基面的黏附较差,基层含水率不宜大于 8%。施工中应注意。

6. JH 80 – 1 无机外墙涂料

JH 80 – 1 无机外墙涂料是以硅酸钾为主要黏结剂,加入填料、颜料及其他助剂等,经混合、搅拌、研磨而制成的无机外墙涂料。

7. JH 80 - 2 无机外墙涂料

JH 80 - 2 无机外墙涂料是以硅溶胶为主要胶结材料,掺入助膜剂、填充剂、颜料和表面活性剂等均匀混合、研磨而制成的一种新型涂料。该涂料耐水、耐酸、耐碱、耐冻融、耐老化、耐擦洗、涂膜细腻,颜色均匀明快,装饰性好,适用于水泥砂浆墙面、水泥石棉板、砖墙和石膏板等基层的装饰。

12. 2. 3. 2 内墙涂料

1. 水溶性内墙涂料

(1)106 内墙涂料:具有无毒、无味和不燃等特点,能涂饰于稍潮湿的墙面上。

(2)803 内墙涂料:具有无毒、无味、干燥快、遮盖力强、涂刷方便和装饰效果好等优点。

2. 乳胶漆

乳胶漆是以合成树脂乳液为基料的薄型内墙涂料。一般用于室内墙面装饰,但不宜用于厨房、卫生间、浴室等潮湿墙面。目前,常用的品种有苯丙乳胶漆、乙丙乳胶漆、聚醋酸乙烯乳胶内墙涂料、氯—偏共聚乳液内墙涂料。

3. 溶剂型内墙涂料

溶剂型内墙涂料由于其透气性较差,易结露,且施工时有大量有机溶剂逸出,因而室内施工更应重视通风与防火。但该涂料涂层光洁度好,易于清洗,耐久性也好,主要用于大型厅堂、室内走廊、门厅等部位,一般民用住宅内墙装饰很少应用。可用作内墙装饰的溶剂型建筑涂料的主要品种有:过滤乙烯墙面涂料、氯化橡胶墙面涂料、丙烯酸酯墙面涂料、聚氨酯系墙面涂料。

4. 多彩内墙涂料

多彩内墙涂料是将带色的溶剂型树脂涂料慢慢的掺入到甲基纤维素和水组成的溶液中,通过不断搅拌,使其分散成细小的溶剂型油漆涂料滴,形成不同颜色油滴的混合悬浊液,是一种较常用的墙面、顶棚装饰材料。

多彩内墙涂料按其介质可分为水包油型、油包水型、油包油型和水包水型 4 种。其中水包油型的储存稳定性最好,在国外应用也很广泛。该涂料具有色彩鲜艳、雅致、装饰效果好、耐久性好、涂膜有弹性、耐磨损、耐洗刷以及耐污染等特点,适用于建筑物内墙和顶棚水泥混凝土、砂浆、石膏板、木材、钢和铝等多种基面的装饰。

5. 幻彩涂料

幻彩涂料是用特种树脂乳液和专门的有机、无机颜料制成的高档水性内墙涂料。其主要用于办公室、住宅、宾馆、商店和会议室等的内墙、顶棚装饰。

12. 2. 3. 3 地面涂料

地面的主要功能是装饰与保护室内地面,使地面清洁美观,与其他装饰材料一同创造优雅的室内环境。为了获得良好的装饰效果,地面涂料应具有耐碱性好、黏结力强、耐水性好、耐磨性好、抗冲击力强、涂刷施工方便及价格合理等特点。常用的地面涂料有过滤乙烯地面涂料、聚氨酯地面涂料和环氧树脂厚质地面涂料等。

12.2.4　纤维类装饰材料

12.2.4.1　壁纸

（1）塑料壁纸。塑料壁纸是以纸为基层，以聚氯乙烯薄膜为面层，经过复合、印花和压花等工序制成的。由于塑料壁纸的原材料便宜，并具有耐腐蚀、难燃烧、可擦洗、装饰效果好等优点，因此成为世界各国壁纸的主要品种。该壁纸的特点为：具有一定的伸缩性和耐裂强度；可制成各色图案及丰富多彩的凹凸花纹，富有质感及艺术感，因此装饰效果较好；施工简单，提高工效，缩短施工工期；表面不吸水，可以用布擦洗。

（2）纱线壁纸。纱线壁纸属于织物壁纸。它是以棉纱、棉麻混纺纱等天然织物经多种工艺处理与基纸贴合而成的，具有吸声、透气、无毒、色彩鲜艳、美观耐用和立体感强等特点，该壁纸的优点在于它能给人以高雅豪华的视觉感觉，因此被应用在很多宾馆、饭店等高级场所得装饰工程中。纱线壁纸对基层要求很高，施工人员必须注意将其贴在干燥、平整、没有任何潮迹的墙面上。

（3）麻草壁纸。麻草壁纸属于天然材料面壁纸，它是以纸为基层，以编织的麻草为面层，经复合加工而制成的。它具有阻燃、吸声、散潮和不变形等特点，并具有自然、古朴、粗犷的天然质感，能够满足人们渴望接近自然的心理要求和审美取向。麻草壁纸适用于酒吧、咖啡厅、舞厅以及饭店、宾馆的客房和商店的橱窗设施等有一定风格和品位的装饰工程。

（4）金属壁纸。金属壁纸是以纸为基材，再粘贴一层金属箔，经过压合、印花而成的。金属壁纸有光亮的金属光泽和良好的反光性，通过良好灯光设计的配合，常常给人以金碧辉煌、庄重大方，豪华气派的感觉。它具有无毒、无味、无静电、耐湿、耐晒、可擦洗和不退色等优点，经常被用于高级宾馆、酒楼、饭店、咖啡厅、银行和舞厅等的墙面、柱面和顶棚。

（5）植绒壁纸。植绒壁纸是在原纸上用高压静电植绒方法制成的一种装饰材料，它以绒毛为面料，所以具有特殊的质感效果。该壁纸外观色泽柔和、尊贵高雅、手感舒爽，还具有阻燃、吸声等良好的特性，非常适用于宾馆客房、会议室和卧室等希望墙面质感柔和的场所。

12.2.4.2　墙布

墙布是以天然纤维或人造纤维制成的布为基料，表面涂以树脂，并印刷上图案和色彩制成的，也可以用无纺成型法制成。它的色彩丰富绚丽、手感舒适、弹性良好，是一种室内常用的建筑装饰材料。

1. 玻璃纤维墙布

玻璃纤维墙布是以中碱玻璃纤维布为基料，表面涂以耐磨树脂，印上彩色图案而制成的。它色彩鲜艳、花色繁多、不退色、不老化、防火、耐潮，可用肥皂水洗刷，施工简单，粘贴方便，适用于宾馆、饭店、展览馆、会议室、餐厅和住宅等内墙装饰。

2. 纯棉装饰墙布

纯棉装饰墙布是以纯棉布经预处理、印花、涂层制作而成。该墙布强度大、静电小、蠕变性小、无光、吸声、无毒、无味、对施工和用户无害，属于健康型绿色产品，适用于宾馆、饭店、会议室、居室内墙面的装饰。可用于以砂浆墙面、混凝土墙面、白灰浆墙面、石膏、胶合板、纤维板和石棉水泥等板材为基层墙面的粘贴。

3. 无纺墙布

无纺墙布是采用棉、麻等天然纤维或涤、腈合成纤维，经过无纺成型、上树脂、印制彩色花纹而成的一种装饰材料。该墙布弹性好、不易折断、表面光洁而又有羊绒质感、色彩鲜艳、图案雅致、不退色、耐磨、耐晒、耐湿、强度高,具有吸声性和一定的透气性,可擦洗,适用于各种建筑物的室内墙面装饰。

12.2.4.3　地毯

地毯是一种高级装饰材料、有着悠久的历史,同时也是一直流行的重要的地面装饰材料。它不仅具有隔热、保温、吸声、吸尘、弹性好和脚感舒适等优良品质,而且具有典雅高贵、纹理精致和品味高尚等装饰特性。

地毯按供应方式的不同可以分为整幅整卷地毯、方块地毯、花式方块地毯和小块地毯等。按材质的不同,可以分为纯毛地毯、混纺地毯、合成纤维地毯、塑料地毯、橡胶地毯和植物纤维地毯等。按编制工艺不同可以分为手工编织地毯、簇绒地毯和无纺地毯等。

12.2.5　金属类装饰材料

金属材料是指一种或两种以上的金属元素或金属与某些非金属元素组成的合金材料的总称。金属材料以其优良的物理力学性能、特殊的装饰作用和质感,广泛应用于建筑装饰工程中。

12.2.5.1　铝合金装饰板材

1. 铝合金花纹板

铝合金花纹板是采用防锈铝合金坯料,用特殊的花纹辊轧而制成的。花纹美观大方,筋高适中,不易磨损,防滑性好,防腐蚀性能强,便于冲洗。其表面可以处理成各种美丽的色彩,广泛应用于现代建筑的墙面装饰以及楼梯踏板等处。

2. 铝合金波纹板

铝合金波纹板有很强的反光能力,防火、防潮、防腐,在大气中可以使用 20 年以上,主要用于建筑墙面、屋面装修。

3. 铝合金压型板

铝合金压型板质量轻,外观美,耐腐蚀,经久耐用,经表面处理可得各种优美的色彩,主要用于墙面和屋面。

4. 铝合金冲孔平板

铝合金冲孔平板是一种能降低噪音并兼有装饰作用的产品,孔型根据需要有圆孔、方孔、长圆孔、长方孔、三角孔和大小组合孔等。其可用于音响效果比较大的公共建筑的顶棚,以改善建筑室内的音质条件。

12.2.5.2　装饰用钢板

1. 不锈钢板

装饰用不锈钢板主要是厚度小于 4 mm 的薄板,用量最多的是厚度小于 2 mm 的板材,有平面钢板和凹凸钢板两类。主要用于内外墙面、幕墙、隔墙和屋面等部位。

2. 彩色不锈钢板

彩色不锈钢板是在不锈钢板上再进行技术和艺术加工,使其成为各种色彩绚丽的装饰板。该钢板具有良好的抗腐蚀性,耐磨、耐高温性能好,且其彩色面层经久不退色,增强了装饰效果。其主要用于建筑物的墙板、顶棚、电梯厢板和外墙饰面等。

3. 彩色涂层钢板

彩色涂层钢板将热轧钢板或镀锌钢板作为原板,在其上涂上有机涂层、无机涂层或复合涂层,以提高普通钢板的防腐蚀性能和装饰性能。该类钢板具有耐污染性强、装饰效果好、耐久性好及易加工和施工等优点,可用作外墙板、壁板和屋面板等。

4. 彩色压型钢板

彩色压型钢板是以镀锌钢板为基材、经成型轧制,并敷以各种耐腐蚀涂层与彩色烤漆而制成。其特点和用途同彩色涂层钢板。

12.2.6　建筑装饰材料的发展方向

随着地球能源危机的不断升级、环境保护概念的深入人心,以及人们对生活环境质量的要求越来越高,建筑装饰材料的绿色化成为其主要的发展方向之一。当前,世界各国的城市规划、建筑设计、建筑标准都强调以绿色建筑为宗旨的绿色环境,并把21世纪作为绿色建筑的时代,而绿色建筑则需要绿色建材、绿色装饰材料。

绿色建筑装饰材料具有特征以下几个。

(1)绿色建材生产所用原料尽可能少用天然资源,应大量使用尾矿、废渣、垃圾和废液等废弃物。

(2)采用低能耗制造工艺和不污染环境的生产技术。

(3)在配制或生产过程中不得使用甲醛、卤化物溶剂或芳香族碳氢化物,产品不得含有汞及其化合物,不得用铅、镉及其化合物作为颜料及添加剂。

(4)产品的设计是以改善生活环境、提高生活质量为宗旨,即产品不仅不损害人体健康,而且应有益于人体健康,产品具有多功能性,如抗菌、防霉、除臭、隔热、防火、调温、消声和消磁抗静电等。

(5)产品可循环或回收再利用,无污染环境的废弃物。

项目 12.3　绝 热 材 料

在建筑中,习惯上把用于控制室内热量外流的材料叫做保温材料;把防止室外热量进入室内的材料叫做隔热材料。保温、隔热材料统称为绝热材料。

绝热材料是建筑功能材料的一个重要种类,主要用于减少建筑物与外界环境之间的热量交换,它的利用,很大程度上影响了建筑物能源消耗的多少。在今天这个节能型社会中,有效地运用绝热材料,对于更好的实施节能减排和提高人们生活质量起着非常重要的作用。

12.3.1　材料的热学性质

不同的材料具有不同的绝热性能,其中,衡量一种建筑材料绝热性能优劣的指标是材料的导热性。材料的导热性是指材料本身用来传导热量的一种能力,用导热系数来表示。导热系数的物理意义为:在稳定传热条件下,当材料层单位厚度内的温差为1 ℃时,在1 h内通过1 m²表面积的热量。

材料的导热系数 λ 值越小,表示材料本身传导的热量越少,导热性能越差,相应的,该材料的绝热性能就越好,绝热性能与 λ 值成反比。影响材料导热性能的因素有很多,主要有以下几个。

12.3.1.1　材料的性质

不同材料,导热系数 λ 值是不一样的,依次是:金属最大,非金属次之,有机材料最小,液体较小,气体最小。

同一材料,导热系数 λ 值也是不同的,依次是:结晶结构最大,微晶体结构次之,玻璃体结构最小。因此,在实际操作中,为了使材料的导热系数降低,可以通过改变材料微观结构的方法来实现,如水淬矿渣,就是一种性能较好的绝热材料。

12.3.1.2　材料的表观密度与孔隙率

表观密度小的材料,孔隙率大,导热系数值小,即材料的导热系数值与孔隙率的大小成反比,由此,表观密度越小的材料绝热性能越好。

纤维状材料存在一个最佳表观密度,即在该密度时该材料导热系数最小,当松散纤维材料中的纤维之间被压实至某一极限时,导热系数值反而会变大,这是由于材料孔隙变大而导致很多孔隙之间相互连通加强了对流作用的结果。

12.3.1.3　材料的环境温度

材料的外界温度为 $0 \sim 50$ ℃范围内时,λ 值基本不变。当温度升高时,材料的 λ 值变大,这是材料的固体分子热运动增强的结果。

12.3.1.4　材料的含水量

绝热材料吸湿受潮后,含水量变大,导热系数值随着增大。因为受潮后的绝热材料孔隙中含有更多水分,外界温度降低,水分会结冰,[水的导热系数 $\lambda = 0.58$ W/(m·K)、空气的导热系数 $\lambda = 0.029$ W/(m·K)、冰的导热系数 $\lambda = 2.33$ W/(m·K)],而水的导热系数比空气大 20 倍左右,冰的导热系数则更大,材料的 λ 值越大,材料传递热量的能力越强,绝热性能就越差。因此,在运用绝热材料时必须注意材料的防水防潮。

12.3.1.5　材料的热流方向

对于一些各向异性材料,如木材类的纤维质材料,当热流平行于材料的纤维方向时,热流受到的阻力小,λ 值较大,这时材料的绝热性能就会稍微差一点,相反,当热流垂直于材料的纤维方向时,热流受到较小阻力,λ 值较小,这时材料的绝热性能就会稍微好一些。

为了提高材料的绝热性能,绝热材料除应具有较小的导热系数外,还应具有适宜的强度、抗冻性、耐热性、耐低温性、耐水性、防火性和耐腐蚀性等,有时还需具有较小的吸水性等。优良的绝热材料应具有很高的孔隙率,以封闭、细小孔隙为主,以吸湿性、吸水性都较小的有机、无机非金属材料为主,而多数无机绝热材料的强度都较低、吸湿性和吸水性都较高,使用时应予以注意。

另外,室内外之间的热交换除了通过材料的传导传热方式外,辐射传热也是一种重要的传热方式。所以,一些金属薄膜,如铝箔等,由于其具有很强的反射能力,可以起到隔绝辐射传热的作用,也是一类比较理想的绝热材料。

12.3.2　绝热材料的类型

按照材料的化学成分,绝热材料可以分为有机和无机两大类。按照材料的构造,绝热材料可以分为纤维状、松散颗粒状、多孔组织材料 3 大类。

12.3.2.1 无机绝热材料

1. 纤维状无机绝热材料

它主要是由连续的气相与无机纤维状固相组成。其特征主要表现为:不易燃烧、耐久性好、吸声、施工工艺简单和价格便宜等,被广泛应用于住宅建筑的表面。常见的种类有石棉、矿棉和玻璃棉等。

(1)矿棉及矿棉制品。

矿棉,主要包括岩石棉和矿渣棉,其堆积密度为 $45 \sim 150$ kg/m³,导热系数为 $0.049 \sim 0.044$ W/(m·K)。其中,岩棉是由天然岩石熔融后经喷吹制成的纤维材料,常见的天然岩石大多为白云石、花岗岩和玄武岩等;矿渣棉是将矿渣原料熔融后经喷吹制成的纤维材料,常见的矿渣棉主要有各种工业矿渣,比如铜矿渣等。将矿棉与有机胶结剂相结合可以制成各类矿棉板、毡和管壳等制品。

矿棉及其制品的主要特性为:轻质、不易燃烧、绝热、绝缘、吸声,制作成本低廉,原材料来源广泛,常被用作建筑物各处的保温材料,如墙体保温、屋面保温和地面保温等,一些热力管道的保温处理也常选此类材料。由于低堆积密度的矿棉内空气可发生对流而导热,因而,堆积密度低的矿棉导热系数反而略高,矿棉及其制品的最高使用温度约为 600 ℃。

常见的矿棉纤维品有矿棉带、矿棉板、矿棉毡、矿棉筒和矿棉管壳等,矿棉也可制成粒状棉用作填充材料,缺点是吸水性大、弹性小。

(2)石棉及其制品。

石棉的主要化学成分是含水硅酸镁,是一种比较常见的天然矿物纤维。建筑工程中常用的保温材料多为以石棉为主要原料加工生产的各种类型的保温隔热制品,如石棉涂料、石棉板、石棉毡和石棉粉等。

石棉及其制品的主要特性为:抗拉强度高、耐高温、耐酸碱、隔热隔音、防腐、防火和绝缘等,是一种优质的绝热材料,多用于热表面的绝热工程和防火覆盖等。

(3)玻璃棉及其制品。

玻璃棉主要是以玻璃原料或碎玻璃为主要原料,经过高温溶后制成的一种纤维状材料,是玻璃纤维的一种。

玻璃棉及其制品的主要特性为:无毒、不易燃、容重小、耐腐蚀、绝热、化学稳定性强、憎水性好,导热系数很小,具有很好的绝热性能,价格与矿棉制品相近,是目前公认的绝热性能优良的材料之一,被广泛应用于房屋建设中,起到保温作用,在一些温度相对较低的热力设备中也常采用玻璃棉制品。同时,玻璃棉还是很好的吸声材料。

常见的玻璃棉制品主要有沥青玻璃棉毡、板以及酚醛玻璃棉毡、板等。另外,还可以由玻璃棉生产出保温性能更为优良的超细棉制品。

2. 散粒状绝热材料

主要是由连续的气相与无机颗粒状固相组成,常见的材料有膨胀蛭石、膨胀珍珠岩等。

(1)膨胀蛭石及其制品。蛭石是一种主要含复杂的镁、铁和水铝硅酸盐的天然矿物,由云母类矿物风化而成,具有层状结构,因其在膨胀时像水蛭蠕动而得名蛭石,是一种有代表性的多孔轻质类无机绝热材料,具有隔热、耐冻、抗菌、防火、吸声和吸水性好等特性。在 $850 \sim 1\,000$ ℃高温下煅烧时,蛭石的体积会急剧膨胀 $8 \sim 15$ 倍,其中单个颗粒的体积能膨胀高达 30 倍，膨胀后的比重为 50 ~ 200 kg/m³，颜色变为金黄或银白色。蛭石的堆积密度为 80 ~ 200 kg/m³，导热系数为 0.046 ~ 0.07 W/(m·K)，其特性为：在 1 000 ~ 1 100 ℃ 下使用，防火、防虫蛀、防腐蚀、化学稳定性强、无毒无味、吸水性强，是一种良好的保温材料，多用于建筑中墙壁、楼板、屋面的夹层中，作为松散填充料，起到绝热、隔音的作用，但应注意防水防潮。

另外，膨胀蛭石也可与水泥、水玻璃、沥青和树脂等胶凝制品配合，制成板，用于建筑构件上的绝热处理以及冷库中的保温层。

（2）膨胀珍珠岩及其制品。膨胀珍珠岩是由天然珍珠岩烧制而成，珍珠岩是由一种地下喷出的熔岩冲到地表后急剧冷却而形成的呈酸性的火山玻璃质岩石，其煅烧膨胀后呈现出一种白色或灰白色的蜂窝状松散状态，即为膨胀珍珠岩。它的堆积密度为 40 ~ 300 kg/m³，导热系数为 0.047 ~ 0.070 W/(m·K)，耐热温度为 800 ℃，具有轻质、绝热、无毒、不易燃、耐腐和施工方便等特点，是一种高效的保温填充材料，广泛应用于建筑上的保温隔热处理，也可用作吸声材料。

膨胀珍珠岩制品是以膨胀珍珠岩为主料，加入适量的胶凝材料（水泥、水玻璃、沥青等），经拌和、成型、养护后制成的板、砖、管等产品。目前常见的产品有水泥膨胀珍珠岩制品、水玻璃膨胀珍珠岩制品和沥青膨胀珍珠岩制品等。

3. 多孔状绝热材料

它是由固相和孔隙良好的分散材料组成的，主要为泡沫类和发气类产品。常见的有泡沫玻璃、微孔硅酸钙制品、泡沫混凝土、加气混凝土和硅藻土。

（1）泡沫玻璃。泡沫玻璃是在碎玻璃中加入 1% ~ 2% 发泡剂（石灰石或碳化钙）、改性添加剂和发泡促进剂等，经过一系列加工工序制成的无机非金属玻璃材料，它是由大量直径为 0.1 ~ 5 mm 的封闭气泡结构组成的。其表观密度为 150 ~ 600 kg/m³，导热系数为 0.058 ~ 0.128 W/(m·K)，抗压强度为 0.8 ~ 15 MPa，最高使用温度为 300 ~ 400 ℃（无碱玻璃粉生产时，最高温度为 800 ~ 1 000 ℃）。

它的特性主要有：导热系数小、抗压强度高、防水防火、防蛀、防老化、绝缘、防磁波、防静电、无毒、耐腐蚀、抗冻性好、耐久性好、易于进行机械加工、与各类泥浆黏结性好、性能稳定，并且对水分、水蒸气和其他气体具有不渗透性，是较为高级的保温材料，还可以根据不同使用要求，通过变更生产技术参数来调整产品性能，以此来满足多种绝热需求。

泡沫玻璃作为绝热材料主要用于寒冷地区低层的建筑物墙体、地板、天花板及屋顶保温，也可用于各种需要隔声隔热的设备上，河渠、护栏等的防蛀防漏工程上，甚至还可以起到家庭清洁和保健功效，比传统的隔热材料性质优良。

（2）微孔硅酸钙制品。微孔硅酸钙制品是由粉状二氧化硅（硅藻土）、石灰等材料经配料、搅拌、成型、蒸压和干燥处理等工序制成。多用于围护结构及管道保温，效果比水泥膨胀珍珠岩和水泥膨胀蛭石好很多。

（3）泡沫混凝土。泡沫混凝土是由水泥、水、松香泡沫剂混合，经一系列加工处理而形成的，其特性为多孔、轻质、保温、吸声，表观密度为 300 ~ 500 kg/m³，导热系数为 0.082 ~ 0.186 W/(m·K)，也可以用煤粉灰、石灰、石膏和泡沫剂制成粉煤灰泡沫混凝土。

（4）加气混凝土。加气混凝土是组成材料主要有水泥、石灰、粉煤灰、发气剂（铝粉），是一种保温隔热性能良好的轻质材料，其表观密度小，导热系数小，24 cm 厚的加气混凝土墙体的隔热效果好于 37 cm 厚的砖墙。加气混凝土还具有良好的耐火性能。

（5）硅藻土。硅藻土是由水生硅藻类生物的残骸堆积而成，具有良好的绝热性能，多用作填充料。

12. 3. 2. 2　有机绝热材料

有机绝热材料是多以天然的植物材料或高分子材料为原料加工制成，保温效能较好，但存在不耐热、易变质，使用温度不能过高的缺点。常见的有机绝热材料有软木板、植物纤维类绝热板、硬质泡沫橡胶、窗用绝热薄膜、蜂窝板和泡沫塑料等。

1. 软木板

软木板是多以栓皮栎树、黄菠萝树皮为主要原料，经过破碎、拌和和成型等加工制成，其表观密度为 150 ~ 250 kg/m³，导热系数为 0.046 ~ 0.070 W/(m·K)。软木板的特性主要表现在：绝热性能好，防腐蚀，抗渗透，常用来粘贴热沥青的裂缝以及冷库的隔热处理。

2. 蜂窝板

蜂窝板又称蜂窝夹层结构，是在一层较厚的蜂窝状芯材两面贴上两块较薄的面板而形成的。其中的蜂窝状芯材主要是由一些牛皮纸（浸过合成树脂）、玻璃布和铝片等加工合成，呈现一种六角形蜂窝状，其厚度可以根据不同要求采用不同规格。

蜂窝板的特性主要表现在：强度大、绝热性能好、抗震性好。在制作过程中，要求必须采用合适的胶粘剂，保证面板与芯材粘贴牢固，只有这样，才能更好地发挥蜂窝板的优质特性。

3. 植物纤维类绝热板

植物纤维类绝热板的原料主要是稻草、木质纤维、麦秸和甘蔗渣等，其表观密度为 200 ~ 1 200 kg/m³，导热系数为 0.058 ~ 0.307 W/(m·K)，多用于建筑墙体、顶层和地面等处的保温处理，也可用于冷藏库的隔热处理。

4. 泡沫塑料

泡沫塑料是以多种合成树脂为基料，加入一定剂量的发泡剂、催化剂和稳定剂等多种辅助材料，经加热发泡而制成的一种轻质、绝热、吸声、保温、抗震的材料。因其表观密度小，隔热性好，加工使用方便，具有良好的保温效能，良好的隔音性能，该材料被广泛应用于建筑墙面的保温隔热处理及冷藏库设备、管道的保温隔热处理和防湿防潮处理。

目前，我国市场上生产的泡沫塑料主要有：聚苯乙烯泡沫塑料、聚氯乙烯泡沫塑料、聚氨酯泡沫塑料，其他还有脲醛泡沫塑料及其制品等，见表 12-31。该类材料主要适用于复合墙板、屋面板的夹心层及冷藏包装中的绝热需要。

表 12-31　常见泡沫塑料技术性能

材料名称	表观密度 (kg/m³)	导热系数 [W/(m·K)]	使用温度(℃)	备注
聚苯乙烯泡沫塑料	20 ~ 50	0.038 ~ 0.047	最高 70	—
聚氯乙烯泡沫塑料	17 ~ 75	0.031 ~ 0.045	最高 70	遇火自行熄灭
聚氨酯泡沫塑料	30 ~ 65	0.035 ~ 0.042	最高 120,最低 -60	—

5. 硬质泡沫橡胶

硬质泡沫橡胶是用化学发泡法制成的一种热塑性材料，其表观密度在 0.064 ~

0. 120 kg/m³,表观密度越小,保温性能越好,但强度越低。

硬质泡沫橡胶特点是导热系数小、强度大;抗碱盐的侵蚀能力较强,但强的无机酸及有机酸对它有侵蚀作用;不溶于醇等弱溶剂,但易被某些强有机溶剂软化溶解;耐热性不好,在 65 ℃左右开始软化;有良好的低温性能,低温下强度较高且有较好的体积稳定性,多应用于冷库的绝热处理。

6. 窗用绝热薄膜(新型防热片)

其主要用于建筑物窗户部分的绝热处理,厚度多为 12 ~ 50 μm,功能是将透过玻璃的大部分阳光反射出去,遮挡阳光,减少紫外线的穿透率,减轻紫外线对室内物品的伤害,有效防止室内物品的褪色等,同时,也可以降低冬季能量的损失,减轻室内温度的变化程度,起到节约能源,增加美感的作用。

12.3.3　常用绝热材料

常用绝热材料的技术性能表见表 12-32。

表 12-32　常用绝热材料的技术性能与用途

材料名称	表观密度 (kg/m³)	导热系数 [W/(m·K)]	最高使用温度 (℃)	用途
沥青玻纤制品	100 ~ 150	0.041	250 ~ 300	墙体、屋面、冷库等
超细玻璃棉毡	30 ~ 80	0.035	300 ~ 400	墙体、屋面、冷库等
矿渣棉纤维	110 ~ 130	0.044	≤600	填充材料
岩棉纤维	80 ~ 150	0.044	250 ~ 600	墙体、屋面、热力管道的填充材料
岩棉制品	80 ~ 160	0.04 ~ 0.052	≤600	
膨胀珍珠岩	40 ~ 300	0.02 ~ 0.17	≤800	高效能保温保冷填充材料
水泥膨胀珍珠岩	300 ~ 400	0.05 ~ 0.12	≤600	保温隔热材料
膨胀蛭石	80 ~ 900	0.046 ~ 0.070	1 000 ~ 1 100	填充材料
水泥膨胀蛭石	300 ~ 550	0.076 ~ 0.105	≤600	保温隔热材料
泡沫玻璃	150 ~ 600	0.058 ~ 0.128	300 ~ 400	墙体、冷库绝热
泡沫混凝土	300 ~ 500	0.081 ~ 0.19	—	围护隔热
加气混凝土	400 ~ 700	0.093 ~ 0.16	—	围护隔热
木丝板	300 ~ 600	0.11 ~ 0.26	—	顶棚、隔墙绝热
软质纤维板	150 ~ 400	0.047 ~ 0.093	—	顶棚、隔墙绝热,表面光洁
软木板	105 ~ 437	0.044 ~ 0.079	≤130	防腐、不易燃烧
聚苯乙烯泡沫塑料	20 ~ 50	0.031 ~ 0.047	70	屋体墙面保温
聚氨酯泡沫塑料	30 ~ 40	0.022 ~ 0.055	− 60 ~ 120	屋体墙面保温、冷库隔热
聚氯乙烯泡沫塑料	12 ~ 72	0.022 ~ 0.035	− 196 ~ 70	屋体墙面保温、冷库隔热

项目 12.4 吸声隔声材料

声学材料和结构对声音的作用可分为吸声和隔声。所有建筑材料都具有这两种作用，只不过程度不同而已。人们把吸声作用比较强的材料定义为吸声材料，把吸声比较强的结构定义为吸声结构，把隔声比较强的材料定义为隔声材料。在工程中，尤其是室内项目，常常采用的建筑材料同时具有这两种功能，比如带吸声小孔的天花板。一般吸声性能好的材料，隔声性能就差一些，而隔声性能好的材料，吸声效果就不好。

对建筑声学研究主要有两个目的：其一是给各种听音场所或露天场地提供产生、传播和收听所需要的声音的最佳条件，称为室内声学或空间学；其二是降低噪声，排除不需要的声音，称为噪声控制。建筑声学研究的主要手段就是通过结构的合理设计以及对声学材料的合理利用，最终达到减噪降噪目的。

12.4.1 材料的吸声性

当声波在声场内传播，并入射到反射面（材料或结构表面）时，有部分声能被反射，另一部分声能被吸收，导致了反射后的声能降低，起到降噪的作用，这种对空气传递的声波有较大程度吸收的材料和结构，称为吸声材料和吸声结构。

12.4.1.1 吸声系数

声波在传播过程中遇到壁面或其他障碍物时，一部分声能被反射回原声场，一部分声能将穿透材料透射到另一侧，其余部分则被壁面或障碍物吸收转化成了其他能量（一般为热能）而消耗。材料或结构的这种吸声降噪的能力常用吸声系数来表征，其大小等于被材料吸收和透射过去的声能之和与入射到材料或结构上的总声能之比。即

$$\alpha = 1 - \gamma \tag{12-1}$$

吸声系数是表征材料或结构性能的物理量，不同材料或结构的吸声性能不同。当 $\alpha = 0$ 时，表示材料 100% 地将声能反射回原声场，材料不吸声；当 $\alpha = 1$ 时，表示材料 100% 地吸收声能，没有声能被反射回原声场。由此可见，一般材料的吸声系数都在 0~1。吸声系数越大表示材料或结构的吸声能力越强。材料的吸声系数与下列因素有关：与材料的性质有关；与材料的厚度、材料的表面条件有关；与声波的入射角度和频率有关。

对于同一种材料或结构来讲，不同频率和入射角度，其吸声系数是不一样的。在工程中，通常采用 125 Hz、250 Hz、500 Hz、1 000 Hz、2 000 Hz、4 000 Hz 6 个频率吸声系数的算术平均值（取 0.05 的整数倍）表示某一材料或结构的吸声特性，称为"降噪系数（NRC）"。当材料或结构的 NRC > 0.2 时，称为吸声材料或结构。当 NRC > 0.5 时，称其为理想的吸声材料或结构。普通的砖墙、混凝土等硬质光滑的建筑材料，其平均吸声系数在 0.08 以下，不能作为吸声材料使用。

12.4.1.2 吸声量

吸声系数反映了吸收声能所占入射声能的百分比，它可用来比较在相同尺寸下不同材料和不同吸声结构的吸声能量，却不能反映不同尺寸材料和结构的实际吸声效果，吸声量就是用来表征吸声材料和吸声结构的实际吸声效果的物理量。其大小为吸声系数与吸声面积

的乘积,即:

$$A = \alpha S \tag{12-2}$$

式中:A——某吸声材料的吸声量;

　　　α——某吸声材料的吸声系数;

　　　S——此吸声材料的面积,m^2。

若室内各壁面的材料不同,第 i 壁面在某频率下的吸声量为 A_i,则整个房间的吸声量为:

$$A = \sum_{i=1}^{n} \alpha_i S_i \tag{12-3}$$

式中:α_i——第 i 种材料在某频率下的吸声系数;

　　　S_i——第 i 种材料组成壁面的面积,m^2。

12.4.2　吸声材料

吸声材料主要应用于建筑物的墙面、地面和天棚等部位。根据外观、构造特性把吸声材料分为多孔材料(岩棉、玻璃棉、毛毡)、板状材料(胶合板、石棉水泥)、穿孔板结构(穿孔的胶合板)、吸声天花板(岩棉吸声板)、膜状材料(帆布、塑料薄膜)、柔性材料(海绵)。

根据材料的性质,可以把吸声材料划分为无机材料、有机材料和纤维材料。

从声学角度看,按照材料的吸声机理可以将吸声材料分为:多孔性吸声材料、共振吸声结构和其他吸声结构。各类吸声材料的吸声性能都和声音频率有关。

12.4.2.1　多孔吸声材料

这种材料有许多内外连通的微小间隙和连续气泡,具有良好的通气性。当声波入射到多孔材料时顺着微孔进入材料内部,首先引起小孔或间隙的空气振动,小孔中心的空气质点可以自由地响应声波的压缩和稀疏,但紧靠孔壁或纤维表面的空气质点因受孔壁的影响不易振动,由于摩擦和空气的这种黏滞性会使一部分声能变成热能。此外,小孔中的空气和孔壁同纤维之间的热传导,也会引起热损失。这两方面原因促使声能衰减。因此只有孔洞对外开口,孔之间互相连通,且孔洞深入材料内部,才能有效地吸收声能,这点与某些保温材料的要求是不同的。因此,让声波容易进入微孔是多孔吸声材料的先决条件,如果微孔被灰尘污垢或油漆等封闭,其吸声性能将受到不利影响。

影响多孔材料吸声性能的主要有以下几个参数。

(1)流阻,它是在稳定的气流状态下,材料两面的压力差与气流通过该材料的线速度的比值,反映了当空气通过多孔材料时的阻力大小;对任何一种吸声材料,都应有一个合理的流阻值,过高、过低的流阻值都无法使材料获得良好的吸声性能。

(2)孔隙率,它由穿透材料内部自由空间孔隙的体积与材料总体积的比值来确定,良好的吸声材料的孔隙率一般在 70% 以上,多数达 90%,同时孔隙分布均匀,孔隙之间相互连通。

(3)结构因子,它是反映材料内部微观结构的一个无量纲物理量,它与材料的内外部形状、孔隙率以及材料的自身特性有关。材料结构的改变将导致这些参数的变化,从而改变材料的吸声特性。

多孔材料的吸声频谱,在材料比较薄(一般厚度为 $2 \sim 3$ cm)的情况下,低频吸收较差。随着频率的增高,吸声系数增大,中、高频吸收比较好。材料加厚可增加吸声系数,低频吸声系数增加更多。吸声系数的增加量与材料的流阻大小有关。多孔材料背后设置空气层,与该空气层用同样材料填满的效果近似,工程上常用这个特点来节省材料。

多孔材料过去以棉、麻等有机纤维材料为主,现在大多采用玻璃棉、矿渣棉等无机松散材料。这些松散材料正逐步成为定型的吸声制品,如矿棉吸声板、玻璃棉板和玻璃棉毡等。如在这些材料表面上加一层塑料薄膜,则应不影响透声性。由无机颗粒材料制成的多孔砌块,如矿渣吸声砖、陶土吸声砖和珍珠岩制品等,也可用于吸收管道噪声。此外,有通气性能的聚氨酯泡沫塑料、海绵、木丝板和木纤维板等,也属于多孔材料。

12.4.2.2 共振吸声结构

当入射声波的频率和该系统的共振频率一致时,就发生共振,这时吸声系数在共振频率处最大。此时引起的声能消耗也最大。利用共振原理设计的吸声结构通常有 3 种:空腔共振吸声结构、薄板或薄膜共振吸声结构和微穿孔板吸声结构。

1. 空腔共振吸声结构

空腔共振吸声结构是常见的一种吸声结构。各种穿孔板、狭缝板背后设置空气层形成的吸声结构,都属于空腔共振吸声结构。最简单的空腔共振吸声结构是亥姆霍兹共振器。它是一个封闭空腔通过一个开口与外部空间相联系的结构。亥姆霍兹共振器取材方便,比如穿孔的石棉水泥板、石膏板、硬脂纤维板和胶合板等,使用这些材料和一定的构造做法,很容易实现根据要求设计出所需的吸声特性,同时这些材料也是装饰常用的材料,因此应用广泛,但因较窄的吸收频带和较低的共振频率导致了此共振器在工程中单独使用比较少。

它的吸声频率范围很窄,只能作为吸收共振频率邻近的频带为主的吸声构造。共振频率 f 取决于薄板的尺寸、重量、弹性系数和板后空气层的厚度,并且和框架构造及薄板安装方法有关。

2. 薄板或薄膜共振吸声结构

把胶合板、硬质纤维板、石膏板或金属板等薄板材料的周围固定在框架上,连同板后的封闭空气层,可共同构成薄板共振吸声结构,其共振频率为 $80 \sim 300$ Hz,吸声系数在 $0.2 \sim 0.5$。皮革、人造革和塑料薄膜等材料具有不透气、柔软、受张拉时有弹性等特点,这些材料与背后的空气层形成共振系统,其共振频率与膜的单位面积质量、空气层的厚度、空气密度有关,其共振频率在 $200 \sim 1\,000$ Hz,吸声系数在 $0.3 \sim 0.4$。

3. 微穿孔板吸声结构

在板厚小于 1 mm 的金属板上钻孔径为 $0.8 \sim 1$ mm 的微孔与其背后的空腔一起构成微穿孔吸声结构。它比普通吸声结构的吸声系数高,吸声频带宽,同时适合在高温、高速气流和潮湿等恶劣环境中使用。

12.4.2.3 工程中常用的吸声材料

1. 矿棉装饰吸声板

矿棉装饰吸声板是以矿渣棉、岩棉或玻璃棉为基料,加入适量的胶黏剂、防潮剂、防腐剂后,经过加压和烘干制成的板状材料。该吸声板质轻、不燃、保温、施工方便和吸声效果好,多用于吊顶及墙面。

2. 膨胀珍珠岩装饰吸声材料

膨胀珍珠岩吸声制品是以膨胀珍珠岩为集料配合适量的胶黏剂,并加入其他辅料制成的板块材料。按所用的胶黏剂及辅料不同,可分为水玻璃珍珠岩板、石膏珍珠岩板、水泥珍珠岩板、沥青珍珠岩板和磷酸盐珍珠岩板等。膨胀珍珠岩板具有质轻、不燃、吸声、施工方便等优点,多用于墙面或顶棚装饰与吸声工程。

膨胀珍珠岩吸声砖是以适当粒径的膨胀珍珠岩为集料,加入胶黏剂,按一定配比,经搅拌、成型、干燥、烧结或养护而成。该砖材吸声、隔热、可锯可钉,施工方便,常用于墙面或顶棚的装饰与吸声工程。

3. 泡沫塑料

泡沫塑料有聚苯乙烯泡沫塑料、聚氯乙烯泡沫塑料、聚氨酯泡沫塑料和脲醛泡沫塑料、等多种。泡沫塑料的孔型以封闭为主,所以吸声性能不够稳定,软质泡沫塑料具有一定程度的弹性,可导致声波衰减,常作为柔性吸声材料。

4. 钙塑泡沫装饰吸声板

钙塑泡沫装饰吸声板是以聚乙烯树脂和无机填料,经混炼模压、发泡、成型制成的。该板一般规格为 500 mm × 500 mm × 6 mm,有多种颜色,可制成凹凸图案、打孔图案。钙塑泡沫装饰吸声板质轻、耐水、吸声、隔热、施工方便,常用于吊顶和内墙面。

5. 穿孔板和吸声薄板

将铝合金或不锈钢板穿孔加工制成金属穿孔吸声装饰板。由于其强度高,可制得较大穿孔率的微孔板背衬多孔材料使用。金属穿孔吸声装饰板主要有饰面作用。吸声薄板有胶合板、石膏板、石棉水泥板和硬质纤维板等。通常是将它们的四周固定在龙骨上,背后由适当的空气层形成的空腔组成共振吸声结构。若在其空腔内填入多孔材料,可在很宽的频率范围内提高吸声系数。

6. 槽木吸声板

槽木吸声板是一种在密度板的正面开槽、背面穿孔的狭缝共振吸声材料。其由心材、饰面、吸声薄毡组成,具有出色的降噪吸声性能,对中、高频吸声效果效果尤佳。常用于歌剧院、影院、录音室、录音棚、播音室、电视台、会议室、演播厅和高级别墅等对声学要求的场所。

7. 铝纤维吸声板

铝纤维吸声板具有质轻、厚度小、强度高、弯折不易破裂、能经受气流和水流的冲刷、耐水、耐热、耐冻、耐腐蚀和耐候性能优异的特点,是露天环境使用的理想吸声材料。其加工性能良好,可制成多种形状的吸声体。铝纤维吸声板材质系全纯铝金属制造,不含黏结剂,是一种可循环利用的吸声材料,对电磁波也具有良好的屏蔽作用。

8. 木丝吸声板

木丝吸声板是以白杨木纤维为原料,结合独特的无机硬水泥黏合剂,采用连续操作工艺,在高温、高压条件下制成的。其抗菌防潮、结构结实,富有弹性,抗冲击,节能保温。导热系数低至 0.07,具有很强的隔热保温性能,经济耐用,使用寿命长。

12. 4. 3 隔声材料

能减弱或隔断声波传递的材料称为隔声材料。必须指出:吸声性能好的材料不能简单地就把它们作为隔声材料使用。

声音按传播途径可分为空气声和固体声。空气声是指声音只通过空气的振动而传播，如说话、唱歌和拉小提琴等都产生空气声；固体声（振动声）是指某种声源不仅通过空气辐射其声能，而且同时引起建筑结构某一部分发生振动，例如大提琴、脚步声、电动机和风扇等产生的噪声为典型的固体声。对于隔空气声，根据声学中的"质量定律"，墙或板传声的大小主要取决于其单位面积质量，质量越大，越不易振动，则隔声效果越好，故必须选用密实、沉重的材料如混凝土、黏土砖、钢板和钢筋混凝土等作为隔声材料。对于隔固体声，最有效的措施是采用不连续的结构处理，即在墙壁和承重梁之间、房屋的框架和隔墙及楼板之间加弹性衬垫，如毛毡、软木和橡皮等材料，或在楼板上加弹性地毯。

12.4.3.1　空气声隔绝

匀质单层板的隔声性能遵守质量定律，材料不变，厚度增加一倍，从而质量增加一倍，隔声量只能增加 6 dB。显然靠加大厚度来提高隔声量是不经济的，如果把单层墙一分为二，作成双层墙，之间留有空气层，其隔声量要超过 6 dB。因此双层墙结构具有更大的优越性。双层墙可以提高隔声效果主要是因为中间的空气层，当空间中的声波投射到前板上，一部分声能被反射，一部分声能被消耗，一部分透射到中间的空气层；投射进来的声能经空气衰减后入射到后墙上，同样是一部分被反射回中间空气层，一部分被后墙消耗，一部分透射出后墙。在这个过程中，声波经过了两次反射和消耗，声能消耗比较大，因此，隔声效果较明显。

现在很多门窗都采用了双层结构来保持温度和降低噪声，原因是其间的空气层得到了较大的隔声附加值，形成了门斗，在门斗内的空间表面做吸声处理，产生更高的隔声效果，称为门闸。为了防止双层材料出现吻合谷（当频率达到吻合效应频率后出现隔声量的一个低谷），工程上常采用不同厚度的双层材料制作门窗。

12.4.3.2　固体声隔绝

建筑空间围蔽结构（一般指楼板）在受到外界撞击而产生出撞击声，声音通过房屋结构的刚性连接而传播，最后振动的结构以辐射的形式向空气中释放声能，并传给接受者。这就是固体声影响收听者的过程。通过这个过程可以提出隔绝固体声音的 3 种措施。

（1）从源头减少，即使震动源撞击结构引起的振动减弱，这可以通过减振措施而完成，例如在楼板表面铺设弹性面层。

（2）从固体传播途径上来降低声能，这可以通过在楼板面层和承重结构之间设置弹性垫层来达到目的。

（3）在气体传播途径上来降低声能，工程上采用隔声吊顶来完成，吊顶必须是封闭的，其隔声可以按质量定律来估算。

12.4.4　选用原则和施工注意事项

12.4.4.1　吸声、隔声材料的恒用原则

建筑体的功能存在着千差万别，所以对声学材料的要求也是不一样的。如电影院、音乐厅、演讲厅除考虑材料对声音的影响外，还考虑材料对厅内给点的音质和音量的影响，还要考虑材料的内装修功能以及成本、使用年限等问题。一般情况下选择吸声、隔声材料的基本要求有以下几个。

（1）选择气孔是开放的且气孔互相连通的材料（开放连通的气孔，吸声性能好）。

（2）吸声材料强度低，设置部位要免受碰撞。

（3）尽量选择吸声系数大的材料。

（4）房间各部件与吸声内装修的协调性。

（5）注意吸声材料与隔声材料的区别。

12.4.4.2　施工注意事项

在进行声学装修时，由于对吸声材料的吸声机理了解不够，所以经常出现一些设计、施工的误区。

（1）误认为表面凹凸不平就有吸声功能。在一些早期的厅堂中经常在墙面采用水泥拉毛的装修方式，认为这种表面凹凸不平的构造对声音有吸收的作用。吸声主要有两种方式，即多孔吸声和共振吸声，多孔吸声需要材料内部有连通的孔，共振吸声需要有空腔，而类似于水泥拉毛的构造既没有内部连通的孔也没有空腔，所以基本上对声音没有吸收作用。

（2）误认为只要是软包就有良好的吸声性能。多孔吸声材料的吸声性能与材料的厚度有着密切的关系，如果材料太薄，则不能起到有效的吸声作用。一般情况如果要达到较为理想的吸声效果，吸声材料的厚度至少要大于 10 mm，否则不能作为吸声构造使用。

（3）误以为只要放置了吸声材料就能有吸声效果。在一些装修构造中将多孔吸声材料放置在夹板或石膏板等板材的后面，这种情况吸声材料是起不到吸声作用的。因为多孔性材料吸声的首要条件是声波能进入到材料的内部，而这种构造使声音被挡在吸声材料前面的板材反射回去，无法进入到材料的内部，所以不能起到吸声作用。如果前面的板材比较薄，板后的空腔比较大，可以作为薄板吸声结构。这时，如果在空腔内填充一些多孔吸声材料，可以增加结构吸声频带的宽度，但这时多孔性吸声材料只能起到辅助吸声的作用，不是主作用，其吸声效果也不能与吸声材料暴露在声场中的情况相比。

（4）在施工中破坏多孔材料表面或饰面材料的透声性。如前所述，保证多孔材料吸声性能的首要条件是保证材料表面具有良好的透声性能。但在一些装修工程中，往往会采取一些不恰当的施工措施，破坏了材料原有的吸声效果，常见的有为了美化，将板的表面刷涂一层油漆或涂料，这样板面的空洞被封死，使声波无法进入到吸声材料的内部，严重地影响了材料的吸声性能。或者安装好后再在金属网或穿孔板表面刮腻子刷漆，或喷刷涂料。这些做法都会破坏饰面材料的透声性能，使得声波无法接触到吸声材料，从而破坏了构造的吸声性能。

（5）误认为穿孔板都有良好的低频吸声性能。穿孔板组合共振吸声构造必须有两个必要的条件，一是面板必须有一定的穿孔率，二是板后必须有一定厚度的空腔，二者缺一不可。有些工程中将穿孔板实贴在墙面或其他材料上，板后没有空腔，这种情况是起不到低频共振吸声作用的。还有的工程使用半穿孔板，使声波无法通过空洞进入空腔内，同样也起不到共振吸声的作用。另外，用于以吸收低频为主的穿孔板组合吸声构造的穿孔板的穿孔率不能太大，一般不宜大于 8%，穿孔率较大的穿孔板一般作为透声的饰面材料使用，其低频共振吸声的作用较弱。

项目 12.5　透 光 材 料

透光材料是对光具有透射或反射作用的,用于建筑采光、照明和饰面的材料。建筑光学材料的主要作用是控制和调整发光强度,调节室内照度、空间亮度和光、色的分布,控制眩光,改善视觉工作条件,创造良好的光环境。古代的建筑光学材料大多是天然的,如牛角片、大理石等,后来发展使用丝绸、纸张和玻璃制品。玻璃是一种非晶态的固体,内部没有结晶体,不妨碍光的通过,而且对光很少散射和吸收,因此它是一种高度透明的物质,具有其他材料不可比拟的优良的光学性能,是各种材料中唯一能利用透光性来控制和隔断空间的材料,广泛应用于建筑的采光和装饰部位,因此建筑光学材料的主要品种是玻璃。

玻璃在建筑中的应用,大约有 2 000 N 历史,初期为不透明的彩色玻璃,主要用于宫殿、府邸和教堂建筑。20 世纪中叶,有机玻璃、聚氯乙烯和玻璃钢等在建筑中应用日益广泛。随着玻璃生产技术的发展,新的玻璃品种的出现以及人们对建筑物要求的不断提高,具备采光、遮阳、保温、隔声、装饰、节能的多功能型,具备自洁净、杀菌、净化环境和光电转化等生态环境型,具备自诊断、自适应、自修补等智能机敏型的建筑玻璃将得到越来越广泛的应用,极大地增强建筑的功能,改善人们的居住环境,适应环保、绿色、节能的要求。

12.5.1　光学材料的性质

玻璃作为一种现代建筑装饰材料,具有其他装饰材料所不具有的一些特性:透明、控制光线、反射、多彩、有光泽,因此被大量地用作屋面、幕墙、顶棚和墙面等材料。

玻璃是以石英砂、纯碱、长石和石灰石等为主要原料,经高温熔融、成型、冷却固化而成的非结晶无机材料。氧化物玻璃又分为硅酸盐玻璃、硼酸盐玻璃和磷酸盐玻璃等。硅酸盐玻璃指基本成分为 SiO_2 的玻璃,其品种多,用途广。

12.5.1.1　密度

玻璃的密度主要取决于构成玻璃的原子质量,也与原子堆积紧密程度和配位数有关。具体来讲,影响玻璃密度的主要因素有玻璃的化学组成、温度、热历史。

玻璃的密度与化学组成关系密切。在各种玻璃制品中,密度的差别是很大的。石英玻璃的密度最小,为 2.2 g/cm^3,含大量氧化铅的重火石玻璃可达 6.5 g/cm^3,某些防辐射玻璃的密度高达 8 g/cm^3,普通钠钙硅玻璃的密度为 $2.5 \sim 2.6 \text{ g/cm}^3$。

玻璃的密度随温度升高而下降。一般工业玻璃,当温度由 20 ℃ 升高到 1 300 ℃ 时,密度大下降6% ~12%,在弹性变形范围内,密度的下降与玻璃的热膨胀系数有关。

玻璃的热历史指玻璃从高温冷却,$T_g \sim T_f$ 区域时的经历,包括在该区域停留时间和冷却速度等具体情况在内。通常,冷却速度越快,玻璃的密度越小。

12.5.1.2　光学性质

玻璃的光学参数有反射系数、吸收系数和透光系数等。入射到材料上的光通量,一部分被反射,一部分被吸收后变为热能,一部分透过。这三部分光通量与入射光通量之比,分别称为反射系数、吸收系数、透光系数。入射角越大,反射系数越大,透光系数越小。当反射系数、吸收系数、透光系数用百分数表示时,分别称反射率(R)、吸收率(A)和透光率(T),即

$R\% + A\% + T\% = 100\%$。

通过调整玻璃的化学组成、着色、光照、热处理、光化学反应以及涂膜等物理化学方法使之具有对光的反射、吸收、透过、变色和防辐射等一系列重要的光学性能。

（1）反射率。从玻璃表面反射的光强度与入射光强度之比称为反射率。它决定于玻璃表面光滑程度、光的入射角、玻璃折射率和入射光的频率等。

（2）散射。光偏离主要传播方向的现象称为散射。散射是由于透明介质中含有折射率与介质不同的微粒而产生的。因为折射率与密度成正比，所以散射现象也是由于介质中密度的均匀性受到破坏而引起的。

（3）吸收和通过。玻璃吸收的光强度和入射光强度之比称为吸收率。透过玻璃的光强度和入射光强度之比称为透过率。一般无色玻璃，在可见光区几乎没有吸收，在着色玻璃中，光的吸收表现为选择性吸收。选择性吸收主要是由着色剂引起的。

（4）玻璃的颜色。物质的颜色是物质对光选择性反射（或透过）的结果。当物体反射出某种波长的光，人眼所能看到的就是被反射出的该种颜色。如果物体吸收白光中的全部波长的光，则呈现黑色；若全部反射，则呈现白色；如对所有波长的光都有一定的吸收且吸收程度相差不多，则呈现灰色，当白光投射于透明物体且全部透过时，呈现无色，若一部分透过，一部分吸收，则呈现透过部分光的颜色。

一般氧化物玻璃如硅酸盐玻璃、硼酸盐玻璃在可见光区都没有光吸收，因此玻璃也没有颜色。欲使玻璃显示颜色，则需向玻璃中加入着色剂。由于着色剂的种类不同，玻璃对不同波长的光的吸收和反射也不同，从而，玻璃显示出不同的颜色。

12.5.1.3　力学性质

（1）机械强度。玻璃的机械强度是指在受力过程中，从开始受载到断裂为止所能达到的最大应力值。玻璃的机械强度一般用抗压强度、抗折强度、抗张强度和抗冲击强度等指标表示。玻璃的机械强度的特点是抗压强度和硬度均较高，但抗张强度和抗折强度不高，并且脆性大。玻璃的机械强度与化学组成、玻璃中的缺陷、玻璃的应力、使用时的温度都有关。为了提高玻璃的机械强度可采用退火、钢化、表面处理与涂层、微晶化、与其他材料制成复合材料等方法。

（2）硬度。硬度是材料抵抗其他物体刻画或压入其表面的能力。玻璃的硬度取决于化学成分，石英玻璃和含有 $10\% \sim 20\% \, B_2O_3$ 的硼硅酸盐玻璃硬度最大，含铅的或含碱性氧化物的玻璃硬度较小。

（3）脆性。玻璃的脆性是指在外力作用下无显著塑性变形就破坏的性质。玻璃为一种典型的脆性物质。玻璃的脆性通常用它破坏时所受到的冲击强度来表示。

12.5.1.4　热学性能

玻璃的热学性能是玻璃的主要物化性质之一，包括热膨胀系数、导热性、热稳定性。

（1）热膨胀系数。玻璃的热膨胀系数用线膨胀系数和体膨胀系数表示。测定线膨胀系数比体膨胀系数简便，因此在讨论热膨胀系数时，通常都是采用线膨胀系数。当玻璃被加热时，温度从 t_1 升到 t_2，玻璃试样的长度从 L_1 变到 L_2，则玻璃的线膨胀系数 α 可用下式表示：

$$\alpha = (L_2 - L_1) / [(t_2 - t_1) L_1] = \Delta L / (\Delta t \times L_1) \tag{12-4}$$

玻璃的热膨胀系数与玻璃的化学组成、温度和热历史等因素有关。

（2）导热性。物质靠质点的振动把能量从高温处传递至低温处的能力称为导热性。玻璃的导热性用传热系数 λ 表示。其单位是 W/(m·K)。传热系数表示了物质传热的难易程度,它的倒数称为热阻。玻璃是热的不良导体,其传热系数较低。玻璃的传热系数与玻璃的成分、温度、颜色等有关。一般,玻璃的温度越高,传热系数越大,颜色越深,传热系数越大。

（3）热稳定性。玻璃经受剧烈的温度变化而不破坏的性能称为玻璃的热稳定性。玻璃的热稳定性主要决定于玻璃的线膨胀系数和玻璃的厚度。玻璃的线膨胀系数越大,厚度越厚,热稳定性越差。

项目 12.6　建　筑　塑　料

12.6.1　塑料的组成

塑料是由作为主要成分的合成树脂和根据需要加入的各种添加剂(助剂)组成的。也有不加任何添加剂的塑料,如有机玻璃和聚乙烯等。

12.6.1.1　合成树脂

合成树脂是用人工合成的高分子聚合物,简称树脂。塑料的名称也按其所含树脂的名称来命名。聚合物是由一种或多种有机小分子链聚合而成大分子量的化合物,分子量都在一万以上,有的甚至可高达数百万。

合成树脂是塑料组成材料中的基本组成,在一般塑料中占 30% ~ 60% ,有的甚至更多。树脂在塑料中主要起胶结作用,它不仅能自身胶结,还能将其他材料牢固的胶结在一起。因合成树脂种类、性质、用量不同,塑料的物理力学性质也就不同,所以塑料的主要性质决定于所采用的合成树脂。

合成树脂主要是由碳、氢和少量的氧、硫等原子以某种化学键结合而成的有机化合物。按分子中的碳原子之间结合形式的不同,合成树脂分子结构的几何形状有线型、支链型和体型(也称网状型)3 种。

按受热时发生的变化不同,合成树脂分为热塑性树脂和热固性树脂两种。

热塑性树脂具有受热软化、冷却时硬化的性能。这一过程可以反复进行,对其性能和外观没有什么影响。热塑性树脂的分子结构都属线型或支链型,它包含全部聚合树脂和部分缩合树脂。其优点是加工成型简便,有较高的机械性能。缺点是耐热性、刚性较差,如 PVC 树脂、PE 树脂就是典型的热塑性树脂。

12.6.1.2　添加剂

添加剂是为了改善塑料的某些性能,以适应塑料使用或加工时的特殊要求而加入的辅助材料,常用的添加剂有:填充料、增塑剂、固化剂、着色剂、润滑剂和稳定剂等。

1.填充料

填充料又称填充剂,是塑料中不可缺少的原料,在塑料中的含量为 40% ~ 70% 。填充料的主要作用是调节塑料的物理化学性能,同时节约树脂,降低塑料的成本。如加入玻璃纤维填充料可提高塑料的机械强度;加入石棉填充料可增加塑料的耐热性;加入云母填充料可增加塑料的电绝缘性等。常用的无机填充料有滑石粉、硅藻土、云母、石灰石粉和玻璃纤维等;有机填充料有木粉、纸屑等。

2. 增塑剂

增塑剂的主要作用时为了提高塑料加工时的可塑性,使其在较低的温度和压力下成型,改善塑料的强度、韧性和柔顺性等机械性能。增塑剂通常是沸点高、难挥发的液体,或是低熔点的固体。其缺点是会降低塑料制品的机械性能和耐热性等。常用的增塑剂有邻苯二甲酸二丁酯、邻苯二甲酸二辛酯、磷酸三甲酚脂和樟脑等。

3. 固化剂

固化剂是调节塑料固化速度,使树脂硬化的物质。通过选择固化剂的种类和掺量,可取得所需要的固化速度和效果。常用的固化剂有胺类、酸酐和过氧化物等。

4. 着色剂

加入着色剂的目的是将塑料染制成所需要的颜色。着色剂还应具有分散性好、附着力强,不与塑料成分发生化学反应,不退色等特性。常采用有机染料、无机染料或颜料等。

5. 润滑剂

塑料加工时,为了便于脱模和使制品表面光洁,需加润滑剂。

6. 稳定剂

塑料在成型加工和使用中,因受热、光或氧的作用,会出现降解、氧化断链、交联等现象,造成颜色变深、性能降低。加入稳定剂可以使塑料长期保持工作性质,防止塑料的老化,延长塑料制品的使用寿命。常用的稳定剂有抗老化剂、热稳定剂等,如硬脂酸盐、铅化物及环氧树脂等。

此外,根据建筑塑料使用及成型加工中的需要,还可以加入其他添加剂,如阻燃剂、发泡剂和抗静电剂等。

12.6.2　常用建筑塑料

塑料按照受热时行为的不同,分为热塑性塑料和热固性塑料。热塑性塑料经加热成型。冷却硬化后,再经加热还具有可塑性;热固性塑料经初次加热成型并冷却固化后,再经加热也不会软化和产生塑性。常用的热塑性塑料有聚氯乙烯塑料(PVC)、聚乙烯塑料(PE)、聚丙烯塑料(PP)、聚苯乙烯塑料(PS)、改性聚苯乙烯塑料(ABS)和有机玻璃(PMMA)等;常用的热固性塑料有酚醛树脂塑料(PF)、不饱和聚酯树脂塑料(UP)、环氧树脂塑料(EP)、有机硅树脂塑料(Si)和玻璃纤维增强塑料(GRP)等。

常用的建筑塑料的特性与用途见表 12-33,常用的建筑塑料制品见表 12-23

表 12-33　常用的建筑塑料的特性与用途

名称	特性	用途
聚氯乙烯塑料(PVC)	耐化学腐蚀性和电绝缘性优良,力学性能较好,难燃,但耐热性差	有硬质、软质、轻质发泡制品,可制作管道、门窗、装饰板、壁纸、防水材料和保温材料等,是建筑工程中应用最广泛的一种塑料
聚乙烯塑料(PE)	柔韧性好,耐化学腐蚀性好,成型工艺好,但刚性差,易燃烧	主要用于防水材料、给排水管道和绝缘材料等

名称	特性	用途
聚丙烯塑料（PP）	耐化学腐蚀性好,力学性能和刚性超过聚乙烯。但收缩率大,低温脆性大	主要用于管道、容器、卫生洁具和耐腐蚀衬板等
聚苯乙烯塑料（PS）	透明度高,机械强度高,电绝缘性好,但脆性大,耐冲击性和耐热性差	主要用来制作泡沫隔热材料,也可用来制造灯具平顶板等
改性聚苯乙烯塑料（ABS）	具有韧、硬、钢相均衡的力学性能,电绝缘性和耐化学腐蚀性好,尺寸稳定,但耐热性耐候性较差	主要用于生产建筑五金和各种管、材、模板和异型板等
有机玻璃（PMMA）	有较好的弹性、韧性、耐老化性,耐低温性好,透明度高,易燃	主要用作采光材料,可代替玻璃但性能优于玻璃
酚醛树脂塑料（PF）	绝缘性和力学性能良好,耐水性、耐酸性好坚固耐用,尺寸稳定,不易变形	,生产各种层压板、玻璃钢制品、涂料和胶黏剂
不饱和聚酯树脂塑料（UP）	可在低温下固化成型,耐化学腐蚀性和电绝缘性好,但固化收缩率较大	主要用于生产玻璃钢、涂料和聚酯装饰板等
环氧树脂塑料（EP）	黏结性和力学性能优良,电绝缘性好,固化收缩率低,可在室温下固化成型	主要用于生产玻璃钢、涂料和胶粘剂等产品
有机硅树脂塑料（Si）	耐高温、低温,耐腐蚀,稳定好,绝缘性好	用于高级绝缘材料或防水材料
玻璃纤维增强塑料（GRP）	强度特别高,质轻,成型工艺简单,除钢度不如钢材外,各种性能均很好	在建筑工程中应用广泛,可用作屋面材料、墙体材料、排水管和卫生器具等

表 12-34　常用的建筑塑料制品

分类	主要塑料制品	
装饰材料	塑料地面材料	塑料地砖和卷材
		塑料涂布地板
		塑料地毯
	塑料内墙面材料	塑料墙纸

续表

分类	主要塑料制品	
装饰材料		三聚氰胺装饰层压板
		塑料墙面砖
	建筑涂料	内外墙有机高分子溶液和乳液涂料
		内外墙有机高分子水性涂料
		有机无机复合涂料
	塑料门窗	塑料门
		塑料窗
		百叶窗
	装修线材:踢脚线、挂镜线、扶手、踏步	
	塑料建筑小五金、灯具	
	塑料平顶	
	塑料隔断板	
水暖工程材料	给排水管材、管件、落水管	
	煤气管	
	卫生洁具:浴缸、水箱、洗面池	
防水工程材料	防水卷材,防水涂料,密封、嵌缝材料,止水带	
隔热材料	现场发泡泡沫塑料、泡沫塑料	
混凝土工程材料	塑料模板	
墙面及屋面材料	护墙板	异型板材、扣板、折板
		复合护墙板
	屋面板(屋面天窗、透明压花塑料天花板)	
	屋面有机复合材料(瓦、聚四氟乙烯涂覆玻璃布)	
塑料建筑	充气建筑、塑料建筑物、盒子卫生间、厨房	

习　　题

一、填空题

1. 一般塑料对酸、碱、盐及油脂均有较好的＿＿＿＿＿＿＿＿＿＿＿＿能力。其中最为稳定的＿＿＿＿＿＿＿＿＿＿,仅能与熔融的碱金属反应,与其他化学物品均不起作用。

2. 酚醛塑料属＿＿＿＿＿＿＿＿＿＿塑料。

3. 高分子材料主要包括＿＿＿＿＿＿、＿＿＿＿＿＿、＿＿＿＿＿＿3 大类。其中以＿＿＿＿＿＿产量最大,应用最广。

4.填充料的种类很多,按化学成分可分为_____和_____。

5.组成黏结剂的材料有:_____、_____、_____、

_____等。

二、判断题

1.釉面砖又称瓷砖、瓷片,是以难熔黏土为主要原料、二次或一次烧成的精陶制品,属于炻质砖。主要适用于室内墙面、柱面、台面和电梯门脸等。　　　　　　　　　　　　　（　　）

2 软聚氯乙烯薄膜能用于食品包装。　　　　　　　　　　　　　　　　　　　（　　）

3.以塑料为基体、玻璃纤维为增强材料的复合材料,通常称为玻璃钢。　　　　　（　　）

4.乙烯醇与水玻璃配合组成的胶黏剂,称为106胶。　　　　　　　　　　　　（　　）

5.在黏结过程中,胶黏剂是容易流动的液相状态物质。　　　　　　　　　　　（　　）

6.液体状态的聚合物几乎全部无毒,而固化后的聚合物多半是有毒的。　　　　（　　）

三、单项选择题

1.对保温隔热材料通常要求其导热系数不宜大于（　　）。

A.0.4 W/(m·K)　　　　　　　　　　　　B.0.32 W/(m·K)

C.0.175 W/(m·K)　　　　　　　　　　　D.0.1 W/(m·K)

2.合成树脂乳液内墙涂料(又名内墙乳胶漆)的质量等级可分为（　　）。

A.合格品　　　　　　　　　　　　　　　B.一等品、合格品

C.优等品、一等品、合格品　　　　　　　D.特等品、优等品、一等品、合格品

3.（　　）是常用的热塑性塑料。

A.氨基塑料　　　　　　　　　　　　　　B.三聚氰胺塑料

C.ABS塑料　　　　　　　　　　　　　　D.脲醛塑料

4.常用作食品保鲜膜的是（　　）。

A.PS　　　　　　　　　　　　　　　　　B.PVC

C.PE　　　　　　　　　　　　　　　　　D.PMMA

四、多项选择题

1.下列（　　）属于热塑性塑料。

A.聚乙烯塑料、酚醛塑料　　　　　　　　B.聚乙烯塑料、聚苯乙烯塑料

C.聚苯乙烯塑料、有机硅塑料　　　　　　D.酚醛塑料、聚苯乙烯塑料

2.用于结构非受力部位的黏结剂是（　　）。

A.热固性树脂　　　　　　　　　　　　　B.热塑性树脂

C.橡胶　　　　　　　　　　　　　　　　D.B+C

五、问答题

1.建筑装饰材料的性质有哪些?

2.建筑装饰材料的选用原则有哪些?

3.塑料由哪些成分组成?

4.石油沥青的主要技术性质是什么? 各自的检测方法是什么?

5.如何选择石油沥青的软化点?

6.煤沥青和石油沥青的区别是什么? 主要的鉴别方法有哪几种?

7.什么是改性沥青? 常见的改性沥青有哪几种?

8.什么是防水卷材? 其特性是什么? 常见的有哪几种?

9.什么是绝热材料? 在建筑上使用绝热材料的意义是什么?

模块 13 建筑材料性能检测

学习要求

试验前做好相关内容的预习,了解试验的目的、原理、方法及操作要领,并对实验所用的仪器、材料有基本的了解;在试验的过程中,要严格遵守试验操作规程,建立严密的科学工作秩序,注意观察实验过程中出现的各种现象,并详细做好实验记录;要按要求对实验结果进行整理,并及时完成实验报告的填写和试验整理工作。

建筑材料性能检测就是根据有关标准的规定和要求,采取科学合理的检测手段,检验和测定的过程。建筑材料品种繁多,形态各异,性能相差很大。建筑材料质量、性能的好坏直接影响工程质量,因此为确保建筑物的质量,必须对建筑材料的性能进行检测。

项目 13.1 建筑材料性能检测概述

13.1.1 建筑材料检测的目的

建筑材料试验是本课程一个重要的实践性教学环节。通过试验,使学生熟悉建筑材料性能试验基本方法、试验设备的性能和操作规程,掌握各种主要建筑材料的技术性质,培养学生的基本试验技能、综合设计试验的能力、创新能力和严谨的科学态度,提高分析问题和解决问题的能力。

建筑材料检测是本课程重要的实践性教学环节。材料检测既是建筑材料课程的重要组成部分,同时也是学习研究建筑材料的重要方法。通过实验可以掌握以下 3 点:一是使学生增加感性认识,对常用材料的性能进行检测和评定,验证、巩固所学的理论知识;二是熟悉常用材料实验仪器的性能和操作方法,掌握基本的试验方法;三是进行科学研究的基本训练,培养分析问题和解决问题的能力。

建筑材料的检测,主要分为生产单位检测和施工单位检测两个方面。生产单位检测的目的,是通过测定材料的主要质量指标,判定材料的各项性能是否达到相应的技术标准规定,已评定产品的质量等级、判定产品质量是否合格,确定产品能否出厂。施工单位的检测时采用规定的抽样方法,抽取一定数量的材料送交具有相关资质的检测机构进行检测。其目的是通过测定材料的主要质量指标,判定材料的个性性能是否符合质量要求,即是否合格,即确定该批建筑材料是否用于工程中。

13.1.2 建筑材料检测步骤

(1)取样。所选式样必须有代表性,各种材料的取样方法在有关的技术标准或规范中均有规定。

（2）按规定的方法进行检测。在材料检测过程中，仪器设备及实验操作等试验条件，必须符合标准试验方法中的有关规定，以保证获得准确的实验结果。认真记录实验过程所得的数据，在实验过程中应注意观察出现的各种现象。

（3）实验数据处理，分析实验结果。计算结果与测量的准确度相一致，数据运算按有效数字法则进行。实验结果分析包括结果的可靠度、结果与标准对比、结论。

项目 13.2　建筑材料基本性能检测

通过密度、体积密度、堆积密度的测定，可计算出材料的孔隙率及空隙率，从而了解材料的构造特征。由于材料构造特征是决定材料强度、吸水率、抗渗性、抗冻性、耐腐蚀性、导热性及吸声等性能的重要因素，因此，了解土木工程材料的基本性质，对于掌握材料的特性和使用功能是十分必要的。

13.2.1　密度试验

（1）主要仪器设备。

其包括李氏瓶、筛子（孔径 0.20 mm 或 900 孔/cm²）、量筒、烘箱、干燥器、物理天平、温度计、漏斗和小勺等。

（2）试样制备。

1）将试样碾磨后用孔径 0.20 mm 筛子筛分，全部通过孔筛后，放到 105 ± 5 ℃ 的烘箱中，烘至恒重。

2）将烘干的粉料放入干燥器中冷却至室温备用。

（3）试验方法及步骤。

1）在李氏瓶中注入与试样不发生反应的液体至突颈下部，记下刻度值（V_0）。

2）用天平称取 60～90 g 试样（m_1），精确至 0.01 g，用小勺和漏斗小心地将试样徐徐送入李氏瓶中（注意不能大量倾倒，会妨碍李氏瓶中空气排出或使咽喉位堵塞），直至液面上升至 20 mL 左右的刻度为止。

3）用瓶内的液体将黏附在瓶颈和瓶壁的试样洗入瓶内，转动李氏瓶使液体中气泡排出，记下液面刻度（V_1）。

4）称取未注入瓶内剩余试样的质量（m_2），计算出装入瓶中试样质量 m。

5）将注入试样后的李氏瓶中液面读数 V_1 减去未注前的液面读数 V_0，得出试样的绝对体积 V。

（4）结果计算。

1）按下式计算出密度（精确至 0.01 g/cm³）：

$$P = \frac{m}{v} \tag{13-1}$$

2）密度测试应以两个试样平行进行，以其计算结果的算术平均值作为最后结果。如两次结果之差大于 0.02 g/cm³，试验需重做。

13.2.2　表观密度试验

表观密度是指材料在自然状态下,单位体积(包括内部孔隙的体积)的质量。试验方法有容量瓶法和广口瓶法和直接测量法,其中容量瓶法用来测定砂的表观密度,广口瓶法用来测定石子的表观密度,直接测量法测定几何形状规则的材料。

13.2.2.1　砂的表观密度试验(容量瓶法)

(1)主要仪器设备。

砂的表面密度试验的主要仪器有容量瓶(500 mL)、托盘天平、干燥器、浅盘、铝制料勺、温度计、烘箱和烧杯等。

(2)试样制备。

将 660 g 左右的试样在温度为 105 ± 5 ℃的烘箱中烘干至恒重,并在干燥器内冷却至室温。

(3)试验步骤。

1)称取烘干的试样 300 g(m_0),精确至 1 g,将试样装入容量瓶,注入冷开水至接近 500 mL 的刻度处,摇转容量瓶,使试样在水中充分搅动,排除气泡,塞紧瓶塞后静置24 h。

2)静置后用滴管添水,使水面与瓶颈 500 mL 刻度线平齐,再塞紧瓶塞,擦干瓶外水分,称取其质量(m_1),精确至 1 g。

3)倒出瓶中的水和试样,将瓶的内外表面洗净。再向瓶内注入与前面水温相差不超过 2 ℃的冷开水至瓶颈 500 mL 刻度线,塞紧瓶塞并擦干瓶外水分,称取其质量(m_2),精确至 1 g。

(4)试验结果计算。

按下式计算砂的表观密度 $\rho_{0,s}$(精确至 10 kg/m³):

$$\rho_{0,s} = \left(\frac{m_0}{m_0 + m_1 + m_2} \right) \times 1\,000 \, (\text{kg/m}^3) \tag{13-2}$$

13.2.2.2　石子表观密度试验(广口瓶法)

(1)主要仪器设备。

石子的表现密度试验的主要仪器有广口瓶、烘箱、天平、筛子、浅盘、带盖容器、毛巾、刷子和玻璃片等。

(2)试样制备。

将试样筛去 4.75 mm 以下的颗粒,用四分法缩分至规定的数量,见表 13-1,洗刷干净后,分成大致相等的两份备用。

表 13-1　观密度试验所需试样数量

最大粒径(mm)	小于26.5	31.5	37.5	63.0	75.0
最少试样质量(kg)	2.0	3.0	4.0	6.0	6.0

(3)试验步骤。

1)将试样浸水饱和后,装入广口瓶中,装试样时广口瓶应倾斜放置,然后注满清水,用玻璃片覆盖瓶口,上下左右摇晃广口瓶以排除气泡。

2)气泡排尽后,向广口瓶内添加清水,直至水面凸出到瓶口边缘,然后用玻璃片沿瓶口迅速滑行,使水面与瓶口平齐。擦干瓶外水分后,称取试样、水、瓶和玻璃片的质量(m_1),精确至 1 g。

3)将瓶中的试样倒入浅盘中,置于 105 ± 5 ℃的烘箱中烘干至恒重,在干燥器中冷却至室温后称出试样的质量(m_0),精确至 1 g。

4)将广口瓶洗净,重新注入清水,使水面与瓶口平齐,用玻璃片紧贴瓶口水面,擦干瓶外水分后称出质量(m_2),精确至 1 g。

(4)试验结果计算。

按下式计算石子的表观密度 $\rho_{0,g}$(精确到 10 kg/m³):

$$\rho_{0,g} = \left(\frac{m_0}{m_0 + m_1 - m_2} \right) \times 1\,000 \, (\text{kg/m}^3) \tag{13-3}$$

按照规定,砂石表观密度测定应用两份试样分别测定,并以两次结果的算术平均值作为测定结果(精确到 10 kg/m³),如两次结果之差大于 20 kg/m³,应重新取样测试;对颗粒材质不均匀的石子试样,如两次试验结果之差值超过 20 kg/m³,可取 4 次测定结果的算术平均值作为测定值。

13.2.2.3 几何形状规则材料的试验

(1)主要仪器设备。

几何形状规则材料试验的主要仪器有游标卡尺、天平、烘箱和干燥器等。

(2)试样制备。

将规则形状的试样放入 105 ± 5 ℃的烘箱内烘干至恒重,取出放入干燥器中,冷却至室温待用。

(3)试验步骤。

用游标卡尺量出试样尺寸(试件为正方体或平行六面体时以每边测量上、中、下 3 个数值的算术平均值为准。试件为圆柱体时,按两个互相垂直的方向量其直径,各方向上、中、下量 3 次,直径取 6 次测定结果的平均值;按两个相互垂直的方向量其高度,分别量 4 次,高度取 4 次测定结果的平均值),并计算出其体积(V_0)。

(4)试验结果计算。

用天平称量出试件的质量(m),并按下式计算出体积密度 ρ_0(精确至 10 kg/m³):

$$\rho_0 = \frac{m}{V_0} \tag{13-4}$$

13.2.3 堆积密度试验

堆积密度是指粉状或颗粒状材料,在堆积状态下,单位体积(包括组成材料的孔隙、堆积状态下的空隙和密实体积之和)的质量。堆积密度的测定根据所测定材料的粒径不同,而采用不同的方法,但原理相同。实际工程中主要测试砂和石子的堆积密度。

13.2.3.1 砂堆积密度试验

(1)主要仪器设备。

堆积密度试验的主要仪器有标准容器(金属圆柱形,容积为 1 L)、标准漏斗(如图 13-1 所示)、台秤、铝制料勺、烘箱和直尺等。

(2)试样制备。

用四分法缩取砂样约 3 L,试样放入浅盘中,将浅盘放入温度为 105 ± 5 ℃ 的烘箱中烘至恒重,取出冷却至室温,筛除大于 4.75 mm 的颗粒,分为大致相等的两份待用。

(3)试验步骤。

1)称取标准容器的质量(m_1)精确至 1 g;将标准容器置于下料漏斗下面,使下料漏斗对正中心。

2)取试样一份,用铝制料勺将试样装入下料漏斗,打开活动门,使试样徐徐落入标准容器(漏斗出料口或料勺距标准容器筒口为 5 cm),直至试样装满并超出标准容器筒口。

3)用直尺将多余的试样沿筒口中心线向两个相反方向刮平,称其质量(m_2),精确至 1 g。

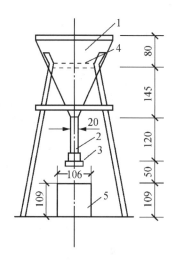

图 13-1 砂堆积密度漏斗
1—漏斗;2—20 管子;3—活动门;
4—筛子;5—容量筒

(4)试验结果计算。

试样的堆积密度 ρ_0' 按下列计算(精确至 10 kg/m³):

$$\rho_0' = \frac{m_2 - m_1}{V_0'} \times 1\,000\,(\text{kg/m}^3) \tag{13-5}$$

堆积密度应用两份试样测定,并以两次结果的算术平均值作为测定结果。

13.2.3.2 石子堆积密度试验

(1)主要仪器设备。

石子堆积密度试验的主要仪器有标准容器(根据石子最大粒径选取,见表 13-2)、台秤、小铲、烘箱和直尺等,磅秤(感量 50 g)。

表 13-2 标准容器规格

石子最大粒径(mm)	标准容器(L)	标准容器尺寸(mm)		
		内径	净高	壁厚
9.5,16.0,19.0,26.5	10	208	294	2
31.5,37.5	20	294	294	3
53.0,63.0,75.0	30	360	294	4

(2)试样制备。

石子按规定(见表 13-3)取样后烘干或风干后,拌匀并将试样分为大致相等的两份备用。

表13-3　石子堆积密度试样取样质量

粒度(mm)	9.5	16.0	19.0	26.5	31.5	37.5	63.0	75.0
称量(kg)	40	40	40	40	80	80	120	120

（3）试验步骤。

1）称取标准容器的质量(m_1)及测定标准容器的体积V_0'，取一份试样，用小铲将试样从标准容器上方 50 mm 处徐徐加入，试样自由落体下落，直至容器上部试样呈锥体且四周溢满时，停止加料。

2）除去凸出容器表面的颗粒，并以合适的颗粒填入凹陷部分，使表面凸起部分体积和凹陷部分体积大致相等。称取试样和容量筒总质量m_2，精确至 10 g。

（4）试验结果计算。

试样的堆积密度ρ_0'按下列计算（精确至 10 kg/m³）：

$$\rho_0' = \frac{m_2 - m_1}{V_0'} \times 1\,000\,(\text{kg/m}^3) \tag{13-6}$$

堆积密度应用两份试样测定，并以两次结果的算术平均值作为测定结果。

13.2.4　孔隙率、空隙率的计算

13.2.4.1　孔隙率计算

孔隙率是指材料体积(V_0)中，孔隙体积$(V_0 - V)$所占的比例。材料的孔隙率P按下式计算：

$$P = \frac{V_0 - V}{V_0} \times 100\% = \left(1 - \frac{\rho_0}{\rho}\right) \times 100\% \tag{13-7}$$

式中：ρ——材料的密度，kg/m³；

ρ_0——材料的体积密度，kg/m³。

13.2.4.2　空隙率的计算

空隙率是指粉状或颗粒状材料的堆积体积(V_0')中，颗粒间空隙体积$(V_0' - V_0)$所占的比例。材料的空隙率按下式计算：

$$P' = \frac{V_0' - V}{V_0'} \times 100\% = \left(1 - \frac{\rho_0'}{\rho}\right) \times 100\% \tag{13-8}$$

式中：ρ_0'——材料的堆积密度，kg/m³；

ρ_0——材料的体积密度，kg/m³。

12.2.5　材料的吸水率检测

材料的吸水率是指材料在吸水饱和状态下的吸水量和干燥状态下材料的质量或体积

比,分别用质量吸水率和体积吸水率表示。

（1）主要仪器设备。

材料吸水率检测的主要仪器有天平、烘箱、玻璃盆和游标卡尺等。

（2）试样制备。

将试样置于温度为 105 ± 5 ℃的烘箱中烘至恒重,再放入干燥器内冷却至室温待用。

（3）测试步骤。

1）从干燥器内取出试样称其质量 m_1。将试样放入玻璃盆中,在盆底放置垫条（玻璃管或玻璃棒）,使试样和盆底有一定距离,试样之间流出 1 ~ 2 cm 的间隙,使水能够自由进入。

2）加水至试样高度的 1/3 处,过 24 h 后再加水至试样高度的 2/3 处,再过 24 h 后加满水,并放置 24 h。逐次加水的目的是使试样内的空气排出。

3）取出试样,用拧干的湿毛巾擦去试样表面水分后称取质量 m_2。

4）为检验试样是否吸水饱和,可将试样重新浸入水中至试样高度 3/4 处,过 24 h 后重新称量,两次称量结果之差不超过 1% 即可认为吸水饱和。

（4）结果计算。

材料的质量吸水率和体积吸水率按下式计算:

$$W_W = \frac{m_2 - m_1}{m_1} \times 100\% \tag{13-9}$$

$$W_V = \frac{m_2 - m_1}{V_0 \cdot \rho_w} \times 100\% \tag{13-10}$$

式中:W_w——材料的质量吸水率,%;

　　　W_v——材料的体积吸水率,%;

　　　m_1——试样的干燥质量,kg;

　　　m_2——试样的吸水饱和质量,kg;

　　　V_0——试样的自然体积,m^3;

　　　ρ_w——水的密度,kg/m^3。

按规定,材料的吸水率测试应用 3 个试样平行进行,并以 3 个试样吸水率的算术平均值作为测试结果。

项目 13.3　水泥性能试验

13.3.1　采用标准

GB/T 8074—1987:水泥比表面积测定方法。

GB/T 1345—2005:水泥细度检验方法。

GB 17671—1999:水泥标准稠度用水量、凝结时间、安定性检验方法。

GB/T 1346—2001:水泥胶砂强度检验方法（ISO 法）。

GB/T 2419—2005:水泥胶砂流动度测定方法。

GB/T 175—2008:通用水泥。

13.3.2　水泥性能检测的一般规定

13.3.2.1　编号和取样

施工现场取样以同一水泥厂、同品种、同强度等级、同一批号且连续进场的水泥为一个取样单位。袋装不超过 200 t 为一批,散装不超过 500 t 为一批,每批抽样不少于一次。取样可以在水泥输送管道中、袋装水泥堆场和散装水泥卸料处或输送水泥运输机具上进行。取样应有代表性,可连续取,也可从 20 个以上不同部位抽取等量水泥样品,总数不少于 12 kg。

13.3.2.2　对试验材料的要求

试样要充分拌匀,通过 0.9 mm 方孔筛并记录筛余物的百分数。试验室用水必须是洁净的饮用水。

13.3.2.3　养护与试验条件

养护室温度应为 20 ± 1 ℃,相对湿度应大于 90%,养护池水温为 20 ± 1 ℃;试验室温度应为 20 ± 2 ℃,相对湿度应大于 50%。

水泥试样、标准砂、拌和水及试模等温度均与试验室温度相同。

13.3.3　水泥细度检测

水泥细度指水泥颗粒粗细程度,水泥的化学、力学性质都与细度有关,因此细度是水泥质量的控制指标之一。水泥细度检验方法有负压筛法、水筛法和手工干筛法 3 种。3 种检验方法发生争议时,以负压筛法为准。3 种方法都采用 80 μm 筛对水泥试样进行筛析试验,用筛网上所得筛余物的质量占试样原始质量的百分数来表示水泥样品的细度。

13.3.3.1　负压筛法

(1)主要仪器设备。负压筛:采用边长为 0.080 mm 的方孔铜丝筛网制成,并附有透明的筛盖,筛盖与筛口应有良好的密封性。压筛析仪:由筛座、负压源及收尘器组成。天平(称量为 100 g,感量为 0.05 g),烘箱等。

(2)试验步骤。检查负压筛析仪系统,调压至 4 000 ~ 6 000 Pa 范围内。称取过筛的水泥试样 25 g,置于洁净的负压筛中,盖上筛盖并放在筛座上。启动并连续筛析 2 min,在此期间如有试样黏附于筛盖,可轻轻敲击使试样落下。筛毕取下,用天平称量筛余物的质量(g),精确至 0.1 g。

13.3.3.2　水筛法

(1)主要仪器设备。水筛及筛座,水筛采用边长为 0.080 mm 的方孔铜丝筛网制成,筛框内径 125 mm,高 80 mm。喷头,直径 55 mm,面上均匀分布 90 个孔,孔径 0.5 ~ 0.7 mm,喷头安装高度离筛网 35 ~ 75 mm 为宜。天平(称量为 100 g,感量为 0.05 g),烘箱等。

(2)试验步骤。调整好水筛架的位置,使其能正常运转。称取已通过 0.9 mm 方孔筛的试样 50 g,倒入水筛内,立即用洁净的自来水冲至大部分细粉通过筛孔,再将筛子置于筛座上,用水压 0.03 ~ 0.07 MPa 的喷头连续冲洗 3 min。筛毕,用少量水把筛余物冲至蒸发皿中,等水泥颗粒全部沉淀后,小心倒出清水。将蒸发皿在烘箱中烘至恒重,称量试样的筛余量,精确至 0.1 g。

水筛法装置系统,如图 13-2 所示。

13.3.3.3　手工干筛法

(1)主要仪器设备。筛子:筛框有效直径为
100 mm,高 50 mm、方孔边长为 0.08 mm 的铜布筛。
烘箱、天平等。

(2)试验步骤。

称取烘干的水泥试样 50 g 倒入干筛内,盖上筛
盖,用一只手执筛往复摇动,另一只手轻轻拍打,拍
打速度每分钟约 120 次,每 40 次向同一方向转动
60°,使试样均匀分布在筛网上,直至每分钟通过的
试样量不超过 0.05 g 为止。

13.3.3.4　试验结果计算

水泥试样筛余百分数按下式计算(精确
至 0.1%):

$$F = \frac{R_s}{W} \times 100\%　　　　(13-11)$$

式中:F——水泥试样的筛余百分数,%;

　　　R_s——水泥筛余物的质量,g;

　　　W——水泥试样的质量,g。

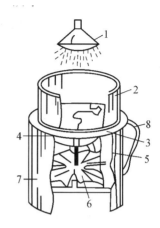

图 13-2　水筛法装置系统图
1—喷头;2—标准筛;3—旋转托架;
4—集水斗;5—出水口;6—叶轮;
7—外筒;8—把手

13.3.4　比表面积检测

水泥比表面积测定原理是以一定量的空气,透过具有一定空隙率和一定厚度的压实粉
层时所受阻力不同而进行测定的。并采用已知比表面积的标准物料对仪器进行校正。

(1)主要仪器设备。

透气仪,烘干箱分析天平(分度值为 1 mg),秒表等。

(2)试验步骤。

1)首先用已知密度、比表面积等参数的标准粉对仪器进行校正,用水银排代法测粉料
层的体积,同时须进行漏气检查。

2)根据所测试样的密度和试料层体积等计算出试样量,称取烘干备用的水泥试样(精
确至 0.1 g),制备粉料层。

3)进行透气试验,开动抽气泵,使比表面仪压力计中液面上升到一定高度,关闭旋塞和
气泵,记录压力计中液面由指定高度下降至一定距离时的时间,同时记录试验温度。

(3)试验结果计算。

当试验时温差≤3 ℃,且试样与标准粉具有相同的孔隙率时,水泥比表面积 S 可按下式
计算(精确至 10 cm²/g):

$$S = \frac{S_s \sqrt{T}}{\sqrt{T_s}}　　　　(13-12)$$

式中：T、T_s——分别为水泥试样与标准粉在透气试验中测得的时间，s；

S_s——标准粉的比表面积，cm^2/g。

水泥比表面积应由二次试验结果的平均值确定，如两次试验结果相差2%以上时，应重新试验。

13.3.5 水泥标准稠度用水量试验(标准法和代用法)

13.3.5.1 标准法

(1)目的。

测定水泥浆具有标准稠度时需要的加水量，作为水泥凝结时间、体积安定性试验时，拌和水泥净浆加水量的根据。

(2)主要仪器设备。

1)水泥净浆搅拌机。净浆搅拌机由搅拌锅、搅拌叶片、传动机构和控制系统组成。搅拌叶片在搅拌锅内作旋转方向相反的公转和自转，转速为 90 r/min，控制系统可以自动控制，也可以人工控制。

2)维卡仪。如图 13-3 所示为水泥标准稠度与凝结时间测定仪(维卡仪)。其滑动部分总质量为 300 ± 1 g，准稠度测定用试杆有效长度为 50 ± 1 mm，由直径为 10 ± 0.5 mm 的圆柱形耐腐蚀金属制成。盛装水泥净浆的试模应由耐腐蚀的、有足够硬度的金属制成。试模为深 40 mm、顶内径 65 mm、底内径 75 mm 的截顶圆锥体。每只试模应配备一个面积大于试模、厚度≥2.5 mm 的平板玻璃板。

3)天平(感量 1 g)及人工拌和工具等。

(3)试验步骤。

1)试验前必须检查维卡仪的金属棒能否自由滑动；调整试杆使试杆接触玻璃板时指针对准标尺零点；检查搅拌机运行是否正常。

2)称取 500 g 水泥试样；量取拌和水(按经验确定)，水量精确至 0.1 mL，用湿布擦抹水泥净浆搅拌机的筒壁及叶片；将拌和水倒入搅拌锅内，然后在 5～10 s 内将称好的 500 g 水泥加入水中。

将搅拌锅放到搅拌机锅座上，升至搅拌位置，开动机器，低速搅拌 120 s，停拌 10 s，接着再快速搅拌 120 s 后停机。

3)拌和完毕，立即将水泥净浆一次装入试模中，用小刀插捣并振实，刮去多余净浆，抹平后迅速放置在维卡仪底座上，将其中心定在试杆下，将试杆降至净浆表面，拧紧螺钉，然后突然放松，让试杆自由沉入净浆中，在试杆停止沉入或释放试杆 30 s 时记录试杆距底板之间的距离，整个操作应在搅拌后 1.5 min 内完成。

4)调整用水量以试杆沉入净浆并距底板 6 ± 1 mm 时的水泥净浆为标准稠度净浆，此拌和用水量即为水泥的标准稠度用水量(按水泥质量的百分比计)。如超出范围，须另称试样，调整水量，重做试验，直至达到 6 ± 1 mm 时为止。

13.3.5.2 代用法

(1)主要仪器设备。

代用法的主要仪器有：标准稠度仪(滑动部分的总重量为 300 ± 2 g)、装净浆用锥模、净

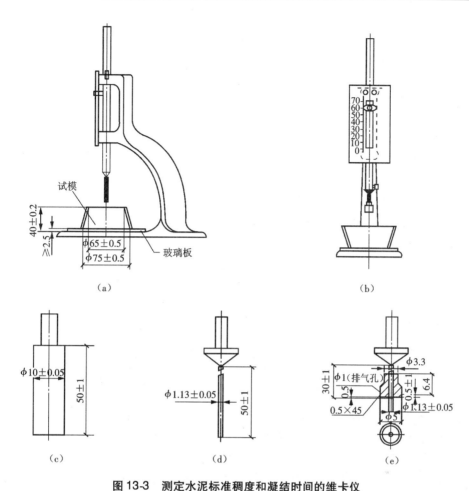

图 13-3　测定水泥标准稠度和凝结时间的维卡仪
（a）初凝时间测定侧视图　（b）终凝时间测定前视图　（c）标准稠度用针
（d）初凝时间测试用针　（e）终凝时间测试用针

浆搅拌机等。

（2）试验步骤。

采用代用法测定水泥标准稠度用水量可用调整用水量法和固定用水量法中任一方法测定。

1）试验前必须检查测定仪的金属棒能否自由滑动,试锥降至锥模顶面位置时,指针应对准标尺的零点,搅拌机运转正常。

2）水泥净浆的拌制同标准法。采用调整用水量方法时,按经验确定;采用固定用水量方法时用水量为 142.5 mL,水量精确至 0.1 mL。

3）拌和结束后,立即将净浆一次装入锥模中,用小刀插捣并轻轻振动数次,刮去多余净浆,抹平后迅速将其放到试锥下面的固定位置上,将试锥锥尖与净浆表面刚好接触,拧紧螺丝 1~2 s 后,突然放松,让试锥自由沉入净浆中,在试杆停止沉入或释放试杆 30 s 时记录试锥下沉深度,整个操作过程应在搅拌后 1.5 min 内完成。

（3）试验结果计算。

1)调整用水量方法时结果的确定。

以试锥下沉深度为 28 ±2 mm 时的净浆为标准稠度净浆,此拌和用水量即为水泥的标准稠度用水量(按水泥质量的百分比计)。如超出范围,须另称试样,调整水量,重做试验,直至达到 28 ±2 mm 时为止。

2)固定用水量方法时结果的确定。

根据测得的试锥下沉深度 $S(mm)$,按下面的经验公式计算标准稠度用水量 $P(\%)$:

$$P = 33.4 - 0.185S \qquad (13\text{-}13)$$

当试锥下沉深度小于 13 mm 时,应采用调整用水量方法测定。

13.3.6 水泥净浆凝结时间试验

(1)目的。

测定水泥初凝时间和终凝时间,以评定水泥的凝结硬化性能是否符合标准要求。

(2)主要仪器设备。

凝结时间测定仪、试针和试模、净浆搅拌机等。

(3)试验步骤。

1)调整凝结时间测定仪的试针,使之接触玻璃板时,指针对准标尺的零点,将净浆试模内侧稍涂一层机油,放在玻璃板上。

2)以标准稠度用水量,称取 500 g 水泥按规定方法拌制标准稠度水泥浆,一次装满试模,振动数次刮平,立即放入湿气养护箱中。记录水泥全部加入水中的时间作为起始时间。

3)初凝时间的测定:试件在养护箱养护至加水 30 min 时进行第一次测定。测定时,将试模放到试针下,降低试针与水泥净浆表面刚好接触,拧紧螺丝 1 ~ 2 s 后,突然放松,试针垂直自由地沉入水泥净浆,记录试针停止下沉或释放试针 30 s 时指针的读数。在最初测定操作时应轻轻扶持金属柱,使其徐徐下降,以防试针撞弯,但结果以自由下落为准。

4)终凝时间的测定:在完成初凝时间测定后,立即将试模连同浆体以平移的方式从玻璃板取下,翻转 180°,直径大端向上,小端向下放在玻璃板上,再放入养护箱中继续养护,临近终凝时间每隔 10 min 测定一次。更换终凝用试针,用同样测定方法,观察指针读数。

5)临近初凝时,每隔 5 min 测定一次,临近终凝时,每隔 10 min 测定一次,到达初凝或终凝时,应立即重复测一次;整个测试过程中试针沉入的位置距试模内壁大于 10 mm;每次测定不得让试针落于原针孔内,每次测定完毕,须将试模放回养护箱内,并将试针擦净。整个测试过程中试模不得受到振动。

(4)试验结果。

从水泥全部加入水中的时间起,至试针沉至距底板 4 ±1 mm 时所经过的时间为初凝时间;至试针沉入试体 0.5 mm 时,即环形附件开始不能在试体上留下痕迹时所经过的时间为终凝时间。

13.3.7 水泥安定性的测定

用沸煮法检验水泥浆体硬化后体积变化是否均匀。检验分雷氏法和试饼法,若两种方法有争议时以雷氏法为准。

仪器设备:沸煮箱、雷氏夹(如图 13-4 所示)、雷氏夹膨胀测定仪(如图 13-5 所示)和水泥净浆搅拌机。

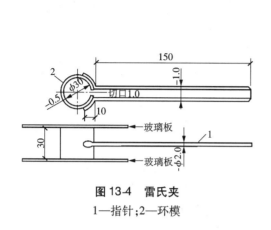

图 13-4　雷氏夹
1—指针;2—环模

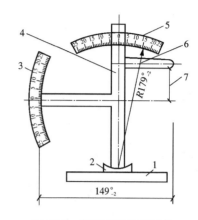

图 13-5　雷氏夹膨胀测量仪
1—底座;2—模子座;3—测弹性标尺;4—立柱;
5—测膨胀值标尺;6—悬臂;7—悬丝

13.3.7.1　雷氏法

(1)每个试样须成型两个试件,每个雷氏夹须配置质量约 75~85 g 的玻璃板两块,一垫一盖,将玻璃板和雷氏夹内表面稍涂一层油。

(2)将已制好的标准稠度净浆一次装满雷氏夹,装浆时一手轻扶雷氏夹,另一只手用小刀插捣数次,然后抹平,盖上稍涂油的玻璃板,立即将试件移至湿气养护箱内养护 24±2 h。

(3)除去玻璃板取下试件,用膨胀值测定仪测量雷氏夹指针尖端间的距离(A),精确 0.5 mm,接着将试件放入沸煮箱水中的试件架上,指针朝上,然后在 30±5 min 内加热至沸腾并恒沸 180±5 min。

(4)沸煮结束后试件冷却至室温,取出试件,测量雷氏夹指针尖端的距离(C),当两个试件煮后增加距离(C−A)的平均值不大于 5.0 mm 时,该水泥安定性合格,当两个试件的(C−A)值相差超过 4.0 mm 时,应用同一样品重做试验。再如此,可认为该水泥安定性不合格。

13.3.7.2　试饼法

(1)将制好的标准稠度净浆一部分分成两等份,使之成球形,放在已涂过油的玻璃板上,轻轻振动玻璃板并用湿布擦过的小刀由边缘向中央抹动,做成直径 70~80 mm、中心厚约 10 mm、边缘渐薄、表面光滑的两个试饼,将试饼放入湿气养护箱内养护 24±2 h。

(2)养护后,脱去玻璃板取下试饼,在试饼无缺陷的情况下,将试饼放在沸煮箱水中篦板上,在 30±5 min 内加热至沸腾并恒沸 180±5 min。

(3)沸煮结束后,取出冷却到室温的试件,目测试饼未发现裂缝,用钢尺检查也没有弯曲(用钢尺和试饼底部靠紧,二者之间不透光为不弯曲)的试饼为安定性合格,反之为不合格。当两个试饼判别结果有矛盾时,该水泥的安定性为不合格。

13.3.8 水泥胶砂强度检验

(1)仪器设备。

1)行星式水泥胶砂搅拌机:搅拌叶和搅拌锅作相反方向转动。

2)振实台:由同步电机带动凸轮转动,使振动部分上升定值后自由落下,产生振动,振动频率为 60 次/60 ± 2 s,振幅 10 ± 0.3 mm。

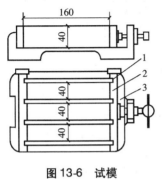

图 13-6 试模

1—隔板;2—端板;3—底座

3)试模:可装拆的三连模,由隔板、端板和底座组成,如图 13-6 所示。

4)套模:壁高为 20 mm 的金属模套,当从上向下看时,模套壁与试模内壁应该重叠。

5)抗折强度试验机。

6)抗压试验机及抗压夹具:抗压试验机以 200 ~ 300 kN 为宜,应有 ±1% 精度,并具有按 2 400 ±200 N/s 速率的加荷能力;抗压夹具由硬质钢材制成,受压面积为 40 mm × 40 mm。

7)两个下料漏斗、金属刮平直尺。

(2)试验方法及步骤。

1)试验前准备。

①将试模擦净,四周模板与底座的接触面应涂黄油,紧密装配,防止漏浆,内壁均匀刷一层薄机油。

②水泥与标准砂的质量比为 1:3,水胶比为 0.5。

③每成型 3 条试件需称量水泥 450 ± 2 g,标准砂 1 350 ± 5 g(符合 GB/T 17671—1999 要求)、拌合用水量为 225 ±1 mL。

2)试件制备。

①把水加入锅里,再加入水泥,把锅放在固定架上固定。然后立即开动机器,低速搅拌 30 s 后,在第二个 30 s 开始的同时均匀地将砂子加入,把机器转至高速再加拌 30 s。停拌 90 s,在第一个 10 s 内用一胶皮刮具将叶片和锅壁上的胶砂,刮入锅中间。在高速下继续搅拌 60 s。各个搅拌阶段,时间误差应在 ±1 s 之内。

②将空试模和模套固定在振实台上,用铲刀直接从搅拌锅里将胶砂分两层装入试模,装第一层时,每个槽内约放 300 g 胶砂,用大播料器垂直架在模套顶部沿每个模槽来回一次将料层播平,接着振实 60 次。再装入第二层胶砂,用小播平器播平,再振实 60 次。

③从振实台上取下试模,用一金属直尺以近 90°的角度架在试模模顶的一端,然后沿试模长度方向以横向锯割动作慢慢向另一端移动,一次将超过试模部分的胶砂刮去,并用同一直尺以近乎水平的情况下将试体表面抹平。

④在试模上作标记或加字条表明试件编号。

3)试件养护。

①试件编号后,将试模放入雾室或养护箱(温度 20 ± 1 ℃,相对湿度大于 90%),养护 20 ~ 24 h 后,取出脱模,脱模时应防止试件损伤,硬化较慢的水泥允许延期脱模,但须记录脱模时间。

②试件脱模后应立即放入水槽中养护,养护水温为 20 ±1 ℃,养护期间试件之间应留有间隙至少 5 mm,水面至少高出试件 5 mm,养护至规定龄期,每个养护池只养护同类型的水泥试件,不允许在养护期间全部换水。

4)强度试验。

①龄期。

各龄期的试件,必须在规定的 3 d ±45 min,7 d ±2 h,28 d ±2 h 内进行强度测定。在强度试验前 10 min 将试件从水中取出后,用湿布覆盖至试验为止。

②抗折强度测定。

a. 每龄期取出 3 个试件,先做抗折强度测定,测定前需擦去试件表面水分和砂粒,清除夹具上圆柱表面黏着的杂物,试件放入抗折夹具内,应使试件侧面与圆柱接触。

b. 调节抗折试验机的零点与平衡,开动电机以 50 ±10 N/s 速度加荷,直至试件折断,记录破坏荷载 $F_f(N)$。

c. 抗折强度按下式计算(精确至 0.1 MPa):

$$R_f = \frac{3F_f L}{2b^3} \tag{13-14}$$

式中:L——支撑圆柱中心距离,100 mm;

　　b——试件断面宽为 40 mm。

抗折强度以一组 3 个试件抗折强度的算术平均值为试验结果;当 3 个强度值中有一个超过平均值的 ±10% 时,应予剔除,取其余两个的平均值;如有 2 个强度值超过平均值的10% 时,应重做试验。

③抗压强度测定。

a. 抗压试验利用抗折试验后的断块,抗压强度测定须用抗压夹具进行,试体受压断面为40 mm ×40 mm,试验前应清除试件受压面与加压板间的砂粒或杂物;试验时,以试体的侧面作为受压面,底面紧靠夹具定位销,并使夹具对准压力机压板中心。

b. 开动试验机,控制压力机加荷速度为 2 400 ±200 N/s,均匀地加荷至破坏,并记录破坏荷载 $F_c(N)$。

c. 抗压强度按下式计算(精确至 0.1 MPa):

$$R_c = \frac{F_c}{A} \tag{13-15}$$

式中:A——受压面积,即 40 mm ×40 mm。

　　F_c——破坏时的最大荷载,N。

d. 抗压强度结果的确定是取一组 6 个抗压强度测定值的算术平均值;如 6 个测定值中有一个超出 6 个平均值的 ±10%,就应剔除这个结果,而以剩下 5 个的平均值作为结果;如果 5 个测定值中再有超过它们平均数 ±10% 的,则此组结果作废。

项目 13.4   混凝土用骨料检测

13.4.1   采用标准

JGJ 52—2006：普通混凝土用砂后质量及检验方法标准。

13.4.2   材料取样

13.4.2.1   砂的取样

（1）分批。

细骨料取样应分批，在料堆上一般以 400 m³ 或 600 t 为一批。

（2）抽样。

在料堆抽样时，将取样部位表层铲除，于较深处铲取，从料堆不同部位均匀取 8 份砂，组成一组试样；从皮带运输机上抽样时，应用接料器在皮带运输机的机尾的出料处，定时抽取大致等量的 4 份砂，组成一组试样。

（3）四分法缩取试样。

可用分料器直接分取或人工四分。

1）分料器法：将样品在潮湿状态下拌和均匀，然后通过分料器，取接料斗中的其中一份再次通过分料器。重复上述过程，直至把样品缩分到试验所需量为止，如图 13-7 所示。

2）人工四分法：将取回的砂试样在潮湿状态下拌匀后摊成厚度约 20 mm 的圆饼，在其上划十字线，分成大致相等的 4 份，取其对角线的两份混合后，再按同样的方法持续进行，直至缩分后的材料量略多于试验所需的数量为止。

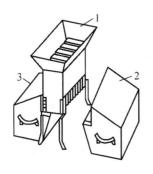

图 13-7   分料器
1—分料漏斗；2、3—接料斗

13.4.2.2   石子的取样

（1）分批。

粗骨料取样应分批进行，一般以 400 m³ 为一批。

（2）抽样。

在料堆抽样时，将取样部位表层铲除，从料堆低、中、高 3 个不同高度处，均匀分布的 5 个不同部位取大致相等的 10 份石子；从皮带运输机上抽样时，应用接料器在皮带运输机的机尾的出料处，抽取大致等量的 8 份石子；从火车、汽车和货船上取样时，应从不同部位和深度抽取大致等量的 16 份石子，分别组成一组样品。

（3）四分法缩取试样。

将取石子试样在自然状态下拌匀后堆成锥体，在其上划十字线，分成大致相等的 4 份，取其中对角线的两份重新拌匀后，再按同样的方法持续进行，直至缩分后的材料量略多于试验所需的数量为止。

13.4.2.3   检验规则

砂、石检验项目主要有颗粒级配、表观密度、堆积密度与空隙率、含泥量、泥块含量。检验时,若有一项性能不合格,应从同一批产品中加倍取样,对不符合标准要求的项目进行复检。复检后,若该项指标合格,可判该类产品合格,若仍不合格,则该批产品判为不合格。

13.4.3　砂的筛分析试验

(1)目的。

测定砂的颗粒级配,计算细度模数,评定砂的粗细程度。

(2)主要仪器设备。

标准筛(孔径为 0.10 mm、0.30 mm、0.60 mm、1.18 mm、2.36 mm、4.75 mm 和 9.50 mm 的方孔筛)、摇筛机、天平、烘箱、浅盘、毛刷和容器等。

(3)实验步骤。

1)用四分法缩取约 1 100 g 试样,置于 105 ±5 ℃的烘箱中烘干至恒重,冷却至室温后先筛除大于 9.50 mm 的颗粒(并计算其筛余百分率),再分为大致相等的两份备用。

2)称烘干试样 500,精确至 1 g,倒入按孔径大小从上到下组合的套筛(附筛底)上,在摇筛机上筛 10 min,取下后逐个用手筛,直至每分钟通过量小于试样总量 0.1% 时为止。通过的试样并入下一号筛中,并和下一号筛中的试样一起过筛,这样依次进行,直至各号筛全部筛完为止。如无摇筛机,可直接用手筛。

砂石材料试验各筛的筛余量不得超过按下式计算出的量,超过时应按下列方法之一处理,即:

$$G = \frac{A \cdot \sqrt{d}}{200} \tag{13-16}$$

式中:G——在一个筛上的筛余量,g;

　　A——筛面的面积,mm^2;

　　d——筛孔尺寸,mm。

①将该筛孔筛余量分成少于上式计算出的量,分别筛分,并以各筛余量之和为该筛孔筛的筛余量。

②将该筛孔及小于该筛孔的筛余混合均匀后,以四分法分为大致相等的两份,取其中一份,称其质量(精确至 1 g)并进行筛分。计算重新筛分的各级分计筛余量需根据缩分比例进行修正。

3)称量各号筛的筛余量(精确至 1 g)。分计筛余量和底盘中剩余重量的总和与筛分前的试样重量之比,其差值不得超过 1% 。

(4)试验结果计算。

1)分计筛余百分率:各筛的筛余量除以试样总量的百分率,精确至 0.1% 。

2)累计筛余百分率:该筛上的分计筛余百分率与该筛以上各筛的分计筛余百分率之和,精确到 0.1% 。

(5)试验结果评定。

1)级配的鉴定:用各筛号的累计筛余百分率绘制级配曲线,或对照国家规范规定的级配区范围,判定其是否都处于一个级配区内。(注:除 4.75 mm 和 4.50 mm 筛孔外,其他各筛的累计筛余百分率允许略有超出,但超出总量不应大于 5% 。)

2)粗细程度鉴定:砂的粗细程度用细度模数 M_x 的大小来判定。细度模数 M_x 按下式计算,精确至0.01:

$$M_x = \frac{(A_2 + A_3 + A_4 + A_5 + A_6) - 5A_1}{100 - A_1} \tag{13-17}$$

式中:A_1、A_2、A_3、A_4、A_5、A_6——分别为4.75 mm、2.36 mm、1.18 mm、0.60 mm、0.30 mm、0.10 mm孔径筛上的累计筛余百分率。

根据细度模数的大小来确定砂的粗细程度。

$M_x = 3.7 \sim 3.1$ 时为粗砂。

$M_x = 3.0 \sim 2.3$ 时为中砂。

$M_x = 2.2 \sim 1.6$ 时为细砂。

3)筛分试验应采用两个试样平行进行,取两次结果的算术平均值作为测定结果,精确至0.1,若两次所得的细度模数之差大于0.2,应重新进行试验。

13.4.4 石子的筛分析试验

(1)目的。

测定粗骨料的颗粒级配及粒级规格,便于选择优质粗骨料,达到节约水泥和提高混凝土强度的目的,同时为使用骨料和混凝土配合比设计提供了依据。

(2)主要仪器设备。

方孔筛(孔径规格为2.36 mm、4.75 mm、9.5 mm、16.0 mm、19.0 mm、26.5 mm、31.5 mm、37.5 mm、53.0 mm、63.0 mm、75.0 mm和90.0 mm)、摇筛机、托盘天平、台秤、烘箱、容器和浅盘等。

(3)试验步骤。

从取回的试样中用四分法缩取略大于规定的试样数量,见表13-4,经烘干或风干后备用。

1)按表13-4规定称取烘干或风干试样质量 G,精确到1 g。

表13-4 石子筛分析所需试样的最小重量

最大粒径(mm)	9.5	16.0	19.0	26.5	31.5	37.5	63.0	75.0
试样质量(kg)	≥1.9	≥3.2	≥3.8	≥5.0	≥6.3	≥7.5	≥12.6	≥16.0

2)按试样粒径选择一套筛,将筛按孔径由大到小顺序叠置,然后将试样倒入上层筛中,置于摇筛机上固定,摇筛10 min。

3)按孔径由大到小顺序取下各筛,分别于洁净的盘上手筛,直至每分钟通过量不超过试样总量的0.1%为止,通过的颗粒并入下一号筛中并和下一号筛中的式样一起过筛。当试样粒径大于19.0 mm时,筛分时允许用手拨动试样颗粒,使其通过筛孔。

4)称取各筛上的筛余量,精确1 g。在筛上的所有分计筛余量和筛底剩余的总和与筛分前测定的试样总量相比,其相差不得超过1%。

(4)试验结果的计算及评定。

1)分计筛余百分率:各号筛上筛余量除以试样总质量的百分数(精确至 0.1%)。

2)累计筛余百分率:该号筛上分计筛余百分率与大于该号筛的各号筛上的分计筛余百分率之总和(精确至 1%)。粗骨料的各筛号上的累计筛余百分率应满足国家规范规定的粗骨料颗粒级配范围要求。

13.4.5　砂的含水率试验

(1)目的。

测定混凝土用砂的含水率,作为混凝土施工配合比计算的依据。

(2)主要仪器设备。

天平、鼓风烘箱(能使温度控制在 105 ± 5 ℃)、搪瓷盘、小铲等。

(3)试验步骤。

将自然潮湿状态下的试样,用四分法缩分至约 1 100 g,拌匀后分为大致相等的两份备用。称取一份试样的质量(m_2),精确至 0.1 g,倒入已知质量的烧杯中,放在烘箱中于 105 ± 5 ℃下烘至恒重。冷却至室温,再称量(m_1),精确至 0.1 g。

(4)试验结果计算与评定。

1)含水率(W)按下式计算,精确至 0.1%:

$$W = \frac{m_2 - m_1}{m_1} \times 100\% \qquad (13\text{-}18)$$

式中:W——含水率,%;

　　m_2——烘干前的试样质量,g;

　　m_1——烘干后的试样质量,g。

2)含水率取两次试验结果的算术平均值,精确至 0.1%;两次试验结果之差大于 0.2% 时,须重新试验。

13.4.6　石子的含水率试验

(1)目的。

测定混凝土用的石子含水率,作为混凝土施工配合比计算的依据。

(2)主要仪器设备。

鼓风烘箱、天平(称量 10 kg,感量 1 g)、小铲、搪瓷盘、毛巾和刷子等。

(3)试验步骤。

按规定取样,用四分法缩分至约 4.0 kg,拌匀后分为大致相等的两份备用。称取试样一份(m_1),精确至 1 g,放在烘箱中于(105 ± 5)℃下烘干至恒重,待冷却至室温后,称出其质量(m_2),精确至 1 g。

(4)试验结果计算与评定。

1)含水率(W)按式(13-18)计算,精确至 0.1%。

2)含水率取两次试验结果的算术平均值,精确至 0.1%。

13.4.7　石子的压碎指标值试验

石子的压碎指标值用于相对的衡量石子在逐渐增加的荷载下抵抗压碎的能力。

（1）目的。测定石子的压碎指标值工程施工单位可依此进行质量控制。

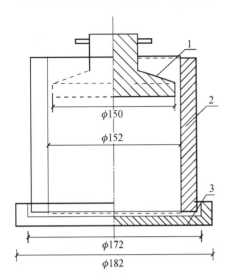

图 13-8　压碎指标测定仪
1—加压头；2—圆模；3—底盘

（2）主要仪器设备。

压力试验机（量程 300 kN）、压碎值测定仪（如图 13-8 所示）、垫棒（ϕ10 mm，长 500 mm）、天平（称量 1 kg，感量 1 g）、方孔筛（孔径分别为 2.36 mm、9.50 mm 和 19.0 mm）。

（3）试验步骤。

1）将石料试样风干，筛除大于 19.0 mm 及小于 9.50 mm 的颗粒，并除去针片状颗粒。称取 3 份试样，每份 3 000 g（m_1），精确至 1 g。

2）将试样分两层装入圆模，每装完一层试样后，在底盘下垫 ϕ10 mm 垫棒，将筒按住，左右交替颠击地面各 25 次，平整模内试样表面，盖上压头。

3）将压碎值测定仪放在压力机上，按 1 kN/s 速度均匀地施加荷载至 200 kN，稳定 5 s 后卸载。

4）取出试样，用 2.36 mm 的筛筛除被压碎的细粒，称出筛余质量（m_2），精确至 1 g。

压碎指标值按下式计算，精确至 0.1%：

（4）试验结果计算与评定。

$$Q_g = \frac{m_1 - m_2}{m_1} \times 100\%　　　　　　　（13-19）$$

式中：Q_g——压碎指标值，%；

　　　m_1——试样的质量，g；

　　　m_2——压碎试验后筛余的质量，g。

以 3 次平行试验结果的算术平均值作为压碎指标值的测定值，精确至 1%。

13.4.8　针状和片状颗粒的含量测试

（1）主要仪器设备。

1）针状规准仪和片状规准仪或游标卡尺。

2）天平：称量 2 kg，感量 2 g。

3）案秤：称量 10 kg，感量 10 g。

4）试验筛：孔径分别为 5.00 mm、10.0 mm、20.0 mm、25.0 mm、31.5 mm、40.0 mm、63.0 mm、80.0 mm，根据需要选用。

5）卡尺。

（2）试样制备。

试验前，将试样在室内风干至表面干燥，并用四分法缩分至表 13-5 规定的数量，称重（m_0），然后筛分成表 13-5 所规定的粒级备用。

表 13-5　骨料针、片状试验所规定的试样最少质量

表 13-5　骨料针、片状试验所规定的试样最少质量

最大粒径(mm)	10.0	16.0	20.0	25.0	31.5	40.0 以上
试样最少质量(kg)	0.3	1	2	3	5	10

（3）试验步骤。

1）按表 13-6 所规定的粒级用规准仪逐粒对试样进行鉴定,凡颗粒长度大于针状规准仪上相对应间距者,为针状颗粒。厚度小于片状规准仪上相应孔宽者,为片状颗粒。

2）粒径大于 40 mm 的碎石或卵石可用卡尺鉴定其针片状颗粒,卡尺卡口的设定宽度应符合表 13-7 的规定。

表 13-6　不同粒级针、片状规准仪判别标准

粒级(mm)	5~10	10~16	16~20	20~25	25~31.5	31.5~40
片状规准仪上相对应的孔宽(mm)	3	5.2	7.2	9	11.3	14.3
针状规准仪上相对应的间距(mm)	18	31.2	43.2	54	67.8	85.8

表 13-7　大于 40 mm 粒级颗粒卡尺卡口的设定宽度

粒级(mm)	40~63	63~80
鉴定片状颗粒的卡口宽度(mm)	20.6	28.6
鉴定针状颗粒的卡口宽度(mm)	123.6	171.6

3）称量由各粒级挑出的针状和片状颗粒的总重(m_1)。

（4）试验结果计算。

碎石或卵石中针、片状颗粒含量应按下式计算(精确至 0.1%):

$$\omega_p = \frac{m_1}{m_0} \times 100\% \qquad (13-20)$$

式中:m_1——试样中所含针状、片状颗粒的总重,g;

$\quad m_0$——试样总重,g。

项目 13.5　普通混凝土性能检测

13.5.1　采用标准

JGJ/T 55—2000:普通混凝土配合比设计规范。

GB/T 50080—2002:普通混凝土拌和物性能试验方法。

GB/T 50081—2002:普通混凝土力学性能试验方法标准。

13.5.2　混凝土拌和物试验室拌和方法

（1）目的。

学习混凝土拌和物的试拌方法,对拌和物的和易性进行测试和调整,为混凝土配合比设计提供依据,制作混凝土的各种试件。

(2)一般规定。

1)原材料应符合技术要求,并与施工实际用料相同,水泥若有结块现象,需用 0.9 mm 的方孔筛将结块筛除。

2)拌制混凝土的材料用量以重量计。混凝土试配最小搅拌量是:当骨料最大粒径小于 31.5 mm 时,拌制数量为 10 L,当最大粒径为 40 mm 时取 25 L;当采用机械搅拌时,搅拌量不应小于搅拌机额定搅拌量的1/4。称料精确度为:骨料 ±1%、水、水泥、外加剂 ±0.5%。

3)混凝土拌和时,原材料与拌和场地的温度宜保持在 20 ±5 ℃。

(3)主要仪器设备。

搅拌机(容积为 50~100 L)、磅秤、天平、拌和钢板、钢抹子、量筒和拌铲等。

(4)拌和方法。

1)人工拌和法。

①按配合比备料,以干燥状态为基准,称取各材料用量。

②先将拌板和拌铲用湿布润湿,将砂倒在拌板上后,加入水泥,用拌铲自拌板一端翻拌至另一端,如此反复,直至颜色均匀,再放入称好的粗骨料与之拌和,至少翻拌 3 次,直至混合均匀为止。

③将干混合物堆成锥形,在中间挖一凹坑,将已称量好的水,倒入一半左右(勿使水流出),然后仔细翻拌并徐徐加入剩余的水,继续翻拌,每翻拌一次,用铲在混合料上铲切一次,至少拌和 6 次。拌和时间从加水完毕时算起,在 10 min 内完毕。

2)机械搅拌法。

①按所定的配合比备料,以干燥状态为基准。一次拌和量不宜少于搅拌机容积的20%。

②拌前先对混凝土搅拌机挂浆,避免在正式拌和时水泥浆的损失,挂浆所多余的混凝土倒在拌和钢板上,使钢板也粘有一层砂浆。

③将称好的石子、砂、水泥按顺序倒入搅拌机内,干拌均匀,再将需用的水徐徐倒入搅拌机内一起拌和,全部加料时间不得超过 2 min,水全部加入后,再拌和 2 min。

④将拌和物从搅拌机中卸出,倾倒在钢板上,再经人工拌和 2~3 次。

3)人工或机械拌好后,根据试验要求,立即做坍落度测定和试件成型。从开始加水时算起,全部操作必须在 30 min 内完成。

13.5.3 混凝土拌和物和易性试验

新拌混凝土的和易性是保证混凝土便于施工、质量均匀、成型密实的性能,它是保证混凝土施工和质量的前提。

13.5.3.1 坍落度试验

(1)适用范围。

本试验方法适用于坍落度值不小于 10 mm,骨料最大粒径不大于 40mm 的混凝土拌和物的坍落度测定。

(2)主要仪器设备。

坦落度筒（如图 13-9 所示）、捣棒、小铲、木尺、钢尺、拌板、抹刀和下料斗等。

（3）试验方法及步骤。

1）每次测定前，用湿布把拌板及坦落筒内外擦净、润湿，并在筒顶部加上漏斗，放在拌板上，用双脚踩紧脚踏板。

2）取拌好的混凝土用小铲分 3 层均匀装入筒内，每层装入高度在插捣后约为筒高的 1/3，每层用捣棒插捣 25 次，插捣应呈螺旋形由外向中心进行，各次插捣均应在截面上均匀分布，插捣第二层和顶层时，捣棒应插透本层，并使之插入下一层 10~20 mm。在插捣顶层时，如混凝土沉落到低于筒口，则应随时添加，顶层插捣完后，刮去多余混凝土，并用抹刀抹平，并清除筒边底板上的混凝土。

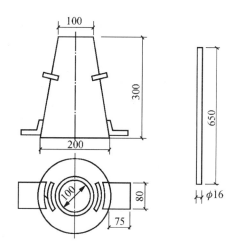

图 13-9　坦落度筒和捣棒

3）垂直平稳地提起坦落度筒，坦落度筒的提离过程应在 5~10 s 内完成，从开始装料到提起坦落度筒的整个过程应不间断进行，并在 100 s 内完成。

（4）试验结果评定。

1）提起坦落度筒后，立即测量筒高与坦落后混凝土试体最高点之间的高度差，此值即为混凝土拌和物的坦落度值，单位为（mm），结果精确至 5 mm。坦落度筒提起后，如混凝土拌和物发生崩塌或一边剪切破坏，则应重新取样进行测定，如仍出现上述现象，则该混凝土拌和物和易性不好，并应记录备查。

2）粘聚性和保水性的评定。粘聚性和保水性的测定是在测量坦落度后，再用目测观察判定粘聚性和保水性。

①粘聚性检测方法。用捣棒在已坦落的混凝土锥体侧面轻轻敲打，此时，如锥体渐渐整体下沉，则表示粘聚性良好，如锥体崩裂或出现离析现象，则表示粘聚性不好。

②保水性检测方法。坦落度筒提起后，如有较多的稀浆从底部析出，锥体部分的混凝土拌和物也因失浆而骨料外露，则表明保水性不好。坦落度筒提起后，如无稀浆或仅有少量稀浆自底部流出，则表明混凝土拌和物保水性良好。

13. 5. 3. 2　维勃稠度法

适用于骨料最大粒径不大于 40 mm，维勃稠度在 5~30 s 之间的混凝土拌和物稠度测定。

（1）主要仪器设备。

维勃稠度仪（如图 13-10 所示）、振动台（台面长 380 mm，宽 260 mm，频率为 50±3 Hz）、容器（内径为 240±5 mm，高为 200±2 mm，筒壁厚 3 mm，筒底厚 7.5 mm）、坦落度筒、旋转架、透明圆盘、捣棒、小铲和秒表。

（2）试验步骤。

1）将维勃稠度仪放在坚实水平面上，用湿布把容器、坦落度筒、喂料口内壁及其他用具润湿。

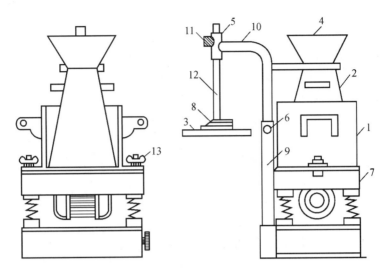

图 13-10   维勃稠度仪

1—容器;2—坍落度筒;3—透明圆盘;4—喂料斗;5—套筒;6—定位螺钉;7—振动台;

8—荷重;9—支柱;10—旋转架;11—测杆螺丝;12—测杆;13—固定螺丝

2)将喂料口提到坍落度筒上方扣紧,校正容器位置,使其中心与喂料中心重合,然后拧紧固定螺丝。

3)把按要求取得的混凝土拌和物用小铲分 3 层经喂料口均匀地装入筒内,装料及插捣的方法同坍落度试验。

4)把喂料口转离,垂直提起坍落度筒,注意不能使混凝土试体产生横向的扭动。

5)把透明圆盘转到混凝土圆台体顶面,放松测杆螺钉,降下圆盘,使其轻轻接触到混凝土顶面。

6)拧紧定位螺钉,检查测杆螺钉是否完全放松。

7)开启振动台的同时用秒表计时,当振动到透明圆盘的底面被水泥浆布满的瞬间停止计时,关闭振动台。

(3)试验结果评定。

由秒表读出时间为混凝土拌和物的维勃稠度值,精确至 1 s。

13.5.4   混凝土立方体抗压强度试验

(1)目的。

学会制作混凝土立方体试件,测定其抗压强度,为确定和校核混凝土配合比、控制施工质量提供依据。

(2)主要仪器设备。

压力试验机、振动台、试模、捣棒、小铁铲和钢尺等。

(3)试件制作。

1)在制作试件前,首先要检查试模,拧紧螺栓,清刷干净,在其内壁涂上一薄层脱模剂。

2)试件的成型方法应根据混凝土的坍落度来确定。

①坍落度不大于 70 mm 的混凝土拌和物宜采用振动台成型。其方法是将拌好的混凝

土拌和物一次装入试模,装料时应用抹刀沿试模内壁略加插捣并使混凝土拌和物稍有富余,然后将试模放到振动台上,用固定装置予以固定,开动振动台并计时,当拌和物表面呈现水泥浆时,停止振动并记录振动时间,用抹刀沿试模边缘刮去多余拌和物,表面抹平。

②坍落度大于 70 mm 的混凝土拌和物采用人工捣实成型。其方法是将混凝土拌和物分两层装入试模,每层装料厚度大致相同,插捣时用垂直的捣棒按螺旋方向由边缘向中心进行,插捣底层时捣棒应达到试模底面,插捣上层时,捣棒应贯穿到下层深度 20 ~ 30 mm,并用抹刀沿试模内侧插入数次,以防止麻面。捣实后,刮除多余混凝土,并用抹刀抹平。

3)试件尺寸按粗骨料的最大粒径来确定,见表 13-8。

表 13-8　不同骨料最大粒径选用的试模尺寸及插捣次数

试件尺寸(mm)	骨料最大粒径(mm)	每层插捣次数(次)
$100 \times 100 \times 100$	31.5	12
$100 \times 100 \times 100$	40	25
$200 \times 200 \times 200$	60	50

(4)试件养护。

试件成型后应覆盖表面,以防止水分蒸发,并应在温度为 20 ± 5 ℃情况下静停 24 ~ 48 h,然后编号拆模。

1)标准养护。拆模后的试件应立即放在温度为 20 ± 3 ℃,湿度为 90% 以上的标准养护室中养护。试件放在架上,彼此间隔为 10 ~ 20 mm,并应避免用水直接冲淋试件。当无标准养护室时,试件可在温度为 20 ± 3 ℃的不流动水中养护,水的 pH 值不应小于 7。

2)同条件养护。试件成型后应覆盖表面。试件的拆模时间可与实际构件的拆模时间相同,拆模后试件仍需保持同条件养护。

(5)抗压强度测定。

1)龄期到达后,试件从养护室取出,随即擦干并测量其尺寸(精确至 1 mm),并以此计算试件的受压面积 A mm²,如实测尺寸与公称尺寸之差不超过 1 mm,可按公称尺寸进行计算。试件有严重缺陷时,应废弃。

2)将试件安放在压力试验机的下压板上,试件的承压面应与成型时的顶面垂直。试件的轴心应与压力机下压板中心对准,开动试验机,当上压板与试件接近时,调整球座,使接触均衡。

3)加压时,应连续而均匀的加荷,加荷速度为:当混凝土强度等级 <C30 时,加荷速度取每秒 7 ~ 10 kN/s;当混凝土强度等级 ≥C30 时,加荷速度取 10 ~ 18 kN/s。

当试件接近破坏而开始迅速变形时,应停止调整试验机油门,直至试件破坏,然后记录破坏荷载 $F(N)$。

(6)试验结果计算。

1)混凝土立方体试件抗压强度$(f_{cu,k})$按下式计算,精确至 0.1 MPa:

$$f_{cu,k} = \frac{F}{A} \tag{13-21}$$

式中:$f_{cu,k}$——混凝土立方体试件抗压强度,MPa;

  F——破坏荷载,N;

  A——试件承压面积,mm^2。

2)以 3 个试件抗压强度的算术平均值作为该组试件的抗压强度值,精确至 0.1 MPa。3 个测值中的最大值或最小值中如有一个与中间值的差值超过中间值的 ±10% 时,则取中间值作为该组试件的抗压强度值;如有两个测值与中间值的差均超过中间值的 ±10%,则该组试件的试验结果无效。

混凝土抗压强度是以 100 mm × 100 mm × 100 mm 的立方体试件作为抗压强度的标准试件,其他尺寸试件的测定结果均应换算成 100 mm 立方体试件的标准抗压强度值,换算系数见表 13-9。

表 13-9 不同试件尺寸的换算系数

试件尺寸(mm × mm × mm)	200 × 200 × 200	100 × 100 × 100	100 × 100 × 100
换算系数	1.05	1.00	0.95

项目 13.6 砌筑砂浆性能检测

13.6.1 采用标准

JG/TJ 70—2009:建筑砂浆基本性能试验方法。

13.6.2 拌和物取样和制备

13.6.2.1 取样

建筑砂浆试验用料应从同一盘砂浆或同一车砂浆中取样,取样量不应少于试验所需量的 4 倍。在施工现场取样要遵守相关施工验收规范的规定,在使用地点的砂浆槽、运送车或搅拌机出料口,至少从 3 个不同部位取样。现场所取试样,试验前要人工略加翻拌至均匀。从取样完毕到开始进行各项性能试验不宜超过 10 min。

13.6.2.2 试样制备

(1)仪器设备。钢板(约 1.5 m × 2 m,厚 3 mm)、磅秤或台秤、拌铲、抹刀、量筒、盛器等,砂浆搅拌机,提前润湿与砂浆接触的用具。

(2)一般规定。所有原材料应提前 24 h 进入试验室,保证与室内温度一致,试验室温度为 20 ±5 ℃,相对湿度大于或等于 50%,或与施工条件相同。试验材料与施工现场所用材料一致。砂应用 5 mm 的方孔筛过筛,以干质量计;称量要求:水泥、外加剂和掺和料等为 ±0.5%,砂为 ±1%。

(3)试验室搅拌砂浆应采用机械搅拌,先拌适量砂浆,使搅拌机内壁粘附一薄层水泥砂浆,保证正式搅拌时配料准确。将称好各种材料加入搅拌机中,开动搅拌机,将水逐渐加入,搅拌 2 min,砂浆量宜为搅拌机容量的 30% ~70%,搅拌时间不应少于 120 s,有掺和料的砂浆不应少于 180 s。将搅拌好的砂浆倒在钢板上,人工略加翻拌,立即试验。

13.6.3　砂浆的稠度试验

（1）目的。

通过稠度试验,可以测定达到设计稠度时的加水量,或在施工期间控制砂浆用水量以保证施工质量。

（2）主要仪器设备。

砂浆稠度仪（如图 13-11 所示）、捣棒、台秤、拌锅、拌铲和秒表等。

（3）试验步骤。

1）将盛浆容器和试锥表面用湿布擦干净,并用少量润滑油轻擦滑杆,使滑杆能自由滑动。

2）将拌好的砂浆一次装入圆锥筒内,装至距离筒口约 10 mm 为止,用捣棒插捣 25 次,然后将筒摇动或在桌上轻轻振动 5～6 下,使之表面平整,随后移置于砂浆稠度仪台座上。

3）调整圆锥体的位置,使其尖端和砂浆表面接触,并对准中心,拧紧固定螺丝,将指针调至刻度盘零点,然后突然放开固定螺丝,使圆锥体自由沉入砂浆中 10 s 后,读出下沉的距离（精确至 1 mm）,即为砂浆的稠度值。

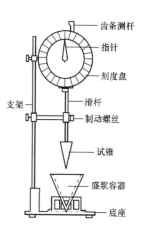

图 13-11　砂浆稠度测定仪

4）圆锥体内砂浆只允许测定一次稠度,重复测定时应重新取样。

（4）试验结果评定。

以两次测定结果的算术平均值作为砂浆稠度测定结果（精确至 1 mm）,如两次测定值之差大于 10 mm,应重新取样测定。

13.6.4　砂浆分层度试验

（1）目的。

测定砂浆的保水性,判断砂浆在运输及停放时内部组分的稳定性。

（2）主要仪器设备。

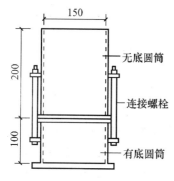

图 13-12　分层度测定仪

分层度测定仪（如图 13-12 所示）,其他仪器同稠度试验仪器。

（3）试验步骤。

1）将拌和好的砂浆测出稠度值后,剩余部分立即一次注入分层度测定仪中。用木槌在容器周围距离大致相等的 4 个不同地方轻轻敲击 1～2 下,如砂浆沉落到分层度筒口以下,应随时添加,然后刮去多余的砂浆,并用抹刀抹平。

2）静置 30 min 后,去掉上层 200 mm 砂浆,然后取出底层 100 mm 砂浆重新拌和 2 min,再测砂浆稠度值（mm）。也可采用快速法,将分层度筒放在振动台上（振幅 0.5 ± 0.05 mm，频率 50 ± 3 Hz)，振动 20 s 即可。

3）两次砂浆稠度值的差值即为砂浆的分层度。

（4）试验结果评定。

砂浆的分层度宜在 10 ~ 30 mm，如大于 30 mm，易产生分层、离析和泌水等现象，如小于 10 mm 则砂浆过黏，不易铺设，且容易产生干缩裂缝。

以两次试验结果的算术平均值作为砂浆分层度的试验结果。

13.6.5　砂浆抗压强度试验

（1）目的。

检验砂浆的实际强度是否满足设计要求。

（2）主要仪器设备。

压力试验机、垫板、振动台、试模（规格：70.7 mm × 70.7 mm × 70.7 mm 无底试模）、捣棒和抹刀等。

（3）试件制作。

1）采用立方体试件，每组试件 3 个。

2）应用黄油等密封材料涂抹试模的外接缝，试模内涂抹机油或脱模剂，将拌制好的砂浆一次性装满砂浆试模，成型方法根据稠度而定。当稠度不小于 50 mm 时应采用人工振捣成型，当稠度小于 50 mm 时能够使振动台振实成型。

人工振捣：用捣棒均匀的由边缘向中心按螺旋方式插捣 25 次，插捣过程中如砂浆低于试模口，应随时添加砂浆，可用油灰刀插捣数次，并用手将试模一边抬高 5 ~ 10 mm 各振动 5 次，使砂浆高出试模 6 ~ 8 mm。

机械振动：砂浆一次性装满砂浆试模，放置在振动台上，振动时试模不得跳动，振动 5 ~ 10 s 或持续到表面出浆为止，不得过振。

3）待表面水分稍干后，将高出试模部分的砂浆沿试模顶面刮去并抹平。

4）试件制作后应在 20 ± 5 ℃温度下停置一昼夜 24 ± 2 h，当气温较低时，可适当延长时间，但不应超过两昼夜，然后对试件进行编号、拆模。试件拆模后，应立即放入温度为 20 ± 2 ℃，相对湿度为 90% 以上的标准养护室中养护 28 d，养护期间，试件彼此间间隔不小于 10 mm，混合砂浆试件应覆盖防水滴在试件上。

（4）砂浆立方体抗压强度测定。

1）试件从养护室取出后，应尽快进行试验。试验前先将试件擦拭干净，测量尺寸，并检查其外观。试件尺寸测量精确至 1 mm，并据此计算试件的承压面积。如实测尺寸与公称尺寸之差不超过 1 mm，可按公称尺寸进行计算。

2）将试件放在试验机的下压板上（或下垫板上），试件中心应与试验机下压板（或下垫板）中心对准，试件的承压面应与成型时的顶面垂直。

3）开动试验机，当上压板（或上垫板）与试件接近时，调整球座，使接触面均匀受压。加荷速度应为 0.25 ~ 1.5 kN/s（砂浆强度 5 MPa 及 5 MPa 以下时，宜取下限，砂浆强度 5 MPa 以上时宜取上限），当试件接近破坏而开始迅速变形时，停止调整试验机油门，直至试件破坏，然后记录破坏荷载 N_u(N)。

（5）试验结果计算。砂浆立方体抗压强度应按下列公式计算（精确至 0.1 MPa）

$$f_{m,cu} = \frac{N_u}{A} \tag{13-22}$$

式中:$f_{m,cu}$——砂浆立方体抗压强度,MPa;

N_u——立方体破坏压力,N;

A——试件承压面积,mm^2。

以 3 个试件检测值的算数平均值的 1.3 倍(f_2)作为该组试件的砂浆立方体抗压强度平均值(精确至 0.1 MPa)。

当 3 个试件的最大值或最小值与中间值的差值超过中间值 10% 时,则把最大值及最小值一并舍去,以中间值作为该组试件的抗压强度值;如两个测值与中间值的差值均超过中间值的 10% 时,则该组试件的试验结果无效。

项目 13.7 砌墙砖试验

13.7.1 采用标准

GB/T 2542—2003:砌墙砖试验方法。

GB/T 5101—2003:烧结普通砖。

GB 13544—2000:烧结多孔砖。

13.7.2 取样

本试验适用于烧结砖和非烧结砖。每 3.5 万 ~ 10 万块为一批,不足 3.5 万块按一批计。

13.7.3 尺寸测量

(1)量具:砖用卡尺,如图 13-13 所示,分度值 0.5 mm。

(2)测量:在砖的两个大面中间处,分别测量两个长度尺寸和两个宽度尺寸,在两个条面的中间处分别测量两个高度尺寸,如图 13-14 所示。当被测处有缺损或凸出时可在其旁边测量,应选择不利的一侧。

(3)结果评定:分别以长度、宽度、高度的最大偏差值表示,精确至 1 mm。

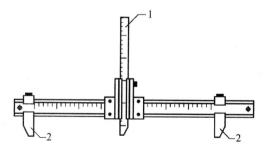

图 13-13 砖用卡尺
1—垂直尺;2—支脚

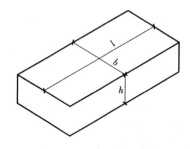

图 13-14 砖的尺寸测量

13.7.4　外观质量检查

（1）目的。

作为评定砖的产品质量等级的依据。

（2）主要仪器设备。

砖用卡尺（分度值 0.5 mm）、钢直尺（分度值 1 mm）。

（3）试验步骤。

1）缺损测量。缺棱掉角在砖上造成的缺损程度以缺损部分对长、宽、高 3 个棱边的投影尺寸来度量，称为破坏尺寸，如图 13-15 所示。缺造成的破坏面是指缺损部分对条，顶面的投影面积，如图 13-16 所示。

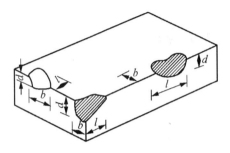

图 13-15　缺棱掉角破坏尺寸测量方法

l、d、b—为长、宽、高方向投影

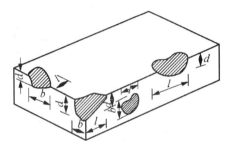

图 13-16　条、面缺损破坏尺寸测量方法

l、d、b—长、宽、高方向投影

2）裂纹测量。裂纹分为长度、宽度、水平方向 3 种，以投影方向的投影尺寸来表示，以 mm 计。如果裂纹从一个面延伸到其他面上时，累计其延伸的投影长度，如图 13-17 所示。多孔砖的孔洞与裂纹相通时，则将孔洞包括在裂纹内一并测量，裂纹应在 3 个方向上分别测量，以测得的最长裂纹作为测量结果，如图 13-18 所示。

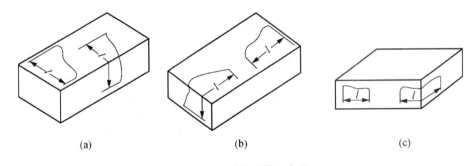

(a)　　　　　　　(b)　　　　　　　(c)

图 13-17　裂纹测量示意图

（a）宽度方向　（b）长度方向　（c）高度方向

3）弯曲测量。分别在大面和条面上测量，测量时将砖用卡尺的两只脚置于两端，选择弯曲最大处将垂直尺推至砖面，如图 13-19 所示。以弯曲中测得最大值作为测量结果，不应将因杂质或碰伤造成的凹处计算在内。

（4）杂质凸出高度的测量。杂质在砖面上造成的凸出高度，以杂质距砖面的最大距离表示。测量时，将砖用卡尺的两只脚置于凸出两边的砖面上以垂直尺测量，如图 13-20 所

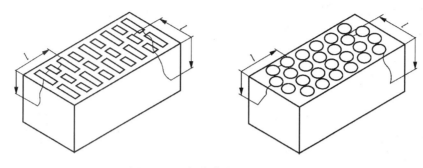

图 13-18　多孔砖裂纹测量示意图

示。外观测量以 mm 为单位,不足 1 mm 者以 1 mm 计。

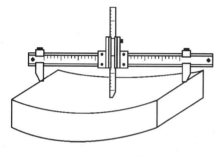

图 10-19　砖的弯曲测量

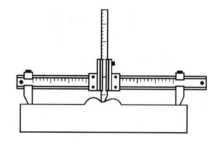

图 13-20　砖的杂质凸出高度测量

13.7.5　抗压强度试验

(1)目的。

测定烧结普通砖的抗压强度,用以评定砖的强度等级合格性。

(2)主要仪器设备。

材料试验机示值误差不大于 ±1%,下压板应为球铰支座,预期破坏荷载应在量程的 20% ~80%;抗压试件制作平台必须平整水平,可用金属材料或其他材料制成;水平尺(250 ~300 mm);钢直尺(分度值为 1 mm)、制样模具(如图 13-21 所示)、插板。

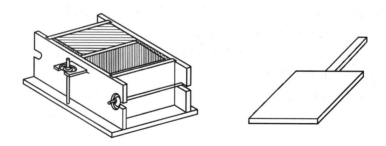

图 13-21　制样模具及插板

(3)试件制备。

1)烧结普通砖取 10 块试样,将砖样锯成两个半截砖,如图 13-22 所示,半截砖长不得少于 100 mm。在试样平台上,将制好的半截砖放在室温的净水中浸 10 ~20 min 后取出,以断口方向相反叠放,两者之间抹以不超过 5 mm 厚的水泥净浆,上下两面用不超过 3 mm 的同种水泥净浆抹平,上、下两面必须相互平行,并垂直于侧面,如图 13-23 所示。

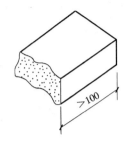

图 10-22　断开的半截砖

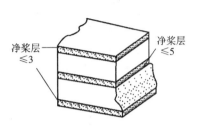

图 13-23　抗压砖试块

2)多孔砖取 10 块试样,以单块整砖沿竖孔方向加压,空心砖以单块整砖大面、条面方向(各 5 块)分别加压。采用坐浆法制作试件:将玻璃板置于试件制作平台上,其上铺一张湿的垫纸,纸上铺不超过 5 mm 厚的水泥净浆,在水中浸泡试件 10 ~ 20 min 后取出,平稳地坐放在水泥浆上。在一受压面上稍加用力,使整个水泥层与受压面相互黏结,砖的侧面应垂直于玻璃板,待水泥浆凝固后,连同玻璃板翻放在另一铺纸、放浆的玻璃板上,再进行坐浆,用水平尺校正玻璃板的水平。

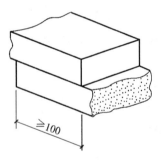

图 13-24　半砖叠合示意图

3)模具制样法制作试件:将试样(烧结普通砖)切断成两段,截断面应平整,断开的半截砖长度不得小于 100 mm。将断开的半截砖放入室温的净水中浸 20 ~ 30 min 后取出,在铁丝网架上滴水 20 ~ 30 min,以断口相反方向装入模具中,用插板控制两半块砖间距为 5 mm,砖大面与模具间距 3 mm,断面、顶面与模具间垫橡胶垫或其他密封材料,模具内表面涂油或脱模剂。制样模具如图 13-24 所示。

将经过 1 mm 筛的干净细纱 2% ~ 5% 与强度等级 32.5 或 42.5 的普通硅酸盐水泥,用砂浆搅拌机搅拌砂浆,水胶比 0.50 左右。

将装好样砖的模具置于振动台,在样砖上加少量水泥砂浆,边振动边向砖缝间加入水泥砂浆,振动过程为 0.5 ~ 1 min。振动停止后稍事静置,将模具上表面刮平。

两种方法并行使用,仲裁检验采用模具制样。

4)非烧结砖:同一块试样的两半截砖断口相反叠放,叠合部分不得小于 100 mm,如图 13-24,如果不足 100 mm,则应另取试件。

5)将制好的试件置于不低于 10 ℃ 的不通风室内养护 3 d 后试压。非烧结砖不需养护,直接试验。

(4)试验步骤。

测量每个试件的连接面或受压面的长度和宽度尺寸各两个,取算术平均值,精确至 1 mm,计算其受压面积;将试件平放在加压板上,垂直于受压面匀速加压,加荷速度以 4 kN/s 为宜,直至破坏,记录最大破坏荷载 P。

(5)试验结果计算及评定。

每块试样的抗压强度按下式计算：

$$R_{\mathrm{P}} = \frac{P}{LB} \tag{13-23}$$

式中：R_{P}——抗压强度，MPa，精确至 0.1 MPa；

　　P——最大破坏荷载，N；

　　L——受压面（连接面）长度，mm；

　　B——受压面（连接面）宽度，mm。

13.7.6　蒸压加气混凝土砌块

（1）主要仪器设备。

压力机（300 ~ 500 kN）、锯砖机或切砖器、直尺等。

（2）试件制备。

沿制品膨胀方向中心部分上、中、下顺序锯取一组，"上"块上表面距离制品顶面 30 mm，"中"块在正中处，"下"块下表面距离制品底面 30 mm。制品的高度不同，试件间隔略有不同。得到 100 mm × 100 mm × 100 mm 方体试件，试件在质量含水率为 25% ~ 45% 下进行试验。

（3）试验步骤。

测量试件的尺寸，精确至 1 mm，并计算试件的受压面积 mm^2。将试件放在材料试验机的下压板的中心位置，试件的受压方向应垂直于制品的膨胀方向，以 2.0 ± 0.5 kN/s 的速度连续而均匀地加荷，直至试件破坏为止，记录最大破坏荷载 $P(\mathrm{N})$。

将试验后的试件全部或部分立即称质量，然后在 105 ± 5 ℃ 温度下烘至恒质，计算其含水率。

（4）试验结果计算与评定。

抗压强度按下式计算：

$$f_{\mathrm{cc}} = \frac{P_1}{A_1} \tag{13-24}$$

式中：f_{cc}——试件的抗压强度，MPa；

　　P_1——破坏荷载，N；

　　A_1——试件受压面积，mm^2。

按 3 块试件试验值的算术平均值进行评定，精确至 0.1 MPa。

项目 13.8　钢　筋　试　验

13.8.1　采用标准

GB/T 228—2002：金属材料室温拉伸试验方法。

GB/T 232—1999：金属材料弯曲试验方法。

13.8.2 钢筋的取样与验收复检与判定

（1）钢筋按批进行检查与验收，每批钢材由同一牌号、炉罐号、规格和交货状态的钢筋组成，如炉罐号不同组成混合批验收时，各炉罐号含碳量之差应不大于 0.02%，含锰量之差应不大于 0.10%。每批重量不大于 60 t，超出 60 t 的部分，每增加 40 t（不足 40 t 以 40 t 计），增加一个拉伸试验和一个弯曲试验试样。

（2）钢筋应有出厂质量证明书或试验报告单，每捆（盘）钢筋均应有标牌，进场时应按炉罐（批）号及直径（a）分批验收，验收内容包括查对标牌、外观检查，并按有关规定抽取试样作机械性能试验，包括拉伸试验和冷弯试验两个项目，如两个项目中有一个项目不合格，该批钢筋即为不合格。检验项目与取样数量见表 13-10。

表 13-10　钢筋检验项目及取样数量

检验项目	取样数量	取样方法
化学成分	1	GB/T 20056
拉伸	2	任选两根切取
弯曲	2	任选两根切取
反向弯曲	1	—

在拉伸试验的两根试件中，如其中一根试件的屈服点、抗拉强度和伸长率 3 个指标中，有一个指标达不到钢筋标准中规定的数值，或冷弯试验中有一根试件不符合标准要求，应取双倍（4 根）钢筋，重作试验。如仍有一根试件的指标达不到标准要求，则该试验项目不合格。

13.8.3 钢筋拉伸试验

（1）目的。

测定低碳钢的屈服强度、抗拉强度与伸长率，评定钢筋质量。试验时注意观察拉应力与应变之间关系，为确定和检验钢材的力学及工艺性能提供依据。

（2）主要仪器设备。

万能材料试验机（示值误差不大于 1%）、游标卡尺（精度为 0.1mm）、钢筋打点机。

（3）试件的制作。

1）钢筋试件一般不经切削，如图 13-25 所示。

2）在试件表面，选用小冲点、细画线或有颜色的记号做出两个或一系列等分格的标记，以表明标距长度，测量标距长度 l_0（$l_0 = 10a$ 或 $l_0 = 5a$）（精确至 0.1 mm）。

（4）试验步骤。

1）调整试验机刻度盘的指针，对准零点，拨动副指针与主指针重叠。

2）将试件固定在试验机夹头内，开动试验机进行拉伸，拉伸速度为：屈服前应力增加速度为每秒 10 MPa。屈服后试验机活动夹头在荷载下的移动速度为不大于每分钟 $0.5l$（$l = l_0 + 2h_1$）。

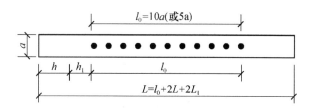

图 13-25　不经切削的试件

a—直径；l_0—标距长度；h_1—$(0.5 \sim 1)a$；h—夹头长度

3）钢筋在拉伸试验时，读取刻度盘指针首次回转前指示的恒定力或首次回转时指示的最小力，即为屈服点荷载 F_s（N）；钢筋屈服之后继续施加荷载直至将钢筋拉断，从刻度盘上读取试验过程中的最大力 F_b（N）。

4）拉断后标距长度 l_1（精确至 0.1 mm）的测量。将试件断裂的部分对接在一起使其轴线处于同一直线上。如拉断处到邻近标距端点的距离大于 $(1/3)l_0$ 时，可直接测量两端点的距离；如拉断处到邻近的标距端点的距离小于或等于 $(1/3)l_0$ 时，可用移位方法确定 l_1：在长段上从拉断处 O 点取基本等于短段格数，得 B 点，接着取等于长段所余格数（偶数）之半，得 C 点；或者取所余格数（奇数）减 1 与加 1 之半，得到 C 与 C_1 点，移位后的 l_1 分别为 $AO + OB + 2BC$ 或 $AO + OB + BC + BC_1$，如图 13-26 所示。

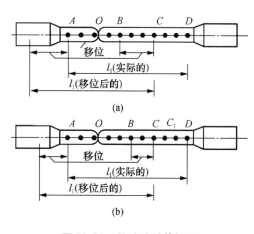

图 13-26　位移法计算标距

（a）剩余段格数为偶数　（b）剩余段格数为奇数

（5）试验结果计算与评定。

1）屈服强度 σ_s 按下式计算：

$$\sigma_s = \frac{F_s}{A_0} \tag{13-25}$$

2）抗拉强度 σ_b 按下式计算：

$$\sigma_b = \frac{F_b}{A_0} \tag{13-26}$$

式中：σ_s、σ_b——分别为屈服强度和抗拉强度，MPa。

F_s、F_b——分别为屈服点荷载和最大荷载，N。

3）伸长率按下式计算（精确至 0.5%）：

$$\delta_{10}(\delta_5) = \frac{l_1 - l_0}{l_0} \times 100\% \tag{13-27}$$

式中：δ_{10}、δ_5——分别表示 $l_0 = 10a$ 和 $l_0 = 5a$ 时的断后伸长率。

如试件拉断处位于标距之外，则断后伸长率无效，应重做试验。在拉伸试验的两根试件中,如其中一根试件的屈服点、抗拉强度和伸长率三个指标中,有一个指标达不到钢筋标准中规定的数值,应取双倍钢筋进行复检,若仍有一根试件的指标达不到标准要求,则钢筋拉伸性能为不合格。

13.8.4　冷弯试验

(1)目的。

检验钢筋常温下承受规定弯曲程度的变形能力,从而确定其塑性和可加工性能,并显示其缺陷。

(2)主要仪器设备。

压力试验机或万能试验机、冷弯压头等。

(3)试验步骤。

1)冷弯试样长度为 $L = 5a + 100(\mathrm{mm})$,$a$ 为试件的计算直径。弯心直径和弯曲角度,按热轧钢筋分级及相应的技术要求表选用。

2)调整两支辊间距离 $L = (d + 3a) \pm 0.5a$,此距离在试验期间保持不变,如图 13-27 所示,d 为弯心直径。

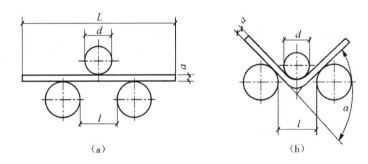

图 13-27　支辊式弯曲装置示意图
(a)弯曲前的试件　(b)弯曲后的试件

3)将试件放置于两支辊上,试件轴线应与弯曲压头轴线垂直,弯曲压头在两支座之间的中点处对试件连续施加压力使其弯曲,直至达到规定的弯曲角度,如图 13-28 所示。

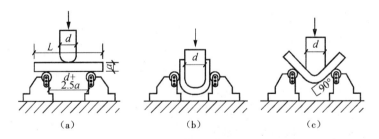

图 13-28　钢筋冷弯试验图
(a)装好的试件　(b)弯曲 180°　(c)弯曲 90°

试件弯曲至两臂直接接触的试验,应首先将试件初步弯曲(弯曲角度尽可能大),然后将其置于两平行压板之间,连续施加力压其两端使其进一步弯曲,直至两臂直接接触。

（4）试验结果评定。

试件弯曲后,检查弯曲处的外缘及侧面,如无裂缝、断裂或起层现象,即认为冷弯试验合格,否则为不合格。

若钢筋在冷弯试验中,有一根试件不符合标准要求,同样抽取双倍钢筋进行复验,若仍有一根试件不符合要求,则判冷弯试验项目为不合格。

项目 13.9 沥 青 试 验

13.9.1 采用标准

GB/T 4507—1999:沥青软化点测定法。

GB/T 4508—1999:沥青延度测定法。

GB/T 4509—1999:沥青针入度测定法。

JC/T 690—2008:沥青复合胎柔性防水卷材。

GB/T 328—2007:建筑防水卷材试验方法。

13.9.2 取样方法

（1）同一批出厂,同一规格标号的沥青以 20 t 为一个单位,不足 20 t 亦作为一个取样单位。

（2）从每个取样单位的 5 个不同部位(距表面及内壁 5 cm 处),共 4 kg 左右,作为平均试样,对个别可疑混杂的部位,应注意单独取样进行测定。

13.9.3 针入度试验

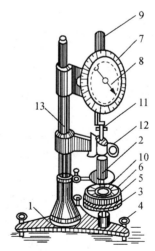

（1）目的。

通过针入度的测定可以确定石油沥青的稠度,同时也可以确定石油沥青的牌号。

（2）主要仪器设备。

针入度仪(如图 13-29 所示)、标准针、试样皿、温度计、恒温水浴、平底保温皿、金属皿或瓷皿、秒表。

（3）试样制备。

1）小心加热使样品能够流动。加热时焦油沥青的加热温度不超过软化点的 60 ℃,石油沥青不超过软化点的90 ℃。加热时间不超过 30 min,用筛过滤除去杂质。加热、搅拌过程中避免试样中进入气泡。

2）将试样倒入两个试样皿中(一个备用),试样深度应大于预计穿入深度 10 mm。

3）松盖试样皿防灰尘落入。在 10～30 ℃ 的室温下冷却 1～1.5 h(小试样皿)或 1.5～2.0 h(大试样皿),然后将试样皿和平底玻璃皿放入恒温水浴中,水面没过试

图 13-29 针入度仪

1—底座;2—小镜;3—圆形平台;
4—调平螺丝;5—保温皿;6—试样;
7—刻度盘;8—指针;9—活杆;
10—标准针;11—连杆;12—按钮;
13—砝码

样表面 10 mm 以上,小皿恒温 1～1.5 h,大皿恒温 1.5～2.0 h。

(4)试验步骤。

1)调节针入度仪的水平,检查针连杆和导轨,将擦干净的针插入连杆中固定。按试验条件放好砝码。

2)取出恒温到试验温度的试样皿和平底玻璃皿,放置在针入度仪的平台上。慢慢放下针连杆,使针尖刚刚接触试样的表面。拉下活杆,使其与针连杆顶端相接触,调节针入度仪的表盘读数指零。

3)用手紧压按钮,同时启动秒表,使标准针自由下落穿入试样,到规定时间停止压按钮,使标准针停止移动。

4)拉下活杆,再使其与针连杆顶端相接触,表盘指针的读数为试样的针入度。

5)同一试样应重复测 3 次,每一试验点的距离和试验点与试样皿边缘的距离不小于 10 mm。每次测定要用擦干净的针。当针入度大于 200 时,至少用 3 根针,每次试验用的针留在试样中,直到 3 根针扎完时再将针从试样中取出。

(5)结果评定。

取 3 次测定针入度的平均值(取整数)作为试验结果。3 次测定的针入度值相差不应大于表 13-11 中的规定,否则应重新进行试验。

表 13-11   石油沥青针入度测定值的最大允许差值

针入度(0.01 mm)	0～49	50～149	100～249	250～350
允许最大差值	2	4	6	8

13.9.4   沥青延度试验

(1)目的。

延度是沥青塑性的指标,是沥青成为柔性防水材料的最重要性能之一。

(2)主要仪器设备。

延度仪及试样模具(如图 13-30 和图 13-31 所示)、瓷皿或金属皿、孔径为 0.3～0.5mm 筛、温度计、金属板、砂浴、水浴、甘油滑石粉隔离剂等。

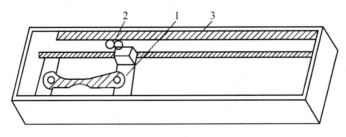

图 13-30   沥青延度仪

1—滑板;2—指针;3—标尺

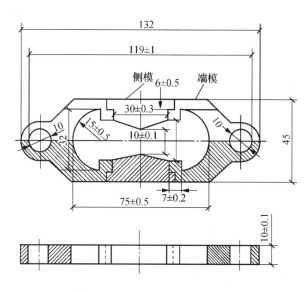

图 13-31　沥青延度仪试件模具

（3）试样制备。

1）将甘油滑石粉（2∶1）隔离剂拌和均匀，涂于磨光的金属板上和铜模侧模的内表面，将模具组装在金属板上。

2）将除去水分的试样在砂浴上加热熔化，用筛过滤，充分搅拌消除气泡，然后将试样呈细流状，自模的一端至另一端往返倒入，使试样略高出模具。

3）试件在 10～30 ℃的空气中冷却 30 min，然后放入 25 ±0.1 ℃的水浴中，保持 30 min后取出，用热刀自模的中间刮向两边，使沥青面与模面齐平，表面光滑。将试件和金属板再放入 25 ±0.1 ℃的水浴中 1～1.5 h。

（4）试验步骤。

1）检查延度仪的拉伸速度（5 ±0.25 cm/min）是否符合要求，移动滑板使指针正对标尺的零点，保持水槽中水温为 25 ±0.5 ℃。

2）将试件移到延度仪的水槽中，将模具两端的孔分别套在滑板及槽端的金属柱上，然后去掉侧模，水面高于试件表面不小于 25 mm。

3）开动延度仪，观察沥青的拉伸情况。如发现沥青细丝浮于水面或沉于槽底，则加入乙醇或食盐水调整水的密度（食盐增大密度，乙醇降低密度），至与试样的密度相近后，再进行测定。

4）试件拉断时，读指针所指标尺上的读数，为试样的延度（cm）。

（5）试验结果。

取平行测定 3 个结果的平均值作为测定结果。若 3 个测定值不在其平均值的 5% 以内，但其中两个较高值在平均值的 5% 之内，则去掉最低测定值，取两个较高值的平均值作为测定结果。在正常情况下，试样被拉伸成锥尖状，在断裂时横断面为零，否则试验报告应注明在此条件下无测定结果。

13.9.5 软化点试验

（1）目的。

软化点是反映沥青温度敏感性的指标，它是在不同环境下选用沥青的最重要指示之一。

（2）主要仪器设备。

软化点试验仪（如图13-32所示）、可调温的电炉或加热器、玻璃板（或金属板）、800 mL烧杯、测定架和温度计等。

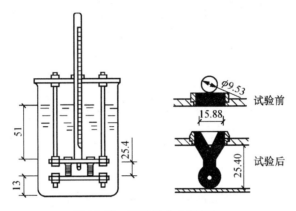

图13-32 沥青软化点测定仪

（3）试样制备。

1）将黄铜环置于涂有隔离剂的金属板或玻璃板上。

2）将预先脱水的试样加热熔化，用筛过滤后，注入黄铜环内略高出环面为止。若估计软化点高于120 ℃应将黄铜环与金属板预热至80～100 ℃。

3）试样在10～30 ℃的空气中冷却30 min后，用热刀刮去高于环面的试样，与环面平齐。

4）将盛有试样的黄铜环及板置于盛满水（估计软化点不高于80 ℃的试样）或甘油（估计软化点高于80 ℃的试样）的保温槽内，恒温5 min，水温保持在5±0.5 ℃，甘油温度保持在32±1 ℃；或将盛有试样的环水平安放在环架中承板的孔内，然后放在盛有水或甘油的烧杯中，时间和温度同保温槽。

5）烧杯内注入新煮沸并冷却至5 ℃的蒸馏水（估计软化点不高于80 ℃的试样），或注入预先加热约32 ℃的甘油（估计软化点高于80 ℃的试样），使水面或甘油略低于环架连杆上的深度标记。

（4）试验步骤。

1）从保温槽中取出盛有试样的黄铜环放置在环架中承板的圆孔中，并套上钢球定位器，把整个环架放入烧杯内，调整水面或甘油液面至深度标记，环架上任何部分均不得有气泡。将温度计由上承板中心孔垂直插入，使水银球与铜环下面齐平。

2）将烧杯放在有石棉网的电炉上，然后将钢球放在试样上（须使各环的平面在全部加热时间内完全处于水平状态）立即加热，烧杯内水或甘油温度的上升速度保持每分钟5±0.5 ℃，否则试验应重做。

3)试样受热软化下坠至与下承板面接触时的温度,即为试样的软化点。

(5)结果评定。

取平行测定两个结果的算术平均值作为测定结果,精确至 0.1 ℃。如两个软化点测值超过 1 ℃,试验重新进行。

13.9.6　防水卷材试验

(1)目的。

评定卷材的面积、卷重、外观、厚度是否合格。

(2)取样。

以同一类型同一规格 10 000 m² 为一批,不足 10 000 m² 也可作为一批。每批中随机抽取 5 卷,进行卷重、厚度、面积、外观试验。

(3)试验内容。

1)卷重。用最小分度值为 0.2 kg 的台秤称量每卷卷材的卷重。

2)面积。用最小分度值为 1 mm 的卷尺在卷材的两端和中部测量长度、宽度,以长度、宽度的平均值求得每卷的卷材面积。若有接头时两段长度之和减去 100 mm 为卷材长度测量值。当面积超出标准规定值的正偏差时,按公称面积计算卷重。当符合最低卷重时,也判为合格。

3)厚度。使用 10 mm 直径接触面,单位压力为 0.2 MPa 时分度值为 0.1 mm 的厚度计测量,保持时间为 5 s。沿卷材宽度方向裁取 50 mm 宽的卷材一条在宽度方向上测量 5 点,距卷材长度边缘 100 ± 10 mm 向内各取一点,在这两点之间均分取其余 3 点。对于砂面卷材必须将浮砂清除再进行测量。记录测量值,计算 5 点的平均值作为卷材的厚度。以抽取卷材的厚度总平均值作为该批产品的厚度,并记录最小值。

4)外观。将卷材立放于平面上,用一把钢卷尺放在卷材的端面上,用另一把钢卷尺(分度值为 1 mm)垂直伸入端面的凹面处,测得的数值即为卷材端面里进外出值。然后将卷材展开按外观质量要求检查,沿宽度方向裁取 50 mm 宽的一条,胎基内不应有未被浸透的条纹。

(4)判定原则。

在抽取的 5 卷中,各项检查结果都符合标准规定时,判定为厚度、面积、卷重、外观合格,否则允许在该批试样中另取 5 卷,对不合格项进行复查,如达到全部指标合格,则判为合格,否则为不合格。

参 考 文 献

[1] 张健.建筑材料与检测[M].2版.北京:化学工业出版社,2007.

[2] 宋岩丽,王社欣,周仲景.建筑材料与检测[M].北京:人民交通出版社,2007.

[3] 柯国军.土木工程材料[M].北京:北京大学出版社,2006.

[4] 林祖宏.建筑材料[M].北京:北京大学出版社,2008.

[5] 范文昭.建筑材料[M].2版.北京:中国建筑工业出版社,2007.

[6] 王秀花.建筑材料[M].北京:机械工业出版社,2006.

[7] 刘学应.建筑材料[M].北京:机械工业出版社,2009.

[8] 陈晓明,陈桂萍.建筑材料[M].北京:人民交通出版社,2008.